全国城市轨道交通专业高职高专规划教材

Tulixue yu Diji Jichu
土力学与地基基础

盛海洋 主编
林婵华 李闽 刘文贤
王景梅 李现者 副主编
缪林昌[东南大学] 主审

人民交通出版社

内 容 提 要

本书为全国城市轨道交通专业高职高专规划教材,是根据高职城市轨道交通工程技术专业基础课人才培养方案及课程标准编写而成。

本书将土力学与地基基础知识分解为土的工程性质测试与现场鉴别、地基的应力与沉降计算、土的强度与地基土承载力的确定、土质边坡的稳定性评价、土压力与挡土墙设计、基础设计与施工、地基处理、土力学技能训练等。目的是让学生掌握每一阶段土力学与地基基础知识的应用过程。

本书可作为高职高专城市轨道交通工程技术专业教材,亦可供工程建设勘察、设计、施工、监理、试验、检测技术人员和交通土建类师生及科研人员学习参考。

*** 本书配有多媒体助教课件,教师可通过加入职教轨道教学研讨群(教师专用 QQ 群:129327355)免费申领。**

图书在版编目(CIP)数据

土力学与地基基础/盛海洋主编. —北京:人民交通出版社,2015.9

全国城市轨道交通专业高职高专规划教材

ISBN 978-7-114-10804-4

Ⅰ.①土… Ⅱ.①盛… Ⅲ.①土力学—高等职业教育—教材 ②地基-基础(工程)—高等职业教育—教材 Ⅳ.①TU4

中国版本图书馆 CIP 数据核字(2013)第 167751 号

全国城市轨道交通专业高职高专规划教材

书　　名: 土力学与地基基础
著 作 者: 盛海洋
责任编辑: 袁　方　富砚博
出版发行: 人民交通出版社
地　　址: (100011)北京市朝阳区安定门外外馆斜街 3 号
网　　址: http://www.ccpress.com.cn
销售电话: (010)59757973
总 经 销: 人民交通出版社股份有限公司发行部
经　　销: 各地新华书店
印　　刷: 北京印匠彩色印刷有限公司
开　　本: 787×1092　1/16
印　　张: 17.5
字　　数: 432 千
版　　次: 2015 年 9 月　第 1 版
印　　次: 2022 年 2 月　第 7 次印刷
书　　号: ISBN 978-7-114-10804-4
定　　价: 52.00 元

全国城市轨道交通专业高职高专规划教材

编审委员会

出版说明

我国轨道交通正处于快速发展阶段，目前已有30个城市的轨道交通建设规划获批，预计至2020年，我国城市轨道交通累计营业里程将达到7395km，而我国有发展轨道交通潜力的城市更是多达229个，预计2050年规划的线路将增加到289条，总里程数将达到11700km。

面临这一大好形势，各地职业院校纷纷开设了城市轨道交通相关专业。为了适应我国城市轨道交通专业高职高专教育对教材建设的需要，我们在2012年推出城市轨道交通运营管理专业高职高专规划教材之后，广泛征求了各职业院校的意见，规划了全国城市轨道交通工程技术专业高职高专规划教材。

为保证教材出版质量，我们从开设城市轨道交通工程技术专业的优秀院校中遴选了一批骨干教师，组建成教材的编写团队；同时，在高等院校、施工企业、科研院所聘请一流的行业专家，组建成教材的审定团队，初期推出以下13种：

《工程地质》

《工程制图及CAD》

《工程力学》

《土力学与地基基础》

《轨道交通概论》

《轨道工程测量》

《桥梁工程技术》

《轨道施工组织与概预算》

《轨道工程材料》

《轨道养护与维修技术》

《轨道施工技术》

《路基施工技术》

《隧道及地下工程技术》

本套教材具有以下特点：

1. 体现了工学结合的优势。教材编写过程努力做到了校企结合，聘请地铁施工企业参与编写、审稿，并提供了大量的施工案例。

2. 突出了职业教育的特色。教材内容的组织围绕职业能力的形成，侧重于实际工作岗位操作技能的培养。

3. 遵循了形式服务于内容的原则。教材对理论的阐述以应用为目的，以够用为尺度。语言简洁明了、通俗易懂;版式生动活泼、图文并茂。

4.整套教材配有教学课件,读者可于人民交通出版社网站免费下载;每章后附有复习思考题,部分章节还附有实训内容。

希望该套教材的出版对全国职业院校城市轨道交通专业教材体系建设有所裨益。

全国城市轨道交通专业高职高专规划教材

编审委员会

2013年5月

前　言

本教材是按照高职土力学与地基基础课程教改的有关要求,在各高等职业院校积极践行和创新先进职业教育理念,深入推进"工学结合,校企合作"人才培养模式的大背景下,根据新的城市轨道交通工程技术专业人才培养方案及课程标准组织编写而成。

本教材力求体现如下特点:

(1)体系规范。以工学结合、校企合作所开发的教材为切入点,在课程标准和教学标准确定的框架下,改革教学内容和教学方法,突出专业教学的针对性,选定教材内容。

(2)内容先进性。用新观点、新思想审视和阐述教材内容,所选定的教材内容适应交通土建建设发展需要,反映土建类专业的新知识、新技术、新工艺和新方法。

(3)知识实用。以职业能力为本位,以应用为核心,以"必须、够用"为原则,教材紧密联系生产和生活实际,加强了教学的针对性,能与相应的职业资格标准相互衔接。

(4)使用灵活。体现教学内容弹性化,教学要求层次化,教材结构模块化;有利于按需施教,因材施教。

本教材将土力学与地基基础项目分解为:土的工程性质测试与现场鉴别、地基的应力与沉降计算、土的强度与地基土承载力的确定、土质边坡的稳定性评价、土压力与挡土墙设计、基础设计与施工、地基处理、土力学技能训练等8个学习情境。测试土的工程性质、土方填筑的压实控制、土的工程分类与鉴别、土中水及其渗透性、土中应力计算、地基的沉降变形计算、土的强度与测定方法、地基土承载力的确定、土质边坡的稳定性、土压力计算、挡土墙设计、浅基础、桩基础、沉井基础、一般地基处理、特殊地基的处理、土工试验等17个任务。

为紧密结合生产实践,本教材立足于《铁路工程地质勘察规范》(TB 10012—2007)、《铁路桥涵地基和基础设计规范》(TB 10002.5—2005)、《铁路桥涵施工规范》(TB 10203—2002)、《铁路路基设计规范》(TB 10001—2005)、《铁路工程岩土分类标准》(TB 10077—2001)、《湿陷性黄土地区建筑规范》(GB 50025—2004)、《建筑地基基础设计规范》(GB 50007—2011)、《铁路工程土工试验规程》(TB 10102—2004)、《岩土工程勘察规范》(GB 50021—2001)等,按照这些规范的要求及规定,通过一些基本技能的训练,使学生学会搜集、分析和运用有关的土质与土力学、地基基础资料，并能正确运用相关数据和资料进行相关工程的设计、施工和管理。

本教材由福建船政交通职业学院盛海洋担任主编并统稿，东南大学土木工程学院缪林昌教授担任主审。福建船政交通职业学院林婵华、李闽，天津铁道职业技术学院刘文贤，广东省交通职业技术学院王景梅，河北交通职业技术学院李现者副主编。河北交通职业技术学院王道远、袁金秀，广东省交通运输技师学院张丽华、陈州文参编。

具体编写分工情况：第一章、第二章第一节、第二章第四节、第三章，由福建船政交通职业学院盛海洋编写；第二章第二节由广东省交通运输技师学院陈州文编写；第二章第三节、第四章第一节、第二节、第七章第三节，第八章第二节，由河北交通职业技术学院李现者、王道远、袁金秀编写；第四章第三节、第五章，由福建船政交通职业学院林婵华编写；第六章，由广东交通职业技术学院王景梅编写；第七章第一节、第二节，由天津铁道职业技术学院刘文贤编写；第八章第一节由广东省交通运输技师学院张丽华编写；第九章由福建船政交通职业学院李闽编写。

教材在编写前，教材编写大纲曾在苏州"城市轨道交通专业教学与教材建设研讨会"得到与会代表的审议，并提出了宝贵的修改意见。教材在编写过程中，曾广泛征求过有关院校及勘察设计单位同行对编写大纲的意见，并得到了有关领导和部门的指导和帮助，同时附于书末的参考文献作者们对本书完成给予了巨大的支持，在此一并表示诚挚谢意。

由于编写时间和编者水平所限，书中缺点及不当之处在所难免，敬请读者批评指正。

编　者

2015 年 3 月

目　　录

第一章　概述……1
第一节　土力学与地基基础基本概念……1
第二节　本课程在工程建筑中的作用……3
第三节　本课程的特点和学习方法……3
思考题与习题……4
第二章　土的工程性质测试与现场鉴别……5
第一节　测试土的工程性质……5
思考题与习题……25
第二节　土方填筑的压实控制……26
思考题与习题……35
第三节　土的工程分类与鉴别……36
思考题与习题……43
第四节　土中水及其渗透性……43
思考题与习题……55
第三章　地基的应力与沉降计算……57
第一节　土中应力计算……57
思考题与习题……75
第二节　地基的沉降变形计算……77
思考题与习题……95
第四章　土的强度与地基土承载力的确定……97
第一节　土的强度与测定方法……97
思考题与习题……104
第二节　地基土承载力的确定……105
思考题与习题……115
第五章　土质边坡的稳定性评价……117
第一节　土质边坡的稳定性……117
思考题与习题……120
第六章　土压力与挡土墙设计……121
第一节　土压力计算……121
思考题与习题……135
第二节　挡土墙设计……135
思考题与习题……144
第七章　基础设计与施工……145

第一节　浅基础…… 145
思考题与习题…… 171
第二节　桩基础…… 172
思考题与习题…… 203
第三节　沉井基础…… 203
思考题与习题…… 218
第八章　地基处理…… 219
第一节　一般地基处理…… 219
思考题与习题…… 234
第二节　特殊地基的处理…… 234
思考题与习题…… 248
第九章　土力学技能训练…… 249
实训一　含水率试验…… 249
实训二　密度试验…… 251
实训三　颗粒密度试验…… 253
实训四　界限含水率试验…… 255
实训五　击实试验…… 258
实训六　固结试验…… 263
实训七　直接剪切试验…… 266
参考文献…… 270

第一章　概　述

学习重点

土力学与地基基础的定义；土力学与地基基础的关系；土力学与地基基础的研究内容和研究方法；土力学与地基基础的发展简史。

学习难点

土力学与地基基础的关系；土力学与地基基础的研究内容和研究方法。

第一节　土力学与地基基础基本概念

一、土质学与土力学

土质学、土力学都是研究土的学科，目的是解决工程建筑中有关土的工程技术问题。

土的形成经历了漫长的地质历史过程，它是地质作用的产物，是一种矿物集合体，是有多种组成的多相分散系统。其主要特征是分散性、复杂性和易变性，极易受到外界环境（温度、湿度等）的变化而发生变化。由于土的形成过程不同，加上自然环境的不同，使其性质具有极大的差异，而人类工程活动也会促使土的性质发生变异。因此在进行工程建设时，必须密切结合土的实际性质进行设计和施工，应准确预测因土性质的变异带来的危害，并加以改良，否则会影响工程的经济合理性和安全性。

土的作用或用途，一是作为地基支撑建筑物并承受建筑物传递来的荷载，二是作为建筑材料，三是作为建筑物周围的介质或环境。

土质学是地质学的一个分支，主要研究土的物质组成、物理—化学性质、物理—力学性质，以及它们之间的相互关系。土质学研究的内容主要包括：土的工程性质，工程性质指标的测试方法和测试技术，土的工程分类，土的工程地质性质在自然或人为因素作用下的变化趋势和变化规律，特殊土的工程特征等。

土力学是属于工程力学范畴的科学，是利用力学的基本原理和土工测试技术来研究土的物理性质和土受力后的应力、强度、变形、稳定、渗透性及其随时间的变化规律的一门学科。土力学研究的内容主要包括：土的应力与应变的关系、土的强度及土的变形和时间的关系、土在外荷作用下的稳定性计算等。

由于土力学研究的对象“土”是散粒体，属于三相体系，其力学性质与一般材料不同，在解决土工问题时，土力学很难像其他力学学科一样具备系统的理论和严密的数学公式，土力学常常要借助于工程实践经验的积累、现场试验以及室内土工试验来分析，所以，土力学是一门依赖于实践、理论与实际紧密结合的学科。

二、地基

地球上的所有建筑与土木工程,包括建筑物、构筑物、水电站、堤坝、桥梁、公路、铁路、地铁、隧道等,都是修建在地表或埋置于地层之中。建筑物的全部荷载最终由其下的地层来承担,承受建筑物全部荷载的那一部分地层称为地基(图 1-1)。地基分为天然地基和人工地基。

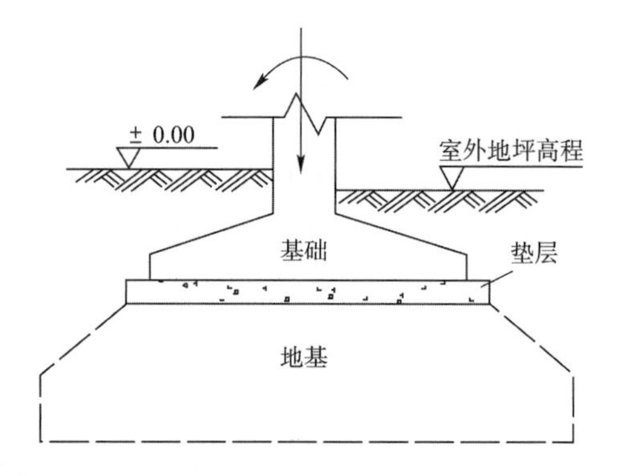

图 1-1　地基基础与建筑上部结构示意图

(1)天然地基。力学性能满足建筑物的承载和变形能力要求的地层称为天然地基。承载能力和抗变形能力是地层能否作为天然地基的基本要求。承载能力要求是指该地层必须具有足够的强度和稳定性以及相应的安全储备;抗变形能力要求是指该地层承受建筑物荷载后不能产生过量的沉降和过大的不均匀沉降。

(2)人工地基。当天然地层无法满足承受建筑物全部荷载的承载能力和变形能力基本要求时,可对一定深度范围内的天然地层进行加固处理,使其能发挥持力层作用,这部分地层经过人工改造后成为的地基称为人工地基。

三、基础

由于地层土的压缩性大、强度低而不能直接承担通过墙和柱等竖向传力构件传来的建筑物的上部结构荷载,所以只能在竖向传力构件(墙和柱等)等直接与地基的接触处设置一层尺寸大于墙或柱断面的结构来将荷载扩散后安全地传递给地基,这种埋入土层一定深度的建筑物向地基传递荷载的下部承重结构称为基础(图 1-1)。

基础是连接上部结构与地基的结构物,基础结构应符合上部结构使用要求,技术上合理且施工方便,可满足地基的承载能力和抗变形能力要求。基础按埋置深度和传力方式可分为浅基础和深基础。

(1)浅基础。相对埋深(基础埋深与基础宽度之比)不大,采用普通方法与设备即可施工的基础称为浅基础。如独立基础、条形基础、板式基础、筏式基础、箱形基础、壳体基础等。

(2)深基础。当建筑物荷载较大且上层土质较差,采用浅基础无法承担建筑物荷载时需将基础埋置于较深的土层上,通过特殊的施工方法将建筑物荷载传递到较深土层的基础称为深基础。如桩基础、沉井基础和地下连续墙等。

第二节　本课程在工程建筑中的作用

在城市轨道交通工程或道路的路基工程中,土是修筑路堤的基本材料,同时它又是支承路堤的地基。为了满足行车的要求,保证路基的强度及稳定性,需要研究土在重复荷载下的变形特性,并得到充分的压实。路堤的临界高度和边坡的取值,都与土的抗剪强度指标及土体的稳定性有关;采用碾压法压实填土时,其施工质量控制方法正是基于对土的击实特性的研究成果;挡土墙设计的主要外荷载即土压力的取用,需借助于土压力理论计算出符合实际的值,从而保证挡土墙的稳定。近年来,随着我国高速公路、高速铁路的大量修建,对路基的沉降计算与控制提出了更高的要求,而解决沉降问题需要对土的压缩特性进行深入的研究;软土地基的加固技术,需要对软土进行大量的试验研究和现场监测等。

在城市轨道交通工程中,地基与基础是建筑物的根基,又属于地下隐蔽工程,经济、合理的基础工程设计需要依靠土力学基本理论的支持;对于超静定的大跨度结构,基础的沉降、倾斜或水平位移是引起结构产生过大次应力的重要因素;整个结构的抗震设计,还需要研究土的动力特性。

从合理性来分析,建筑物基础形式的合理选择是保证基础安全性和经济性的关键。但是,如何做到合理选择基础形式还有许多工作要做。近 20 年来,国内外提出了许多新型的基础形式,这些工作为合理选择基础形式提供了技术支持。

从安全性来分析,地基与基础的质量好坏对建筑物安全性的影响是巨大的。一旦发生地基与基础质量事故,对其补救和处理十分困难,有时甚至无法补救。

由此可见,土力学与地基基础这门学科与土建工程建设有着十分密切的关系。地基和基础是建筑物的根基。地基的选择或处理是否正确,基础的设计与施工质量的好坏,均直接影响到建筑物的安全性、经济性和合理性。

第三节　本课程的特点和学习方法

一、本课程的特点

土力学与地基基础是一门理论性和实践性均较强的课程。本课程具有如下基本特点:

(1)在规划、勘探、设计、施工及使用阶段,土力学与地基基础问题是一个最基本的、需要分析和解决好的问题。

(2)地基基础属于隐蔽工程,其质量直接影响到结构安全,一旦发生质量问题,处理起来相当复杂和困难。

(3)地基土的条件千变万化,建筑场地一旦确定,均要根据该场地的地质条件来设计基础,所以通过地质勘探来了解地质条件是必不可少的工作。

(4)土力学与地基基础涉及的内容广泛,要有综合的知识。同时,理论知识与实践经验的结合是土力学与地基基础课程的又一大特点。土力学与地基基础与工程力学、建筑材料、建筑结构设计、施工技术、工程地质等有着密切的关系,应充分掌握上述学科的基本原理和相关关系,做好地基基础的设计与施工工作。

(5)本课程的知识更新周期较短。随着科技的发展,涌现了大量新的基础形式和地基基础新技术,这就要求不断学习,求真务实。

二、学习方法和建议

(1)掌握基本理论和方法。学会运用土力学及基础工程等基本原理和概念,结合结构设计方法和施工技术,提高分析问题和解决问题的能力。

(2)采用综合的思维方式来学习。要注意到土力学与地基基础学科与其他学科的联系,特别是结构设计、抗震设计等。这些学科中有许多概念和方法在地基基础设计时必须用到。

(3)理论与实践必须相结合。教学环节要分理论教学和实践教学,必要时可组织现场教学,参观施工现场。只有通过理论与实践的比较才能逐步提高认识、提高地基基础的设计与施工能力。

思考题与习题

1. 什么是土?土有何特征?
2. 什么是土力学?什么是地基?什么是基础?它们之间有何区别与联系?
3. 简述土力学与地基基础在工程建设中的作用。
4. 简述土力学与地基基础的研究内容。

第二章　土的工程性质测试与现场鉴别

学习目标

1. 掌握土的级配特征与颗粒分析；
2. 知道测定土的物理性质与物理状态指标的各种方法；
3. 完成土的物理性质与物理状态指标的常规实训任务；
4. 熟悉土的工程分类，知道巨粒土、粗粒土、细粒土的分类方案；
5. 掌握土的简易鉴别和描述方法；
6. 熟悉土的渗透性和击实性。

第一节　测试土的工程性质

学习重点

土的三相组成；土的粒组和颗粒级配；土的三相比例指标；土的物理性质指标及其换算；土的物理状态指标及其应用；无黏性土的密实度；黏性土的稠度与可塑性；土工试验成果及其应用。

学习难点

土的生成与特性的关系；土的三相比例指标；土的粒组和颗粒级配；土的物理性质指标之间的换算和计算方法；有关指标在工程中的应用；土的物理状态指标及其应用。

一、土的形成与特性

（一）土的形成

1. 形成作用

地球表面30～80km厚的范围是地壳。地壳中原来整体坚硬的岩石在阳光、大气、水和生物等因素影响下发生风化作用，使岩石崩解、破碎；经流水、风、冰川等动力搬运作用，在各种自然环境下沉积，形成固体矿物、水和气体的集合体称为土（体）。因此说：土是岩石风化的产物。

风化作用有下列三种：物理风化作用、化学风化作用和生物风化作用。

（1）物理风化作用。由于温度变化以及岩石孔隙、裂隙中水的冻融或盐类物质的结晶膨胀，使岩石发生的机械破碎作用，称为物理风化作用（图2-1）。

（2）化学风化作用。岩石在水溶液、氧及二氧化碳气体等的作用下，产生溶解、水解、水化及氧化等化学反应,不仅使岩石的形态发生变化,导致岩体破碎,而且能改变岩石的化学成分,形成新的矿物。包括溶解作用、水解作用、水化作用、碳酸化作用、氧化作用等。

(3)生物风化作用。生物风化作用是指生物在其生命过程中,直接或间接地对岩石所起的物理的和化学的破坏作用。生物风化包括生物的物理风化和生物的化学风化(图2-2)。

图2-1　温度风化使岩石逐渐崩解的过程示意图

图2-2　植物根劈作用

2. 土的主要成因类型及其特征

由于形成条件、搬运方式和沉积环境不同,自然界的土也就有不同的成因类型,可分为陆相沉积和海相沉积两类。

1)陆相沉积

陆相沉积即陆地环境下的沉积,包括:

(1)残积土(物)。指原岩表面经过风化作用而残留在原地的碎屑物。残积物主要分布在岩石出露地表,经受强烈风化作用的山区、丘陵地带与剥蚀平原。残积物组成物质为棱角状的碎石、角砾、砂粒和黏性土。残积物裂隙多、无层次、不均匀。如以残积物作为建筑物地基,应当注意不均匀沉降和土坡稳定问题。

(2)坡积土(物)。坡积物是片流和重力共同作用下,在斜坡地带堆积的沉积物。它是山区公路勘测设计中经常遇到的第四纪陆相沉积物中的一个成因类型。它顺着坡面沿山坡的坡脚或山坡的凹坡呈缓倾斜裙状分布,所以在地貌学上称为坡积裙。

坡积物的上部常与残积物相接,堆积的厚度也不均匀,一般上薄下厚。坡积物底面的倾斜度取决于基岩,颗粒自上而下呈现由粗到细的分选现象,其矿物成分与下伏基岩无关。作为地基时,坡积物易产生不均匀沉降,且极易沿下卧岩层面产生滑动面失稳。这些在工程设计、施工中都需要予以足够的重视。

(3)洪积土(物)。洪积物指由洪流搬运、沉积而形成的堆积物。洪积物一般分布在山谷中或山前平原上。在谷口附近多为粗颗粒碎屑物,远离谷口颗粒逐渐变细。这是因为地势越来越开阔,山洪的流速逐渐减慢之故。其地貌特征:靠谷口处窄而陡,离谷后逐渐变为宽而缓,形如扇状,称为洪积扇。洪积物作为建筑地基时,应注意不均匀沉降。

山前平原冲积洪积物,一般常有分带性,即近山一带为冲积和部分洪积的粗粒物质组成,向平原低地逐渐变为砂土和黏性土。

(4)冲积土(物)。冲积物是河流在搬运过程中,由于流速和流量的减小,搬运能力也随之降低,而使河水在搬运中的一部分碎屑物质从水中沉积下来而形成的堆积物。河流的冲积物(层)特征:磨圆度良好、分选性好、层理清晰。河流冲积物在地表分布很广,主要类型有如下几种。

①平原河谷冲积物。主要包括河床冲积物、河漫滩冲积物、河流阶地冲积物及古河道冲积物等。

河床冲积物:一般上游颗粒粗、下游颗粒细,因搬运距离长,颗粒具有一定的磨圆度。较粗的砂与砾石密度大,是良好的天然地基。

河漫滩冲积物:常具有上细下粗的二元结构,即下层为粗颗粒土,上层为细粒土,局部有腐殖土。

河流阶地冲积物:是由地壳的升降运动与河流的侵蚀、沉积作用形成的。

古河道冲积物:由河流截弯取直改道以后的牛轭湖逐渐淤塞而成。这种冲积物通常存在较厚的淤泥、泥炭土,压缩性高,强度低,为不良地基。

②山区河谷冲积物。山区河流一般流速大,河谷冲积物多为粗颗粒的漂石、砂卵石等,冲积物的厚度一般不超过15m。在山间盆地和宽谷中的河漫滩冲积物,主要为含泥的砾石,具有透镜体和倾斜层理构造。

③三角洲冲积物。河流搬运的大量物质在河口沉积而成三角洲冲积物,厚度达数百米以上,面积也很大。其冲积物质大致可分为三层:顶积层沉积颗粒较粗,中积层颗粒变细,底积层颗粒甚细,并平铺于海底。此种冲积物含水率高,承载力低。

(5)淤积土(物)。由湖沼沉积而形成的堆积物称为淤积物,主要包括湖相沉积物和沼泽沉积物等。湖相沉积物包括粗颗粒的湖边沉积物和细颗粒的湖心沉积物。后者主要为黏土和淤泥,夹粉砂薄层,呈带状黏土,强度低,压缩性高。湖泊逐渐淤塞和陆地沼泽化,演变成沼泽。沼泽沉积物即沼泽土,主要为半腐烂的植物残余物年复一年积累起来形成的泥炭所组成。泥炭的含水率极高,透水性很低,压缩性很大,不宜作为永久建筑物的地基。

(6)冰碛土(物)与冰水沉积土(物)。冰川融化,其搬运物就地堆积会形成冰碛物。巨大的石块和泥质混合在一起,粒度相差悬殊,缺乏分选,磨圆差,棱角分明,不具成层性;砾石表面常具有磨光面或冰川擦痕;砾石因长期受冰川压力作用而弯曲变形都是冰碛物的主要特点。

冰雪融化形成的水流可冲刷和搬运冰碛物进行再沉积,形成冰水沉积物。冰水沉积物具有一定程度分选和良好的层理。

(7)风积土(物)。风积物是指经过风的搬运而沉积下来的堆积物。风积物主要以风积砂为主,其次为黄土。其成分由砂和粉粒组成。其岩性松散,一般分选性好,孔隙度高,活动性强。通常不具层理,只有在沉积条件发生变化时才发生层理和斜层理,工程性能较差。

(8)混合成因的土(物)。混合成因的沉积物保持原成因特征,常见的有残积坡积土(物)、坡积洪积土(物)和洪积冲积土(物)等。

2)海相沉积

由河水带入海洋的物质和海岸风化后的物质以及化学、生物物质在搬运过程中随着流速逐渐降低在海洋各分区(滨海、浅海、陆坡、深海地区)中沉积下来的堆积物称为海洋沉积土。

滨海(海水高潮位时淹没、低潮位时露出的海洋地带)沉积土,主要由卵石、圆砾和砂等粗碎屑物质组成,有时含有黏性土夹层,具有基本水平或缓倾斜的层理构造,作为地基,强度较高;但在河流入海口地区常有淤泥沉积,这是河流带来的泥沙及有机物与海中有机物沉积的结果。

浅海（水深0～200m、宽度为100～200km的大陆架）沉积土，主要由细颗粒砂土、黏性土、淤泥和生物化学沉积物组成；离海岸越远，沉积物的颗粒越细小；该沉积土具有层理构造，其中砂土比滨海带更疏松，易发生流沙现象，其分布广，厚度不均匀，压缩性高；在浅海带近代沉积的黏土，则密度小、含水率高，因而其压缩性大、承载力低；而古老的黏土则密度大、含水率低，压缩性小，承载力高。

陆坡（浅海区与深海区之间过渡的陆坡地带，水深200～1000m、宽度100～200km）及深海（水深超过1000m的海洋底盘）的沉积物，主要为有机质淤泥，成分均一。

（二）土的一般特性

土的形成过程决定了它具有特殊的物理力学性质，与一般钢材、混凝土等建筑材料相比，土具有下面几个重要特性。

（1）散体性：颗粒之间无黏结或弱黏结，存在大量孔隙，可以透水、透气。由于土是一种松散的集合体，土的压缩性远远大于钢筋和混凝土等。

（2）多相性：土往往是由固体颗粒、水和气体组成的三相体系，三相之间质和量的变化直接影响它的工程性质。

（3）成层性：土粒在沉积过程中，不同阶段沉积物成分、颗粒大小及颜色等不同，而使竖向呈现成层的特征。

（4）变异性：土是在自然界漫长的地质历史时期演化形成的多矿物组合体，性质复杂，不均匀，且随时间还在不断变化。

（5）强渗透性：土的渗透性远比其他材料大，特别是粗粒土具有很强的渗透性。

（6）低承载力：土的抗剪强度较低，而土体的承载力实质上取决于土的抗剪强度，故土的承载力较低。

二、土的三相组成

在天然状态下，土是由固体、液体、气体三部分所组成的三相体系；或者，土是由固体相、液体相、气体相和有机质（腐殖质）相四相物质组成。固体部分即为土粒，由矿物颗粒或有机质组成，构成土的骨架。骨架间有许多孔隙，可为水和气体所填充。

土体三个组成部分本身的性质，以及它们之间的比例关系和相互作用决定土的物理力学性质。

（一）土的固体颗粒

土的固体颗粒即为土的固相，是土的主要组成部分。土颗粒的大小、形状、矿物成分及颗粒级配，对土的物理力学性质有明显的影响。

1. 土的矿物成分

土粒是组成土的最主要部分，土粒的矿物成分是影响土的性质的重要因素。矿物成分按成因可分为两大类：

（1）原生矿物：岩石经物理风化破碎但成分没有发生变化的矿物碎屑，如石英、长石、云母等，主要存在于卵、砾、砂、粉各粒组中。原生矿物是物理风化产物，化学性质比较稳定，具有较强的水稳定性。其中以石英砂粒强度最高，硬度最大，稳定性最好，而云母则最弱，石英和云母是粗颗粒土的主要成分。

(2)次生矿物:原生矿物在一定气候条件下经化学风化作用,使其进一步分解而形成一些颗粒更细小的新矿物,颗粒细小,比表面积大,活性强。其中高岭石、伊利石、蒙脱石这三种复合的铝—硅酸盐晶体(图2-3)是最重要的次生矿物,蒙脱石具有很强的亲水性,伊利石次之,高岭石亲水性最小,它们遇水膨胀,失水收缩。

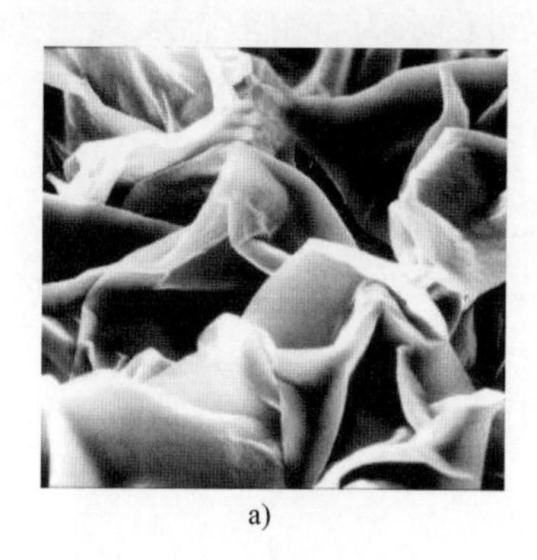
a)

b)

c)

图2-3　黏土颗粒

a)蒙脱石;b)伊利石;c)高岭石

黏土颗粒由于表面带电荷,其周围会形成一个电场,使得水中的阳离子被吸引分布在颗粒四周,发生定向排列。所以黏土矿物的表面性质直接影响土中水的性质,从而使黏性土具有许多无黏性土所没有的特性。

2. 土中的有机质

在岩石风化以及风化产物搬运、沉积过程中,常有动、植物的残骸及其分解物质参与沉积,成为土中的有机质。有机质易于分解变质,故土中有机质含量过多时,将导致地基或土坝坝体发生集中渗流或不均匀沉降。因此,在工程中常对土料的有机质含量提出一定的限制,筑坝土料中有机质含量一般不宜超过5%,灌浆土料应小于2%。

(二)土中的水

土中的水即为土的液相,分结合水和自由水两大类。

1. 结合水

结合水是指土粒表面由电分子引力吸附着的土中水。研究表明,细小土粒与周围介质相互作用使其表面带负电荷,围绕土粒形成电场。

在土粒电场范围内的水分子以及水溶液中的阳离子(如Na^{+}、Ca^{2+}等)一起被吸附在土粒周围。水分子是极性分子,受电场作用而定向排列,且越靠近土粒表面吸附越牢固,随着距离的增大,吸附力减弱,活动性增大。因此,结合水可分为强结合水和弱结合水,如图2-4所示。

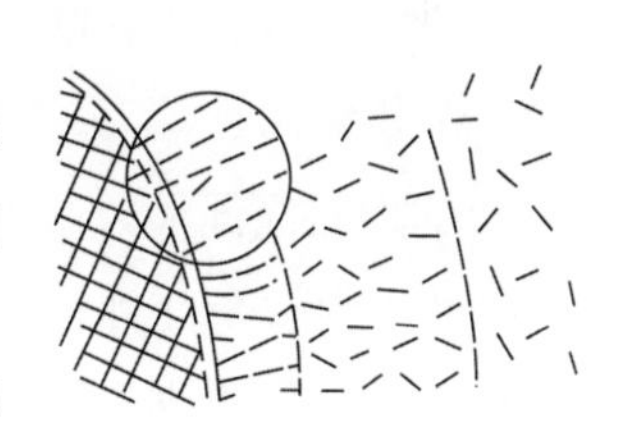

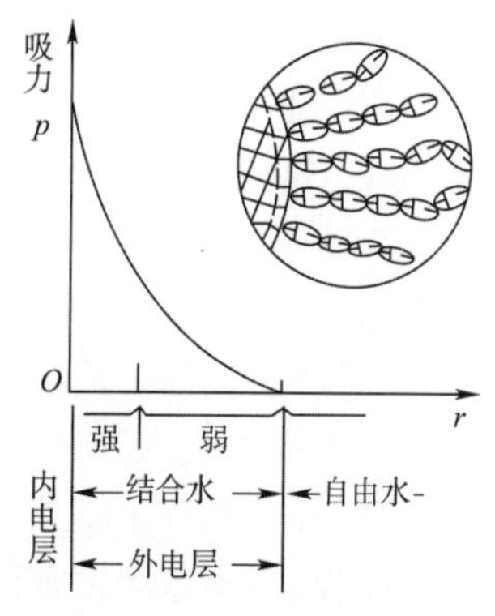

图2-4　结合水示意图

(1)强结合水:紧靠于颗粒表面的水分子,所受电场的作用力很大,几乎完全固定排列,丧失液体的特性而接近于固体,完全不能移动,这层水称为强结合水。其性质接近于固体,不能流动,不传递静水压力,具有很强的黏滞性、弹性和抗剪强度。它与结晶水的差别在于当温度高于100℃时它可以蒸发。

(2)弱结合水:强结合水以外,电场作用范围内的水。由于其呈黏滞体状态,在外力作用下弱结合水水膜能发生变形,但不因重力作用而流动。其存在是黏性土在某一含水率范围内表现出可塑性的原因。

2. 自由水

自由水是不受颗粒电场引力作用的水。在双电层影响以外的水为自由液态水,它主要受重力作用的控制,土粒表面吸引力居次要地位,这部分水称为非结合水(自由水),包括重力水和毛细水。

(1)重力水。重力水是在土的孔隙中受重力作用而自由流动的水,一般存在于地下水位以下的透水土层中。在地下水位以下的土,受到重力水的浮力作用,而使土中应力状态发生变化。因此,在基坑的施工中应注意重力水产生的影响。

(2)毛细水。毛细水是受到水与空气交界面处表面张力作用的自由水。毛细管现象是毛细管壁对水的吸力和水的表面张力共同作用的结果。

(三)土中气体

土中气体,即为土的气相,存在于土孔隙中未被水占据的部分,可分为与大气连通的非封闭气泡和与大气不连通的封闭气泡两种。

与大气连通的气体,其含量决定于孔隙的体积和孔隙被水填充的程度,它对土的性质影响不大;与大气隔绝的封闭气泡,它不易逸出,增大了土的弹性和压缩性,同时降低了土的透水性。在泥和泥炭土中,由于微生物的活动和分解作用,土中产生一些可燃气体(如硫化氢、甲烷等),使土层不易在自重作用下压密而形成高压缩性的软土层。

三、土的粒组和颗粒级配

(一)土的粒组

土是岩石风化的产物,是由无数大小不同的土粒组成,其大小相差极为悬殊,性质也不相同。为了便于研究,工程上通常把工程性质相近的一定尺寸范围的土粒划分为一组,称为粒组。粒组与粒组之间的分界尺寸称界限粒径。工程上广泛采用的粒组有:漂石粒、卵石粒、砾粒、砂粒、粉粒和黏粒。

(二)土的颗粒级配

自然界的土常包含几种粒组。土中各粒组的相对含量(用粒组质量占干土总质量的百分数表示),称土的颗粒级配。可以通过颗粒分析试验确定。

1. 颗粒分析方法

测定土中各粒组颗粒质量占该土总质量的百分数,确定粒径分布范围的试验称为土的颗粒大小分析试验,简称"颗分"试验。工程中,常用的颗粒级配分析方法有筛分法和比重计法两种。

筛分法适用于粒径大于0.075mm(或0.1mm,按筛的规格而定)的土。它是利用一套筛孔直径与土中各粒组界限值相等的标准筛(图2-5),将事先称过重量的烘干土样过筛,置振筛机上充分振摇后,称出留在各筛盘上的土粒质量,即可求得各粒组的相对百分含量。

比重计法适用于分析粒径小于0.075mm的土粒(图2-6)。它主要利用土粒在静水中下沉速度不同(粗粒下沉快,而细粒下沉慢)的原理,把不同粒径的土粒区别开来。其步骤是先分散团粒、制备悬液,然后用比重计测定悬液的密度,再根据司笃克斯(stokes)定律建立粒径与沉速的关系式,算出各粒组含量的百分比。

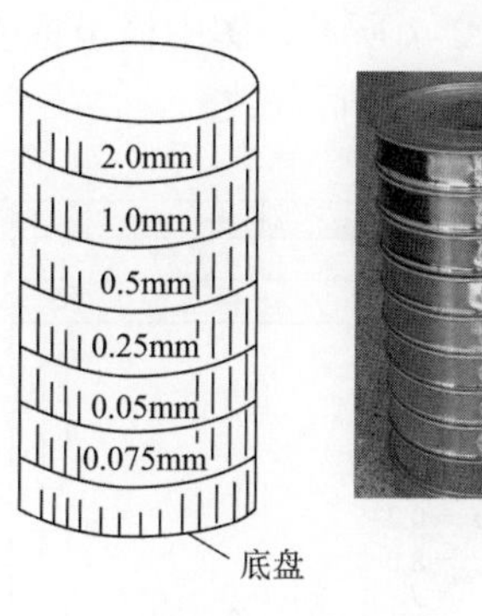

图 2-5　标准筛(细筛)

图 2-6　比重计法

如果土中同时含有粒径大于和小于 0.075mm 的土粒时,则需联合使用上述两种方法。

【例题 2-1】　取烘干土 200g(全部通过 10mm 筛),用筛分法求各粒组含量和小于某种粒径(以筛眼直径表示)土量占总土量的百分数。

【解】　(1)筛分结果列于表 2-1。

某种土的筛分结果　　表 2-1

筛孔直径(mm)	筛上土的质量(即粒组含量)(g)	筛下土的质量(即小于某粒径土的含量)(g)	筛上土的质量占土总质量的百分数(%)	小于该筛孔土的质量占土总质量的百分数(%)
5	10	190	5	95
2.0	16	174	8	87
1.0	18	156	9	78
0.5	24	132	12	66
0.25	22	110	11	5
0.10	38	72	19	36

(2)将表 2-1 中筛分试验的筛余量(即 72g 粒径小于 0.1mm 的土体)用比重计法进行分析,得到细粒土的粒组含量,见表 2-2。

细粒部分粒组含量　　表 2-2

粒组(mm)	0.1 ~ 0.05	0.05 ~ 0.01	0.01 ~ 0.005	<0.005
含量(g)	20	25	7	20

(3)两种分析方法相结合,就可以将一个混合土样分成若干个粒组,并求得各粒组的含量,见表 2-3。

某土样颗粒级配分析结果　　表 2-3

粒径(mm)	10	5	2	1.0	0.5	0.25	0.10	0.05	0.01	0.005
粒组含量(g)	10	16	18	24	22	38	20	25	7	20
小于某粒径土累积含量(g)	200	190	174	156	132	110	72	52	27	20
小于某粒径土占总土质量的百分比(%)	100.0	95.0	87.0	78.0	66.0	55.0	36.0	26.0	13.5	10.0

2. 土的级配曲线

颗粒分析试验的结果，常用颗粒级配累计曲线表示，如图 2-7 所示。图中横坐标表示粒径（用对数尺度），纵坐标表示小于某粒径的土粒质量占试样总质量的百分数。

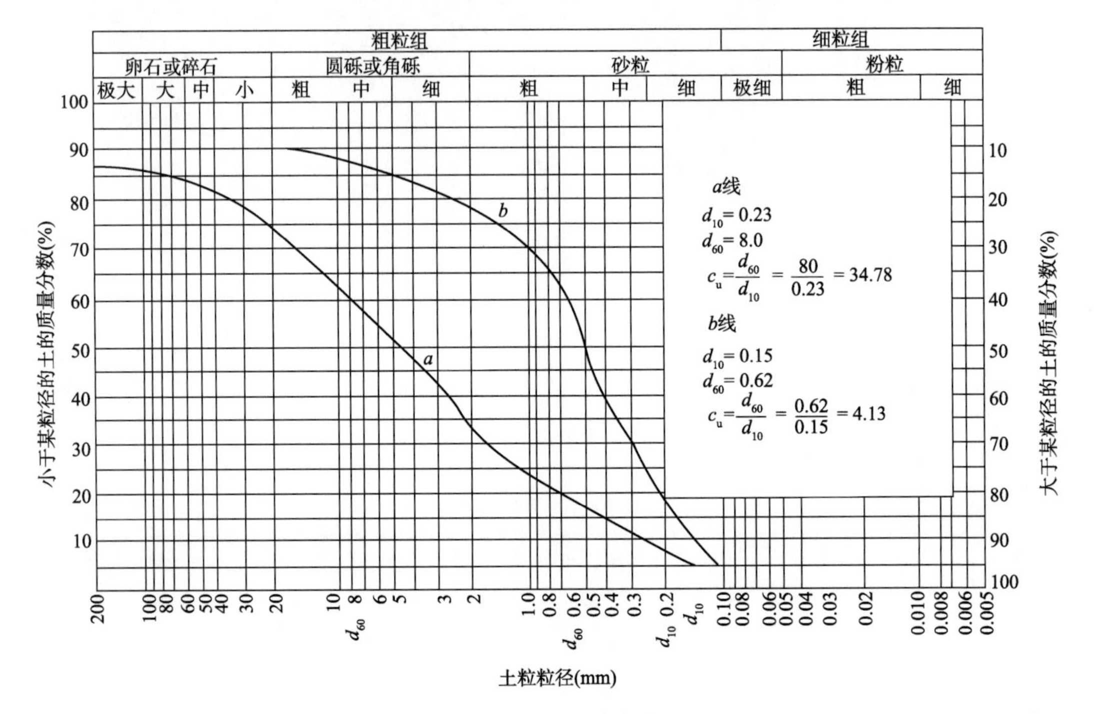

图 2-7　土的颗粒级配曲线图

颗粒级配累计曲线既可看出粒组的范围，又可得到各粒组的百分含量。

【例题 2-2】　按规范求出图 2-8 颗粒级配曲线①、曲线②所示土中各粒组的百分比含量，并分析其颗粒级配情况。

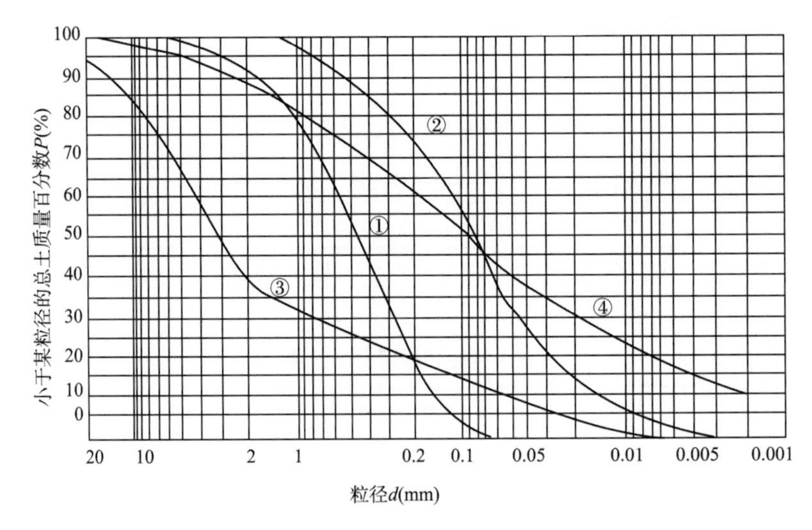

图 2-8　例题 2-2 图

【解】　由图 2-8 查得曲线①和②小于各界限粒径的含量分别为表 2-4 中(2)、(3)栏所示。

界限粒径的百分比含量 表 2-4

(1)	界限粒径 d(mm)		20	5	2	0.5	0.25	0.075	0.002
(2)	小于某粒径的百分数(%)	曲线①	100	99	92	54	25	2	0
(3)		曲线②	0	0	100	90	77	48	15

由表 2-4 计算得到各粒组含量的百分数如表 2-5 所示。

各粒组的百分比含量 表 2-5

(1)	粒组(mm)		20~5	5~2	2~0.5	0.5~0.25	0.25~0.075	0.075~0.002	≤0.002
(2)	各粒组含量(%)	曲线①	1	7	38	29	23	2	0
(3)		曲线②	0	0	10	13	29	33	15

3. 颗粒级配指标

常用的判别土的颗粒级配良好与否的指标有两个:不均匀系数 C_u 和曲率系数 C_c:

$$C_u = \frac{d_{60}}{d_{10}} \tag{2-1}$$

$$C_c = \frac{(d_{30})^2}{d_{60}d_{10}} \tag{2-2}$$

式中:d_{10}、d_{30}、d_{60}——级配曲线纵坐标上小于某粒径的土粒含量为 10%、30%、60% 时所对应的粒径值。其中 d_{10} 称为有效粒径;d_{60} 称为控制粒径。

不均匀系数 C_u 反映曲线的坡度,表明土粒大小的不均匀程度,其值越大,曲线越平缓,说明土粒越不均匀,即级配良好;其值越小,曲线越陡,说明土粒越均匀,即级配不良。一般认为不均匀系数 $C_u \geqslant 5$ 的土为级配良好土,$C_u < 5$ 的土为级配不良土。

曲率系数 C_c 反映的是颗粒级配曲线分布的整体形态,表示粒组是否缺失的情况,$C_c = 1 \sim 3$ 时,表明土粒大小的连续性较好;即 C_c 小于 1 或大于 3 时的土,颗粒级配不连续,缺乏中间粒径。因此,在土的工程分类中,用不均匀系数 C_u 及曲率系数 C_c 两个指标判别颗粒级配的优劣,《铁路工程土工试验规程》(TB 10102—2010)中规定:级配良好的土必须同时满足两个条件,即:$C_u \geqslant 5$ 且 $C_c = 1 \sim 3$;如不能同时满足这两个条件,则为级配不良的土。

级配良好的土,粗、细颗粒搭配较好,粗颗粒间的孔隙被细颗粒填充,易被压实到较高的密实度,因而,该土的透水性小,强度高,压缩性低。反之,级配不良的土,其压实密度小,强度低,透水性强而渗透稳定性差。

土粒组成和级配相近的土,往往具有某些共同的性质。所以,土粒组成和级配可作为土特别是粗粒土的工程分类和筑坝土料选择的依据。

四、土的结构与构造

(一)土的结构

土的结构是指土粒(或团粒)的大小、形状、互相排列及联结的特征。土的结构是在成土的过程中逐渐形成的,它反映了土的成分、成因和年代对土的工程性质的影响。土的结构按其颗粒的排列和联结可分为三种基本类型。

1. 单粒结构

单粒结构是碎石土和砂土的结构特征(图 2-9)。其特点是土粒间没有联结存在,或联结非常微弱(点与点的联结),可以忽略不计。疏松状态的单粒结构在荷载作用下,特别在振动荷载作用下会趋向密实,土粒移向更稳定的位置,同时产生较大的变形;密实状态的单粒结构在剪应力作用下会发生剪胀,即体积膨胀,密度变小。单粒结构的紧密程度取决于矿物成分、颗粒形状、粒度成分及级配的均匀程度。片状矿物颗粒组成的砂土最为疏松;浑圆的颗粒组成的土比带棱角的易趋向密实;土粒的级配越不均匀,结构越紧密。

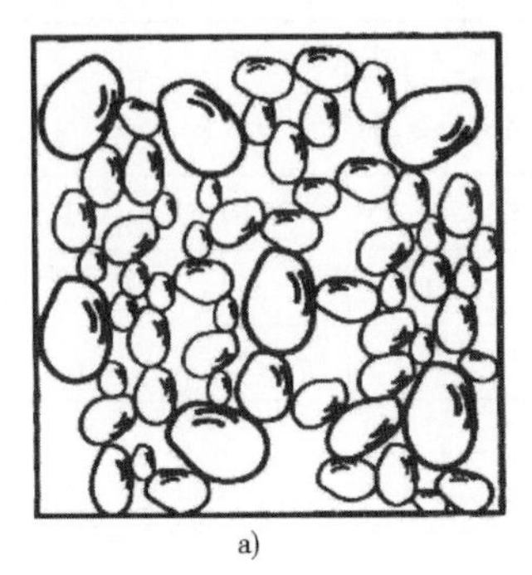

a)

b)

图 2-9 单粒结构

a)疏松状态;b)紧密状态

2. 蜂窝状结构

蜂窝状结构是以粉粒为主的土的结构特征(图 2-10),是较细的颗粒(粒径为 0.05 ~ 0.005mm)在水中因自重作用而下沉时,碰上别的正在下沉或已沉积的土粒,由于土粒间的引力大于下沉土粒的自重,则此颗粒就停留在最初的接触位置上不再下沉,逐渐形成链环状单元,很多这样的链环联结起来,便形成大孔隙的蜂窝状结构。

3. 絮状结构

絮状结构,又称絮凝结构(图 2-11),这是黏土颗粒特有的结构特征。细微的黏粒(粒径小于 0.005mm)大都呈针状或片状,重量极轻,在水中处于悬浮状态。当悬液介质发生变化时(如黏粒被带到电解质浓度较大的海水中),土粒表面的弱结合水厚度减薄,土粒互相聚合,以边—边、面—边的接触方式形成絮状物下沉,沉积为大孔隙的絮状结构。

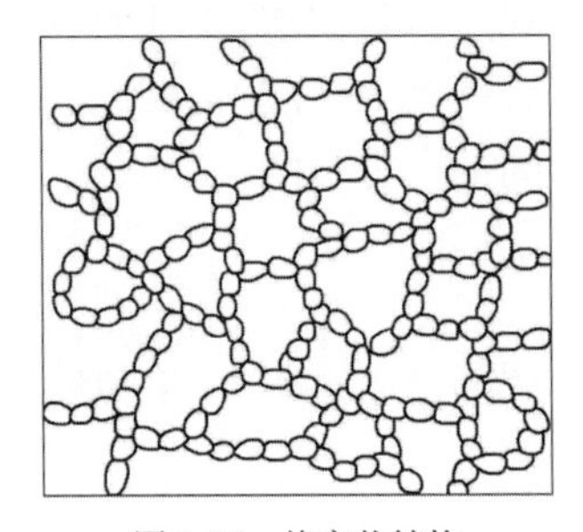

图 2-10 蜂窝状结构

图 2-11 絮状结构

具有蜂窝结构或絮状结构的土,孔隙较多,有较大的压缩性,结构破坏后强度降低很大,是工程性质极差的土。当孔隙比相同时,絮状结构较之蜂窝结构有较高的强度、较低的压缩性和较大的渗透性。因为当颗粒处于不规则排列状态时,粒间的吸引力大,不容易相互移动;同样的过水断面,絮状结构较之蜂窝结构流道少而孔隙的直径大。

土的结构形成以后,当外界条件变化时,土的结构会发生变化。例如,土层在上覆土层作用下压密固结时,结构会趋于更紧密的排列;卸载时土体的膨胀(如钻探取土时土样的膨胀或基坑开挖时基底的隆起)会松动土的结构;当土层失水干缩或介质变化时,盐类结晶胶结能增强土粒间的联结;在外力作用下(如施工时对土的扰动或切应力的长期作用)会弱化土的结构，破坏土粒原来的排列方式和土粒间的联结，使絮状结构变为平行的重塑结构，降低土的强度，增大压缩性。因此，在取土试验或施工过程中都必须尽量减少对土的扰动，避免破坏土的原状结构。

（二）土的构造

土的构造是指同一土层中物质成分和颗粒大小等都相近的各部分之间的相互关系的特征，常见的有下列几种。

（1）层理构造：是指土粒在沉积过程中，由于不同阶段沉积物质成分和颗粒大小不同，沿竖直方向呈层状分布特征。常见的有水平层理和交错层理。层理构造反映不同年代、不同搬运条件形成的土层，为细粒土的一个重要特征。

（2）裂隙构造：是指土体被许多不连续的小裂隙分割，裂隙中往往充填着盐类沉淀物的特征。不少坚硬和硬塑状态的黏性土具有此种构造，红黏土中网状裂隙发育一般可延伸至地下3～4m。黄土具有特殊的柱状裂隙。裂隙破坏了土的完整性，水容易沿裂隙渗漏，使地基土的工程性质恶化。

（3）分散构造：是指土层颗粒间无大的差别，分布均匀，性质相近，呈现分散状态特征。分散构造的土可看作各向同性体。如各种经过分选的砂、砾石、卵石等沉积厚度常较大，无明显的层理，常呈分散构造。

（4）结核状构造：在细粒土中掺有粗颗粒或各种结核的构造属结核状构造。如含礓石的粉质黏土、含砾石的冰渍黏土等均属结核状构造。

通常分散构造土的工程性质最好，结核状构造土工程性质的好坏取决于细粒土部分；裂隙状构造土中，因裂隙强度低、渗透性大，工程性质差。

五、土的物理性质指标

（一）土的三相简图

土的固体颗粒、水和气体是混杂在一起的。为方便说明和计算，将三相体系中分散交错的固体颗粒、水和气体分别集中在一起，按固相、液相和气相的质量和体积表示在土的三相图中（图2-12），图中各符号含义如下：

m——土的总质量；

m_w——土中水的质量；

m_s——土中固体颗粒的质量；

V——土的总体积；

V_a——土中气体所占的体积；

V_w——土中水所占的体积；

V_s——土中固体颗粒所占的体积；

$V_v = V_a + V_w$

$V = V_a + V_w + V_s = V_v + V_s$

$m = m_w + m_s$

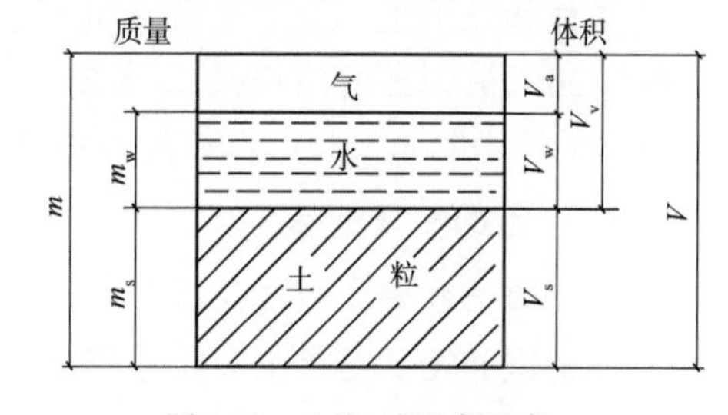

图2-12　土的三相比例示意

（二）三项基本物理性质指标

三项基本物理性质指标是指土的密度ρ、含水率w和土粒相对密度（比重）G_s，一般由试验室直接测定其数值。其他指标由实测指标换算，称换算（导出）指标。

1. 土的密度ρ与重度γ

土在天然状态下单位体积的质量称为土的密度，即

$$\rho = \frac{m}{V} \tag{2-3}$$

土的密度可用环刀法测定。天然状态下土的密度变化范围较大，其参考值为：一般黏性土$\rho = 1.8 \sim 2.0\text{g/cm}^3$；砂土$\rho = 1.6 \sim 2.0\text{g/cm}^3$。

工程中常用重度γ来表示单位体积土的重力，它与土的密度有如下关系：

$$\gamma = \rho g \tag{2-4}$$

式中：g——重力加速度，约等于9.807m/s^2，工程中一般取$g = 10\text{m/s}^2$。

天然重度的变化范围较大，与土的矿物成分、孔隙的大小、含水的多少等有关。一般γ在$16 \sim 20\text{kN/m}^3$之间。

2. 土粒相对密度（土的比重）

土粒相对密度也称为土粒比重，指土的固体颗粒质量与同体积4℃时纯水的质量之比。

$$G_s = \frac{m_s}{V_s \cdot \rho_w} = \frac{\rho_s}{\rho_w} \tag{2-5}$$

式中：ρ_s——土粒密度，即单位体积土颗粒的质量；

ρ_w——4℃时纯蒸馏水的质量。

因为$\rho_w = 1.0\text{g/cm}^3$，故实际上，土粒相对密度在数值上等于土粒密度，是无量纲数。

土粒相对密度常用比重瓶法测定。原理是：将风干碾碎的土样注入比重瓶内，由排出同体积的水的质量原理测定土颗粒的体积。土粒相对密度的变化范围不大，一般砂土为2.65～2.69，粉土为2.70～2.71，黏性土为2.72～2.75。土中有机质含量增加时，土的相对密度会减小。

3. 土的含水率

土中水的质量与土粒质量之比称为土的含水率，以百分数表示，即

$$w = \frac{m_w}{m_s} \times 100\% \tag{2-6}$$

室内测定一般用烘干法：先称小块原状土样的湿土质量，然后置于烘箱内维持100～105℃烘至恒重，再称干土质量，湿、干土质量之差与干土质量的比值就是土的含水率。

天然状态下土的含水率称土的天然含水率。一般砂土的天然含水率都不超过40%，以10%～30%最为常见；一般黏土大多在10%～80%之间，常见值为20%～50%。一般说来，同一类土（尤其是细粒土），当其含水率增大时，强度会下降。

（三）土的换算指标

1. 土的饱和密度和饱和重度

土的饱和密度是指土中孔隙完全被水充满时的密度。其常见值为$1.8 \sim 2.30\text{g/cm}^3$。

$$\rho_{sat} = \frac{m_s + V_v \cdot \rho_w}{V} \tag{2-7}$$

土的饱和重度是指土中孔隙完全被水充满时的重度。

$$\gamma_{sat} = \frac{m_s g + V_v \gamma_w}{V} \tag{2-8}$$

式中：$V_v\gamma_w$——充满土中全部孔隙的水重；

γ_w——4℃时纯水的重度，取$\gamma_w = 9.8\text{kN/m}^3$。

2. 土的浮重度(有效重度)

土在水下,受到水的浮力作用,其有效重量减小,因此提出了浮重度(即有效重度)的概念。土的浮重度(有效重度)是指在地下水位以下,土体受到水的浮力作用时的重度。

$$\gamma' = \gamma_{sat} - \gamma_w = \frac{m_s g + V_v \gamma_w - V\gamma_w}{V} \tag{2-9}$$

3. 土的干密度和干重度

土的干密度是指单位体积土中土颗粒的质量,单位为 g/cm³。

$$\rho_d = \frac{m_s}{V} \tag{2-10}$$

从式(2-10)可以看出,土的干密度值与土中含水多少无关,只取决于土的矿物成分和孔隙性,一般在1.4~1.7g/cm³之间。土的干密度越大,表明土体越密实,其强度就越高。在工程上常把干密度作为评定土体紧密程度的标准,以控制填土工程的施工质量。一般干密度达到1.50~1.65g/cm³以上,土就比较密实。

土的干重度是指单位体积土内土颗粒的重力,单位为 kN/m³。

$$\gamma_d = \frac{m_s g}{V} = \rho_d \cdot g \tag{2-11}$$

干重度能反映土的紧密程度。因此,工程上常用它作为控制填土施工质量的指标。

同一种土的各种重度在数值上有以下关系:

$$\gamma_{sat} > \gamma > \gamma_d > \gamma',\text{或}\rho_{sat} > \rho > \rho_d > \rho'$$

4. 孔隙率

土的孔隙率是指土中孔隙体积与土总体积之比,以百分数表示,即

$$n = \frac{V_v}{V} \times 100\% \tag{2-12}$$

一般粗粒土的孔隙率小,细粒土的孔隙率大。如砂类土的孔隙率一般为28%~35%;黏性土的孔隙率有时可高达60%~70%。

5. 孔隙比

土的孔隙比是土中孔隙体积与土粒体积之比,即

$$e = \frac{V_v}{V_s} \tag{1-13}$$

孔隙比 e 是个重要的物理性指标,可以用来评价天然土层的密实程度。一般 $e<0.6$ 的土是密实的低压缩性土;$e>1.0$ 的土是疏松的无压缩性土。

孔隙比和孔隙率都是用以表示孔隙体积含量的概念,两者有如下关系:

$$n = \frac{e}{1+e}\text{或}e = \frac{n}{1-n} \tag{2-14}$$

土的孔隙比或孔隙度都可用来表示同一种土的松、密程度。它随土形成过程中所受的压力、粒径级配和颗粒排列的状况而变化。一般来说,粗粒土的孔隙度小,细粒土的孔隙度大。

6. 饱和度

饱和度是土中水的体积与孔隙总体积之比,以百分数表示,即

$$S_r = \frac{v_w}{v_v} \times 100\% \tag{2-15}$$

饱和度越大,表明土中孔隙中充水越多,它在 0 ~ 100%;干燥时,$S_r=0$。孔隙全部被水充填时,$S_r=100\%$。

工程上将 S_r 作为砂土湿度划分的标准。

$S_r<50\%$　　稍湿的

$S_r=50\% \sim 80\%$　　很湿的

$S_r>80\%$　　饱和的

工程研究中,一般将 S_r 大于 95% 的天然黏性土视为完全饱和土;而砂土 S_r 大于 80% 时就认为已达到饱和了。

(四)物理性质指标间的换算

土的天然重度(或密度)γ、土粒比重 G_s 和含水率 w 通过试验测定后,其他指标由它们的定义并用土的三相关系,通过换算关系式导出求得。常用三相图进行各指标间的推导:令 $V_s=1$,则 $V=1+e$;$W_s=V_sG_s\gamma_w=G_s\gamma_w$,$W_w=wW_s=wG_s\gamma_w$,$W=G_s\gamma_w(1+w)$,将以上数值填入三相图中,则有

$$\gamma=\frac{W}{V}=\frac{G_s(1+w)\gamma_w}{1+e}$$

$$\gamma_d=\frac{W_s}{V}=\frac{G_s\gamma_w}{1+e}=\frac{\gamma}{1+w}$$

$$n=\frac{V_v}{V}=\frac{e}{1+e}$$

$$S_r=\frac{V_w}{V_v}=\frac{wG_s}{e}$$

常见土的三相比例换算公式见表 2-6。

土的三相比例换算公式　　表 2-6

指标名称	符号	表达式	单位	换算公式	备注
重度	γ	$\gamma=\frac{W}{V}$	kg/m^3	$\gamma=\frac{G_s+S_re}{1+e}$ $\gamma=\frac{G_s(1+w)}{1+e}\gamma_w$	试验直接测定
比重	G_s	$G_s=\frac{W_s}{V_s\gamma_w}$		$G_s=\frac{S_re}{w}$	试验直接测定
含水率	w	$w=\frac{W_w}{W_s}\times100\%$		$w=\frac{S_re}{G_s}\times100\%$ $w=(\frac{\gamma}{\gamma_d}-1)\times100\%$	试验直接测定
孔隙比	e	$e=\frac{V_v}{V_s}$		$e=\frac{G_s\gamma_w(1+w)}{\gamma}-1$ $e=\frac{G_s\gamma_w}{\gamma_d}-1$	
孔隙率	n	$n=\frac{V_v}{V}\times100\%$		$n=\frac{e}{1+e}\times100\%$ $n=\left(1-\frac{\gamma_d}{G_s\gamma_w}\right)\times100\%$	

续上表

指标名称	符号	表达式	单位	换算公式	备注
饱和度	S_r	$S_r=\frac{V_w}{V_v}\times 100\%$		$S_r=\frac{wG_s}{e}$ $S_r=\frac{w\gamma_d}{n}$	
干重度	γ_d	$\gamma_d=\frac{W_s}{V}$	kg/m³	$\gamma_d=\frac{\gamma}{1+w}$ $\gamma_d=\frac{G_s\gamma_w}{1+e}$	
饱和重度	γ_{sat}	$\gamma_{sat}=\frac{W_s+V_v\gamma_w}{V}$		$\gamma_{sat}=\frac{G_s+e}{1+e}\gamma_w$	
浮重度	γ'	$\gamma'=\gamma_{sat}-\gamma_w$		$\gamma'=\gamma_{sat}-\gamma_w$ $\gamma'=\frac{(G_s-1)\gamma_w}{1+e}$	

【例题 2-3】 某原状土样，经试验测得天然密度 $\rho=1.67\text{g/cm}^3$，含水率 $w=12.9\%$，土粒相对密度 $G_s=2.67$，求孔隙比 e、孔隙率 n 和饱和度 S_r。

【解】 画出三相简图(图 2-13)。

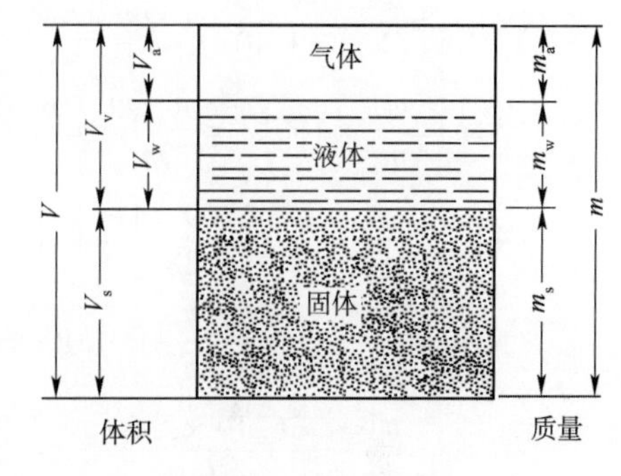

图 2-13 例题 2-3 图

(1)设土的体积 $V=1\text{cm}^3$，根据密度定义，由公式得

$$m=\rho\cdot V=1.67\text{g}$$

(2)根据含水率定义，由公式得

$$m_w=w\cdot m_s=0.129m_s$$

从三相简图有：$m_w+m_s=m$

$$0.129m_s+m_s=1.67\text{g}$$

$$m_s=\frac{1.67}{1.129}=1.48\text{g}$$

$$m_w=1.67\text{g}-1.48\text{g}=0.19\text{g}$$

(3)根据土粒相对密度定义，由公式得土粒密度

$$\rho_s=G_s\cdot\rho_w=2.67\times 1.0=2.67\text{g/cm}^3$$

$$V_s=\frac{m_s}{d_s}=\frac{1.48}{2.67}=0.554\text{cm}^3$$

(4)水的密度 $\rho_w=1.0\text{g/cm}^3$，故水的体积

$$V_w=\frac{m_w}{\rho_w}=\frac{0.190}{1.0}=0.190\text{cm}^3$$

(5)从三相简图可知：

$$V=V_s+V_w+V_a=1\text{cm}^3$$

故 $V_s=1-0.554-0.190=0.256\text{cm}^3$。

至此，三相简图中，三相组成的量，无论是体积或质量，均已算出，将计算结果填入三相简图中(图 2-14)。

(6)根据孔隙比定义，由公式得

$$e=\frac{V_v}{V_s}=\frac{V_a+V_w}{V_s}=\frac{0.256+0.19}{0.554}=0.805$$

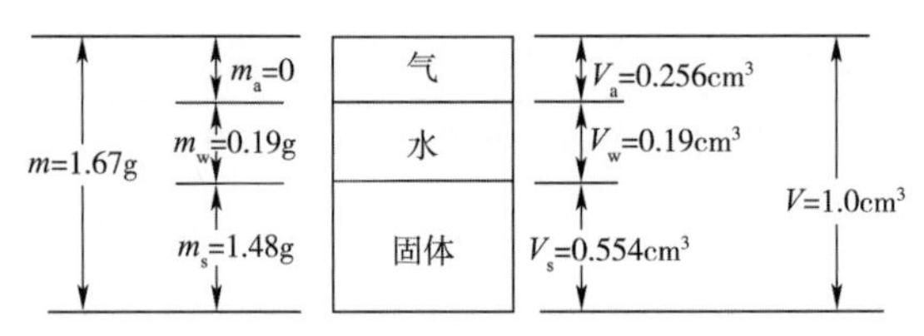

图 2-14　计算结果填入三相简图中

(7)根据孔隙率定义,由公式得

$$n=\frac{V_v}{V}\times100\%=\frac{V_a+V_w}{V}\times100\%=\frac{0.256+0.19}{1}\times100\%=44.6\%$$

(8)根据饱和度定义,由公式得

$$S_r=\frac{V_w}{V_v}\times100\%=\frac{V_w}{V_a+V_w}\times100\%=\frac{0.19}{0.256+0.19}\times100\%=42.6\%$$

【例题 2-4】　薄壁取样器取的土样,体积与质量分别为 38.4cm³ 和 67.21g,把土样放入烘箱烘干,并在烘箱内冷却到室温后,测得质量为 49.35g,土粒相对密度 $G_s=2.69$。试求土样的天然密度 ρ、干密度 ρ_d、含水率 w、孔隙比 e、孔隙率 n、饱和度 S_r。

【解】　(1)$\rho=\frac{m}{V}=\frac{67.21}{38.40}=1.750\text{g/cm}^3$

(2)$\rho_d=\frac{m_s}{V}=\frac{49.35}{38.40}=1.285\text{g/cm}^3$

(3)$w=\frac{m_w}{m_s}\times100\%=\frac{m-m_s}{m_s}=\frac{67.21-49.35}{49.35}\times100\%=36.19\%$

(4)$e=\frac{G_s\rho_w}{\rho_d}-1=\frac{2.69\times1}{1.285}-1=1.093$

(5)$n=\frac{e}{1+e}=\frac{1.093}{1+1.093}\times100\%=52.22\%$

(6)$S_r=\frac{wG_s}{e}=\frac{36.19\times2.69}{1.093}=89.07\%$

【例题 2-5】　某饱和黏性土的含水率 $w=38\%$,土粒相对密度 $G_s=2.71$,求土的孔隙比 e 和干重度 γ_d。

【解】　(1)根据题意该土的饱和度 $S_r=100\%$。

(2)由 $S_r=\frac{wG_s}{e}$,得孔隙比:

$$e=wG_s=0.38\times2.71=1.03$$

(3)干重度:

$$\gamma_d=\frac{G_s}{1+e}\gamma_w=\frac{2.71}{1+1.03}\times9.8=13.08\text{kN/m}^3$$

六、土的物理状态指标

土的物理状态指标,主要用于反映砂、砾石等无黏性土的松密和软硬程度以及黏性土的稠度(软硬程度)状态。

(一)无黏性土的密实度

无黏性土的密实状态对其工程性质影响很大,密实的砂土,结构稳定,强度较高,压缩性较小，是良好的天然地基；疏松的砂土，特别是饱和的松散粉细砂，结构常处于不稳定状态，容易产生流沙，在振动荷载作用下，可能会发生液化，对工程建筑不利。

描述砂土密实状态的指标可采用下述几种方法。

1. 孔隙比

孔隙比是判别砂土密实度最简便的方法，孔隙比越大，则土越松散（表2-7）。但用孔隙含量表示密实度的方法虽然简便却有其明显的缺陷，即没有考虑到颗粒级配这一重要因素对砂土密实状态的影响。

砂土密实度划分标准 表2-7

土的名称 \ 密实度	密实	中密	稍密	松散
砾砂、粗砂、中砂	$e<0.60$	$0.60\leqslant e\leqslant 0.75$	$0.75<e\leqslant 0.85$	$e>0.85$
细砂、粉砂	$e<0.70$	$0.70\leqslant e\leqslant 0.85$	$0.85<e\leqslant 0.95$	$e>0.95$

例如，两种级配不同的砂，假定第一种砂是理想的均匀圆球，不均匀系数 $C_u=1.0$，这种砂最密实时的排列如图2-15a）所示，这时的孔隙比 $e_1=0.35$。第二种砂同样是理想的圆球，但其级配中除大的圆球外，还有小的圆球可以充填于孔隙中，即不均匀系数 $C_u>1.0$，如图2-15b）所示。显然，这种砂最密实时的孔隙比 $e_2<0.35$。如果两种砂具有同样的孔隙比 $e=0.35$，对于第一种砂，已处于最密实的状态，而对第二种砂则不是最密实。

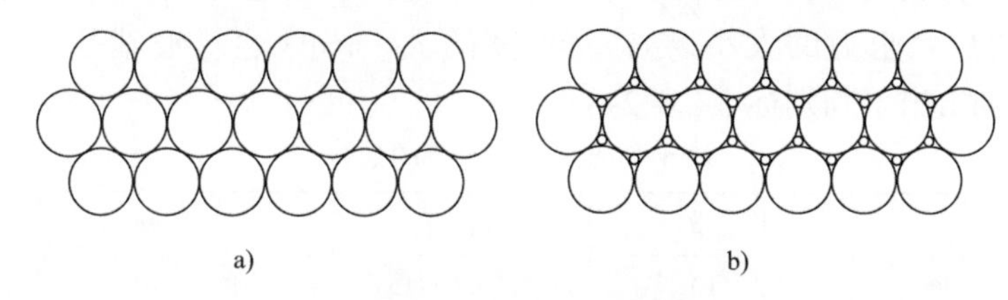

a) b)

图2-15 砂的最紧密堆积

a）非最密实；b）最密实的状态

2. 相对密实度

为了克服上述方法的局限性，工程上采用土的天然孔隙比 e 与该种土的最松状态孔隙比 e_{max} 和最密实状态下孔隙比 e_{min} 进行对比来判断其密实度，即相对密实度法。这种度量密实度的指标称为相对密实度 D_r，即

$$D_r=\frac{e_{max}-e}{e_{max}-e_{min}}=\frac{(\rho_d-\rho_{dmin})\rho_{dmax}}{(\rho_{dmax}-\rho_{dmin})\rho_d} \tag{2-16}$$

式中：e——砂土在天然状态下或某种控制状态下的孔隙比；

e_{max}——砂土在最疏松状态下的孔隙比，即最大孔隙比；

e_{min}——砂土在最密实状态下的孔隙比，即最小孔隙比。

当 $D_r=0$ 时，$e=e_{max}$，表示土处于最疏松状态；当 $D_r=1$ 时，$e=e_{min}$，表示土处于最密实状态。根据 D_r 值可把砂土的密实度状态分为下列三种：

$1\geqslant D_r>0.67$ 密实的

$0.67\geqslant D_r>0.33$ 中密的

$0.33\geqslant D_r>0$ 松散的

试验时，一般采用松散器法测定最大孔隙比 e_{max}，即将松散的风干土样通过长颈漏斗轻轻地倒入容器，避免重力冲击，求得土的最小干密度，再经换算得到最大孔隙比。

采用振击法测定最小孔隙比 e_{min}，即将松散的风干土样装入金属容器内，按规定方法振动和锤击，直至密度不再提高，求得土的最大干密度，再经换算得到最小孔隙比。

由于天然状态砂土的孔隙比 e 值难以测定，尤其是位于地表下一定深度的砂层测定更为困难。此外，按规程方法室内测定 e_{max} 和 e_{min} 时，人为误差也较大。因此，相对密实度这一指标在理论上虽然能够更合理地确定土的密实状态，但由于以上原因，通常多用于填方工程的质量控制中，对于天然土尚难以应用。

【例题 2-6】 某天然砂层，密度为 1.47g/cm^3，含水率为 13%，由试验求得该砂土的最小干密度为 1.20g/cm^3，最大干密度为 1.66g/cm^3。问该砂层处于哪种状态？

【解】 已知：$\rho = 1.47$，$w = 13\%$，$\rho_{dmin} = 1.20\text{g/cm}^3$，$\rho_{dmax} = 1.66\text{g/cm}^3$

由公式 $\rho = \dfrac{\rho}{1+w}$，得 $\rho_d = 1.30\text{g/cm}^3$。

$$D_r = \frac{(\rho_d - \rho_{dmin})\rho_{dmax}}{(\rho_{dmax} - \rho_{dmin})\rho_d} = \frac{(1.30-1.20)\times 1.66}{(1.66-1.20)\times 1.30} = 0.28 < 0.33$$

故该砂层处于疏松状态。

3. 动力触探指标

因为 e、e_{max} 和 e_{min} 都难以准确测定，天然砂土的密实度只能在现场进行原位标准贯入试验来进行确定。标准贯入试验是利用一定的锤击动能（锤重 63.5kg，落距 76cm），将一定规格的对开管式的贯入器打入土中，贯入器贯入土中 30cm 的锤击数记为 $N_{63.5}$，称为标贯击数。$N_{63.5}$ 的大小，反映土的贯入阻力的大小，亦即密实度的大小，如《建筑地基基础设计规范》（GB 50007—2011）分别给出了判别标准（表 2-8）。

砂土和碎石土密实度的划分 表 2-8

密 实 度	松 散	稍 密	中 密	密 实
按 N 评定砂土的密实度	$N \leqslant 10$	$10 < N \leqslant 15$	$15 < N \leqslant 30$	$N > 30$
按 $N_{63.5}$ 评定碎石土的密实度	$N_{63.5} \leqslant 5$	$5 < N_{63.5} \leqslant 10$	$10 < N_{63.5} \leqslant 20$	$N_{63.5} > 20$

注：1. N 值为未经过杆长修正的数值。

2. $N_{63.5}$ 为经综合修正后的平均值，适用于平均粒径小于或等于 50mm 且最大粒径不超过 100mm 的卵石、碎石、圆砾、角砾。

（二）黏性土的稠度

1. 稠度状态

黏性土随着含水率的变化，可具有不同的状态。当含水率很高时，土可成为液体状态的泥浆；随着含水率的减少，土的流动性逐渐消失，进入可塑状态，在外力作用下，土可以塑成任何形状而不产生裂缝，解除外力后仍保持其所塑形状；当含水率继续减小，土失去了可塑性，变成半固态；直至达到固态，体积不再收缩。这几种状态反映了黏性土的软硬程度或抵抗外力的能力，称为稠度，所以稠度是指黏性土在某一含水率下抵抗外力作用而变形或破坏的能力，是黏性土最主要的物理状态指标。

2. 界限含水率

黏性土由于其含水率的不同，而分别处于固态、半固态、可塑状态和流动状态。

黏性土从一种状态转变为另一种状态的分界含水率称为界限含水率。如图 2-16 所示，土由可塑状态变化到流动状态的界限含水率称为液限（或流限），用 w_L 表示；土由半固态变化到可塑状态的界限含水率称为塑限，用 w_p 表示；土由半固态不断蒸发水分，体积逐渐缩小，直到体积不再缩小时土的界限含水率称为缩限,用 w_s 表示。界限含水率首先由瑞典科学家阿特堡(Atterberg)提出,故这些界限含水率又称为阿特堡界限。

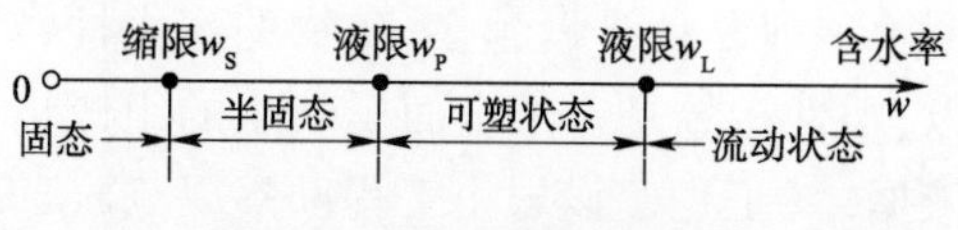

图 2-16　黏性土的界限含水率

3. 液限与塑限的测定

根据中华人民共和国国家标准《土工试验方法标准》(GB/T 50123—1999),对小于0.5mm的土试样的液塑限的确定方法有液塑限联合测定法、碟式仪液限法及滚搓法。

采用锥式液限仪(图 2-17)测定黏性土的液限时,是将调成浓糊状的试样装满盛土杯,刮平杯口面,使76g 重圆锥体(含有平衡球,锥角30°)在自重作用下徐徐沉入试样,如经过15s 圆锥沉入深度恰好为 10mm 时,该试样的含水率即为液限 w_L 值。

塑限多采用搓条法测定。把塑性状态的土重塑均匀后,用手掌在毛玻璃板上把直径10mm 土团搓成小土条,搓滚过程中,水分渐渐蒸发,若土条刚好搓至直径为 3mm 时产生裂缝并开始断裂,此时土条的含水率即为塑限 w_P 值。

由于上述方法采用人工操作,人为因素影响较大,测试结果不稳定,因此目前多采用液、塑限联合测定法。

联合测定法是采用光电式液塑限联合测定仪等,用 100g(或 76g)圆锥仪测定在 5s 时土在不同含水率时的圆锥下沉深度。在双对数坐标纸上绘制圆锥下沉深度和含水率的关系直线,《公路土工试验规程》(JTG E40—2007)规定,在直线上查得圆锥下沉深度为 20mm 处的相应含水率为液限(水电土工试验规程、铁路试验规程和国标试验规程为圆锥下沉深度为 17mm 或100mm 处的相应含水率为液限)。然后再将液限带入公式,计算出下沉深度 h_P,h_P对应的含水率为塑限 w_P(而水电土工试验规程圆锥下沉深度为 2mm 处的相应含水率为塑限)如图 2-18 所示。

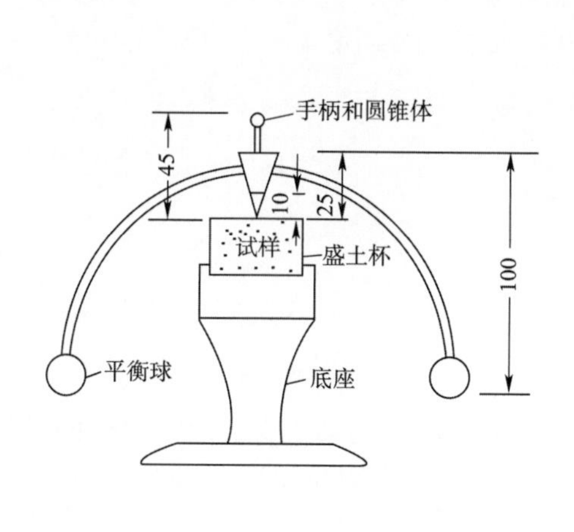

图 2-17　锥式液限仪(尺寸单位:mm)

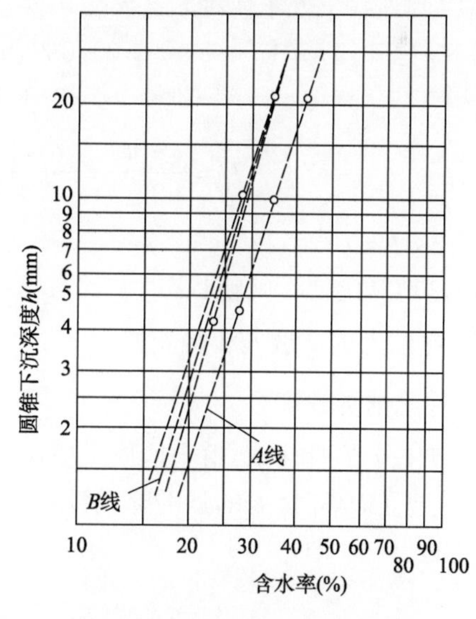

图 2-18　圆锥入土深度与含水率关系

4. 塑性指数与液限指数

(1)塑性指数 I_P。液限和塑限之差的百分数值(去掉百分号)称塑性指数,用 I_P表示,取整数,即

$$I_P = w_L - w_P \tag{2-17}$$

塑性指数表示处在可塑状态时土的含水率变化范围。其值越大,土的塑性越高。黏性土的塑性高低,与黏粒含量有关,一般黏粒含量越多,矿物的亲水性越强,结合水的含量越大,因而土的塑性也就越大。所以,塑性指数是一个全面反映土的组成情况的指标,因此,塑性指数可作为黏性土的工程分类依据。《工程建设岩土工程勘察规范》(DB33/T 1065—2009)按塑性指数 I_P将黏性土分为两类,$I_P>17$ 为黏土,$17 \geqslant I_P>10$ 为粉质黏土,$I_P \leqslant 10$ 为粉土或砂类土。

(2)液性指数 I_L。含水率对黏性土的状态有很大的影响,但对于不同的土,即使具有相同的含水率,也未必处于同样的状态。黏性土的状态可用液性指数来判别,定义式为

$$I_L = \frac{w - w_P}{w_L - w_P} = \frac{w - w_P}{I_P} \tag{2-18}$$

式中:I_L——液性指数,以小数表示;

w——土的天然含水率;

其余符号意义同前。

由式(2-18)可知:当 $w \leqslant w_P$ 时,$I_L \leqslant 0$,土处于坚硬状态;

当 $w > w_L$ 时,$I_L > 1$,土处于流动状态;

当 $w_P < w \leqslant w_L$ 时,即 I_L 在 0 与 1 之间时为可塑状态。

《工程建设岩土工程勘察规范》(DB33/T 1065—2009)按 I_L将黏性土的稠度状态划分如表 2-9所示。

按塑性指数值确定黏性土状态 表 2-9

状态	坚硬	硬塑	可塑	软塑	流塑
液限指数 I_L	$I_L \leqslant 0$	$0 < I_L \leqslant 0.25$	$0.25 < I_L \leqslant 0.75$	$0.75 < I_L \leqslant 1$	$I_L > 1$

【例题 2-7】 从某地基取原状土样,测得土的液限为 37.4%,塑限为 23.0%,天然含水率为 26.0%,问地基土处于何种状态?

【解】 已知:$w_C = 37.4\%$,$w_P = 23.0\%$,$w = 26.0\%$

$$I_P = w_L - w_P = 0.374 - 0.23 = 0.144 = 14.4$$

$$I_L = \frac{w - w_P}{I_p} = \frac{26 - 23.0}{14.4} = 0.21$$

由于 $0 < I_L \leqslant 0.25$

所以该地基土处于硬塑状态。

(三)黏性土的灵敏度和触变性

1. 黏性土的灵敏度

天然状态下的黏性土,由于地质历史作用,常具有一定的结构性。当土体受到外力扰动作用,其结构遭受破坏时,土的强度降低,压缩性增高。工程上常用灵敏度 S_t来衡量黏性土结构性对强度的影响。即

$$S_t = \frac{q_u}{q_0} \tag{2-19}$$

式中:S_t——黏性土的灵敏度;

q_u——原状土的灵敏度;

q_0——与原状土密度、含水率相同,结构完全破坏的重塑土的无侧限抗压强度。

灵敏度的分类见表2-10。

黏性土按灵敏度分类 表2-10

黏性土分类	不灵敏	低灵敏	中等灵敏	灵敏	很灵敏	流动
S_t	1	1~2	2~4	4~8	8~16	>16

土的灵敏度越高,其结构性越强,受扰动后土的强度降低就越明显。因此,在基础工程施工中必须注意保护基槽,尽量减少对土结构的扰动。

2. 黏性土的触变性

与结构性相关的是土的触变性。饱和黏性土受到扰动后,结构产生破坏,土的强度降低。但当扰动停止后,土的强度会随时间逐渐增长,这是由于土体中土颗粒、离子和水分子体系随时间而逐渐趋于新的平衡状态的缘故。也可以说,土的结构逐步恢复而导致强度的恢复。

这种黏性土结构遭到破坏、强度降低,但随时间发展土体强度恢复的胶体化学性质,称为土的触变性。例如,打桩时,会使周围土体遭到扰动,使黏性土的强度降低;而打桩停止后,土的强度会部分恢复,使桩的承载力提高。所以打桩时要"一气呵成",才能进展顺利,提高工效,这就是受土的触变性影响的结果。《建筑地基基础设计规范》(GB 50007—2011)规定:单桩竖向静荷载试验在预制桩打入黏性土中,开始试验的时间不得少于15d,对于饱和软黏土不得少于25d。

思考题与习题

1. 什么是土? 土是怎样形成的? 土中封闭的气体对工程有何影响?

2. 第四纪沉积土(物)的主要成因类型有哪几种?

3. 残积土(物)、坡积土(物)、洪积土(物)和冲积土(物)各有什么特征?

4. 土中水按性质可以分为哪几类? 它们各有什么特点?

5. 何谓土粒粒组? 土粒六大粒组划分标准是什么? 各规范规定为何有差异?

6. 什么是土的颗粒级配? 什么是土的颗粒级配曲线? 为什么级配曲线用半对数坐标?

7. 不均匀系数和曲率系数表示什么? 如何判定土的级配好坏?

8. 何谓土的结构? 土的结构有哪几种类型? 它们各有何特征?

9. 什么是土的物理性质指标? 土的各项物理性质指标是如何定义的?

10. 在土的三相比例指标中,哪些指标是直接测定的? 其余指标的导出思路是什么?

11. 黏性土的物理状态指标是什么? 何谓黏性土的稠度?

12. 什么是液性指数? 如何用其来评价土的工程性质?

13. 什么是塑性指数? 其工程用途是什么?

14. 无黏性土最主要的物理状态指标是什么? 比较用孔隙比 e、相对密实度 D_r 和标准贯入试验击数 $N_{63.5}$ 来划分密实度各有何优缺点?

15. 用体积为 $60cm^3$ 的环刀切取土样,测得其质量为110g,烘干后质量为93g,土样相对密度为2.70,求该土样的含水率、湿重度、饱和重度、干重度。

16. 某饱和土样的含水率 $w=40\%$,饱和重度 $\gamma_{sat}=18.3kN/m^3$,试用三相简图求它的孔隙比 e 和土粒的比重 G_s。

17. 已知某原状土的物理性质指标:含水率 $w=28.1\%$,重度 $\gamma=18.76kN/m^3$,土粒相对密度为 $G_s=2.72$,试求该土的孔隙比 e、干重度 γ_d、饱和重度 γ_{sat},并求当土样完全饱和时的含水率 w。

18. 用体积为 $50cm^3$ 的环刀取得原状土样，其湿土重为 0.95N，烘干后重为 0.75N，用比重计法测得土粒重度为 $26.6kN/m^3$，问该土样的重度、含水率、孔隙比及饱和度各为多少？

19. 某原状黏性土试样的室内试验结果如下：相对密度为 $G_s = 2.70$，土样湿的和烘干后的重力分别为 2.10N 和 1.25N。假定湿的土样饱和度 $S_r = 0.75$，试确定试样的总体积 V、孔隙比 e 和孔隙率 n。

20. 有土样 1000g，它的含水率为 6.0%，若使它的含水率增加到 16.0%，问需要加多少水？

21. 有一砂土层，测得其天然密度为 $1.77g/cm^3$，天然含水率为 9.8%，土粒相对密度为 2.70，烘干后测得最小孔隙比为 0.46，最大孔隙比为 0.94，试求天然孔隙比和相对密度，并判别土层处于何种密实状态。

22. 从干土样中称取 1000g 的试样，经标准筛充分过筛后称得各级筛上留下来的土粒质量如下表 2-11 所示。试求土中各粒组的质量的百分含量，与小于各级筛孔径的质量累积百分含量。

各级筛上留下来的土粒质量 表 2-11

筛孔径(mm)	2.0	1.0	0.5	0.25	0.075	底盘
各级筛上的土粒质量(g)	100	100	250	350	100	100

第二节 土方填筑的压实控制

学习重点

影响土压实的因素；路基压实标准的评定方法；路基填料的选择；土的击实试验操作和试验报告整理。

学习难点

路基填料的选择；土的压实试验操作和试验报告整理。

一、土的击实性

（一）土压实的工程意义

在实际工程建设中，经常遇到填土问题，如公路、铁路路基的填筑等。而路基在施工过程中，通过挖、运、填等工序后，造成土料的天然结构被破坏，且呈现松散状态，使土料之间留下许多孔隙。因此，必须利用机械对土基进行压实，使土颗粒重新排列，使之互相靠近、挤紧，使小颗粒填充于大颗粒土的孔隙中，使空气排出，从而达到使土的孔隙减小，形成新的密实体，令内摩擦力和黏聚力增加，使土基强度增加，稳定性提高。

路基压实强度高，可以减免自然沉降或荷载作用下土基产生进一步压实；可以明显减少小土体的透水性，增加土基水稳定性；能在一定程度上防止因季节因素造成的病害，而为线路的正常工作创造有利条件。筑路材料绝大部分是松散材料，压实的质量决定土基和各筑路材料层强度和稳定性的高低。因此，土基和各种筑路材料层都必须进行良好的压实，达到规范和施工设计的压实度。

在工程建设中，经常遇到填土或软弱地基，为了改善这些土的工程性质，采用压实的方法使土变得密实，这是一种经济合理的改善土的工程性质的方法。这里所说的使土变密实的方法是指采用人工或机械对土施以压实能量（如夯、碾、振动等），使土在短时间内颗粒重新排列变密,获得最佳结构以改善和提高土的力学性能。对填土进行压实是在工程建设中经常遇到的问题,如路堤、土坝,以及某些建筑物如桥台、挡土墙、埋设管道基础的垫层或回填土等,都是以土作为建筑材料,按一定要求和范围进行堆填而成。填土不同于天然土层,因为经过挖掘、搬运之后,原状结构已被破坏,含水率也已经发生变化,堆填时必然在土团之间留下许多孔隙。未经压实的填土强度低,压缩性大而且不均匀,遇水也容易发生坍塌、崩溃等现象。为使其满足工程要求,必须按一定标准压实。特别是像路堤这样的土工构筑物,在列车的频繁运行和反复动荷载作用下,可能出现不均匀或过大的沉陷或坍塌,甚至失稳滑动,从而恶化运营条件以及增加维修养护工作量。所以路堤填土必须具有足够密度以确保行车平顺、安全。

(二)土的击实性

土的力学性质是土在外力作用下所表现的特性,主要包括在静荷载压力作用下的压缩性和抗剪性,以及在动荷载作用下的压实性。在一定含水率的条件下,以人工或机械的方法对土施加夯实、振动作用使土在短时间内压实获得最佳结构,以此来改善和提高土的力学性能,使土体达到密实程度的性质称为土的击实性。工程上一般通过现场碾压试验或室内击实(轻型、重型)实验来研究土的击实性。

土是三相体,其中土颗粒为骨架,颗粒之间的空隙由水分和气体填充,碾压时在外力作用下,使土颗粒重新组合彼此挤紧,空隙缩小,土体便形成密实的整体。路堤压实是填方路基填筑中最重要的工序,对路基的质量起着决定性的影响。填方路堤施工实践证明,经压实的路堤状态有如下变化:

(1)土体的强度大大增加。通过压实的土体空隙变小,有效面积增大,强度提高。

(2)压实使土基的塑性变形明显减少。

(3)压实使土的透水性降低,毛细上升高度减少。

土的物理性质是土的最基本的性质,随着土的组成的不同和三项比例指标的不同,土表现出不同的物理性质,比如:土的干湿、轻重、松密和软硬等。而土的这些物理性质某种程度上又确定了土的工程性质。比如:松散、湿软地层,土的强度低、压缩性大;反之,强度大、地基承载力高、压缩性小;土颗粒大(无黏性土),地层的渗透性大,地基稳定性好、承载力大;土颗粒细(黏性土),则地层的渗透性小,地基稳定性差;土颗粒大小不均匀(级配好)则土在动荷载作用下,易于压实。

二、影响土压实的因素

天然结构的土,经过挖、运、填等工序后变为松散状态,必须将路基填土碾压密实,保证路堤获得必需的强度和稳定性。如果路基压实不好,基础不稳定,将会影响轨道的平顺性。对于细粒土填筑的路基,影响压实效果的因素有内因和外因两方面。内因是指土质和湿度,外因是指压实功能(如机械性能、压实时间与速度、土层厚度)及压实时的自然和人为因素等。概括来说,影响土体压实效果的主要因素有:土质的含水率、碾压层厚度、压实机械的类型和功能、碾压遍数和地基强度等。

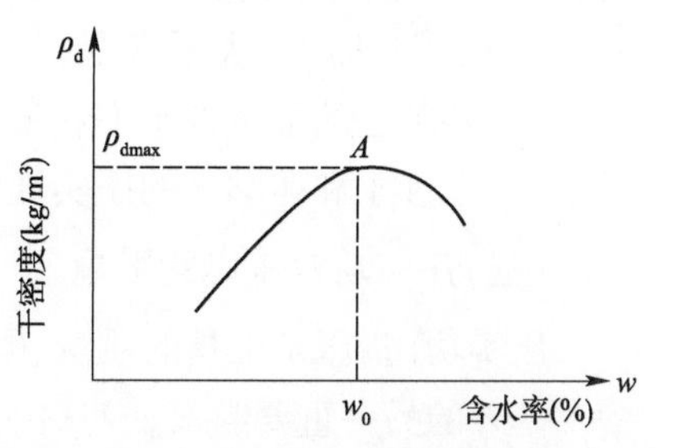

图2-19 干密度与含水率关系曲线

(一)含水率对压实的影响

通过室内击实试验绘制出密实度(干密度)与含水率之间的关系曲线,如图2-19所示。在一定击实功的作用下,土体只有在适量含水率的情况下,才能达到最大的干密度,此时的干密度为最大干密度 ρ_{dmax},其对应的含水率为最优含水率 w_0。也可以说:土在一定压实功作用下,只有在最优含水率时,才能达到最好的压实效果,即可得到最大密实度。试验统计证明:最优含水率 w_0 与土的塑限 w_p 有关,大致为 $w_0 = w_p + 2$。土中黏土矿物含量大,则最优含水率越大。

含水率的大小对击实效果的影响显著。可以这样来说明:当含水率较小时,水处于强结合水状态,土粒之间摩擦力、黏结力都很大,土粒的相对移动有困难,而不易被击实。当含水率增加时,水膜变厚,土块变软,摩擦力和黏结力也减弱,土粒之间彼此容易移动。故随着含水率增大,土的击实干密度增大,至最优含水率时,干密度达到最大值。当含水率超过最优含水率后,水所占据的体积增大,限制了颗粒的进一步接近,含水率越大水占据的体积越大,颗粒能够占据的体积越小,因而干密度逐渐变小。由此可见,含水率不同,则改变了土中颗粒间的作用力,并改变了土的结构与状态,从而在一定的击实功能下,改变着击实效果。

因而在施工现场,用某种压路机压实含水率过小的土,要达到高的压实度较困难。如含水率超过最优含水率时,要达到高的压实度同样困难,并经常会发生"弹簧"现象而不能压实。

(二)土质对压实的影响

土是固相、液相和气相的三相体,即以土粒为骨架、以水和气体占据颗粒间的孔隙。当采用压实机械对土施加碾压时,土颗粒彼此挤紧,孔隙减小,顺序重新排列,形成新的密实体,粗粒土之间摩擦和咬合增强,细粒土之间的分子引力增大,从而土的强度和稳定性都得以提高。在同一压实功能作用下,含粗粒越多的土,其最大干密度越大,而最优含水率越小,即随着粗粒土的增多,击实曲线的峰点越向左上方移动。

土的颗粒级配对压实效果也有影响。颗粒级配越均匀,压实曲线的峰值范围就越宽广而平缓;对于黏性土,压实效果与其中的黏土矿物成分含量有关;添加木质素和铁基材料可改善土的压实效果。

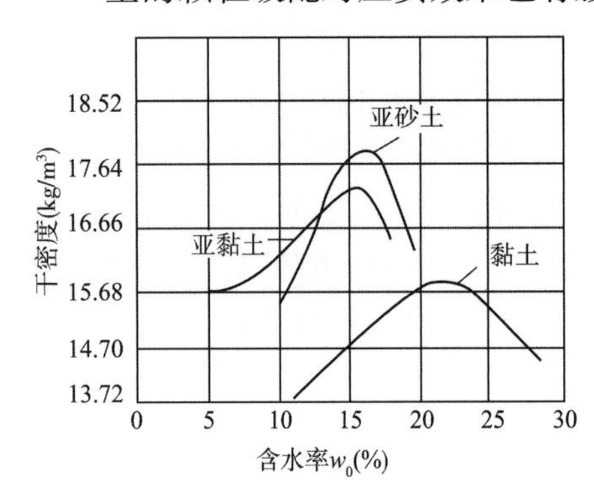

图 2-20 不同土质的 ρ_d—w 关系曲线

砂性土也可用类似黏性土的方法进行试验。干砂在压力与振动作用下,容易密实;稍湿的砂土,因有毛细压力作用使砂土互相靠紧,阻止颗粒移动,击实效果不好;饱和砂土,毛细压力消失,击实效果良好。

土的性质不同,其干密度和含水率就不相同,室内标准击实试验表明,不同土质的最优含水率和最大干密度不相同,如图 2-20 所示。

(1)土中的粉粒,黏粒含量越多,土的塑性指数越大,土的最优含水率越大,同时最大干密度越小。因此,一般情况下砂性土的最优含水率小于黏性土的最优含水率,而砂性土的最大干密度大于黏性土的最大干密度。

(2)各种土的最优含水率和最大干密度虽不同,但击实曲线相类似。

(3)亚砂土和亚黏土的压实性能较好,是理想的筑路用土。

(三)压实功对压实的影响

压实功(指压实工具的质量、碾压次数或锤落高度、持续时间等)对压实效果的影响,是除含水率外的另一重要因素。若在一定限度内增加压实功,则可降低含水率数值,提高最佳密实度的数值。对于同一类土,其最优含水率和最大干密度随压实功而变化,如图 2-21 所示。

图中曲线表明，在不同的击实功能下，曲线的形状不变，同一种土的最优含水率随压实功的增加而减少，最大干密度随压实功能的增大而增大，并向左上方移动。此外，在相同含水率情况下，压实功越高干密度越大。根据这一特性，在施工中，如土中的含水率低于最优含水率，加水较困难时，可采用增加击实功的方法，提高土的压实度，即采用重碾或增加碾压次数。然而用增加压实功的办法来提高土的密实度是有限度的。当压实功增加到一定程度时，土的密实度增加缓慢；如压实功过大，反而会破坏土基结构。相比之下，严格控制最优含水率，要比增加压实功收效大得多。

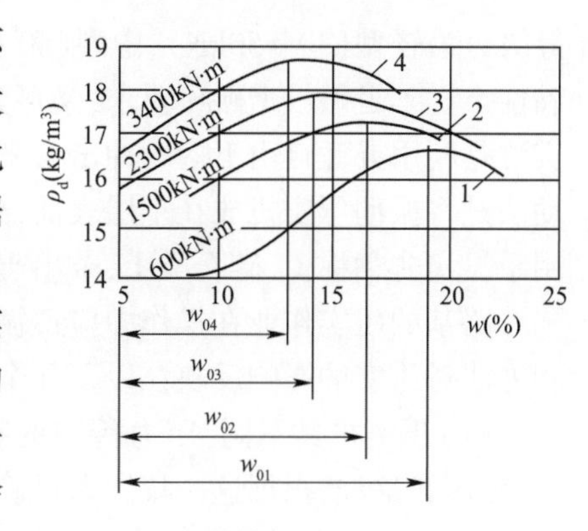

图 2-21 不同压实功的 ρ_d—w 关系曲线

(四)碾压时的温度对压实的影响

在路基碾压过程中，温度升高可使被压土中的水黏滞度降低，从而在土粒间起润滑作用，易于压实。但气温过高时，又会由于水分蒸发太快而不利于压实。温度低于0℃时，因部分水结冰，产生的阻力更大，起润滑作用的水更少，因而也得不到理想的压实效果。同一种土壤的最优含水率随温度不同而有所变化。

(五)压实土层的厚度对压实的影响

压实厚度对于压实效果具有明显影响。相同压实条件下(土质、湿度与功能不变)，实测土层不同深度的密实度得知，密实度随深度递减，表层5cm最高。不同压实工具的有效压实深度有所差异。根据压实工具类型、土质及土基压实的基本要求，路基分层压实的厚度、有具体规定的数值。一般情况下，人工夯实不宜超过15cm，8~12t光面压路机，不宜超过20cm，12~15t光面压路机，不宜超过25cm，重型振动压路机或夯击机，宜50cm为限。实际施工时的压实厚度应通过现场试验确定，根据土类及压实厚度不同确定合适的松铺厚度。

土所受的外力作用，随深度增加而逐渐减弱，当超过一定范围时，土的密实度将不再提高，这个有效的压实深度与土质、含水率、压实机械的构造特征等因素有关，所以正确控制碾压铺层厚度，对于提高压实机械生产率和填筑路基质量十分重要。

(六)地基或下承层强度对压实的影响

在填筑路堤时，若地基没有足够的强度，路堤的第一层难以达到较高的压实度，即使采用重型压路机或增加碾压遍数，也只能是事倍功半，甚至使碾压土层起"弹簧"。因此，对于地基或下承层强度不足的情况，填筑路堤时通常采取以下措施处理：

(1)填筑路堤之前，应先碾压地基。

(2)若地基有软弱层，则应用砂砾(碎石)层处理地基。

(3)路堑处路槽的碾压，应先铲除30~40cm原状土层并碾压地基后，再分层填筑压实。

(七)压实机械和方法对压实的影响

填土的压实方法有碾压发、夯实和振动。平整场地等大面积填土工程多采用碾压法，对小面积的填土工程则宜采用夯实法和振动压实法。相应的压实机械也可分为碾压式、夯击式和振动式三大类型。

碾压法是采用机械滚轮的压力压实土壤，使之达到所需的密实度。碾压机械有平碾、羊足碾和气胎碾等。平碾又称光碾压路机，是一种以内燃机为动力的自行式压路机。平碾按重力等级分为轻型(30~50kN)、中型(60~90kN)和重型(100~140kN)三种,适用于压实砂类土和黏性土。羊足碾根据碾压要求,又可分为空筒及装砂、注水三种,适用于对黏性土的压实。夯实法是利用夯锤自由下落的冲击力来夯实土壤,适用于工程量小或作业面受限制的土基。振动法是将振动压实机放在土层表面,土颗粒在振动作用下发生相对位移而达到紧密状态。适用于振实非黏性土、碎石类土、杂填土。

路基的压实作业在操作中应遵循"先轻后重、先慢后快、先边后中"的原则。各压实机械和方法对压实的影响反映在以下几个方面:

(1)压实机具不同,压力传布的有效深度不同。夯击式机具的压力传布最深,振动式次之,碾压式最浅,根据这一特性即可确定各种机具的最佳压实度。

(2)压实机具的质量较小时,碾压遍数越多(即时间越长),土的密实度越高,但密实度的增长速度则随碾压遍数的增加而减小,并且密实度的增长有一个限度,达到这个限度后,继续以原来的压实机具对土体增加压实遍数,则只能引起弹性变形,而不能进一步提高密实度。从工程实践来看,一般碾压遍数在6遍以前,密实度增加明显,6~10遍增长较慢,10遍以后稍有增长,20遍后基本不增长。压实机具较重时,土的密实度随碾压遍数增加而迅速增加,但超过某一极限后,土的变形即急剧增加而达到破坏,机具过重以至超过土的强度极限时,将立即引起土体破坏。

(3)碾压速度越高,压实效果越差。碾压速度越高,变形量越小,土的黏性越大,影响就越显著。因此,为了提高压实效果,必须正确规定碾压的行驶速度。

根据压实的原理,正确运用压实特性,按照不同的要求,选择适应不同土质的压实机具,确定最佳压实厚度,碾压遍数和速度,准确地控制最优含水率,以指导压实的施工工作。

三、路基填筑压实质量标准与填料选择

(一)路基填筑压实质量标准

铁路路基是轨道的基础,其主要作用是满足轨道的铺设要求,承受轨道荷载和列车动荷载的作用,并提供列车运营的必要条件。路基工作状态的好坏,直接影响到状态的好坏以及线路状态的优劣,所以路基必须满足稳定、坚固、不出现有害变形等条件。为了便于检查和控制压实质量,铁路路堤(图2-22)的压实标准必须满足《铁路路基设计规范》(TB 10001—2005)要求。

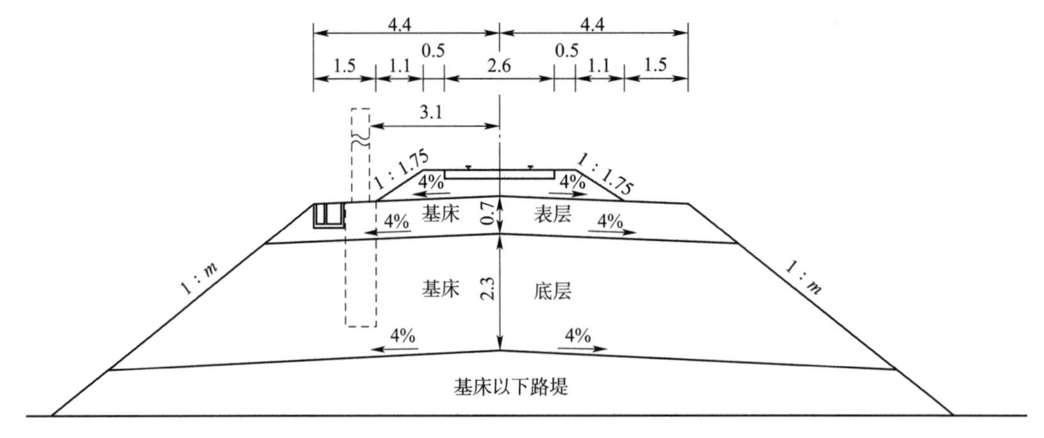

图2-22 铁路路堤示意图(尺寸单位:m)

根据《铁路路基设计规范》(TB 10001—2005),铁路路堤基床的压实度标准见表2-12,铁路路堤基床以下填料的压实标准见表2-13。

路堤基床的压实标准 表 2-12

基床	压实指标	细粒土、粉砂、改良土		砂类土（粉砂除外）		砾石类		碎石类		块石类	
		Ⅰ级	Ⅱ级	Ⅰ级	Ⅱ级	Ⅰ级	Ⅱ级	Ⅰ级	Ⅱ级	Ⅰ级	Ⅱ级
基床表层	压实系数 K	—	(0.93)	—	—	—	—	—	—	—	—
	地基系数 K_{30}(MPa/m)	—	(100)	—	110	150	140	150	140	—	—
	相对密度 D_r	—	—	—	0.8	—	—	—	—	—	—
	孔隙率(%)	—	—	—	—	28	29	28	29	—	—
基床底层	压实系数 K	(0.93)	0.91	—	—	—	—	—	—	—	—
	地基系数 K_{30}(MPa/m)	(100)	90	100	100	120	120	130	130	150	150
	相对密度 D_r	—	—	0.75	0.75	—	—	—	—	—	—
	孔隙率(%)	—	—	—	—	31	31	31	31	—	—

注：细粒土、粉砂、改良土一栏中，有括号的仅为改良土的压实标准，无括号的为细粒土、粉砂、改良土的压实标准。

路堤基床以下部位填料的压实标准 表 2-13

填筑部位	压实指标	细粒土、粉砂、改良土		砂类土（粉砂除外）		砾石类		碎石类		块石类	
		Ⅰ级	Ⅱ级	Ⅰ级	Ⅱ级	Ⅰ级	Ⅱ级	Ⅰ级	Ⅱ级	Ⅰ级	Ⅱ级
不浸水部分	压实系数 K	0.90	0.90	—	—	—	—	—	—	—	—
	地基系数 K_{30}(MPa/m)	80	80	80	80	110	110	120	120	130	130
	相对密度 D_r	—	—	0.7	0.7	—	—	—	—	—	—
	孔隙率(%)	—	—	—	—	32	32	32	32	—	—
浸水部位及桥梁两端	压实系数 K	—	—	—	—	—	—	—	—	—	—
	地基系数 K_{30}(MPa/m)	—	—	(80)	(80)	(110)	(110)	(120)	(120)	(130)	(130)
	相对密度 D_r	—	—	(0.7)	(0.7)	—	—	—	—	—	—
	孔隙率(%)	—	—	—	—	(32)	(32)	(32)	(32)	—	—

注：括号内为砂类土（粉砂除外）、砾石类、碎石类、块石类中渗水土填料的压实标准；一次性铺设无缝线路的Ⅰ级铁路，路堤与桥台、路堤与硬质岩石路堑连接处过渡段填料的压实标准应满足《铁路路基设计规范》（TB 10001—2005）第7.5.3条规定。

（二）路基填料的选择

路堤施工时的填料分类应符合现行《铁路路基设计规范》（TB 10001—2005）的有关规定，填料的野外和室内试验也应按现行《铁路路基施工规范》（TB 10001—2005）的规定办理，填料应根据填筑部位及要求达到的压实度标准综合确定。路堤各部分及护坡道均应分层填筑并应碾压至规定的压实标准，不同填料的压实厚度及碾压工艺应通过试验段合理确定。

1. 路基填料的工程分类

路基的填料按土石性质和颗粒分为岩块、粗粒土和细粒土。此外，还可按填料的渗水性分为渗水土和非渗水土两类。非渗水土主要指细粒土，包括粉砂、黏砂。路基填料的工程分类详见表 2-14。

路基填料分类表

表 2-14

填料 类别		填料 名称	符号	说明	填料组别
岩块	块石类	硬块石	Rh	粒径大于 200m 颗粒的质量超过总质量的 50%，不易风化，尖棱状为主	A
岩块	块石类	软块石	RS	粒径大于 200m 颗粒的质量超过总质量的 50%，易风化，尖棱状为主	B、C、D
岩块	块石类	漂石土	RbF	粒径大于 200m 颗粒的质量超过总质量的 50%，浑圆或圆棱状为主	A、B、C
岩块	碎石类	卵石土	RgF	粒径大于 20m 颗粒的质量超过总质量的 50%，浑圆或圆棱状为主	A、B、C
岩块	碎石类	碎石土	RcF	粒径大于 20m 颗粒的质量超过总质量的 50%，尖棱状为主	A、B、C
粗粒土	砾石类	圆砾土	GcF	粒径大于 2mm 颗粒的质量超过总质量的 50%，浑圆或圆棱为主	A、B、C
粗粒土	砾石类	角砾土	GfF	粒径大于 2mm 颗粒的质量超过总质量的 50%，尖棱状为主	A、B、C
粗粒土	砂类	砾砂	SG	粒径大于 20mm 颗粒的质量占总质量的 25% ~50%	A、B
粗粒土	砂类	粗砂	Sc	粒径大于 0.5mm 颗粒的质量超过总质量的 50%	A、B
粗粒土	砂类	中砂	Sm	粒径大于 0.25mm 颗粒的质量超过总质量的 50%	A、B
粗粒土	砂类	细砂	Sf	粒径大于 0.075mm 颗粒的质量超过总质量的 85%	B
粗粒土	砂类	粉砂	SM	粒径大于 0.075mm 颗粒的质量超过总质量的 50%，细粒土部分以粉粒为主	C
粗粒土	砂类	黏砂	SC	粒径大于 0.075mm 颗粒的质量超过总质量的 50%，细粒土部分以黏粒为主	B
细粒土	粉土类	砂粉土	MS	塑性图 *A* 线以下，*C* 线以左	B
细粒土	粉土类	粉土	M	塑性图 *A* 线以下，*B*、*C* 线之间	C
细粒土	粉土类	黏粉土	MC	塑性图 *A* 线以下，*B* 线以右	D
细粒土	黏土类	砂黏土	CS	塑性图 *A* 线以上，*C* 线以左	B
细粒土	黏土类	粉黏土	CM	塑性图 *A* 线以上，*B*、*C* 线之间	C
细粒土	黏土类	黏土	C	塑性图 *A* 线以上，*B* 线之右	D
细粒土	有机土		Wu	有机质含量大于 5%	E

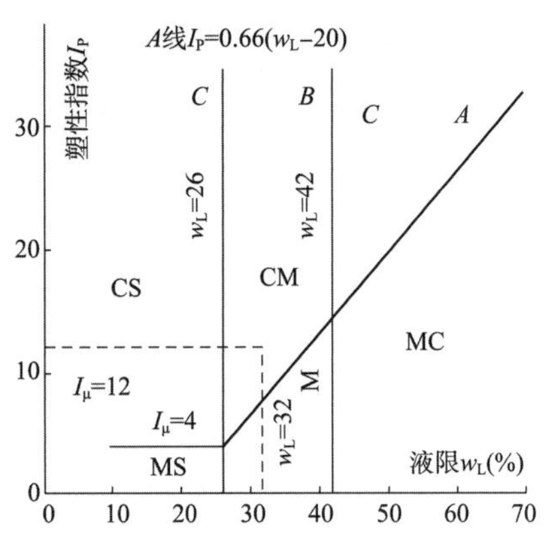

2. 路基填料的选择

填料选择的好坏是决定能否形成坚固、稳定的路堤的重要因素。根据表 2-3 的分类，为了便于工程施工时的选择应用与管理，增强填料的适用性，根据填料本身的风化程度及级配的优劣，将其归纳为 5 个组别，具体见表 2-15 所示。

由图 2-23 铁路路堤示意图可以看出，铁路路堤基床包括基床以下路堤、基床底层、基床表层三部分组成。基床填料使用范围应满足表 2-16 的规定，基床以下路堤应满足表 2-17 的规定。

铁路路基填料的 5 个组别　　表 2-15

填料		组　成	说明
组别	性质		
A	优质填料	硬块石,级配良好的漂石土、卵石土、碎石土、砾石土、砂砾、砂砾和粗中砂	
B	良好填料	不易风化的硅质或钙质胶结的软块石,级配不良的漂石土、卵石土、碎石土、砾石土、砂砾、砂砾和粗中砂,细粒土含量在 15% ~30% 的漂石土、卵石土、碎石土和砾石土,细砂、黏砂、砂粉土和砂黏土	
C	可使用填料	易风化的泥质胶结的软块石,细粒土含量在 15% ~30% 的漂石土、卵石土、碎石土、砂砾土、粉砂、粉土、粉黏土	
D	不宜填料	风化严重的软块石、黏粉土、黏土	如使用,需改良
E	严禁使用填料	有机土	有机质含量大于 5%

基床填料使用范围　　表 2-16

填料类别名称		条件说明		地区年平均降水量(mm)			
				不大于 500		大于 500	
				表层	底层	表层	底层
岩块	硬块石			宜	可	宜	可
	软块石	微风化(非泥质岩石)		宜	可	宜	可
		弱风化		不得	可	不得	可
		强风化		严禁	不得	严禁	不得
	漂石土	细粒土含量小于 30%		宜	可	宜	可
	卵石土	细粒土含量小于 15%		宜	可	宜	可
	碎石土	细粒土含量在 15% ~30%		宜	可	宜	可
粗粒土	圆砾土	细粒土含量大于 30%	$I_P \leq 12, w_L \leq 32$	不宜	可	不宜	可
	角砾土		$I_P > 12, w_L > 32$	不宜	可	不得	可
	砾砂、粗砂、中砂	级配良好		宜	可	宜	可
		级配不良		宜	可	宜	可
	细砂			不宜	可	不宜	可
	粉砂			不宜	可	不宜	可
	黏砂			宜	可	宜	可
细粒土	砂粉土			宜	可	宜	可
	砂黏土	$I_P \leq 12, w_L \leq 32$		宜	可	宜	可
		$I_P > 12, w_L > 32$		可	可	不得	可
	粉土、粉黏土	$I_P \leq 12, w_L \leq 32$		不宜	可	不宜	可
		$I_P > 12, w_L > 32$		不宜	可	不得	可
	黏粉土、黏土			严禁	不得	严禁	不得
	有机土			严禁	严禁	严禁	严禁

注:1. 基床表层所用块石、漂石类填料是指其中粒径小于和等于 150mm 部分;

2. I_P——塑性指数;w_L——液限。

基床以下路堤填料使用范围 表 2-17

填料类别名称		条件说明	不浸水部分	浸水部分
岩块	硬块石		宜	宜
	软块石	微风化(非泥质岩石)	宜	可
		弱风化	可	不宜
		强风化	不得	不得
	漂石土、卵石土	细粒土含量小于15%,级配良好	宜	宜
	碎石土、圆砾土	细粒土含量小于15%~30%,级配不良	宜	不宜
粗粒土	角砾土	细粒土含量大于30%	可	不宜
	砾砂、粗砂、中砂		宜	宜
	细砂	有防止振动液化和增强水稳性等措施	宜	可
		无防止振动液化和增强水稳性等措施	可	不得
	粉砂	有防止振动液化和增强水稳性等措施	可	不宜
		无防止振动液化和增强水稳性等措施	不宜	不得
	黏砂		宜	不宜
细粒土	砂粉土、砂黏土		宜	不宜
	粉土、粉黏土		可	不宜
	黏粉土、黏土		不得	不得
	有机土		严禁	严禁

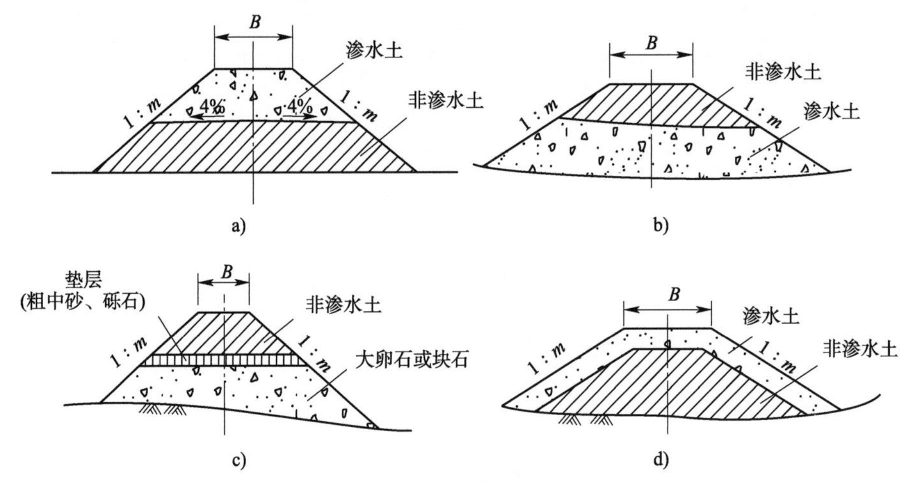

图 2-23　不同类土填筑的路基断面形式

基床表层填料中不得含有粒径大于 150mm 的石块。当需要利用表列不宜使用的填料时,应按设计规定采取封闭、改良土质等措施。各部分及过渡段对填料的选择要求如下:

①选择基床下路堤填料应符合以下 3 条要求:基床以下路堤应选用 A、B 组填料和 C 组块石、碎石、砾石类填料;对不符合要求的填料或填料虽符合要求但达不到压实标准的应采取改良措施;填石路基中填料的粒径不得大于 30cm,其抗风化能力及风化程度应根据现行《铁路工程岩土试验规程》(TB 10115)试验及现行《铁路工程地质勘察规范》(TB 10012)进行鉴定。强风化的软岩不得使用于路基填筑,易风化的岩块不得用于路堤浸水部分,不同尺寸的

石渣填料应级配填筑。使用岩块、粗粒土中漂石块、卵石块、碎石块、圆砾土、角砾土作填料时，其料源调查时的级配以产地取样的筛分为判定依据，施工控制时的级配以碾压后取样的筛分为判定依据。规定填石路基最大粒径小于30cm是考虑地基系数检测的承压板直径为30cm而制定的。

②选择基床底层填料应符合以下3条要求：基床底层应选用A、B组填料；对不符合要求的填料或填料虽符合要求但达不到压实标准的应采取改良措施；粗粒土作为基床底层填料时其粒径不应大于15cm。

③选择基床表层填料应符合以下3条要求：基床表层填料为级配碎石、级配砂砾石；采用级配碎石时应满足一些基本条件，即碎石粒径、级配及材料性能应符合铁道部现行《铁路碎石道床底渣》(TB/T 2897)的有关规定；基床表层填料材质、级配应经室内及现场填筑试验确定并在保证其孔隙率、地基系数及动态变形模量满足设计要求后方可正式填筑。

④选择过渡段填料应符合以下3条要求：基床表层填料应满足相关规定；基床表层以下填料采用级配碎石时的碎石级配范围应符合表2-18的规定，且其颗粒中针状、片状碎石含量不应大于20%，质软、易破碎的碎石含量不应超过10%，黏土团及有机物含量不应超过2%；路桥过渡段基床表层以下级配碎石应掺2%～3%的水泥。

碎石级配范围(%) 表2-18

级配编号	通过筛孔的直径(mm)									
	50	40	30	25	20	10	5	2.5	0.5	0.075
1	100	95～100	—	—	60～90	—	30～65	20～50	10～30	2～10
2	—	100	95～100	—	60～90	—	30～65	20～50	10～30	2～10
3	—	—	100	95～100	—	50～80	30～65	20～50	10～30	2～10

一次铺设无缝线路的Ⅰ级铁路，路堤与桥台、路堤与硬质岩石路堑连接处的过渡段基床表层填料与压实标准和相邻基床表面相同，基床表层以下应选用A组填料，压实标准应符合表2-1的规定。当过渡段浸水时，浸水部分的填料还应满足渗水土的要求。铺设非无缝线路的Ⅰ、Ⅱ级铁路的桥头路堤及Ⅰ、Ⅱ级铁路的涵洞两侧路堤填料应采用渗水土填料填筑。

路堤浸水部位的填料，应采用渗水土填料。

路堤宜用同一种填料填筑，以免产生不均匀沉降。不同性质填料混杂填筑，会使其接触面形成滑动面或在路堤内造成水囊。如条件困难，不得不采用性质不同的填料填筑路堤时，应分层填筑，每一水平层全宽应以同一种填料填筑。填料的最大粒径不宜大于300mm或摊铺厚度的2/3。

当采用两种不同性质的填料填筑时，宜采用图2-23所示的断面形式填筑。

①渗水土填在非渗水土之上时，非渗水土层顶面应向两侧设4%的人字排水坡。

②非渗水土填在渗水土之上时，接触面可为平面。当上下两层填料的颗粒大小相差悬殊时，应在分界面上铺设厚度不小于30cm的垫层。

思考题与习题

1. 什么是土的击实性？击实后土的性质发生了哪些变化？
2. 为什么土基必须压实？影响土基压实的因素有哪些？
3. 各部位土基压实的标准分别是什么？

4. 土基压实填料应如何选择?

5. 如何操作击实试验和整理试验报告?

第三节 土的工程分类与鉴别

学习重点

常用规范关于土的分类的方法;土的分类和命名;现场鉴别土的常用方法。

学习难点

土的分类和命名;现场鉴别土的常用方法。

一、土的工程分类及命名

自然界中可作为地基的岩土种类很多,为进一步对其性质进行深入研究,为工程设计和工程施工提供依据,需要对工程岩土进行分类。地基岩土工程分类的任务是根据用途和岩土的性质差异将其划分为一定的类别。根据分类名称可以大致判断岩土的工程特性,评价岩土作为建筑材料的适宜性,还可以结合其他指标来确定地基的承载力。

土质分类有普通分类和专门分类之分。专门分类是满足某种建筑工程(铁路工程、工业民用建筑、道路工程、水利工程等)的需要,或根据土的某一单项,或少数几项性质指标而制定的分类,这种分类划分的比较详细,如砂土按密度,按动、静触探阻力的分类;黄土按湿陷性指标的分类;黏土按压缩性指标的分类。

(一)土的工程分类标准

土质分类国家标准适用于工程建设用土的定名及其工程性能的概略评价。该标准为各类标准的通用分类标准,是各部建立专门分类的基础。土颗粒组成及其特征;塑性指标(液限、塑限、塑性指数)及有机质含量是本标准划分土类的依据。《土的工程分类标准》(GB/T 50145—2007)在区分土的分类时,采用了表2-19所列的粒组划分。

粒 组 划 分 表2-19

粒组	颗粒名称		粒径 d 的范围(mm)
巨粒	漂石(块石)		$d>200$
	卵石(碎石)		$60<d\leq200$
粗粒	砾粒	粗砾	$20<d\leq60$
		中砾	$5<d\leq20$
		细砾	$2<d\leq5$
	砂粒	粗砂	$0.5<d\leq2$
		中砂	$0.25<d\leq0.5$
		细砂	$0.075<d\leq0.25$
细粒	粉粒		$0.005<d\leq0.075$
	黏粒		$d\leq0.005$

土按不同粒组的相对含量可划分为巨粒类土、粗粒类土和细粒类土,并符合以下规定:巨

粒类土按粒组划分;粗粒类土按粒组、级配、细粒土含量划分;细粒类土应按塑性图、所含粗粒类别以及有机质含量划分。

总的工程分类体系如图2-24所示。

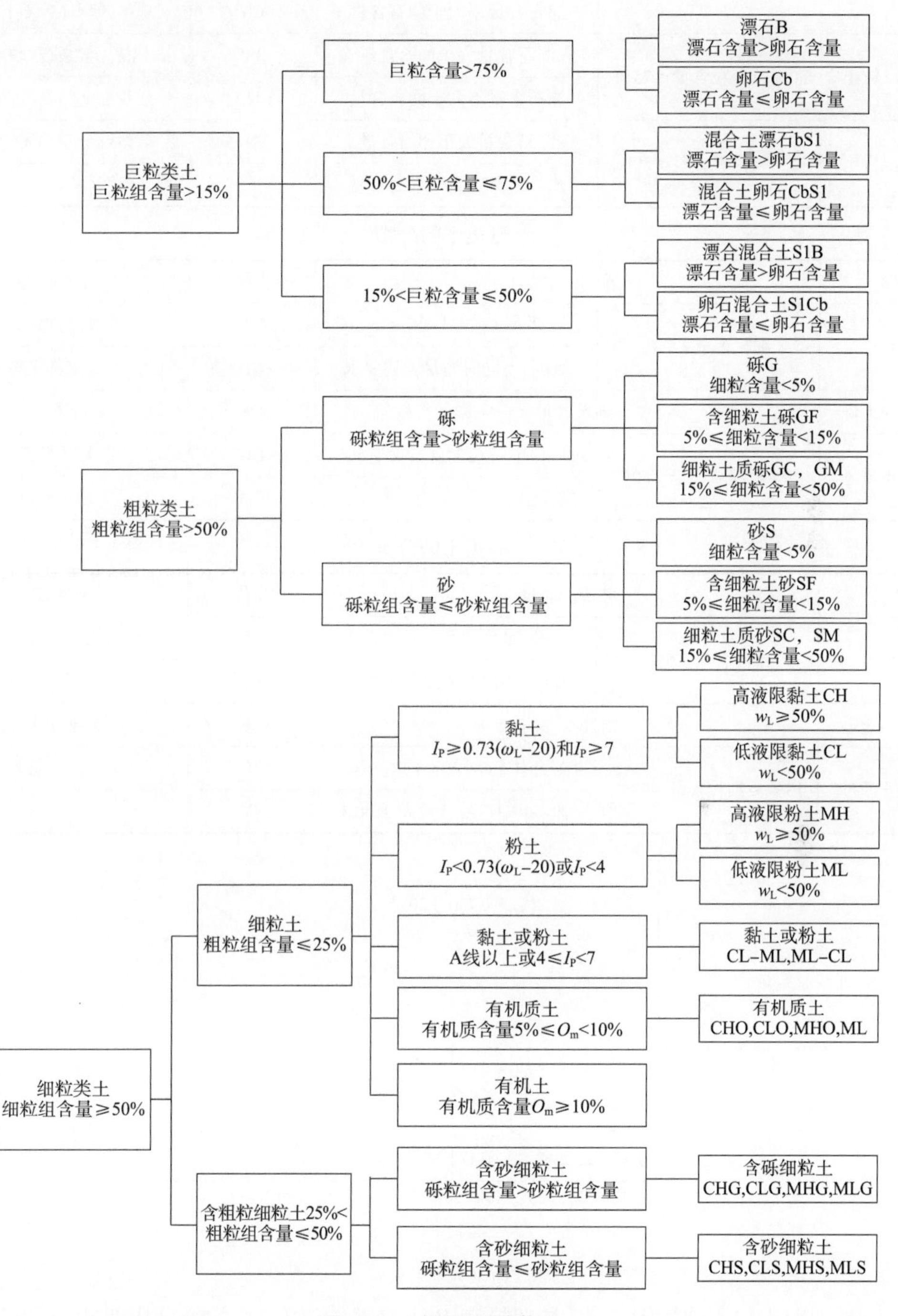

图2-24　土的工程分类体系

巨粒类土、砾、砂的分类见表2-20～表2-22。

细粒土进一步分类如图2-24所示,同时按照其在塑性图中(见图2-25)的位置确定土名,本分类中采用下列液限分区:低液限 $w_L < 50\%$,高液限 $w_L \geq 50\%$。

巨粒类土的分类　　表 2-20

土类	粒 组 含 量		土类代号	土类名称
巨粒土	巨粒含量 >75%	漂石含量大于卵石含量	B	漂石(块石)
		漂石含量不大于卵石含量	Cb	卵石(碎石)
混合巨粒土	50% <巨粒含量≤75%	漂石含量大于卵石含量	BSI	混合土漂石(块石)
		漂石含量不大于卵石含量	CbSI	混合土卵石(碎石)
巨粒混合土	15% <巨粒含量≤50%	漂石含量大于卵石含量	SIB	漂石(块石)混合土
		漂石含量不大于卵石含量	SICb	卵石(碎石)混合土

砾类土的分类　　表 2-21

土类	粒 组 含 量		土类代号	土类名称
砾	细粒含量 <5%	级配 $C_u \geqslant 51 \leqslant C_c \leqslant 3$	GW	级配良好砾
		级配:不同时满足上述要求	GP	级配不良砾
含细粒土砾	5% ≤细粒含量 <15%		GF	含细粒土砾
细粒土质砾	15% ≤细粒含量 <50%	细粒组中粉粒含量不大于 50%	GC	黏土质砾
		细粒组中粉粒含量大于 50%	GM	粉土质砾

砂类土的分类　　表 2-22

土类	粒 组 含 量		土类代号	土类名称
砂	细粒含量 <5%	级配 $C_u \geqslant 51 \leqslant C_c \leqslant 3$	SW	级配良好砂
		级配:不同时满足上述要求	SP	级配不良砂
含细粒土砂	5% ≤细粒含量 <15%		SF	含细粒土砂
细粒土质砂	15% ≤细粒含量 <50%	细粒组中粉粒含量不大于 50%	SC	黏土质砂
		细粒组中粉粒含量大于 50%	SM	粉土质砂

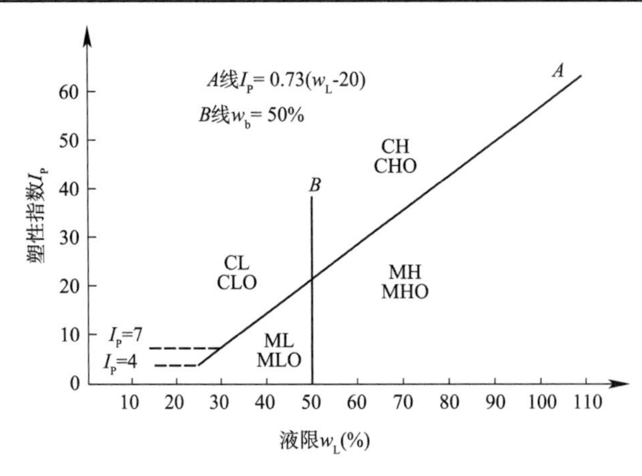

图 2-25　塑性图

(1)当细粒土位于塑性图 A 线以上时,在 B 线或 B 线以右,称为高液限黏土,记为:CH;在 B 线以左,I_p =7 线以上,称为低液限黏土,记为 CL。

(2)当细粒土位于塑性图 A 线以下时,在 B 线或 B 线以右,称为高液限粉土,记为:MH;在 B 线以左,I_p =4 线以下,称为低液限粉土,记为 ML。

(3)粉土～黏土过渡区的土按相邻土层的类别考虑细分。

(二)《铁路工程岩土分类标准》(TB 10077—2001)中土的分类

(1)土按沉积年代分为老沉积土、一般沉积土、新近沉积土并应符合下列规定:

老沉积土:第四纪晚更新世 Q_3 及其以前沉积的土层。

一般沉积土:第四纪全新世(文化期以前 Q_4)沉积的土层。

新近沉积土:文化期以来新近沉积的土层 Q_4。

(2)按地质成因应分为残积土、坡积土、洪积土、冲积土、淤积土、冰积土、风积土。

(3)按土中有机质含量 W_u 分为无机土、有机质土、泥炭质土和泥炭(有机质含量 W_u 为550℃时的灼失量),按表2-23确定。

按有机质含量(W_u)分类(%) 表2-23

土的名称	有机质含量	土的名称	有机质含量
无机土	$W_u < 5$	泥炭质土	$10 < W_u \leq 60$
有机质土	$5 \leq W_u \leq 10$	泥炭	$W_u > 60$

(4)土的分类按颗粒级配应分为碎石土、砂土并应符合下列规定:

①碎石土:粒径大于2mm颗粒的质量超过总质量50%的土。

②砂土:粒径大于2mm颗粒的质量少于总质量50%且粒径大于0.075mm颗粒的质量超过总质量50%的土。

③对碎石土和砂土的分类应按表2-24和表2-25确定。

碎石土的分类 表2-24

土的名称	颗粒形状	颗粒含量
漂石	圆形和亚圆形为主	粒径大于200mm颗粒的质量超过总质量的50%
块石	棱角形为主	
卵石	圆形和亚圆形为主	粒径大于20mm颗粒的质量超过总质量的50%
碎石	棱角形为主	
圆砾	圆形和亚圆形为主	粒径大于2mm颗粒的质量超过总质量的50%
角砾	棱角形为主	

砂土的分类 表2-25

土的名称	颗粒含量
砾砂	粒径大于2mm颗粒占总质量大于25%,且少于50%
粗砂	粒径大于0.5颗粒超过总质量的50%
中砂	粒径大于0.25mm颗粒超过总质量的50%
细砂	粒径大于0.075颗粒超过总质量的85%
粉砂	粒径大于0.075mm颗粒超过总质量的50%

(5)按塑性指数分类分为粉土和黏性土。

①粉土:塑性指数 I_p 大于3小于或等于10,且粒径大于0.075mm颗粒的质量不超过全部重量50%的土。

②黏性土：塑性指数 I_p 大于 10 的土，按表 2-26 确定。

黏性土的分类表　　　　表 2-26

土的名称	塑性指数 I_p	土的名称	塑性指数 I_p
粉质黏土	$10 < I_p \leq 17$	黏土	$I_p > 17$

(6)特殊土：按其特殊性质分为湿陷性土、膨胀土、软土、残积土和人工填土。

①湿陷性土：在干旱、半干旱环境中堆积形成，固结程度低、孔隙比大，随着含水率的增加或浸水会产生显著、大量附加压缩变形的土，主要是黄土和黄土类土。但也包括在类似环境中形成的一部分碎石类土、砂土与混合土。湿陷性土有自重湿陷性和非自重湿陷性之分。

②膨胀土：含较多或大量亲水黏土矿物，具有显著的吸水膨胀和失水收缩并往复可逆的变形特性的黏性土。

③软土：天然含水率大于或等于液限，天然孔隙比大于或等于 1.0，外观常为灰色或灰黑色的黏性土，具有压缩性高($a_{1-2} > 0.5\text{MPa}^{-1}$)强度低($C_u < 30\text{kPa}$)灵敏度高与透水性低等技术特性。天然含水率大于液限，孔隙比大于或等于 1.5 且含大量有机质的黏性土称淤泥；天然孔隙比小于 1.5，但大于或等于 1.0 的称淤泥质土。

④残积土：岩石的组织结构已全部破坏，除石英外其矿物成分已完全风化成土但未经搬运的物质。

⑤人工填土：由人类活动而堆填的土，根据其物质成分和堆填方式，可分为下列三类：

a. 素填土：由碎石、砂质、粉土质、黏土质等一种或多种材料组成的填土，不含杂质或含杂质不多。按主要组成物质，素填土分为碎石素填土、砂质素填土、粉土质素填土与黏土质素填土等。

b. 杂填土：含有大量建筑垃圾、工业废料或生活垃圾等杂物的填土，按组成物质成分又可分为建筑垃圾填土、工业废料填土与生活垃圾填土。

c. 冲填土：利用水力运移吹填泥沙形成的填土，亦称吹填土。

二、土的简单鉴别和描述

在勘探过程中取得的土样，必须及时用肉眼鉴别，初步确定土的名称、颜色、状态、湿度。密度、含有物、工程地质特征等，作为划分土层，进行工程地质分析和评价的依据。

(一)土的鉴别和定名

土的鉴别定名是描述工作的主要内容，正确的定名可以反映土的基本性质。但是，在自然界中，土的种类很多，光有一个简单定名，还往往不能全面地反映土的真正面目。如黏土，由于沉积年代不同，有的沉积年代较老，得到了充分的固结和具有较高的结构强度；而沉积年代较近的黏土，其固结度与结构强度均要差些。应在其定名前冠以沉积年代或成因，如第四纪更新世(Q_3)沉积的黏性土则写成“Q_3黏性土”。或冠以成因类型如“冲积黏性土”等。

(二)土的描述

土的描述主要内容是针对影响其工程性质的，反映土的组成、结构、构造和状态的主要特征的。因此，对于各种不同的土，描述的侧重点也有所不同。

1. 碎石类土的描述

碎石类土应描述碎屑物的成分、指出碎屑是由那类岩石组成的；碎屑物的大小，其一般直径和最大直径如何，并估计其含量之百分比；碎屑物的形状，其形状可分为圆形、亚圆形或棱角形；碎屑的坚固程度。

当碎石类土有充填物时，应描述充填物的成分，并确定充填物的土类和估计其含量的百分比。如果没有充填物时，应研究其孔隙的大小，颗粒间的接触是否稳定等现象。

碎石土还应描述其密实度，密实度是反映土颗粒排列的紧密程度，越是紧密的土，其强度大，结构稳定，压缩性小：紧密度小，则工程性质就相应要差。一般碎石土的密实度分为密实、中密、稍密等三种，其野外鉴别方法见表2-27。

碎石土密实度野外鉴别方法 表2-27

密实度	骨架颗粒含量及排列	可挖性		可钻性	
		充填物以砂土为主	充填物以黏土为主	充填物以砂土为主	充填物以黏土为主
密实	骨架颗粒含量大于总重的70%，为交错排列，连续接触	颗粒间孔隙填充密实或有胶结性，镐锹挖掘困难，用撬棍方能松动，井壁稳定	颗粒间充填以坚硬和硬塑状态之黏性土为主，开挖较困难	钻进极困难，冲击钻探时，钻杆和吊锤跳动剧烈，孔壁稳定	同左，但碎屑物较易取土。
中密	骨架颗粒含量等于总重的60%~70%为交错排列，大部分接触	颗粒间孔隙被充填，用手可松动颗粒，镐锹可挖掘，井壁有掉块现象	颗粒间充填以可塑状黏性土为主，锹可开挖，但不易掉块	钻进较困难，冲击钻探时，钻杆和吊锤有跳动现象，孔壁有时坍塌	同左，但孔壁不易坍塌
稍密	骨架颗粒含量小于总重的60%，排列混乱，大部分不接触	颗粒间孔隙部分被充填，颗粒有时被充填物隔开，用手一触即松动掉落，锹可挖，井壁易坍落	颗粒间充填以软塑或流塑之黏性土为主，锹可开挖，井壁有坍塌现象	钻进较易，钻杆和吊锤跳动不明显，孔隙易坍，有时有翻砂现象	同左，但孔壁较稳定

注：1. 骨架颗粒系指各碎石土相应的粒径颗粒；
2. 密实度按表列各项要求综合确定。

2. 砂土的描述

砂类土按其颗粒的粗细和其干湿程度可分为砾砂、粗砂、中砂、细砂和粉砂。其特征见表2-28。

砂土的野外鉴别方法 表2-28

鉴别方法	砂土分类				
	砂土分类	粗砂	中砂	细砂	粉砂
	鉴别特征				
颗粒粗细	约有1/4以上的颗粒比荞麦或高粱大	约有一半以上的颗粒比小米粒大	约有一半以上的颗粒与砂糖菜仔近似	大部分颗粒与玉米粉近似	大部分颗粒近似面粉
干燥时状态	颗粒完全分散	颗粒仅有个别有胶结	颗粒基本分散，部分胶结，一碰即散	颗粒少量胶结，稍加碰击即散	颗粒大部分胶结稍压即散
湿润时用手拍的状态	表面无变化	表面无变化	表面偶有水印	表面水印(翻浆)	表面有显著翻浆现象
黏着程度	无黏着感	无黏着感	无黏着感	偶有轻微黏着感	有轻微无黏着感

砂类土应描述其粒径和含量的百分比；颗粒的主要矿物成分及有机质和包含物，当含大量有机质时，土呈黑色，含量不多时呈灰色；含多量氧化铁时，土呈红色，含少量时呈黄色或橙黄色；含 SiO_2、$CaCO_3$ 及 $Al(OH)_3$ 和高岭土时，土常呈白色或浅色。

3. 黏性土的描述

黏性土的野外鉴别可按其湿润时状态、人手捏的感觉、黏着程度和能否搓条的粗细，将黏性土分为黏土、亚黏土和亚砂土（见表2-29）。

黏性土的野外鉴别方法 表2-29

鉴别方法	分　类		
	黏土	亚黏土	亚砂土
	鉴别特征		
湿润时用刀切	切面很光滑，刀刃有黏腻的阻力	稍有光滑面，切面规则	无光滑面，切面比较粗糙
用手捻时的感觉	湿土用手捻摸有滑腻感，当水分较大时，极为黏手，感觉不到有颗粒的存在	仔细捻时感觉到有少量细颗粒，稍有滑腻感，有黏滞感	感觉有细颗粒存在或感觉粗糙，有轻微黏滞感或无黏滞感
黏着程度	湿土极易黏着物体（包括金属与玻璃），干燥后不易剥去，用水反复洗才能去掉	能黏着物体，干燥后易剥掉	一般不黏着物体，干燥后一碰就掉
湿土搓条情况	能搓成直径小于1mm的土条（长度不短于手掌），手持一端不致断裂	能搓成直径23mm的土条	不能搓成直径小于3mm的土条，而仅能搓成土球

黏性土应描述其颜色、状态、湿度和包含物。在描述颜色时、应注意其副色，一般记录时应将副色写在前面，主色写在后面，例如“黄褐色”。表示以褐色为主，以黄色为副。黏性土的状态是指其在含有一定量的水分时，所表现出来的黏稠稀薄不同的物理状态，它说明了土的软硬程度，反映土的天然结构受破坏后，土粒之间的联结强度以及抵抗外力所引起的上粒移动的能力。土的状态可分为坚硬、硬塑、可塑、软塑、流塑等。野外测定土的状态时，可采用重为76g、尖端为30°的金属圆锥的下沉深度来确定，其判断标准见表2-30。

土的状态野外判定标准 表2-30

圆锥下沉深度（mm）	土的状态	圆锥下沉深度（mm）	土的状态
$h<2$	坚硬	$7\leqslant h<10$	软塑
$2\leqslant h<3$	硬塑	$h>10$	流塑
$3\leqslant h<7$	可塑		

4. 人工填土及淤泥质土的描述

人工堆土应描述其成分、颜色、堆积方式、堆积时间、有机物含量、均匀性及密实度。

淤泥质土尚需描述颜色、嗅味等特性。

人工填土与淤泥质土的野外鉴别见表2-31。

人工填土与淤泥质土的鉴别方法　　表 2-31

鉴别方法	人 工 填 土	淤 泥 质 土
颜色	没有固定颜色,主要决定于夹杂物	灰黑色有臭味
夹杂物	一般含砖瓦砾块、垃圾、炉灰等	池沼中有半腐朽的细小动植物遗体,如草根、小螺壳等
构造	夹杂物质显露于外,构造无规律	构造常为层状,但有时不明显
浸入水中的现象	浸水后大部分物质变为稀软的淤泥,其余部分则为砖瓦炉灰渣,在水中单独出现	浸水后外观无明显变化,在水面有时出现气泡
湿土搓条情况	一般情况能搓成 3mm 的土条,但易折断,遇有灰砖杂质甚多时,即不能搓条	能搓成 3mm 的土条,但易折断
干燥后的强度	干燥后部分杂质脱落,固无定性形。稍微施加压力即行破碎	干燥体积缩小,强度不大,锤击时成粉末,用手指能搓散

思考题与习题

1. 工程分类的原则?有哪些分类方案?
2. 在野外怎样鉴别砂类土中的砾砂、粗砂、中砂、细砂和粉砂?
3. 有一砂土试验,经筛分后各颗粒粒组含量如表 2-32 所示,试确定砂土的名称。

表 2-32

粒组(mm)	<0.075	0.75～0.1	0.1～0.25	0.25～0.5	0.5～1.0	>1.0
含量(%)	8.0	15.0	42.0	24.0	9.0	2.0

第四节　土中水及其渗透性

学习重点

毛细现象对工程建设的影响;毛细水带的划分及毛细水的运动特性;达西定律及其应用;渗透系数测定及影响因素;渗透力;流沙、潜蚀及冻土。

学习难点

土的毛细性;达西定律及其应用;渗透系数的测定、计算方法;流沙及潜蚀;冻土机理。

一、土的毛细性

毛细水是受到水与空气交界面处表面张力的作用、存在于地下水位以上的透水层中的自由水。土的毛细现象是指土中水在表面张力的作用下,沿着细的孔隙向上及向其他方向移动的现象。

土体能够产生毛细现象的性质称为土的毛细性。土的毛细性,是引起路基冻害、地下室过分潮湿的主要原因,在工程中必须引起高度重视。

(一)土层中的毛细水带

土层中由于毛细现象所湿润的范围称为毛细水带。

毛细水带根据形成条件和分布状况,分为正常毛细水带、毛细网状水带和毛细悬挂水带三种,如图 2-26 所示。

1. 正常毛细水带(又称毛细饱和带)

它位于毛细水带的下部,主要是由潜水面直接上升而形成的,与地下潜水连通。毛细水几乎充满了全部孔隙。正常毛细水带随着地下水位的升降而变化。

2. 毛细网状水带

它位于毛细水带的中部,当地下水位急剧下降时,它也随之急速下降,这时在较细的毛细孔隙中会有一部分毛细水来不及移动,仍残留在孔隙中,而较粗的毛细孔隙中由于毛细水的下降,孔隙中会留下气泡,毛细水便呈网状分布。

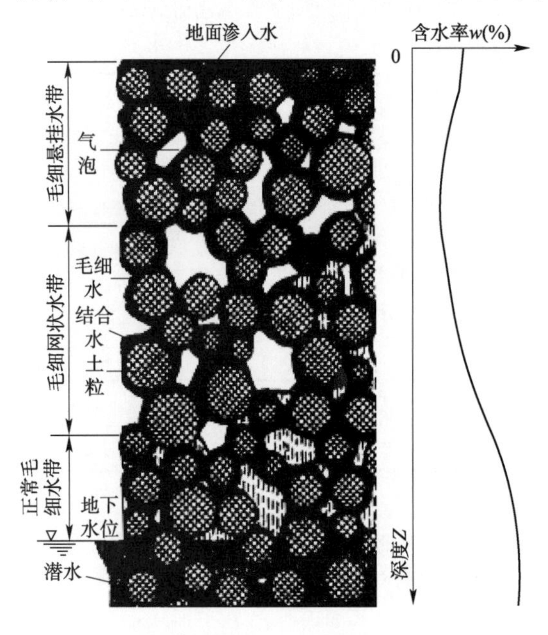

图 2-26 土层中的毛细水带

毛细网状水带中的水,可以在表面张力和重力作用下移动。

3. 毛细悬挂水带

它位于毛细带的上部,是由于地表水渗入而形成的,水悬挂在土颗粒之间,不与中部或下部的毛细水相连。

当地表有水补给时,毛细悬挂水在重力作用下向下移动。

上述三个毛细水带不一定同时存在,这取决于当地的水文地质条件。当地下水位较低时,可能同时出现三种毛细水带;当地下水位很高时,可能就只有正常毛细水带,而没有毛细悬挂水带和毛细网状水带。

在毛细水带内,土的含水率随着深度而变化,自地下水位向上,含水率逐渐减小,但到毛细悬挂水带后,含水率反而有所增加,如图 2-26 所示。

(二)毛细水上升高度与上升速度

分布在土粒内部相互贯通的孔隙,可以看成是许多形状不一、直径互异、彼此连通的毛细管,如图 2-27 所示。

根据物理学概念,在毛细管周壁,水膜与空气的分界处存在着表面张力 T。水膜表面张力 T 的作用方向与毛细管壁成夹角 α。T 和 α 取决于液体和毛细管材料。如图 2-27 所示,其上举力 $P=2\pi rT\cos\alpha$,重力 $G=\pi r^2 h_c\gamma_w$。

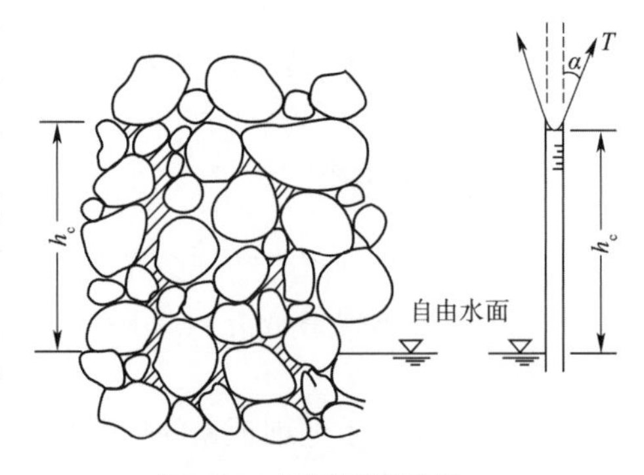

图 2-27 土中的毛细升高

由于表面张力的作用,毛细管内水被提升到自由水面以上高度 h_c 处。分析高度为 h_c 的水柱的静力平衡条件,有

$$\pi r^2 h_c\gamma_w = 2\pi rT\cos\alpha \qquad (2\text{-}20)$$

$$h=\frac{2T\cos\alpha}{r\gamma_w}=\frac{4T\cos\alpha}{d\gamma_w} \tag{2-21}$$

若令 $\alpha=0°$,可求得毛细水上升最大高度的计算公式为:

$$h_{max}=\frac{2T}{r\gamma_w}=\frac{4T}{d\gamma_w} \tag{2-22}$$

式中:T——水的表面张力,N/m,表2-33中给出了不同温度时,水与空气间的表面张力值;

r、d——分别为毛细管的半径和直径,m,且 $d=2r$;

α——湿润角,其大小取决于管壁材料与液体性质,对于毛细管内的水柱,一般认为 $\alpha=0°$,即认为是完全湿润的。

水与空气间的表面张力 T 值 表2-33

温度(℃)	-5	0	5	10	15	20	30	40
表面张力 T(N/m)	76.4×10^{-3}	75.6×10^{-3}	74.9×10^{-3}	74.2×10^{-3}	73.5×10^{-3}	72.8×10^{-3}	71.2×10^{-3}	69.9×10^{-3}

式(2-22)表明,毛细水上升最大高度 h_{max} 与毛细管直径 d(半径 r)成反比,毛细管直径 d 越细时,毛细水上升高度越大。

在天然土层中,毛细水的上升高度不能简单地直接引用公式(2-22)计算,那样将得到难以置信的结果。例如,假定黏土颗粒为直径等于0.0005mm的圆球,那么这种假想土堆置起来的孔隙直径为0.00001cm,表面张力 T 取 75.6×10^{-3}(N/m)(温度0℃时),代入式(2-22)将得到毛细水上升高度 $h_{max}\approx300$m,这在实际土层中是根本不可能的。特别是黏性土,由于土中水受土颗粒四周电场作用所吸引,颗粒与水之间积极的物理化学作用,使得天然土层中的毛细现象比毛细管的情况要复杂得多。毛细水上升高度不能简单地由式(2-22)计算,而是通过实地调查、观测得到。

对于无黏性土,也可根据规范或文献中推荐的经验公式估算或通过经验表格查取。如实践中常用下面的海森(A . Hazen)经验公式估算毛细水的上升高度,即

$$h_c=\frac{C}{ed_{10}} \tag{2-23}$$

式中:h_c——毛细水实际上升高度,m;

e——土的孔隙比;

d_{10}——土的有效粒径,m;

C——系数,与土粒形状及表面洁净情况有关,$C=1\times10^{-5}\sim5\times10^{-5}\text{m}^2$。

无黏性土毛细水上升高度的大致范围见表2-34。

土中的毛细水上升高度 表2-34

土名称	颗粒直径 d_{10}(mm)	孔隙比 e	毛细水头(cm)	
			毛细升高	饱和毛细水头
粗砾	0.82	0.27	5.4	6
砂砾	0.20	0.45	28.4	20
细砾	0.30	0.29	19.5	20
粉砾	0.06	0.45	106.0	68
粗砂	0.11	0.27	82	60
中砂	0.03	0.36	165.5	112
细砂	0.02	0.48~0.66	239.6	120
粉土	0.006	0.95~0.93	359.2	180

由表2-34可见，砾类(除粉砾外的)与粗砂，毛细水上升高度很小；粉细砂和粉土(包括粉质黏土)，不仅毛细水高度大，而且上升速度也快，即毛细现象严重。但对于黏性土，由于结合水膜的存在，将减小土中孔隙的有效直径，使毛细水在上升时受到很大阻力，故上升速度很慢。

(三)毛细压力

分析图2-27中水膜受力的平衡条件，若弯液面处毛细水的压力为μ_c，取铅直方向力的总和为零，则有

$$2T\pi r\cos\alpha + \mu_c \pi r^2 = 0 \tag{2-24}$$

若取$\alpha = 0$(即认为是完全湿润的)，由式(2-22)可知，$T = \frac{h_{max} r \gamma_w}{2}$，代入上式得

$$\mu_c = \frac{-2T}{r} = -h_{max}\gamma_w \tag{2-25}$$

式(2-25)表明毛细区域内的水压力与一般静水压力的概念相同，它与水头高度h_{max}成正比，负号表示拉力。

自由水位上下的水压力分别如图2-28所示。自由水位以下为压力，自由水位以上，毛细区域为拉力。

颗粒骨架承受水的反作用力，因此自由水位以上，毛细区域内，颗粒间受压力，成为毛细压力。毛细压力呈倒三角形分布，弯液面处最大，自由水面处为零。

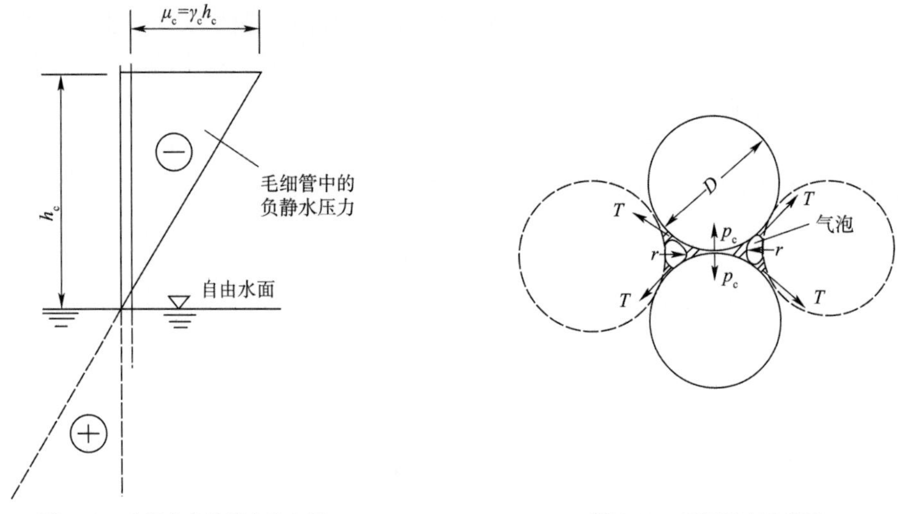

图2-28　毛细水中的张力分布图　　　图2-29　毛细压力示意图

毛细压力还可用图2-29来说明。图中两个土粒的接触面上有一些毛细水，由于土粒表面的湿润作用，毛细水形成了弯液面。在水和空气分界面上产生的表面张力总是沿着弯液面切线方向作用的，它促使两个土粒颗粒互相靠拢，在土粒的接触面上产生了一个压力，这个压力即为毛细压力p_k，也称为似黏聚力。它随含水率的变化时有时无。如干燥的砂土是松散的，颗粒间没有似黏聚力，而在潮湿砂中有时可挖成直立的坑壁，短期内不会坍塌；但当砂土被水淹没时，表面张力消失，坑壁会倒塌。这就是毛细黏聚力的生成与消失所产生的现象。

二、土的渗透性

(一)达西定律

流速是表征水等液体运动状态和规律的主要物理量之一，对研究水在土中的流动同样有

重要意义。水在土中的流动大多十分缓慢,属于层流。但由于空隙通道断面的形状和大小都极不规则,难以像研究管道层流那样确定其实际流速的分布和大小,只得采用单位时间内流过单位土截面积的水量,这一具有平均意义的渗流速度 v,通过试验来研究土的渗透性。设单位时间内流过土截面积 A 的水量为 Q,则上述平均流速为:$v = Q/A$。

1852 ~ 1856 年间,法国水力学家达西(HenriDarcy)通过大量试验发现了地下水运动的线性渗透定律,称为达西定律。其试验装置如图 2-30 所示。在用粒径为 0.1 ~ 3mm 的砂做了大量试验后,获得如下结论:单位时间内通过筒中砂的水流量 Q 与渗透长度 L 成反比,而与圆筒的过水断面面积 A、上下两测压管的水头 Δh 成正比。试验发现,当水在土中流动的形态为层流时,水的渗流遵循下述规律,即

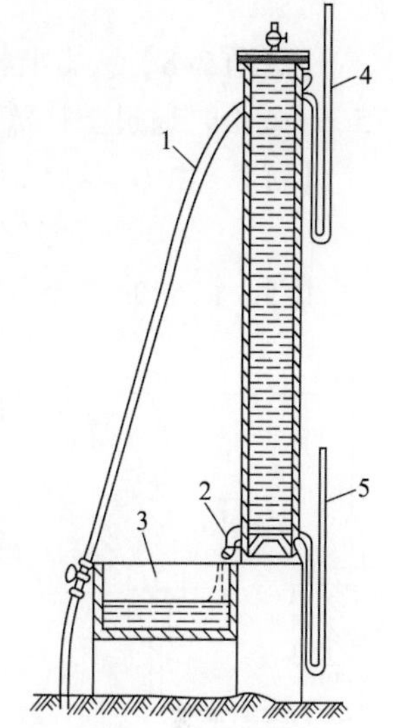

图 2-30　达西试验装置

1、2-导管;3-量杯;4、5-测压管

$$Q = k\frac{\Delta h}{L}A \tag{2-26}$$

式中:Q——渗透流量,m^3/d;

A——过水断面面积(圆筒横断面面积),m^2;

Δh——水头损失(测压管的水头差),m;

k——渗透系数,m/d。

令比值 $\Delta h/L = i$,称水力坡度,也就是渗透路程中单位长度上的水头损失。又因 $v = Q/A$,则式(2-26)可写为

$$v = ki \tag{2-27}$$

式(2-27)表明,渗透流速 v 与水力坡度的一次方成正比,故达西定律又称线性渗透定律。当 $i = 1$ 时,$v = k$,说明渗透系数值等于单位水头梯度时的渗透流速。

一般中砂、细砂、粉砂等细颗粒土中水的流速满足层流条件,而粗砂、砾石、卵石等粗颗粒土中水的渗流速度较大,是紊流而不是层流,故不能使用达西定律。在黏土中,土颗粒周围存在着结合水,渗流受到结合水的黏滞作用产生很大阻力,只有克服结合水的抗剪强度后才能开始渗流。

(二)土的渗透系数

由达西定律可知,土的渗透系数 k 反映了土的渗透性能,是土的重要力学性能指标之一。各种土的渗透系数参考值见表 2-35。不同种类的土 k 值差别很大。因此,准确地测定土的渗透系数是一项十分重要的工作。

土的渗透系数参考值　　表 2-35

土的类别	渗透系数(cm/s)	土的类别	渗透系数(cm/s)
黏土	$<5\times10^{-8}$	细砂	$1\times10^{-5} \sim 5\times10^{-5}$
粉质黏土	$5\times10^{-8} \sim 1\times10^{-6}$	中砂	$5\times10^{-5} \sim 2\times10^{-4}$
粉土	$1\times10^{-6} \sim 5\times10^{-6}$	粗砂	$2\times10^{-4} \sim 5\times10^{-4}$
黄土	$2.5\times10^{-6} \sim 5\times10^{-6}$	圆砾	$5\times10^{-4} \sim 1\times10^{-3}$
粉砂	$5\times10^{-6} \sim 1\times10^{-5}$	卵石	$1\times10^{-3} \sim 5\times10^{-3}$

1. 渗透系数的测定

土的渗透系数的大小可通过试验确定,试验可在试验室或现场进行。

1)试验室测定法

室内测定渗透系数有常水头法和变水头法渗透试验两种。

(1)常水头法渗透试验。整个试验过程中水头保持不变,适用于透水性大粗粒土(砂质土)。

【例题2-8】 某土样的截面积为103cm²,厚度为25cm,作用于土样两端的水位差为75cm,试验时通过土样流出的水量为100cm³/min,试求试样的渗透系数。

【解】 由 $Q=kA(\Delta h/L)$,得

$$k=QL/\Delta hA=(100/60)\times 25/(75\times 10^3)=5.39\times 10^{-3}\text{cm/s}$$

因此,试样的渗透系数为 5.39×10^{-3}cm/s。

(2)变水头法渗透试验(图2-31)。整个试验过程水头随时间变化适用于透水性差、渗透系数小的细粒土(黏质土和粉质土)。

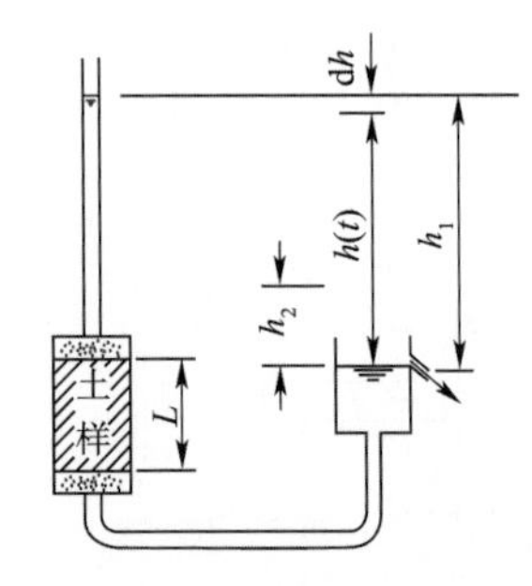

图2-31　变水头渗透试验

任一时刻 t 的水头差为 h,经时段 dt 后,细玻璃管中水位降落 dh,在时段 dt 内流经试样的水量:

$$\mathrm{d}Q=-a\mathrm{d}h$$

在时段 dt 内流经试样的水量:

$$\mathrm{d}Q=k_iA\mathrm{d}t=kA\mathrm{d}th/L$$

管内减少水量 = 流经试样水量,即

$$-a\mathrm{d}h=KAh/L\mathrm{d}t$$

分离变量,积分得

$$K=2.3\frac{aL}{A(t_2-t_1)}\lg\frac{h_1}{h_2}$$

$$=\frac{aL}{A(t_2-t_1)}\ln\frac{h_1}{h_2}$$

式中:K——渗透系数,m/s;

A——过水断面面积(圆筒横断面面积),m²;

a——测压管的横断面面积,m²;

h_1、h_2——测压管的水头,m;

t_1、t_2——任一时刻;

L——渗透长度,m。

【例题2-9】 设做变水头渗透试验的黏土试样的截面积为30cm²,厚度为4cm,渗透仪细玻璃管的内径为0.4cm,试验开始时的水位差为160cm,经15min后,观察得水位差为52cm,试验时的水温为30℃,试求试样的渗透系数。

【解】 由于试样截面积 $A=30\text{cm}^2$,渗径长度 $L=4$cm,细玻璃管的内截面积

$$a=\frac{\pi d^2}{4}=\frac{3.14\times(0.4)^2}{4}=0.1256\text{cm}^2$$

$h_1=160$cm,$h_2=52$cm,$\Delta t=900$s。

试样在30℃时的渗透系数

$$K_{30}=2.3\frac{aL}{A(t_2-t_1)}\lg\frac{h_1}{h_2}=2.3\frac{0.1256\times 4}{30\times 900}\lg\frac{160}{52}=2.09\times 10^{-5}\text{cm/s}$$

故试样在30℃时的渗透系数为2.09×10^{-5}cm/s。

2）现场测定法

在现场研究场地的渗透性，进行渗透系数k值测定时，常用现场井孔抽水试验或井孔注水试验的方法。对于粗颗粒土或成层的土，用现场测定法测出的k值要比室内试验准确。现场测试的优点是可获得较为可靠的平均渗透系数，但费用较高，时间较长。

1863年，法国水力学家裘布依（J. Dupuit）首先应用线性渗透定律研究了均质含水层在等厚、广泛分布、隔水底板水平、天然的（抽水前）潜水面（亦为水平）即地下水处于稳定流的条件下，呈层流运动的缓变流流向完整井的流量方程。

由抽水试验得知，抽水时潜水完整井周围潜水位逐渐下降，将形成一个以井孔为中心的漏斗状潜水面，即所谓的降落漏斗（图2-34）。

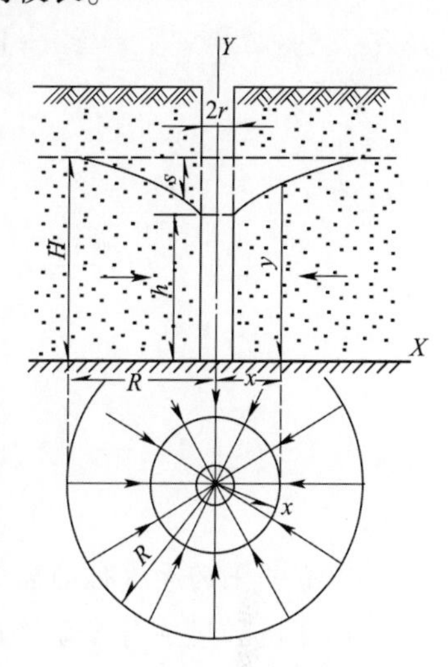

图2-32　现场井孔抽水试验示意图

潜水向水井的渗流，如图2-32所示，从平面上看，流向沿半径指向井轴，呈同心圆状。为此，围绕井轴取一过水断面，该断面距井的距离为x，该处过水断面的高度为y，这样，过水断面面积为$A=2\pi xy$，平面径向流的水力坡度为$J=\mathrm{d}y/\mathrm{d}x$。

当地下水流为层流时，服从线性渗透定律，该断面的过流量应为

$$Q=KAJ=K\cdot2\pi xy(\mathrm{d}y/\mathrm{d}x)$$

分离变量并积分得

$$Q(\mathrm{d}x/x)=2\pi Ky\mathrm{d}y$$

$$Q=\pi K[(H^2-h^2)/(\ln R-\ln r)] \tag{2-28}$$

式中：Q——井的出水量，$\mathrm{m^3/s}$；

K——渗透系数，m/s；

H——含水层厚度，m；

h——动水位，m；

r——井的半径，m；

R——影响半径，m。

式（2-28）即为潜水完整井出水量公式，又称裘布依公式。

当有观测孔时，若观测孔距井轴线的距离分别为r_1、r_2，观测孔内的水头分别为h_1、h_2，则可求得渗透系数为：

$$K=\frac{q}{\pi}\cdot\frac{\ln(r_2/r_1)}{h_2^2-h_1^2} \tag{2-29}$$

【例题2-10】　如图2-33所示，在现场进行抽水试验测定砂土层的渗透系数。抽水井管穿过10m厚的砂土层进入不透水黏土层，在距井管中心15m及60m处设置观测孔。已知抽水前土中静止地下水位在地面下2.35m处。抽水后待渗透稳定时，从抽水井测得流量$q=5.47\times10^{-3}\mathrm{m^3/s}$，同时从两个观测孔测得水位分别下降了1.93m和0.52m，求砂土层的渗透系数。

【解】　两个观测孔的水头分别为：

$$r_1=15\text{m 处}, h_1=10-2.35-1.93=5.72\text{m}$$

$r_2 = 60\text{m}$ 处，$h_2 = 10 - 2.35 - 0.52 = 7.13\text{m}$

由公式(2-31)求得渗透系数：

$$K = \frac{q}{\pi}\frac{\ln(r_2/r_1)}{(h_2^2 - h_1^2)} = \frac{5.47\times10^{-3}}{\pi}\times\frac{\ln\left(\frac{60}{15}\right)}{7.13^2 - 5.72^2}$$

$$= 1.33\times10^{-4}\text{m/s}$$

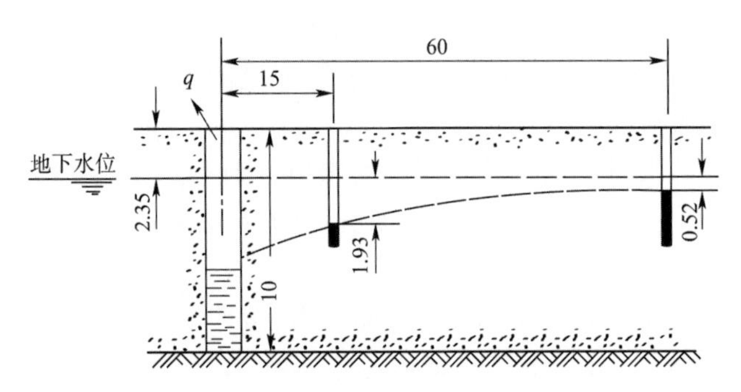

图 2-33　现场井孔抽水试验(尺寸单位:m)

2. 影响土的渗透性的因素

1)土的粒度成分及矿物成分

土的颗粒大小、形状及级配,影响土中空隙大小及形状,因而影响渗透性。

土粒越粗、越浑圆、越均匀,渗透性越大。砂土中含有较多粉土,或黏土颗粒时,其渗透系数会大大降低。土中含有亲水性较大的黏土矿物或有机质时,也会大大降低土的渗透性。

2)孔隙比对渗透系数的影响

由 $e = V_v/V_s$ 可知,孔隙比 e 越大,V_v 越大,渗透系数越大,而孔隙比的影响,主要决定于土体中的孔隙体积,而孔隙体积又决定于孔隙的直径大小,决定于土粒的颗粒大小和级配。

3)结合水膜的厚度

若黏性土中的结合水膜厚度较厚,会减小土的孔隙,降低土的渗透性。如钠黏土,由于钠离子的存在,使土粒的扩散层厚度增加,所以透水性很低。又如在黏土中加入高价离子的电解质(如 Al、Fe 等),会使土粒扩散层厚度减薄,黏土颗粒会凝聚成粒团,土的孔隙因而增大,这也将使土的渗透性增大。

4)土的结构构造

天然土层通常不是各向同性的,在渗透性方面往往也是如此。如黄土特别是湿陷性黄土,具有竖直方向的渗透系数要比水平方向大得多。层状黏土常夹有薄的粉砂层,它在水平方向的渗透系数要比竖直方向大得多。

5)水的黏滞度

水在土中的渗流速度与水的密度及黏滞度有关。一般水的密度随温度变化很小,可略去不计,但水的动力黏滞系数可随温度变化。故在做室内渗透试验时,同一种土在不同温度下会得到不同的渗透系数。在天然土层中,除了靠近地表的土层外,一般土中的温度变化很小,故可忽略温度的影响;但是室内试验的温度变化较大,故应考虑它对渗透系数的影响。

6)土中气体

当土孔隙中存在密闭气泡时,会阻止水的渗流。这种密闭气泡有时是由溶解于水中的气体分离出来形成的,故室内渗透试验有时规定要用不含溶解空气的蒸馏水。

三、动水压力及渗流破坏

(一)动水压力

动水压力 G_D,又称渗透力。水在土中流动的过程中将受到土阻力的作用,使水头逐渐损失。同时,水的渗透将对土骨架产生拖曳力,导致土体中的应力与变形发生变化。这种渗透水流作用对土骨架产生的拖曳力称为渗透力。

动水压力 G_D 与水流受到土骨架的阻力 T 大小相等而方向相反。在土中沿水流的渗透方向取一土柱作为隔离体进行计算。土柱长为 L,横截面面积为 A,如图 2-34a)所示。土柱上下两端测压管水头分别为 h_1、h_2,水位差为 Δh。分析土柱所受的各种力,如图 2-34b)所示。

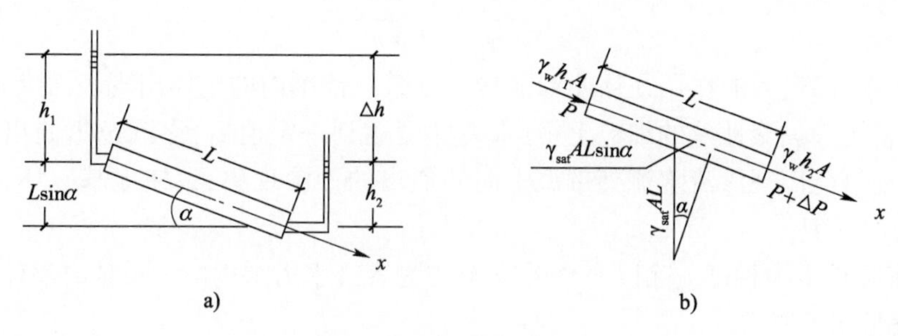

图 2-34 饱和土体的动水压力

土柱上端作用力有:总静水压力 $\gamma_w h_1 A$ 和法向力 P。

土柱下端作用力有:总静水压力 $\gamma_w h_2 A$ 和法向力 $P+\Delta P$。

土柱自重沿 x 方向分力:$\gamma_{sat} AL\sin\alpha$。

根据作用在土柱上各力的平衡条件 $\sum x=0$,可得

$$\gamma_w h_1 A + P - \gamma_w h_2 A - (P+\Delta P) + \gamma_{sat} AL\sin a = 0$$

式中,$h_2 = h_1 + L\sin\alpha - \Delta h$,代入上式,化简得

$$\Delta P = LA\gamma'\sin\alpha + \Delta h\gamma_w A \tag{2-30}$$

上式等号右边第一项 $LA\gamma'\sin\alpha$ 为土柱浮重度沿 x 方向的分力,式中右边第二项 $\Delta h\gamma_w A$ 与动水压力有关,由渗流引起作用于土柱下端的力。将此力除以土柱的体积 LA,可得动水压力的计算公式为:

$$G_D = T = \frac{\Delta h\gamma_w A}{LA} = \frac{\Delta h}{L} \cdot \gamma_w = i\gamma_w \tag{2-31}$$

式中:G_D——动水压力,kN/m³;

γ_w——水的重度,kN/m³;

i——水力梯度,$i=\frac{\Delta h}{L}$。

(二)渗流破坏

渗流所引起的变形(稳定)问题,一般可归结为两类:一类是土体的局部稳定问题,这是由于渗透水流将土体中的细颗粒冲出,带走或局部土体产生移动,导致土体变形而引起的渗透变形;另一类是整体稳定问题,这是在渗流作用下,整个土体发生滑动或坍塌。

渗透变形主要有两种形式,即流土与管涌。渗流水流将整个土体带走的现象称为流土;在渗流作用下,无黏性土体中的细小颗粒,通过土的孔隙,发生移动或被水流带出的现象称为

管涌。

1. 流土

1)形成机制

渗流方向与土重力方向相反时,渗透力的作用将使土体重力减小,当单位渗透力 j 等于土体的单位有效重力 γ'时,土体处于流土的临界状态。如果水力梯度继续增大,土中的单位渗透力将大于土的单位有效重力(有效重度),此时土体将被冲出而发生流土。据此,可得到发生流土的条件为:

$$j > \gamma' \text{或} \gamma_w \cdot i > \gamma' \tag{2-32}$$

流土的临界状态对应的水力梯度 i_c 可用下式表示:

$$i_c = \frac{\gamma'}{\gamma_w} = \frac{G_s - 1}{1 + e} \tag{2-33}$$

在黏性土中,渗透力的作用往往使渗流逸出处某一范围内的土体出现表面隆起变形;而在粉砂、细砂及粉土等黏聚性差的细粒土中,水力梯度达到一定值后,渗流逸出处出现表面隆起变形的同时,还可能出现渗流水流夹带泥土向外涌出的沙沸现象,致使地基破坏,工程上将这种流土现象称为流沙。

工程中将临界水力梯度 i_c 除以安全系数 K 作为容许水力梯度 $[i]$,设计时渗流逸出处的水力梯度 i 应满足如下要求:

$$i \leqslant [i] = \frac{i_c}{K} \tag{2-34}$$

对流土安全性进行评价时,K 一般可取 2.0 ~ 2.5。渗流逸出处的水力梯度 i 可以通过相应流网单元的平均水力梯度来计算。

2)原因与防治

流土是沙土在渗透水流作用下产生的流动现象。这种情况的发生常是由于在地下水位以下开挖基坑、埋设地下管道、打井等工程活动而引起的,所以流土是一种不良的工程地质现象。该现象易产生在细砂、粉砂、粉质黏土等土中。形成流土的原因:一是水力坡度较大,流速大,冲动细颗粒使之悬浮而成;二是由于土粒周围附着亲水胶体颗粒,饱水时胶体颗粒膨胀,在渗透水作用下悬浮流动。

流土在工程施工中能造成大量的土体流动,导致地表塌陷或建筑物的地基破坏,会给施工带来很大困难,或直接影响工程建筑及附近建筑物的稳定,因此必须进行防治。

在可能发生流土的地区,若上覆有一定厚度的土层,应尽量利用上覆土层做天然地基,或者用桩基穿过易发生流土的地层。应尽可能避免开挖,如果必须开挖,可以从以下几方面处理流土:

(1)减小或消除水头差,如采取基坑外的井点降水法降低地下水位或水下挖掘;

(2)增长渗流路径,如打板桩;

(3)在向上渗流出口处地表用透水材料覆盖压重或设反滤层以平衡渗流力;

(4)土层加固处理,减小土的渗透系数,如冻结法、注浆法等。

2. 管涌

1)管涌现象

管涌的形成主要决定于土本身的性质,对于某些土,即使在很大的水力坡降下也不会出现管涌,而对于另一些土(如缺乏中间粒径的砂砾料)却在不大的水力坡降下就可以发生管涌。

管涌破坏,一般有个时间发育过程,是一种渐进性质的破坏。按其发展的过程,可分为两类:一种土,一旦发生渗透变形就不能承受较大的水力坡降,这种土称为危险性管涌土;另一种土,当出现渗透变形后,仍能承受较大的水力坡降,最后试样表面出现许多大泉眼,渗透量不断增大,或者发生流土,这种土称为非危险性管涌土。一般来说,黏性土只有流土而无管涌。

无黏性土渗透变形的形式主要取决于颗粒级配曲线的形状,其次是土的密度。

2)管涌型土的临界水力坡降

发生管涌的临界水力坡降,目前尚无合适的公式可循。主要根据试验时肉眼观察细颗粒的移动现象和借助于水力坡降与流速之间的变化来判断管涌是否出现。

临界水力坡降的试验表明,临界水力坡降与不均匀系数关系密切,可按不均匀系数把土划分为流土型、过渡型和管涌型三类,土的不均匀系数越大,临界水力坡降越小。当土的级配不连续时,土的渗透变形性主要取决于细料的含量,或者说取决于细料充填粗料孔隙的程度。当细料填不满粗料的孔隙时,细料容易被渗透水流带走,这种土属于管涌土。无黏性土的渗透性与渗透变形特性有着直接的关系。对于不均匀土,如果透水性强,渗透系数就大,抵抗渗透变形的能量差,如果透水性弱,渗透系数就小,抵抗渗透变形的能力则强。

一般来说,渗透系数越大,则临界水力坡降越小。无黏性土的临界水力坡降可归纳成表2-36所示的关系。

水力坡降与土类的关系 表2-36

水力坡降	土类				
	流土型土		过渡型土	管涌型土	
	$C_u \leq 5$	$C_u > 5$		级配连续	级配不连续
临界水力坡降	0.8~1.0	1.0~1.5	0.4~0.8	0.2~0.4	0.10~0.30
容许水力坡降	0.4~0.5	0.5~0.8	0.25~0.40	0.15~0.25	0.10~0.20

3.潜蚀

潜蚀是指渗透水流冲刷地基岩土层,并将细粒物质沿空隙迁移(机械潜蚀)或将土中可溶成分溶解(化学潜蚀)的现象。潜蚀通常分为机械潜蚀和化学潜蚀。这两种作用一般是同时进行的。在地基土层内,如具有地下水的潜蚀作用,将会破坏地基土的强度,形成空洞,产生地表塌陷,影响建筑工程的稳定。对潜蚀的处理可以采用堵截地表水流入土层、阻止地下水在土层中流动、设置反滤层、改造土的性质、减小地下水流速及水力坡度等措施。这些措施应根据当地地质条件分别或综合采用。

四、土在冻结过程中的水分迁移与集聚

(一)冻土的基本特征

冻土是指地温在年平均0℃或0℃以下,因冻结而含有冰的各种土(或岩)。温度状况相同但不含冰的,则称为寒土。由于温度周期性地发生正负变化,冻土中地下水和冰不断发生相变和位移,使土层产生冻胀、融陷、流变等,从而引起土(岩)体的变形,甚至破坏移动。这一复杂过程,称为冻融作用。

冻土按其结冻状态的时间长短,可分为季节冻土和多年冻土两类。季节冻土是指冬季冻结、夏季全部融化的土层;多年冻土是长期冻结的土层,其冻结状态可持续多年,甚至可达数千年。

多年冻土可分为上下两层。上层每年夏季融化，冬季冻结，叫活动层；下层为常年处于冻结状态的永冻层。永冻层与活动层之间在冬季无明显界线，但在夏季可以明显地区分开。多年冻土的厚度从高纬度到低纬度逐渐变薄，以至完全消失。多年冻土在地球上的分布具有明显的纬度地带性和垂直地带性规律。从高纬度向中纬度，多年冻土埋深渐增。在高山高原地带的冻土分布，主要取决于海拔高度的变化，海拔越高，地温越低，多年冻土埋深越浅，其冻土层则越厚。多年冻土的厚度与埋深除受纬度和高度的控制外，还受海陆分布、岩性、坡向和植被等自然地理条件的影响。

世界上冻土总面积为全球大陆面积的25%，主要分布在高纬度极地、副极地及中低纬度高山和高原地区。我国冻土主要分布于东北北部山区、西北高山区及青藏高原地区。我国冻土面积约213万km^2，占全国总面积的22.3%。

冻胀和融陷对工程都会产生不利影响。特别是高寒地区，发生冻胀时，路基隆起，柔性路面鼓包、开裂，刚性路面错缝或折断；对于修建在冻土上的建筑物，冻胀会引起建筑物的开裂、倾斜甚至轻型构筑物倒塌。而发生融陷后，路基土在车辆反复碾压下，轻者路面变得松软，重者路面翻浆。对工程危害最大的是季节性冻土，当土层解冻融化后，土层软化，强度大大降低，使得房屋、桥梁和涵管等发生过量沉降和不均匀沉降，引起建筑物的开裂破坏。

(二)冻土机理及影响因素

1.冻胀机理

地面下一定深度的水温，随着大气温度而改变。当大气负温传入土中时，土中的自由水首先冻结成冰晶体，随着气温的继续下降，弱结合水的最外层也开始冻结，使冰晶体逐渐扩大。这样使冰晶体周围土粒的结合水膜减薄，土粒就产生剩余的分子引力。另外，由于结合水膜的减薄，使得水膜中的离子浓度增加，产生了渗透压力(即当两种水溶液的浓度不同时，会在它们之间产生一种压力差，使浓度较小溶液中的水向浓度较大的溶液渗流)。在这两种引力作用下，附近未冻结区水膜较厚处的弱结合水，被吸引到水膜较薄的冻结区，并参与冻结，使冰晶体增大，而不平衡引力却继续存在。若未冻结区存在着水源(如地下水距冻结区很近)及适当的水源补给通道(即毛细通道)，能够源源不断地补充到冻结区来，那么，未冻结区的水分(包括弱结合水和自由水)就会不断地向冻结区迁移和集聚，使冰晶体不断扩大，在土层中形成冰夹层，土体随之发生隆起，即冻胀现象。这种冰晶体不断增大，直到水源的补给断绝后才停止。

2.影响冻胀的因素

从上述土冻胀的机理分析中可以看到，土的冻胀现象是在一定条件下形成的，即影响冻胀的因素有下列三方面：

(1)土的因素。冻胀现象通常发生在细粒土中，特别是粉砂、粉土、粉质黏土和粉质亚黏土等，冻结时水分迁移集聚最为强烈，冻胀现象严重。这是因为这类土具有较显著的毛细现象，毛细水上升高度大，上升速度快，具有较通畅的水源补给通道。同时，这类土的颗粒较细，表面能大，土的矿物成分亲水性强，能持有较多结合水，从而能使大量结合水迁移和集聚。相反，黏土虽有较厚的结合水膜，但毛细孔隙很小，对水分迁移的阻力很大，没有通畅的水源补给通道，所以其冻胀性较上述土类为小。

砂砾等粗颗粒土，没有或具有很少量的结合水，孔隙中自由水冻结后，不会发生水分的迁移积聚，同时由于砂砾基本无毛细现象，因而不会发生冻胀。所以，在工程实践中常在地基或路基中换填砂土，以防治冻胀。

(2)水的因素。前已指出，土层发生冻胀的原因是水分的迁移和集聚所致。因此，当冻结区附近地下水位较高,毛细水上升高度能够达到或接近冻结线,使冻结区能得到外部水源的补给时,将发生比较强烈的冻胀破坏现象。这样,冻胀可以分为开敞型冻胀和封闭型冻胀两种类型。前者是在冻结过程中有外来水源补给的;后者是在冻结过程中没有外来水分补给的。开敞型冻胀往往在土层中形成很厚的冰夹层,产生强烈冻胀,而封闭型冻胀,土中冰夹层薄,冻胀量也小。

(3)温度的因素。当气温骤降且冷却强度很大时,土的冻结面迅速向下推移,即冻结速度很快时,土中弱结合水及毛细水来不及向冻结区迁移就在原地冻结成冰,毛细通道也被冰晶体所堵塞。这样,水分的迁移和积聚不会发生,在土层中看不到冰夹层,只有散布于土孔隙中的冰晶体,这时形成的冻土一般无明显的冻胀。如气温缓慢下降,冷却强度小,但负温持续的时间较长,就能促使未冻结区水分不断向冻结区迁移积聚,在土中形成冰夹层,出现明显的冻胀现象。

上述三方面的因素是土层发生冻胀的三个必要条件。通常在持续负温作用下,地下水位较高处的粉砂、粉土、粉质黏土等土层才具有较大的冻胀危害。因此,我们可以根据影响冻胀的三个因素,采取相应的防治冻胀的工程措施,如可将构筑物基础底面置于当地冻结深度(可查有关规范)以下,以防止冻害的影响。

(三)标准冻结深度

由于土的冻胀和融陷将危害建筑物的正常和安全使用,因此在一般设计中,均要求将基础底面置于当地标准冻结深度以下,以防止冻害的影响。

土的冻结深度与当地气候和土的类别、温度以及地面覆盖情况(如植被、积雪、覆盖土层等)有关。

在工程实践中,把地表平坦、裸露、城市之外的空旷场地中不少于10年实测最大冻深的平均值称为标准冻结深度 z_0。

我国有关部门根据实测资料编绘了东北和华北地区标准冻深线图。当无实测资料时,除山区外,可参照中国季节性冻土标准冻深线图采用《建筑地基基础设计规范》(GB 50007—2011)的规定,也可根据当地气象观测资料按下式估算,即

$$z_0 = 0.28\sqrt{\sum T_m + 7} - 0.5 \tag{2-35}$$

式中:z_0——标准冻结深度,m;

$\sum T_m$——低于0℃的月平均气温的累计值(取连续10年以上的年平均值),以正号代入。

思考题与习题

1. 何谓毛细水?毛细水上升的原因是什么?在哪些土中毛细现象最显著?
2. 简述毛细现象对工程建设的影响。
3. 简述毛细水带的划分,并说明各带的特点。
4. 何谓渗透?如何测定渗透系数?
5. 影响土的渗透力的主要因素有哪些?
6. 何谓渗透力、渗透变形、渗透破坏?
7. 试述流沙现象和潜蚀、管涌现象的异同。
8. 如何防治渗透变形?防治的基本原理是什么?
9. 在厚度为12.5m的砂砾石潜水含水层,进行完整井抽水试验,井径160mm,观测孔距抽

水井60m，当抽水井降深25m时，涌水量为600m^3/d，此时观测井降深为0.24m，计算含水层的渗透系数。

10. 有一潜水完整井，含水粗砂层厚14m，渗透系数为10m/d，含水层下伏为黏土层，潜水埋藏深度为2m，钻孔直径为304mm，当抽水孔水位降深为4m时，经过一段时间抽水，达到稳定流，影响半径可采用300m，试绘制剖面示意图并计算井的涌水量。

11. 如图2-35所示，在5.0m厚的黏土层下有一砂土层厚6.0m，其下为不透水基岩。为测定该砂土的渗透系数，打一钻孔到基岩顶面，并以$1.5\times10^{-2}m^3/s$的速率从孔中抽水。在距抽水孔15m和30m处各打一观测孔穿过黏土层进入砂土层，测得孔内稳定水位分别在地面以下3.0m和2.5m，试求该砂土的渗透系数。

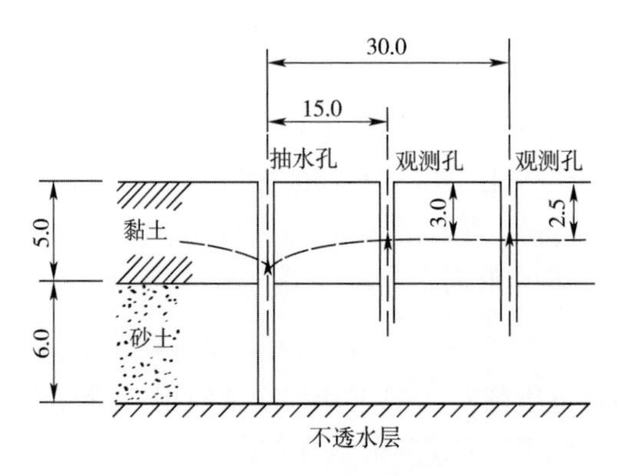

图2-35　潜水完整井剖面示意图(尺寸单位:m)

第三章　地基的应力与沉降计算

学习目标

1. 叙述土中的应力构成和应力状态；
2. 知道土力学计算的假设及应力与应变关系；
3. 熟悉土中自重应力、基底压力、基底附加压力的计算方法；
4. 会进行各种荷载条件下的土中附加应力的计算；
5. 叙述土的压缩与饱和土体渗透固结的概念；
6. 知道土的压缩指标的测定方法；
7. 熟悉分层总和法计算地基沉降量的步骤；
8. 描述沉降与时间的关系；
9. 完成某建筑地基土压缩指标的测试，并计算该建筑的沉降总量。

第一节　土中应力计算

学习重点：

土中自重应力；基底压力；基底附加压力；各种荷载条件下土中附加应力的计算方法。

学习难点：

基底附加压力；土的附加应力；角点法的应用；有效应力原理。

一、概述

（一）土中应力计算的目的及方法

在土工结构和天然地基中，当土体受外力作用时，往往需要估算土体的强度和变形，以确保土工结构或位于地基上的建筑物的安全。为此，必须研究土中各点的应力状态，即应力分布，从而计算地基变形和土体稳定问题。

建筑物、构筑物、车辆等的荷载，要通过基础或路基传递到土体上。在这些荷载及其他作用力（如渗透力、地震力）等的作用下，土中会产生应力。土中应力的增加会引起土的变形，使建筑物发生下沉、倾斜以及水平位移；土的变形过大时，往往会影响建筑物的安全和正常使用。此外，土中应力过大时，也会引起土体的剪切破坏，使土体发生剪切滑动而失去稳定。

为了使所设计的建筑物、构筑物既安全可靠又经济合理，就必须研究土体的变形、强度、地基承载力、稳定性等问题。而不论研究上述何种问题，都必须首先了解土中的应力分布状况。

只有掌握了土中应力的计算方法和土中应力的分布规律,才能正确运用土力学的基本原理和方法解决地基变形、土体稳定等问题。

因此,研究土中应力分布及计算方法是土力学的重要内容之一。

目前,计算土中应力的方法主要是采用弹性理论,也就是把地基土视为均质的、连续的、各向同性的半无限空间线弹性体。事实上,土体是一种非均质的、各向异性的多相分散体,是非理想弹性体,采用弹性理论计算土体中应力必然带来计算误差,对于一般工程,其误差是工程所允许的。但对于许多复杂条件下的应力计算,弹性理论是远远不够的,应采用其他更为符合实际的计算方法,如非线性力学理论、数值计算方法等。

(二)土中一点的应力状态

在土体中某点 M 的应力状态,可以用一个正六面单元体上的应力来表示。若半无限土体所采用的直角坐标系如图 3-1 所示,则作用在单元体上的 3 个法向应力(正应力)分量分别为 σ_x、σ_y、σ_z,6 个剪应力分量分别为 $\tau_{xy}=\tau_{yx}$,$\tau_{yz}=\tau_{zy}$,$\tau_{zx}=\tau_{xz}$;共有 9 个应力分量,作为独立应力分量的只有 6 个。剪应力的脚标第一个字母表示剪应力作用面的法线方向,第二个字母表示剪应力的作用方向。

应特别注意的是,在土力学中,对应力的正负号有着特殊规定,由于土基本上承受不了拉力,故往往取压应力为正,拉应力为负,这与一般固体力学中的符号规定有所不同。剪应力的正负号规定是:当剪应力作用面的外法线方向与坐标轴的正方向一致时,则剪应力的方向与坐标轴正方向相反时为正,反之为负;若剪应力作用面上的外法线方向与坐标轴正方向相反时,则剪应力的方向与坐标轴正方向相同时为正,反之为负。如图 3-1 中所示的法向应力及剪应力均为正值。

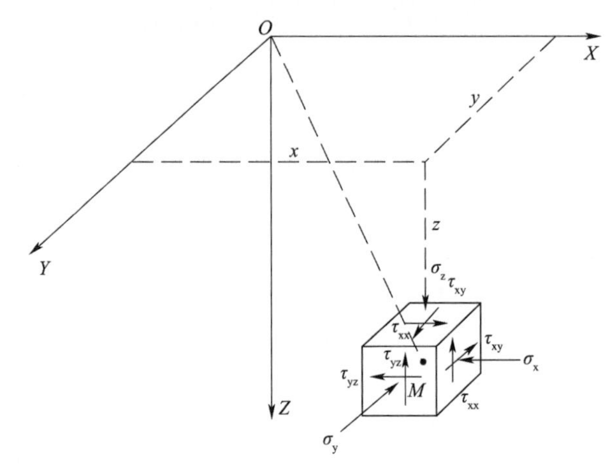

图 3-1　土中一点的应力状态

在空间坐标中,体积元方向是可以任意选择的,总可以找到这样一个方向,使三个正交面上共 6 个剪应力均为零。因而只剩下三个法向应力 σ_1、σ_2 和 σ_3,这三个相互垂直的方向应力称为主应力 $\sigma_1>\sigma_2>\sigma_3$。假定其分别被称为大、中、小三个主应力,所作用的面称为主应力面。

(三)土中应力的种类

土中的应力按产生的原因分为两种,即自重应力和附加应力,二者之和称为总应力。

(1)自重应力:由上覆土体自重引起的应力称为土的自重应力。自重应力一般是自土形成之日起就在土中产生,因此也将它称为常驻应力。对于形成地质年代比较久远的土,由于在自重应力作用下,其变形已经稳定,因此土的自重应力不再引起地基的变形(新沉积土或近期人工充填土除外)。

(2)附加应力:由于外荷载(如建筑物荷载、车辆荷载、土中水的渗透力、地震力等)的作用,在土中产生的应力增量,称为附加应力。附加应力由于是地基中新增加的应力,将引起地基的变形,所以附加应力是引起地基变形和破坏的主要原因。

二、土的自重应力

自重应力是在未修建建筑之前,地基中由于土体本身的自重而产生的应力。一般而言,土体在自重作用下,在漫长的地质历史中已压缩稳定,不再引起土的变形。

研究地基自重应力的目的是为了确定土体的初始应力状态。在计算地基中的自重应力时,一般将地基作为半无限弹性体来考虑。由半无限弹性体的边界条件可知,其内部任一与地面平行的平面或垂直的平面上,仅作用着竖向应力 σ_{cz} 和水平向应力 $\sigma_{cx}=\sigma_{cy}$,而剪应力 $\tau=0$。

(一)竖直自重应力

假定土体中所有竖直面和水平面上均无剪应力存在,故地基中任意深度 z 处的竖向自重应力就等于单位面积上的土柱重力。如果地面下土质均匀,天然重度为 γ,则在天然地面下 z 处的竖向自重应力 σ_{cz} 应为

$$\sigma_{cz}F = W = \gamma zF$$

故

$$\sigma_{cz} = \gamma z \tag{3-1}$$

式中:σ_{cz}——天然地面以下 z 深度处土的自重应力,kN/m^2 或 kPa;

W——面积 F 上高为 z 的土柱重力,kN;

F——土柱底面积,m^2。

式(3-1)就是自重应力计算公式,由此可知,自重应力随深度呈线性增加,并呈三角形分布(图 3-2)。

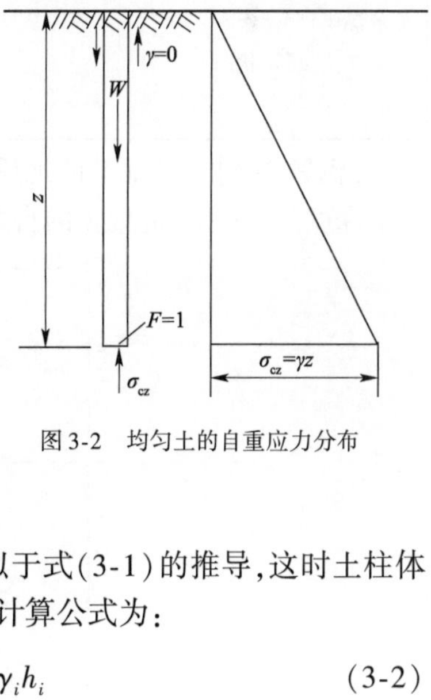

图 3-2 均匀土的自重应力分布

(二)土体成层及有地下水时的计算公式

1. 当土体成层时

设各土层厚度及重度分别为 h_i 和 $\gamma_i(i=1,2,\cdots,n)$,类似于式(3-1)的推导,这时土柱体总重力为 n 段小土柱体之和,则在第 n 层土的底面,自重应力计算公式为:

$$\sigma_{cz} = \gamma_1 h_1 + \gamma_2 h_2 + \cdots + \gamma_n h_n = \sum_{i=1}^{n} \gamma_i h_i \tag{3-2}$$

式中:n——地基中的土层数;

γ_i——第 i 层土的重度;地下水位以上用天然重度 γ,地下水位以下则用浮重度 γ';

h_i——第 i 层土的厚度,m。

2. 土层中有地下水时

计算地下水位以下土的自重应力时,应根据土的性质确定是否需考虑水的浮力作用。通常认为砂性土是应该考虑浮力作用的。若地下水位以下的土受到水的浮力作用,则水下部分土的重度应按浮重度 γ'(有效重度)计算,其计算方法如同成层土的情况。

在地下水位以下,如埋藏有不透水层(例如岩层或只含结合水的坚硬黏土层),由于不透水层中不存在水的浮力,所以层面及层面以下的自重应力应按上覆土层的水土总重计算。

(三)水平向自重应力

在半无限体内,由侧限条件可知(图 3-3),土不可能发生侧向变形($\varepsilon_x = \varepsilon_y = 0$),因此,该单元体上两个水平向应力相等并按下式计算:

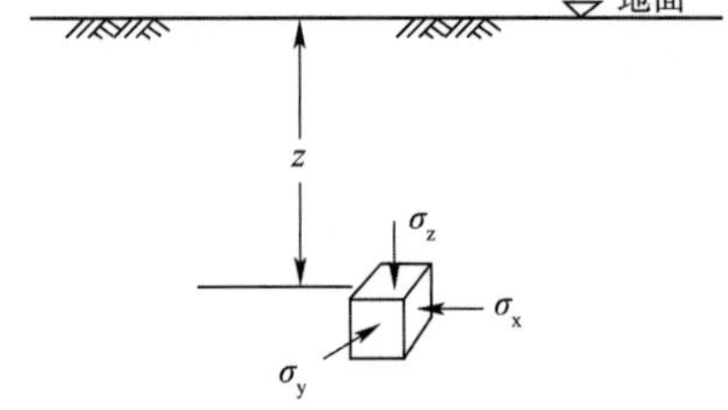

图 3-3 侧限应力状态

$$\sigma_{cx} = \sigma_{cy} = \frac{v}{1-v}\sigma_{cz}$$

令 $K_0 = \dfrac{v}{1-v}$,则

$$\sigma_{cx} = \sigma_{cy} = K_0\sigma_{cz} = K_0 \cdot \gamma \cdot z \tag{3-3}$$

式中,K_0为土的侧压力系数,它是侧限条件下土中水平向有效应力与竖直有效应力之比;v 是土的泊松比。K_0和 v 依土的种类、密度不同而异。K_0可由试验测定,其值见表 3-1。

K_0的经验值 表 3-1

土的种类和状态	K_0	土的种类和状态	K_0
碎石土	0.18 ~ 0.25	黏土:坚硬状态	0.33
砂土	0.25 ~ 0.33	软塑及流塑状态	0.72
粉土	0.33	可塑状态	0.53
粉质黏土:坚硬状态	1.33		
可塑状态	0.43		
软塑及流塑状态	0.53		

【例题 3-1】 某地基的地质柱状图和土的有关指标,列于图 3-4 中。试计算水位面及地面下深度为 5m 和 7m 处土的自重应力,并绘出分布图。

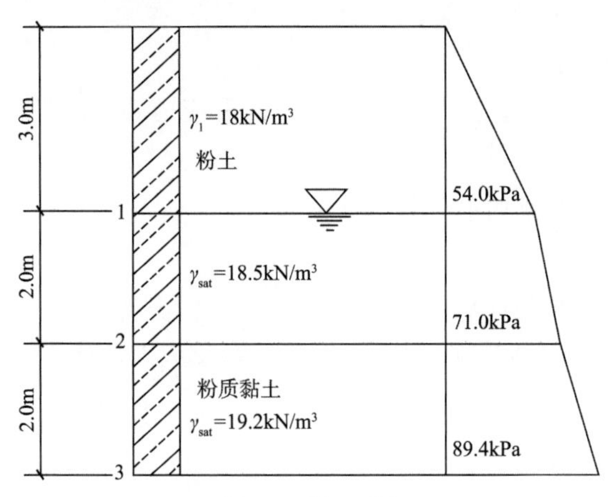

图 3-4 例 3-1 图

【解】 地下水位面以下粉土和粉质黏土的浮重度分别为

$$\gamma'_2 = \gamma_{2sat} - \gamma_w = 18.5 - 10 = 8.5\text{kN/m}^3$$

$$\gamma'_3 = \gamma_{3sat} - \gamma_w = 19.2 - 10 = 9.2\text{kN/m}^3$$

地下水位面处:

$$\sigma_{cz1} = \gamma_1 h_1 = 18 \times 3 = 54\text{kPa}$$

粉土层底面处:

$$\sigma_{cz2} = \gamma_1 h_1 + \gamma_2 h_2 = 54 + 8.5 \times 2 = 71\text{kPa}$$

粉质黏土层底面处($z=5\text{m}$):

$$\sigma_{cz3}=\gamma_1h_1+\gamma'_2h_2+\gamma'_3h_3=71+9.2\times2=89.4\text{kPa}$$

【例题 3-2】 某工程地基土的物理性质指标如图 3-5 所示,试计算自重应力并绘出自重应力分布曲线。

【解】 填土层底:$\sigma_{cz1}=\gamma_1h_1=15.7\times1=15.7\text{kPa}$

地下水位处:$\sigma_{cz2-1}=\gamma_1h_1+\gamma_2h_{2-1}=15.7+17.5\times2=50.7\text{kPa}$

粉质黏土层底:$\sigma_{cz2-2}=\gamma_1h_1+\gamma_2h_{2-1}+\gamma'_2h_{2-2}=50.7+(18.5-9.8)\times2=68.1\text{kPa}$

粉砂土层底:$\sigma_{cz3}=\gamma_1h_1+\gamma_2h_{2-1}+\gamma'_2h_{2-2}+\gamma'_3h_3=68.1+(20.5-9.8)\times5=121.6\text{kPa}$

不透水层面:$\sigma_{cz4}=\delta_{cz3}+\gamma_w(h_{2-2}+h_3)=121.6+(2+5)\times9.8=190.2\text{kPa}$

不透水层底:$\sigma_{cz4'}=\delta_{cz4}+\gamma_4h_4=190.2+19.2\times3=247.8\text{kPa}$

自重应力 σ_{cz} 沿深度的分布如图 3-5 所示。

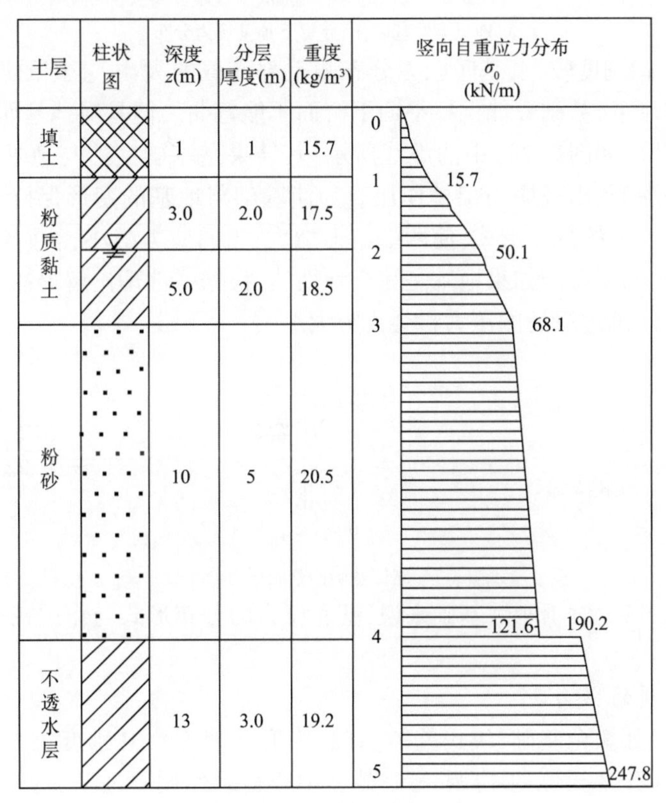

图 3-5 例 3-2 图

三、基底压力及基底附加压力

基底压力是指上部结构荷载和基础自重通过基础传递,在基础底面处施加于地基上的单位面积压力。由于基底压力作用于基础与地基的接触面上,故也称如基底接触压力。因为建筑物的荷载是通过基础传给地基的,为了计算上部荷载在地基土层中引起的附加应力,必须首先研究基础底面处与基础底面接触面上的压力大小与分布情况。

(一)基底压力的分布规律

精确地确定基底压力的数值与分布是一个很复杂的问题,它涉及上部结构、基础和地基三者之间的共同作用,与三者的变形特性(如基础的刚度、地基土的压缩性等)有关,影响因素很多。这里仅对其分布规律及主要影响因素作些定性的讨论。为将问题简化，暂且不考虑上部结构的影响。

1. 基础的刚度

(1)柔性基础：指能承受一定弯曲变形的基础。如土坝、路基等一类基础，本身刚度很小，在竖向荷载作用下几乎没有抵抗弯曲变形的能力，基础随着地基同步变形。因此基底压力的分布与作用在基础上的荷载分布完全一致。当荷载均布时，基底压力也是均布的，如图3-6所示。

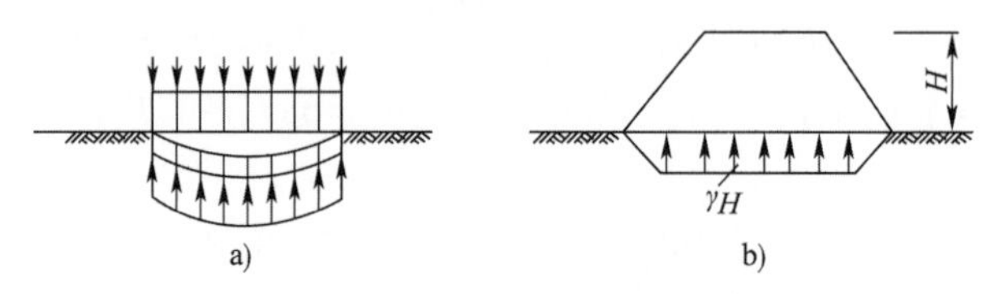

图3-6　柔性基础下的基底压力分布

a)理想柔性基础；b)路堤下地基反力分布

(2)刚性基础：指刚度较大，基底压力分布随上部荷载的大小、基础的埋深及土的性质而异。在均布荷载作用下，基础只能保持平面下沉而不能弯曲。但是对地基而言，均布的基底压力将产生不均匀沉降，如图3-7a)中的虚线所示，其结果是基础变形与地基变形不相协调，基底中部将会与地面脱开，出现应力架桥作用。为使基础与地基的变形保持相容(图3-7c)，必然要重新调整基底压力的分布形式，使两端应力加大，中间应力减小，从而使地面保持均匀下沉，以适应刚性基础的变形。如果地基是完全弹性体，根据弹性理论解得的基底压力分布如图3-7b)中实线所示，基础边缘处的压力将会无穷大。

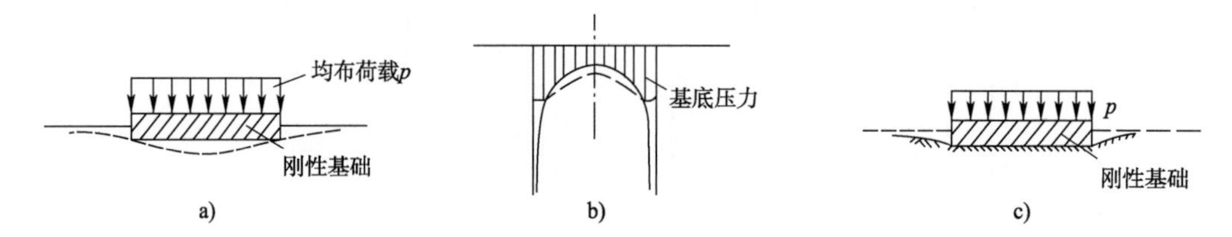

图3-7　刚性基础的基底压力分布

通过以上分析可见，对于刚性基础来说，基底压力的分布形式与作用在其上面的荷载分布形式不相一致。

2. 荷载和土性质的影响

对于刚性基础(如墩台基础、块式整体基础、箱形基础等)，其刚度很大，远远超过地基土的刚度。地基与基础的变形必须协调一致，故在中心荷载作用下地基表面各点的竖向变形值相同，由此决定了基底压力分布是不均匀的。理论和实践证明，在中心荷载作用下，基底压力通常呈马鞍形分布，如图3-8a)所示；当作用的荷载加大时，基底边缘由于应力集中，将会使土产生塑性变形，边缘应力不再增加，而使中央部分继续增大，使基底压力呈现抛物线分布，如图3-8b)所示；若作用荷载继续增大，并接近地基的破坏荷载时，基底压力分布由抛物线形转变为中部突出的钟形，如图3-8c)所示。所以刚性基础的基底压力分布规律与荷载大小有关。另外，根据试验研究可知，它还与基础埋置深度、土的性质等有关。

鉴于目前还没有精确、简便的基底压力计算方法，实用中可采用下列两种方法之一来确定基底压力的大小与分布：

(1)对大多数情况，可采用下述简化方法计算基底压力。该法虽然不够精确，但这种误差也是工程所允许的；

（2）在比较复杂的情况下（如十字交叉条形基础、筏形基础、箱形基础等），可采用弹性地基上梁板理论来计算基底压力。

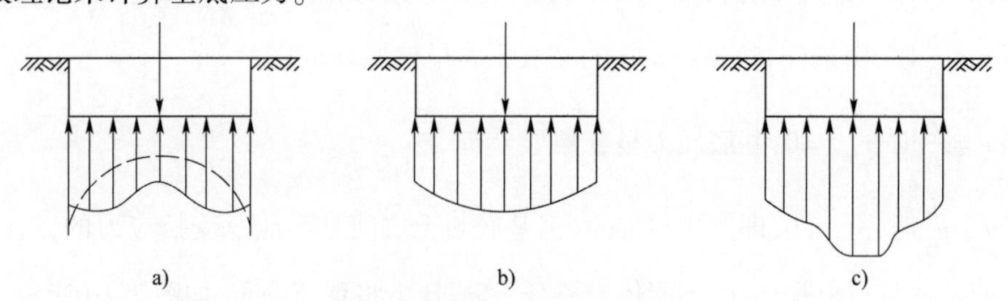

图 3-8 刚性基础下的基底压力分布

a）马鞍形；b）抛物线形；c）钟形

（二）刚性基础基底压力简化算法

基底压力的分布受多种因素的影响，是一个比较复杂的工程问题。刚性基础基底压力的分布可采用简化计算方法，一般采用文刻勒尔（Winkler）的地基弹簧模型，即把地基土当作垂直的互不相连的弹簧，与基底相连，故基底垂直位移与弹簧反力成正比，这些反力也就构成了基底压力。根据这个假定，可进行如下中心荷载和偏心荷载作用下刚性基础基底压力分布计算。

（1）中心荷载作用下的基底压力。对于中心荷载作用下的矩形基础，如图 3-9a）、图 3-9b）所示，此时基底压力均匀分布，其数值可按下式计算，即

$$p=\frac{F+G}{A} \tag{3-4}$$

式中：p——基底平均压力，kPa；

F——上部结构传至基础顶面的垂直荷载，kN；

G——基础自重与其台阶上的土重之和，一般取 $\gamma_G=20\text{kN/m}^3$ 计算，kN；

A——基础底面积，$A=lb$，m^2。

对于条形基础（$l \geqslant 10b$），则沿长度方向取 1m 来计算。此时式（3-4）中的 F、G 代表每延米内的相应值，如图 3-9c）所示。

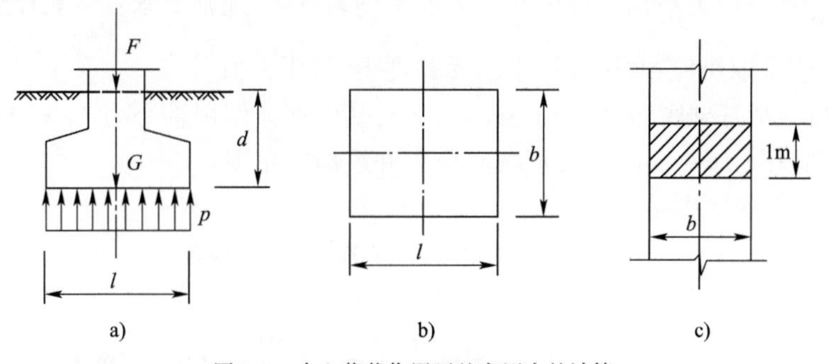

图 3-9 中心荷载作用下基底压力的计算

（2）偏心荷载时（图 3-10），基底压力按偏心受压公式计算：

$$\begin{matrix} p_{max} \\ p_{min} \end{matrix}=\frac{N}{F}\pm\frac{M}{W}=\frac{N}{F}\left(1\pm\frac{6e}{b}\right) \tag{3-5}$$

式中：N、M——作用在基础底面中心的竖直荷载及弯矩，$M=Ne$；

e——荷载偏心矩；

W——基础底面的抵抗矩，对矩形基础，$W=\frac{lb^2}{6}$；

b、l——基础底面的宽度和长度。

从式(3-5)可知,按荷载偏心距 e 的大小,基底压力的分布可能出现下述三种情况:

①当 $e<\frac{b}{6}$时,由式(3-5)知,$p_{\min}>0$,基底压力呈梯形分布;

②当 $e=\frac{b}{6}$时,$p_{\min}=0$,基底压力呈三角形分布;

③当 $e>\frac{b}{6}$时,$p_{\min}<0$,即产生拉应力,但基底与土之间是不能承受拉应力的,这时产生拉应力部分的基底将与土脱开,而不能传递荷载,基底压力将重新分布,如图3-10所示。重新分布后的基底最大压应力 $p'_{\max}$,可以根据平衡条件求得:

$$p'_{\max}=\frac{2N}{3\left(\frac{b}{2}-e\right)l} \tag{3-6}$$

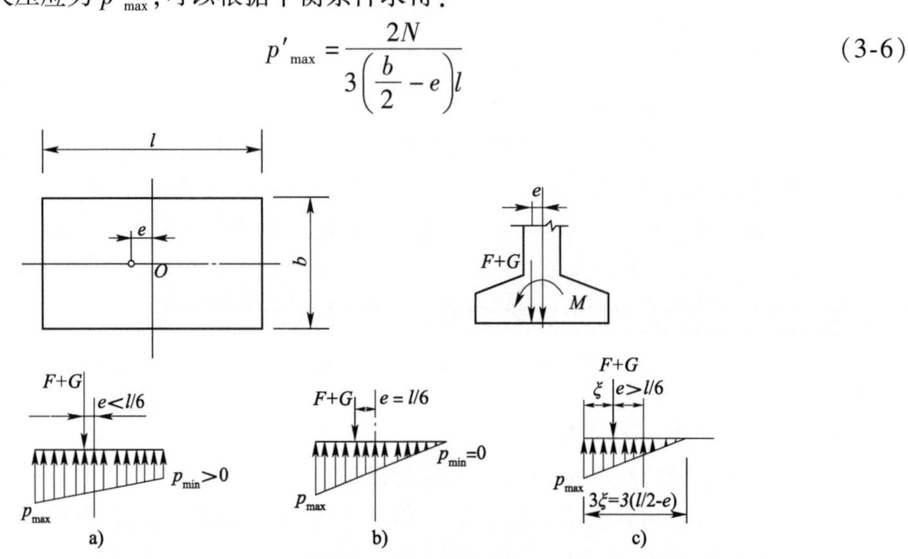

图3-10 单向偏心荷载作用下的矩形基础基底压力分布

a)偏心荷载 $e<l/6$ 时;b)偏心荷载 $e=l/6$ 时;c)偏心荷载 $e>l/6$ 时

为了减少因地基应力不均匀而引起过大的不均匀沉降,通常要求:$\frac{p_{\max}}{p_{\min}}\leqslant 1.5\sim 3.0$;对压缩性大的黏性土,应采取小值;对压缩性小的无黏性土,可用大值。

【例题3-3】 某基础底面尺寸 $l=3\text{m}$,$b=2\text{m}$,基础顶面作用轴心力 $F_{\text{k}}=450\text{kN}$,弯矩 $M=150\text{kN}\cdot\text{m}$,基础埋深 $d=1.2\text{m}$,试计算基底压力并绘出分布图。

【解】 基础自重及基础上回填土重

$$G_{\text{k}}=\gamma_{\text{G}}Ad=20\times 3\times 2\times 1.2=144\text{kN}$$

偏心矩

$$e=\frac{M_{\text{k}}}{F_{\text{k}}+G_{\text{k}}}=\frac{150}{450+144}=0.253\text{m}$$

基底压力

$$\left.\begin{matrix}p_{\max}\\p_{\min}\end{matrix}\right\}=\frac{F_{\text{k}}+G_{\text{k}}}{bl}\left(1\pm\frac{6e}{l}\right)=\frac{450+144}{2\times 3}\left(1\pm\frac{6\times 0.253}{3}\right)=\begin{matrix}149.1\\48.9\end{matrix}\text{kPa}$$

基底压力及分布图,见图3-11。

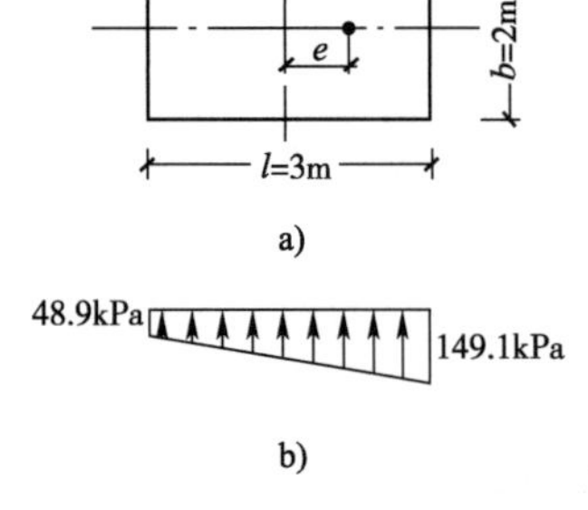

图3-11 基底压力及分布图

(三)基底附加压力

基底压力减去基底处竖向自重应力称为基底附加压力。

(1)基础位于地面上:设基础建在地面上,则基础底面的附加压力，即基础底面接触压力：$p_0 = p$。

(2) 基础位于地面下：通常基础建在地面以下，该处原有的自重应力由于开挖基坑而卸除。因此，由建筑物建造后的基底压力应扣除基底高程处原有的自重应力，才是基底处新增加给地基的附加压力，也称基底净压力。

当基础埋深为 d 时，基底处竖向自重应力为 $\sigma_c = \gamma_0 d$，则基底附加压力为

$$p_0 = p - \sigma_c = p - \gamma_0 d \tag{3-7}$$

式中：p_0——基底附加压力，kPa；

p——基底压力，kPa；

σ_c——基底处竖向自重应力，kPa；

d——基础埋深，m；

γ_0——基础埋深范围内土的加权平均重度，$\gamma_0 = \frac{\sum \gamma_i h_i}{d}$，$kN/m^3$。

在地基与基础工程设计中，基底附加压力的概念是十分重要的。在建筑物基础工程施工前，土中已存在自重应力，但自重应力引起的变形早已完成。基坑的开挖使基底处的自重应力完全解除，当修建建筑物时，若建筑物的荷载引起的竖向基底压力恰好等于原有竖向自重应力时，则不会在地基中引起附加应力，地基也不会发生变形。只有建筑物的荷载引起的基底压力大于基底处竖向自重应力时，才会在地基中引起附加应力和变形。因此，要计算地基中的附加应力和变形，应以基底附加压力为依据。

从式(3-7)可以看出，若基底压力 p 不变，埋深越大则附加应力越小。利用这一特点，当工程上遇到地基承载力较低时，为减少建筑物的沉降，采取措施之一便是加大基础埋深，使得附加应力减小。

四、地基中的附加应力

对一般天然土层来说，自重应力引起的压缩变形在地质历史上早已完成，不会再引起地基的沉降，附加应力则是由于修建建筑物以后在地基内新增加的应力，因此它是使地基发生变形、引起建筑物沉降的主要原因。

地基中的附加应力计算比较复杂。目前采用的地基中附加应力计算方法，是根据弹性理论推导出来的。需对地基作下列假设：①地基土是半无限空间弹性体；②连续均匀的；③具有各向同性。严格地说，地基并不是连续均匀、各向同性的弹性体。实际上，地基土通常是分层的，例如，一层砂土、一层黏土、一层卵石，并不均匀，而且各层之间性质(如黏土与卵石之间)差别很大。

地基中附加应力扩散：为了说明这个问题，假设地基土粒为无数直径相同的、水平放置的刚性光滑小圆柱，则可按平面问题考虑。设地表受一个竖向集中力 F 作用，由图 3-12 可见，地表的竖向集中力传递越深，受力的小圆柱就越多，每个小圆柱所受的力也就越小。需要说明的是，如果小圆柱的表面不是光滑的，圆柱之间将有摩擦作用。为了清楚地表达地基中附加应力的分布规律，将底层小圆柱的受力大小按比例画出，如图 3-12 底部曲线所示。

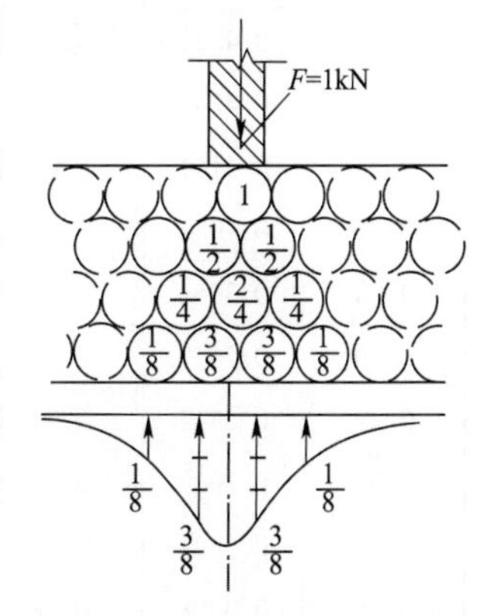

图 3-12　地基中附加应力扩散示意图

地基中附加应力的分布具有下列规律：

(1) 在荷载轴线上，离荷载越远，附加应力越小；

（2）在地基中任一深度处的水平面上，沿荷载轴线上的附加应力最大，向两边逐渐减小。

（一）竖向集中力作用下地基土中的附加应力

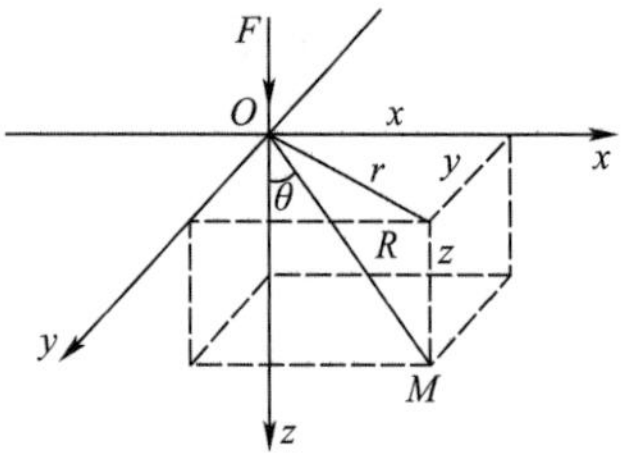

图 3-13　竖向集中力作用下土中附加应力

将地基视为一个半无限空间弹性体，设此地基表面作用有一个竖向集中力 F，地基中引起的应力如何计算。

法国学者布辛尼斯克（J. V. Boussinesq）用弹性力学方法求解出半空间弹性体内任意点 $M(x, y, z)$ 的全部应力和全部位移。其中，地基中任意点 M 的竖向应力的表达式为（图 3-13）：

$$\sigma_z = \frac{3Fz^3}{2\pi R^5} = \frac{3F}{2\pi z^2}\frac{1}{\left[1+\left(\frac{r}{z}\right)^2\right]^{5/2}} = \alpha\frac{F}{z^2} \tag{3-8}$$

式中：x、y、z——M 点的坐标；

$R=\sqrt{x^2+y^2+z^2}$；

r——应力计算点与集中力作用点的水平距离；

z——应力计算点的深度；

α——应力系数，$\alpha=\dfrac{3}{2\pi\left[1+\left(\frac{r}{z}\right)^2\right]^{5/2}}$，它是$\left(\dfrac{r}{z}\right)$的函数，其值可查表 3-2 得到。

集中荷载作用下应力系数 α 值　　表 3-2

r/z	α	r/z	α	r/z	α	r/z	α	r/z	α
0.00	0.4775	0.40	0.3294	0.80	0.1386	1.20	0.0513	1.68	0.0167
0.02	0.4770	0.42	0.3181	0.82	0.1320	1.22	0.0489	1.70	0.0160
0.04	0.4756	0.44	0.3068	0.84	0.1257	1.24	0.0466	1.74	0.0147
0.06	0.4732	0.46	0.2955	0.86	0.1196	1.26	0.0443	1.78	0.0135
0.08	0.4699	0.48	0.2843	0.88	0.1138	1.28	0.0422	1.80	0.0129
0.10	0.4657	0.50	0.2733	0.90	0.1083	1.30	0.0402	1.84	0.0119
0.12	0.4607	0.52	0.2625	0.92	0.1031	1.32	0.0384	1.88	0.0109
0.14	0.4548	0.54	0.2518	0.94	0.0981	1.34	0.0365	1.90	0.0105
0.16	0.4482	0.56	0.2414	0.96	0.933	1.36	0.0348	1.94	0.0097
0.18	0.4409	0.58	0.2313	0.98	0.887	1.38	0.0332	1.98	0.0089
0.20	0.4329	0.60	0.2214	1.00	0.0844	1.40	0.0317	2.00	0.0085
0.22	0.4242	0.62	0.2117	1.02	0.0803	1.42	0.0302	2.10	0.0070
0.24	0.4151	0.64	0.2024	1.04	0.0764	1.44	0.0288	2.20	0.0058
0.26	0.4054	0.66	0.1934	1.06	0.0727	1.46	0.0275	2.40	0.0040
0.28	0.3954	0.68	0.1846	1.08	0.0691	1.48	0.0263	2.60	0.0029
0.30	0.3849	0.70	0.1762	1.10	0.0658	1.50	0.0251	2.80	0.0021
0.32	0.3742	0.72	0.1681	1.12	0.0626	1.54	0.0229	3.00	0.0015
0.34	0.3632	0.74	0.1603	1.14	0.0595	1.58	0.0209	3.50	0.0007
0.36	0.3521	0.76	0.1527	1.16	0.0567	1.60	0.0200	4.00	0.0004
0.38	0.3408	0.78	0.1455	1.18	0.0539	1.64	0.0183	4.50	0.0002
								5.00	0.0001

利用公式(3-8)可求出地基中任意一点的附加应力值。

【例题3-4】 在地基上作用一集中力 $F=200\text{kN}$,要求确定:

(1)$z=2\text{m}$ 深度处的水平面上附加应力分布;

(2)在 $r=0$ 的荷载作用线上附加应力的分布。

【解】 附加应力的计算结果,见表3-3和表3-4。沿水平面的分布,见图3-14。附加应力沿深度的分布见图3-15。

$z=2\text{m}$ 表3-3

z(m)	r(m)	r/z	F/z^2	α	σ_z(kPa)
2	0	0	50	0.4775	23.9
2	1	0.5	50	0.2733	13.6
2	2	1.0	50	0.0844	4.2
2	3	1.5	50	0.0251	1.2
2	4	2.0	50	0.0085	0.4

$r=0\text{m}$ 表3-4

z(m)	r(m)	r/z	F/z^2	α	σ_z(kPa)
0	0	0	∞	0.4775	∞
1	0	0	200	0.4775	95.5
2	0	0	50	0.4775	23.9
3	0	0	22.2	0.4775	10.6
4	0	0	12.5	0.4775	6.0

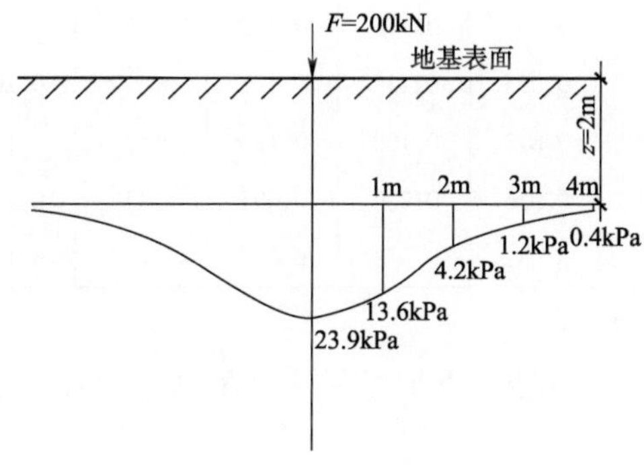

图3-14 附加应力沿水平面的分布图

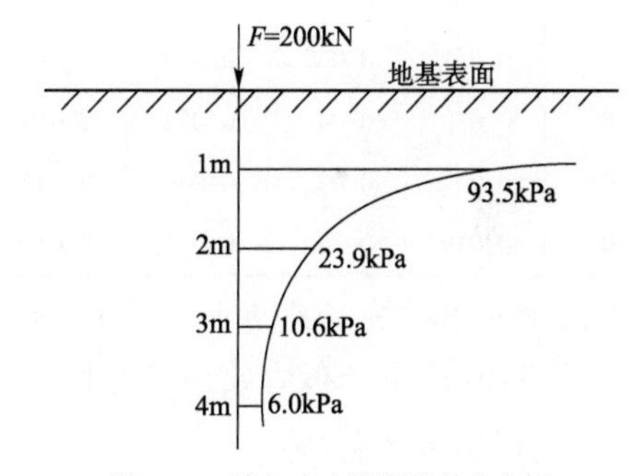

图3-15 附加应力沿深度的分布图

(二)矩形面积均布荷载作用下地基土中的附加应力

1. 矩形面积均布荷载中点下土中附加应力计算

图3-16表示在地基表面作用一分布于矩形面积($l\times b$)上的均布荷载 p,计算矩形面积中点下深度 z 处 M 点的竖向应力 σ_z 值:

$$\sigma_z=\frac{3z^3}{2\pi}\int_{-\frac{l}{2}}^{\frac{l}{2}}\int_{-\frac{b}{2}}^{\frac{b}{2}}\frac{\mathrm{d}\eta\mathrm{d}\xi}{(\xi^2+\eta^2+z^2)5}=\alpha_0 p \qquad (3\text{-}9)$$

式中,应力系数 α_0 是 $n=l/b$ 和 $m=z/b$ 的函数,α_0 也可由表3-5查得。

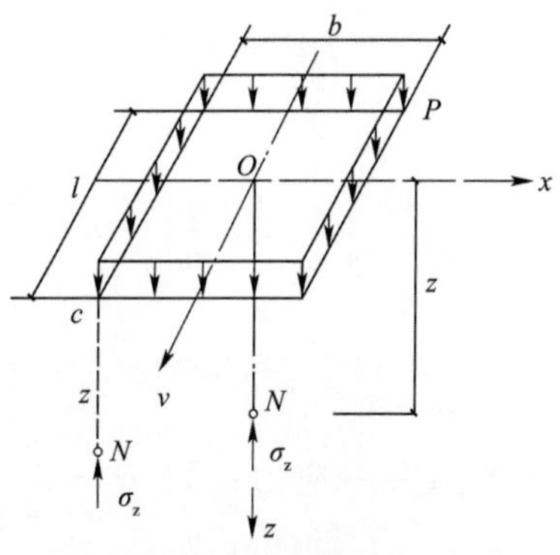

图3-16 矩形均布荷载作用下的土中应力计算

$$\alpha_0 = \frac{2}{\pi}\left[\frac{2mn(1+n^2+8m^2)}{\sqrt{1+n^2+4m^2}(1+4m^2)(n^2+4m^2)} + \arctan\frac{n}{2m\sqrt{1+n^2+4m^2}}\right]$$

矩形均布荷载中点下应力系数 α_0 值 表 3-5

深宽比 $m=\frac{z}{b}$	矩形面积长宽比 $n=\frac{l}{b}$									
	1.0	1.2	1.4	1.6	1.8	2.0	3.0	4.0	5.0	≥10
0	1.0000	1.0000	1.0000	1.0000	1.0000	1.0000	1.0000	1.0000	1.0000	1.0000
0.2	0.960	0.968	0.972	0.974	0.975	0.976	0.977	0.977	0.977	0.977
0.4	0.800	0.830	0.848	0.859	0.866	0.870	0.879	0.880	0.881	0.881
0.6	0.606	0.651	0.682	0.703	0.717	0.727	0.748	0.753	0.754	0.755
0.8	0.449	0.496	0.532	0.558	0.579	0.593	0.627	0.636	0.639	0.642
1.0	0.334	0.378	0.414	0.441	0.463	0.481	0.524	0.540	0.545	0.550
1.2	0.257	0.294	0.325	0.352	0.374	0.392	0.442	0.462	0.470	0.477
1.4	0.201	0.232	0.260	0.284	0.304	0.321	0.376	0.400	0.410	0.420
1.6	0.160	0.187	0.210	0.232	0.251	0.267	0.322	0.348	0.360	0.374
1.8	0.130	0.153	0.173	0.192	0.209	0.224	0.278	0.305	0.320	0.337
2.0	0.108	0.127	0.145	0.161	0.176	0.189	0.237	0.270	0.285	0.304
2.5	0.072	0.085	0.097	0.109	0.210	0.131	0.174	0.202	0.219	0.249
3.0	0.051	0.060	0.070	0.078	0.087	0.095	0.130	0.155	0.172	0.208
3.5	0.038	0.045	0.052	0.059	0.066	0.072	0.100	0.123	0.139	0.180
4.0	0.029	0.035	0.040	0.046	0.051	0.056	0.080	0.095	0.113	0.158
5.0	0.019	0.022	0.026	0.030	0.033	0.037	0.053	0.067	0.079	0.128

2. 矩形面积均布荷载角点下土中附加应力计算

在图 3-16 所示均布荷载 p 作用下，计算矩形面积角点 c 下某点深度处 N 点的竖向应力 σ_z 时，同样可以由公式解得：

$$\begin{aligned}\sigma_z &= \iint_F \mathrm{d}\sigma_z = \frac{3z^3}{3\pi}p\int_{-\frac{l}{2}}^{\frac{l}{2}}\int_{-\frac{b}{2}}^{\frac{b}{2}}\frac{\mathrm{d}\xi\mathrm{d}\eta}{\left[\left(\frac{b}{2}-\xi\right)^2+\left(\frac{l}{2}-\eta\right)^2+z^2\right]^{5/2}} \\ &= 2\frac{p}{\pi}\left[\frac{mn(1+n^2+2m^2)}{\sqrt{1+m^2+n^2}(m^2+n^2)(1+m^2)}\right] + \arctan\frac{n}{m\sqrt{1+n^2+m^2}} \\ &= \alpha_a p\end{aligned} \tag{3-10}$$

式中：α_a——应力系数，$\alpha_a = \frac{2}{\pi}\left[\frac{mn(1+n^2+2m^2)}{\sqrt{1+m^2+n^2}(m^2+n^2)(1+m^2)}\right] + \arctan\frac{n}{m\sqrt{1+n^2+m^2}}$，$\alpha_a$ 值是 $n=\frac{l}{b}$ 和 $m=\frac{z}{b}$ 的函数，可由表 3-6 查得。注意，l 恒为基础长边，b 为短边。

矩形均布荷载角点下应力系数 α_a 值　　表 3-6

z/b \ l/b	1.0	1.2	1.4	1.6	1.8	2.0	3.0	4.0	5.0	6.0	10.0
0.0	0.2500	0.2500	0.2500	0.2500	0.2500	0.2500	0.2500	0.2500	0.2500	0.2500	0.2500
0.2	0.2486	0.2489	0.2490	0.2491	0.2491	0.2491	0.2492	0.2492	0.2492	0.2492	0.2492
0.4	0.2401	0.2420	0.2429	0.2434	0.2437	0.2439	0.2442	0.2443	0.2443	0.2443	0.2443
0.6	0.2229	0.2275	0.2300	0.2315	0.2324	0.2329	0.2339	0.2341	0.2342	0.234	0.2342
0.8	0.1999	0.2075	0.2120	0.2147	0.2165	0.2176	0.2196	0.2200	0.2202	0.2202	0.2202
1.0	0.1752	0.1851	0.1911	0.1955	0.1981	0.1999	0.2034	0.2042	0.2044	0.2045	0.2046
1.2	0.1516	0.1626	0.1705	0.1758	0.1793	0.1818	0.1870	0.1882	0.1885	0.1887	0.1888
1.4	0.1308	0.1423	0.1508	0.1569	0.1613	0.1644	0.1712	0.1730	0.1735	0.1738	0.1740
1.6	0.1123	0.1241	0.1329	0.1396	0.1445	0.1482	0.1567	0.1590	0.1598	0.1601	0.1604
1.8	0.0969	0.1083	0.1172	0.1241	0.1294	0.1334	0.1434	0.1463	0.1474	0.1478	0.1482
2.0	0.0840	0.0947	0.1034	0.1103	0.1158	0.1202	0.1314	0.1350	0.1363	0.1368	0.1374
2.2	0.0732	0.0832	0.0917	0.0984	0.1039	0.1084	0.1205	0.1248	0.1264	0.1271	0.1277
2.4	0.0642	0.0734	0.0813	0.0879	0.0934	0.0979	0.1108	0.1156	0.1175	0.1184	0.1192
2.6	0.0566	0.0651	0.0725	0.0788	0.0842	0.0887	0.1020	0.1073	0.1095	0.1106	0.1116
2.8	0.0502	0.0580	0.0649	0.0709	0.0761	0.0805	0.0942	0.0999	0.1024	0.1036	0.1048
3.0	0.0447	0.0519	0.0583	0.0640	0.0690	0.0732	0.0870	0.0931	0.0959	0.0973	0.0987
3.2	0.0401	0.0467	0.0526	0.0580	0.0627	0.0668	0.0806	0.0870	0.0900	0.0916	0.0933
3.4	0.0361	0.0421	0.0477	0.0527	0.0571	0.0611	0.0747	0.0814	0.0847	0.0864	0.0882
3.6	0.0326	0.0382	0.0433	0.0480	0.0523	0.0561	0.0694	0.0763	0.0799	0.0816	0.0837
3.8	0.0296	0.0348	0.0395	0.0439	0.0479	0.0516	0.0646	0.0717	0.0753	0.0773	0.0796
4.0	0.0270	0.0318	0.0362	0.0403	0.0441	0.0474	0.0603	0.0674	0.0712	0.0733	0.0758
4.2	0.0247	0.0291	0.0333	0.0371	0.0407	0.0439	0.0563	0.0634	0.0674	0.0696	0.0724
4.4	0.0227	0.0268	0.0306	0.0343	0.0376	0.0407	0.0527	0.0597	0.0639	0.0662	0.0692
4.6	0.0209	0.0247	0.0283	0.0317	0.0348	0.0378	0.0493	0.0564	0.0606	0.0630	0.0663
4.8	0.0193	0.0229	0.0262	0.0294	0.0324	0.0352	0.0463	0.0533	0.0576	0.0601	0.0635
5.0	0.0179	0.0212	0.0243	0.0274	0.0302	0.0328	0.0435	0.0504	0.0547	0.0573	0.0610
6.0	0.0127	0.0151	0.0174	0.0196	0.0218	0.0238	0.0325	0.0388	0.0431	0.0460	0.0506
7.0	0.0094	0.0112	0.0130	0.0147	0.0164	0.0180	0.0251	0.0306	0.0346	0.0376	0.0428
8.0	0.0073	0.0087	0.0101	0.0114	0.0127	0.0140	0.0198	0.0246	0.0283	0.0311	0.0367
9.0	0.0058	0.0069	0.008.	0.0091	0.0102	0.0112	0.0161	0.0202	0.0235	0.0262	0.0319
10.0	0.0047	0.0056	0.0065	0.0074	0.0083	0.0092	0.0132	0.0167	0.0198	0.0222	0.0280

3. 矩形面积均布荷载非角点下土中附加应力计算

如图 3-17 所示,在矩形面积 $abcd$ 上作用均布荷载 p,要求计算任意点 O 的竖向应力 σ_z,O

点既不在矩形面积中点的下面,也不在角点的下面,而是任意点。O 点的竖直投影点可以在矩形面积 $abcd$ 范围之内,也可能在范围之外。这时可以用公式(3-10)按下述叠加方法进行计算,这种计算方法一般称为角点法。

(1)点在基底边缘(如图 3-17a)所示):

$$\sigma_z = \sigma_{z(\mathrm{I})} + \sigma_{z(\mathrm{II})} = (\alpha_{c\mathrm{I}} + \alpha_{c\mathrm{II}}) p_o$$

(2)点在基础底面内(图 3-17b)所示):

$$\sigma_z = \sigma_{z(\mathrm{I})} + \sigma_{z(\mathrm{II})} + \sigma_{z(\mathrm{III})} + \sigma_{z(\mathrm{IV})} = (\alpha_{c\mathrm{I}} + \alpha_{c\mathrm{II}} + \alpha_{c\mathrm{III}} + \alpha_{c\mathrm{IV}}) p_o$$

(3)点在基础底面边缘以外(图 3-17c)所示):

$$\sigma_z = \sigma_{z(\mathrm{I})} - \sigma_{z(\mathrm{II})} + \sigma_{z(\mathrm{III})} - \sigma_{z(\mathrm{IV})} = (\alpha_{c\mathrm{I}} - \alpha_{c\mathrm{II}} + \alpha_{c\mathrm{III}} - \alpha_{c\mathrm{IV}}) p_o$$

式中,$\alpha_{c\mathrm{I}}$ 和 $\alpha_{c\mathrm{III}}$ 分别为矩形 $ofbg$ 和 $ogce$ 的角点应力系数。

(4)点在基底角点外侧(图 3-17d)所示):

$$\sigma_z = \sigma_{z(\mathrm{I})} - \sigma_{z(\mathrm{II})} - \sigma_{z(\mathrm{III})} + \sigma_{z(\mathrm{IV})} = (\alpha_{c\mathrm{I}} - \alpha_{c\mathrm{II}} - \alpha_{c\mathrm{III}} + \alpha_{c\mathrm{IV}}) p_o$$

式中的 $\alpha_{c\mathrm{I}}$、$\alpha_{c\mathrm{II}}$、$\alpha_{c\mathrm{III}}$ 和 $\alpha_{c\mathrm{IV}}$ 分别为矩形 $ohce$、$ogde$、$ohbf$ 和 $ogaf$ 的角点应力系数。

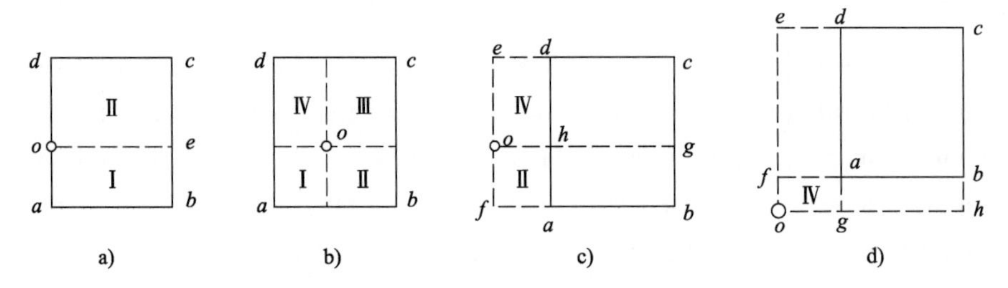

图 3-17　应用角点法计算 O 点下的附加应力

应用角点法计算土的附加应力时要注意几个问题:角点法计算土的附加应力时,荷载面只能划分为矩形,而不能是梯形、圆形或条形等;所计算的荷载的点只能在矩形的角点上,而不能是矩形的中心点或其他边缘点;对矩形基底竖直均布荷载,在应用"角点法"时,l 始终为基底的长边,b 为短边。

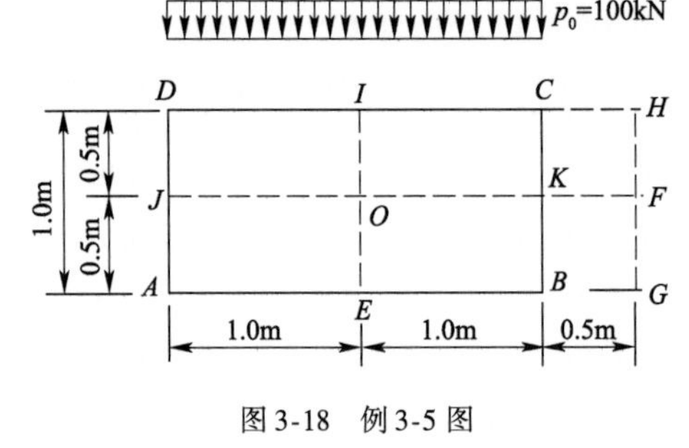

图 3-18　例 3-5 图

【例题 3-5】　有均布荷载 $p_0 = 100\mathrm{kN/m^2}$,基底面积为 $2\mathrm{m} \times 1\mathrm{m}$,如图 3-18 所示,求基底上角点 A、边点 E、中心点 O 及基底外 F 点和 G 点等各点下 $z = 1\mathrm{m}$ 深度处的附加应力。并利用计算结果说明附加应力的扩散规律。

【解】　1. A 点下的应力

A 点是矩形 $ABCD$ 的角点,$l/b = 2/1 = 2$,$z/b = 1/1 = 1$,查表 3-6 得 $\alpha_a = 0.1999$,故

$$\sigma_{zA} = \alpha_a p_0 = 0.1999 \times 100 = 19.99\mathrm{kN/m^2}$$

2. E 点下的应力

通过 E 点将矩形荷载面积分为两个相等的矩形 $EADI$ 和 $EBCI$。求 $EADI$ 的角点应力系数 α_a,$l/b = 1/1 = 1$ 、 $z/b = 1/1 = 1$,查表 3-6 得 $\alpha_a = 0.1752$,故

$$\sigma_{zE} = 2\alpha_a p_0 = 2 \times 0.1752 \times 100 = 35\mathrm{kN/m^2}$$

3. O 点下的应力

通过 O 点将矩形荷载面积分为 4 个相等矩形 $OEAJ$、$OJDI$、$OICK$ 和 $OKBE$。求 $OEAJ$ 的角

点应力系数 α_a，$l/b=1/0.5=2$ 、 $z/b=1/0.5=2$，查表3-6得 $\alpha_a=0.1202$，故

$$\sigma_{zO}=4\alpha_a p_0=4\times0.1202\times100=48.1\text{kN/m}^2$$

4. F 点下的应力

过 F 点作矩形 $FGAJ$、$FJDH$、$FGBK$ 和 $FKCH$。设 α_{a1} 为 $FGAJ$ 和 $FJDH$ 的角点应力系数，α_{a2} 为 $FGBK$ 和 $FKCH$ 的角点应力系数。

求 α_{a1}：$l/b=2.5/0.5=5$，$z/b=1/0.5=2$，查表3-6得 $\alpha_{a1}=0.1363$

求 α_{a2}：$l/b=0.5/0.5=1$，$z/b=1/0.5=2$，查表3-6得 $\alpha_{a2}=0.0840$

故　$\sigma_{zF}=2(\alpha_{a1}-\alpha_{a2})p_0=2(0.1363-0.0840)\times100=10.5\text{kN/m}^2$

5. G 点下的应力

过 G 点作矩形 $GADH$ 和 $GBCH$，分别求出它们的角点应力系数 α_{a1} 和 α_{a2}。

求 α_{a1}：$l/b=2.5/1=2.5$，$z/b=1/1=1$，查表3-6得 $\alpha_{a1}=0.2016$

求 α_{a2}：$l/b=1/0.5=2$，$z/b=1/0.5=2$，查表3-6得 $\alpha_{a2}=0.1202$

故　$\sigma_{zG}=(\alpha_{a1}-\alpha_{a2})p_0=(0.2016-0.1202)\times100=8.1\text{kN/m}^2$

将计算结果绘成图3-19，可看出在矩形面积受均布荷载作用时，不仅在受荷面积垂直下方的范围内产生附加应力，而且在荷载面积以外的土中（F、G 点下方）也产生附加应力。另外，在地基中同一深度处（例如 $z=1\text{m}$），离受荷面积中线越远的点，其 σ_z 值越小，矩形面积中点处 σ_{z0} 最大。将中点 O 下和 F 点下不同深度的 σ_z 求出并绘成曲线，如图3-19b）所示。本例题的计算结果证实上文所述的附加应力的扩散规律。

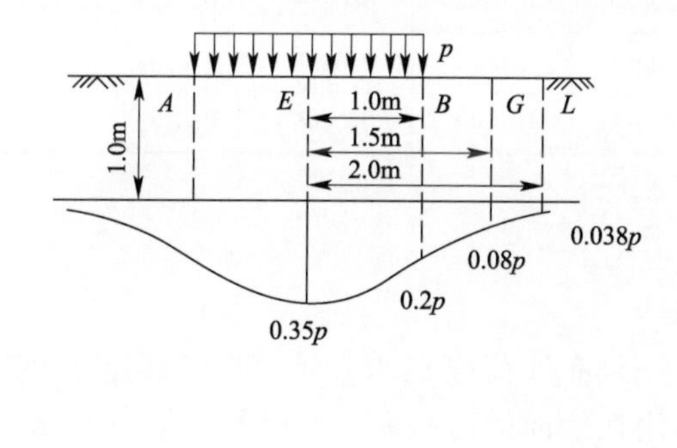

a)

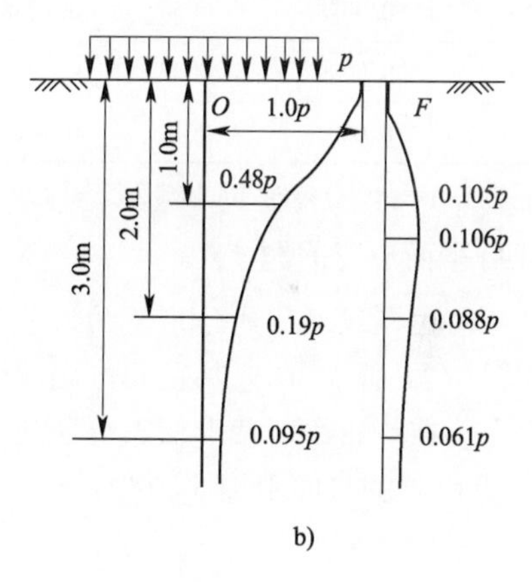

b)

图3-19　例3-4图

（三）矩形面积上作用三角形分布荷载时地基土中的竖向附加应力

当矩形面积（$l\times b$）上作用三角形分布荷载时，为计算荷载为零的角点下的竖向应力值 σ_{z1}，可将坐标原点取在荷载为零的角点上，相应的竖向应力值 σ_{z1} 可用下式计算：

$$\sigma_z=\sigma_t p \tag{3-11}$$

式中应力系数 a_t 是 $n=l/b$ 和 $m=z/b$ 的函数，即：

$$a_t=\frac{mn}{2\pi}\left[\frac{1}{\sqrt{m^2+n^2}}-\frac{m^2}{(1+m^2)\sqrt{1+n^2+m^2}}\right]$$

其值也可从表3-7查得。应注意上述 b 值不是指基础的宽度，而是指三角形荷载分布方向的基础边长，如图3-20所示。

矩形面积上作用三角形分布荷载,压力为零的角点下的竖向附加应力系数 α_t 值　　表 3-7

$m=\frac{z}{b}$ \ $n=\frac{l}{b}$	0.2	0.6	1.0	1.4	1.8	3.0	8.0	10.0
0	0.0000	0.0000	0.0000	0.0000	0.0000	0.0000	0.0000	0.0000
0.2	0.0233	0.0296	0.0304	0.0305	0.0306	0.0306	0.0306	0.0306
0.4	0.0269	0.0487	0.0531	0.0543	0.0546	0.0548	0.0549	0.0549
0.6	0.0259	0.0560	0.0654	0.0684	0.0694	0.0701	0.0702	0.0702
0.8	0.0232	0.0553	0.0688	0.0739	0.0759	0.0773	0.0776	0.0776
1.0	0.0201	0.0508	0.0566	0.0735	0.0766	0.0790	0.0796	0.0796
1.2	0.0171	0.0450	0.0615	0.0698	0.0733	0.0774	0.0783	0.0783
1.4	0.0145	0.0392	0.0554	0.0644	0.0692	0.0739	0.0752	0.0753
1.6	0.0123	0.0339	0.0492	0.0586	0.0639	0.0697	0.0715	0.0715
1.8	0.0105	0.0294	0.0453	0.0528	0.0585	0.0652	0.0675	0.0675
2.0	0.0090	0.0255	0.0384	0.0474	0.0533	0.0607	0.0636	0.0636
2.5	0.0063	0.0183	0.0284	0.0362	0.0419	0.0514	0.0547	0.0548
3.0	0.0046	0.0135	0.0214	0.0230	0.0331	0.0419	0.0474	0.0476
5.0	0.0018	0.0054	0.0088	0.0120	0.0148	0.0214	0.0296	0.0301
7.0	0.0009	0.0028	0.0047	0.0064	0.0081	0.0124	0.0204	0.0212
10.0	0.0005	0.0014	0.0024	0.0033	0.0041	0.0066	0.0128	0.0139

注:b 为三角形荷载分布方向的基础边长,l 为另一方向的全长。

(四)平面应变问题

1. 竖向均布线形荷载作用下的地基附加压力

如图 3-21 所示,在地基表面作用无限长竖向均布线荷载 $\bar{p}$,求在地基中任意点 M 的竖向附加应力。在均布线荷载上取微分长度 $\mathrm{d}y$,作用在上面的荷载 $\bar{p}\mathrm{d}y$ 可以看成集中力,则在地基内 M 点引起的竖向附加应力为:

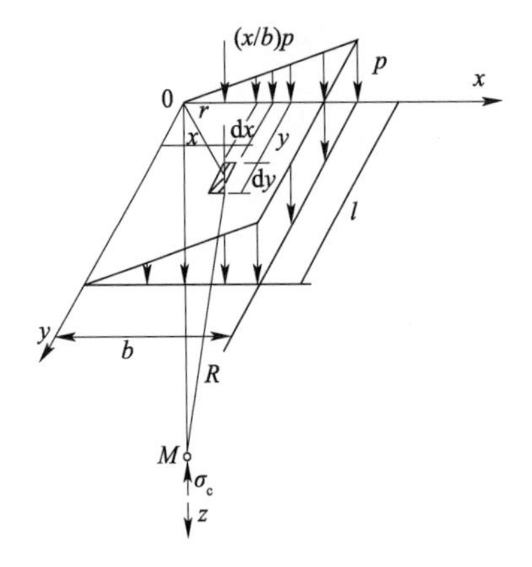

图 3-20　矩形面积三角形荷载作用下地基土中竖向附加应力计算

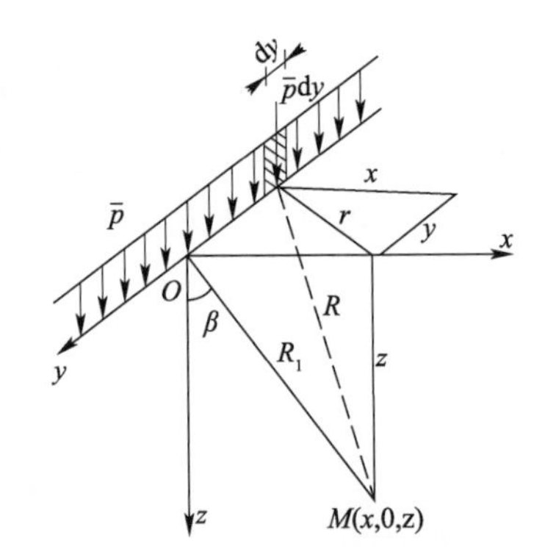

图 3-21　均布线性荷载作用下土中应力 σ_z 计算

$$d\sigma_z = \frac{3\bar{p}z^3}{2\pi R^5}dy$$

$$\sigma_z = \int_{-\infty}^{+\infty} \frac{3\bar{p}zdy}{2\pi(x^2+y^2+z^2)^{5/2}} = \frac{2\bar{p}z^3}{\pi(x^2+z^2)^2}dy$$

式中：$\bar{p}$——线荷载密度；

x——附加应力计算点到线形荷载作用线的水平距离；

z——附加应力计算点到线形荷载作用面（即水平面）的距离。

2. 条形均布荷载作用下地基土中的附加应力

在土体表面作用条形均布荷载p，其分布宽度为b，如图3-22所示，计算土中任一点$M(x,z)$的竖向应力σ_z时，可以在荷载分布宽度b范围内积分求得：

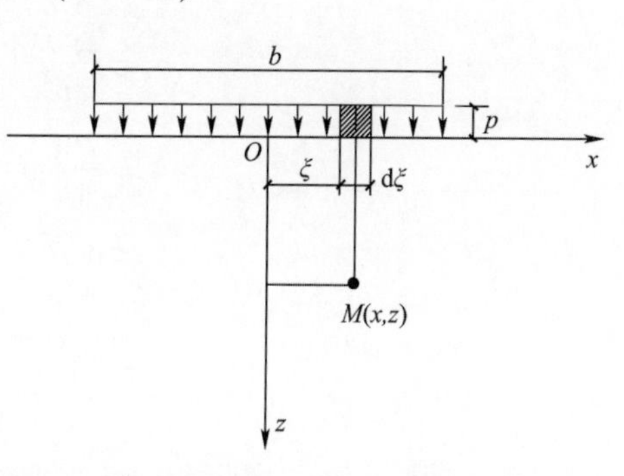

图3-22　条形均布荷载作用下土中应力σ_z计算

$$\begin{aligned}\sigma_Z &= \int_{-\frac{b}{2}}^{\frac{b}{2}} \frac{2z^3Pd\xi}{\pi[(x-\xi)^2+z^2]^2} \\ &= \frac{P}{\pi}\left[\arctan\frac{1-2n'}{2m} + \arctan\frac{1+2n'}{2m} - \frac{4m(4n'^2-4m^2-1)}{(4n'^2+4m^2-1)+16m^2}\right] \\ &= \alpha_u P\end{aligned} \tag{3-12}$$

式中：α_u——应力系数，它是$n'=\frac{x}{b}$及$m=\frac{z}{b}$的函数，查表3-8得到。

条形基础受铅直均布荷载作用时角点下应力系数a_u值　　表3-8

z/b \ x/b	0.00	0.10	0.25	0.35	0.50	0.75	1.00	1.50	2.00	2.50	3.00	4.00	5.00
0.00	1.000	1.000	1.000	1.000	0.500	0.000	0.000	0.000	0.000	0.000	0.000	0.000	0.000
0.05	1.000	1.000	0.995	0.970	0.500	0.002	0.000	0.000	0.000	0.000	0.000	0.000	0.000
0.10	0.997	0.996	0.986	0.965	0.499	0.010	0.005	0.000	0.000	0.000	0.000	0.000	0.000
0.15	0.993	0.987	0.968	0.910	0.498	0.033	0.008	0.001	0.000	0.000	0.000	0.000	0.000
0.25	0.960	0.954	0.905	0.805	0.496	0.088	0.019	0.002	0.001	0.000	0.000	0.000	0.000
0.35	0.907	0.900	0.832	0.732	0.492	0.148	0.039	0.006	0.003	0.001	0.000	0.000	0.000
0.50	0.820	0.812	0.735	0.651	0.481	0.218	0.082	0.017	0.005	0.002	0.001	0.000	0.000
0.75	0.668	0.658	0.610	0.552	0.450	0.263	0.146	0.040	0.017	0.005	0.005	0.001	0.000
1.00	0.552	0.541	0.513	0.475	0.410	0.288	0.185	0.071	0.029	0.013	0.007	0.002	0.001
1.50	0.396	0.395	0.379	0.353	0.33	0.273	0.211	0.114	0.055	0.030	0.018	0.006	0.003
2.00	0.306	0.304	0.29	0.288	0.275	0.242	0.205	0.134	0.083	0.051	0.028	0.013	0.006
2.50	0.245	0.244	0.239	0.237	0.231	0.215	0.188	0.139	0.098	0.065	0.034	0.021	0.010
3.00	0.208	0.208	0.206	0.202	0.18	0.185	0.171	0.136	0.103	0.075	0.053	0.028	0.015
4.00	0.160	0.160	0.15	0.156	0.153	0.147	0.140	0.122	0.102	0.081	0.066	0.040	0.025
5.00	0.126	0.126	0.125	0.125	0.124	0.121	0.117	0.107	0.095	0.082	0.069	0.046	0.034

3. 条形三角形分布荷载作用下地基土中附加应力计算

条形基础在竖向三角形分布荷载作用下（见图3-23），荷载最大值为p，计算土中M点（x，

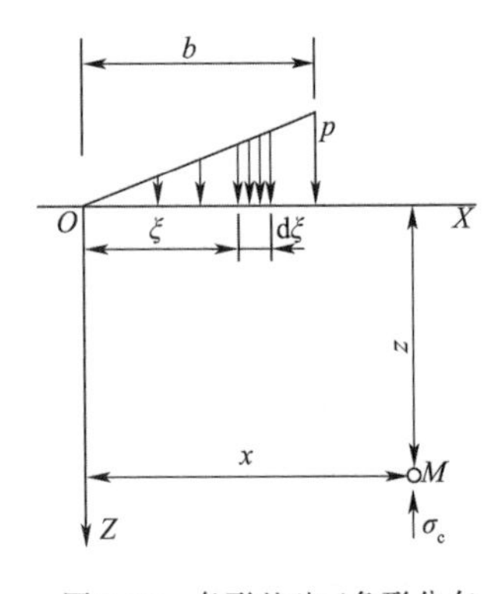

图 3-23　条形基础三角形分布竖向荷载作用时土中附加应力

z)的竖向附加应力 σ_z 时,可按式(3-12)在宽度范围 b 内积分。即得:

$$\mathrm{d}P = \frac{\xi}{b}P\mathrm{d}\xi$$

$$\begin{aligned}\sigma_z &= \frac{2z^3P}{\pi b^2}\int_0^b \frac{\xi d\xi}{[(x-\xi)^2+z^2]^2} \\ &= \frac{P}{\pi}\left[n'\left(\arctan\frac{n'}{m} - \arctan\frac{n'-1}{m}\right) - \frac{m(n'-1)}{(n'-1)^2+m^2}\right] \\ &= \alpha_s P\end{aligned} \tag{3-13}$$

式中:α_s——应力系数,它是 $n' = \frac{x}{b}$ 及 $m = \frac{z}{b}$ 的函数,可由表 3-9 中查得。

坐标轴原点在三角形荷载的零点处。

条形基础竖向三角形分布荷载作用下竖向附加应力系数 α_s 值　　表 3-9

$m=\frac{z}{b}$ \ $n'=\frac{x}{b}$	-1.5	-1.0	-0.5	0.0	0.25	0.50	0.75	1.0	1.5	2.0	2.5
0.00	0.000	0.000	0.000	0.000	0.250	0.500	0.750	0.500	0.000	0.000	0.000
0.25	0.000	0.000	0.001	0.075	0.256	0.480	0.643	0.424	0.017	0.003	0.000
0.50	0.002	0.003	0.023	0.127	0.263	0.410	0.477	0.353	0.056	0.017	0.003
0.75	0.006	0.016	0.042	0.153	0.248	0.335	0.361	0.293	0.108	0.024	0.009
1.00	0.014	0.025	0.061	0.159	0.223	0.275	0.279	0.241	0.129	0.045	0.013
1.50	0.020	0.048	0.096	0.145	0.178	0.200	0.202	0.185	0.124	0.062	0.041
2.00	0.033	0.061	0.092	0.127	0.146	0.155	0.163	0.153	0.108	0.069	0.050
3.00	0.050	0.064	0.080	0.096	0.103	0.104	0.108	0.104	0.090	0.071	0.050
4.00	0.051	0.060	0.067	0.075	0.078	0.085	0.082	0.075	0.073	0.060	0.049
5.00	0.047	0.052	0.057	0.059	0.062	0.063	0.063	0.065	0.061	0.051	0.047
6.00	0.041	0.041	0.050	0.051	0.052	0.053	0.053	0.053	0.050	0.050	0.045

五、有效应力

如图 3-24 所示在土中某点截取一水平截面,其面积为 F,则截面上作用应力 σ,就是由上面土体的重力、静水压力及外荷载 P 所产生的应力,称为总应力。该应力一部分是由土颗粒间的接触面承担,称为有效应力;另一部分是由土体孔隙内的水及气体承担,称为孔隙应力(也称孔隙压力)。

考虑图 3-24b)所示的土体平衡条件,沿 $a-a$ 截面取脱离体,$a-a$ 截面是沿着土颗粒间接触面截取的曲线形状截面,在此截面上土颗粒间接触面上作用法向应力为 σ_s,各土颗粒间接触面积之和为 F_s。孔隙内的水压力为 u_w,气体压力为 u_a,其相应的面积为 F_W 及 F_a,由此可建立平衡条件:

$$\sigma F = \sigma_s F_s + u_w F_w + u_a F_a \tag{3-14}$$

对于饱和土，式(3-14)中的 u_a、F_a 均等于零，则此式可写成：

$$\sigma F = \sigma_s F_s + u_w F_w = \sigma_s F_s + u_w (F - F_S)$$

或
$$\sigma = \frac{\sigma_s F_S}{F} + u_w \left(1 - \frac{F_s}{F}\right) \tag{3-15}$$

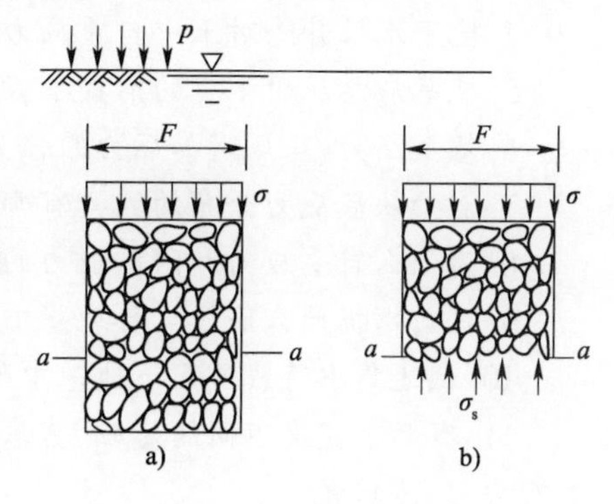

图 3-24　有效应力

由于颗粒间的接触面积 F_s 是很小的，毕肖普及伊尔定(Bishopand Eldin，1950)根据粒状土的试验工作认为 $\frac{F_s}{F}$ 一般小于 0.03，有可能小于 0.01。因此，式(3-15)中第二项的 $\frac{F_s}{F}$ 可略去不计，单第一项中因为土颗粒间的接触应力 σ_s 很大，故不能略去。此时可写为：

$$\sigma = \frac{\sigma_s F_s}{F} + u_w \tag{3-16}$$

式中，$\frac{\sigma_s F_s}{F}$ 实际上是土颗粒间的接触应力在截面积 F 上的平均应力，称为土的有效应力，通常用 σ' 表示，并把孔隙水压力 u_w 用 u 表示。于是式(3-16)可写成：

$$\sigma = \sigma' + u_w \tag{3-17}$$

这个关系式在土力学中很重要，称为有效应力公式。

土中任意点的孔隙压力 u 对各个方向作用是相等的，因此它只能使土颗粒产生压缩(由于土颗粒本身的压缩量是很微小的，在土力学中均不考虑)，而不能使土颗粒产生位移。土颗粒间的有效应力作用，则会引起土颗粒的位移，使孔隙体积改变，土体发生压缩变形，同时有效应力的大小也影响土的抗剪强度。由此得到土力学中很重要的有效应力原理，它包含下述两点：

(1)土的有效应力 σ' 等于总应力 σ 减去孔隙水压力 u；

(2)土的有效应力控制了土的变形及强度性能。

对于部分饱和土，可得：

$$\begin{aligned}\sigma &= \frac{\sigma_s F_s}{F} + u_w \frac{F_w}{F} + u_a \frac{F - F_w - F_a}{F} \\ &= \sigma' + u_a - \frac{F_w}{F}(u_a - u_w) - u_a \frac{F_a}{F}\end{aligned} \tag{3-18}$$

略去 $u_a \frac{F_a}{F}$ 一项，这样可得部分饱和土的有效应力公式为：

$$\sigma' = \sigma - u_a + \chi (u_a - u_w) \tag{3-19}$$

这个公式是由毕肖普等提出的，式中 $\chi = \frac{F_w}{F}$ 是由试验确定的参数，取决于土的类型及饱和度。一般认为有效应力原理能正确地用于饱和土，对部分饱和土则尚存在一些问题需进一步研究。

思考题与习题

1. 何谓自重应力与附加应力？
2. 地基中自重应力的分布有什么特点？

3. 为什么在自重应力作用下土体只产生竖向变形?

4. 地下水位升降对土中自重应力的分布有何影响?对工程实践有何影响?

5. 在基底总压力不变的前提下,增大基础埋置深度对土中应力分布有什么影响?

6. 基底压力、基底附加压力的含义及它们之间的关系?

7. 影响基底反力分布的因素有哪些?

8. 为什么自重应力和附加应力的计算方法不同?

9. 目前根据什么假设计算地基中的附加应力?这些假设是否合理可行?

10. 试述集中荷载作用下地基中附加应力的分布规律。

11. 有两个宽度不同的基础,其基底总压力相同,问在同一深度处,哪一个基础下产生的附加应力大,为什么?

12. 在填方地段,如基础砌置在填土中,问填土的重力引起的应力在什么条件下应当作为附加应力考虑?

13. 地下水位的升降,对土中应力分布有何影响?

14. 矩形均布荷载中点下与角点之间的应力之间有什么关系?

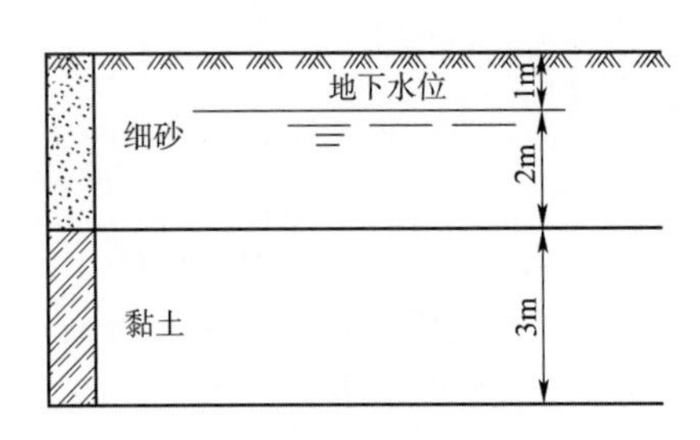

图3-25 习题15图

15. 计算图3-25所示地基中的自重应力并绘出其分布图。已知土的性质:细砂(水上):$\gamma = 17.5\text{kN/m}^3$,$\gamma_s = 26.5\text{kN/m}^3$,$w = 20\%$;黏土:$\gamma = 18\text{kN/m}^3$,$\gamma_s = 27.2\text{kN/m}^3$,$w = 22\%$,$w_L = 48\%$,$w_P = 24\%$。

16. 某建筑场地的地质剖面如图3-26所示,试计算:(1)各土层界面及地下水位面的自重应力,并绘制自重应力曲线。(2)若图3-26中中砂层以下为坚硬的整体岩石,绘制其自重应力曲线。

17. 已知矩形基础底面尺寸 $b = 4\text{m}$,$l = 10\text{m}$,作用在基础底面中心的荷载 $N = 400\text{kN}$,$M = 240\text{kN} \cdot \text{m}$(偏心方向在短边上),求基底压力最大值与最小值。

18. 已知矩形基础底面尺寸 $b = 4\text{m}$,$l = 10\text{m}$,作用在基础底面中心的荷载 $N = 400\text{kN}$,$M = 320\text{kN} \cdot \text{m}$(偏心方向在短边上),求基底压力分布。

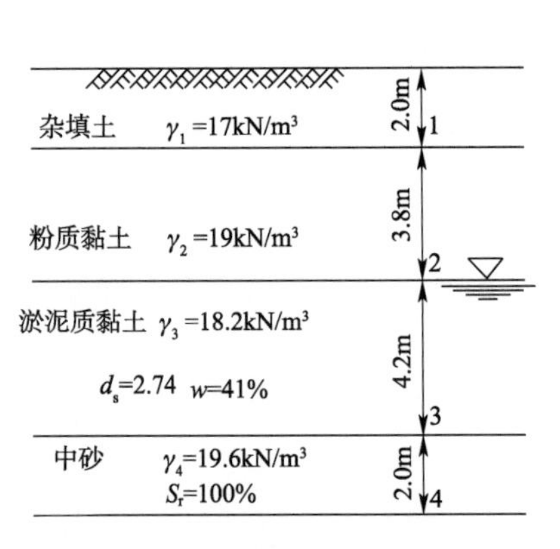

图3-26 习题16图

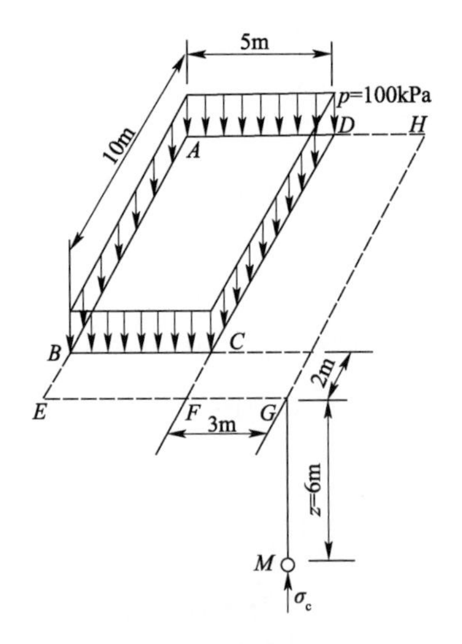

图3-27 习题19图

19. 图 3-27 所示矩形面积($ABCD$)上作用均布荷载 $p=150\text{kPa}$,试用角点法计算 G 点下深度 6m 处 M 点的竖向应力 σ_z 值。

20. 某基础平面图形呈 T 形截面(图 3-28),作用在基底的附加应力 $p_0=150\text{kN/m}^2$,试求 A 点下 10m 深处的附加压力。

21. 某条形基础如图 3-29 所示,作用在基础上荷载为 250kN/m,基础深度范围内土的重度 $r=17.5\text{kN/m}^3$,试计算 0 - 3、4 - 7 及 5 - 10 剖面各点的竖向附加应力,并绘制曲线。

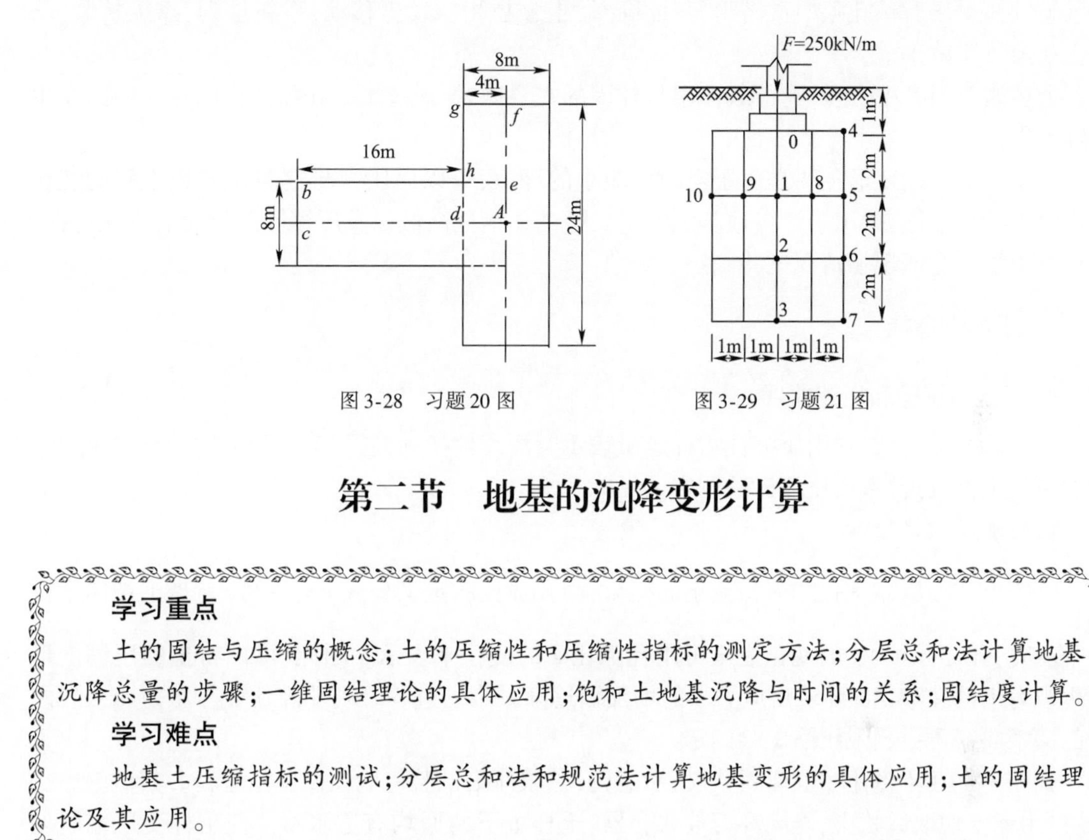

图 3-28　习题 20 图　　　　图 3-29　习题 21 图

第二节　地基的沉降变形计算

学习重点

土的固结与压缩的概念;土的压缩性和压缩性指标的测定方法;分层总和法计算地基沉降总量的步骤;一维固结理论的具体应用;饱和土地基沉降与时间的关系;固结度计算。

学习难点

地基土压缩指标的测试;分层总和法和规范法计算地基变形的具体应用;土的固结理论及其应用。

一、概述

建筑物通过它的基础将荷载传给地基以后,在地基土中就会产生附加应力和变形,从而引起建筑物基础的下沉,工程上将荷载引起的基础下沉称为基础的沉降。

如果基础的沉降量过大或产生过量的不均匀沉降,不但降低建筑物的使用价值,而且导致墙体开裂、门窗歪斜,严重时会造成建筑物倾斜甚至倒塌。因此,为了保证建筑物的安全和正常使用,必须预先对建筑物基础可能产生的最大沉降量和沉降差进行估算。

土体受力后引起的变形可分为体积变形和形状变形,地基土变形通常表现为土体积的缩小。在外力作用下,土体积缩小的特性称为土的压缩性。

为进行地基的变形(或沉降量)的计算,求解地基土的沉降与时间的关系问题,必须首先取得土的压缩系数、压缩模量及变形模量等压缩性指标。土的压缩性指标需要通过室内试验或原位测试来测定,为了计算值能接近于实测值,应力求试验条件与土的天然应力状态及其在外荷作用下的实际应力条件相适应。

土的压缩原因,包括内因和外因。

(1)外因:建筑物荷载作用,这是普遍存在的因素;地下水位大幅度下降,相当于施加大面积荷载;施工影响,基槽持力层土的结构扰动;振动影响,产生震沉;温度变化影响,如冬季冰冻,春季融化;浸水下沉,如黄土湿陷,填土下沉。

(2)内因:固相矿物本身压缩,极小,物理学上有意义,对建筑工程来说没有意义的;土中液相水的压缩,在一般建筑工程荷载 100 ~ 600kPa 作用下,很小,可不计;土中孔隙的压缩,土中水与气体受压后从孔隙中被挤出,与此同时,土颗粒相应发生移动,重新排列,靠拢挤紧,从而土孔隙体积减小。

上述诸多因素中,建筑物荷载作用是外因的主要因素,通过土中孔隙的压缩这一内因发生实际效果。

由于土的压缩变形主要是由于空隙比减小的缘故,可以用压力与空隙比体积之间的变化来说明土的压缩性,并用于计算地基沉降量。土的压缩性高低以及压缩性随时间的变化规律,可通过压缩试验或现场荷载试验确定。

二、压缩性指标

(一)压缩试验和压缩曲线

土的压缩性高低,常用压缩性指标定量表示。压缩性指标,通常由工程地质勘查取天然结构的原状土样,进行室内压缩试验测定。

1. 侧限压缩试验

既然土体的压缩是孔隙体积减小的结果,由孔隙比的定义公式 $e=\frac{V_V}{V_S}$可知,当土粒体积保持不变时,孔隙体积 V_V 的变化完全可用孔隙比 e 的变化来表示。因此,可以将土的压缩变形过程视为土的孔隙比 e 随着压应力 p 的增加而逐渐减小的过程。则孔隙比 e 与压力 p 二者之间的关系曲线可由侧限压缩试验确定。

如图 3-30 是压缩仪(也称固结仪)示意图,侧限压缩试验一般在试验室进行。其试验方法是:先用环刀切取原状土,连同环刀放入容器,土样上下两面均有透水石。使土样受压缩时便于孔隙水自由排出。另有加压装置,通过传压活塞可给土样施加压力。土样的变形可通过测微表读值得到。在加压过程中,由于金属环刀及护环的限制,土样在压力作用下只能发生竖向

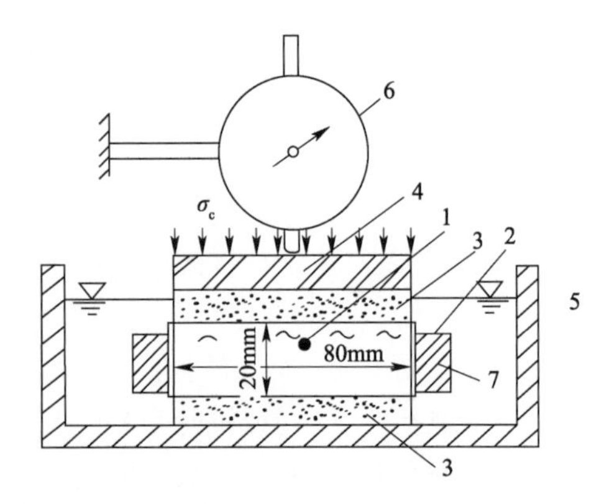

图 3-30 固结仪

1-试件;2-环刀;3-透水石;4-传压板;5-水槽;6-百分表;7-内环

压缩,而不能产生侧向变形(膨胀),故称为侧限条件下的压缩试验。试验的目的是要测定出在各级压力(p = 50kPa、100kPa、200kPa、300kPa、400kPa)作用下,每次试土样压缩稳定后的相应压缩变形量 S。从而算出相应的孔隙比(e_1、e_2…)和压缩性指标。

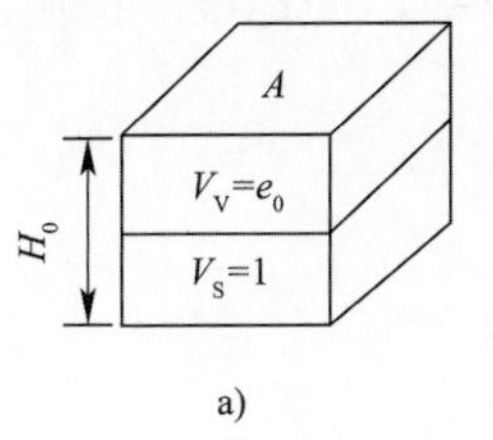

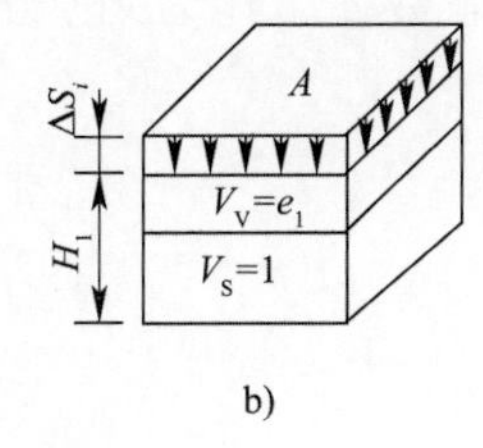

图 3-31 侧限压缩土样孔隙比变化

a)加荷载前;b)加荷载后

设原状土样受压前的初始高度为 H_0,土粒体积 $V_S=1$,孔隙体积 $V_V=e_0$,受压后的土样高度为 $H_1=H_0-\Delta S_i$,土粒体积不变 $V_S=1$,孔隙体积 $V_V=e_1$(图 3-31),由于试验过程中土粒体积 V_S 不变以及在侧限条件下试验使得土样的横截面积 A 也不变,则有:

受压前体积为 $1+e_0=H_0A$

受压后土样体积为 $1+e_1=H_1A$

由于两式土样横截面积 A 相等,即

$$\frac{1+e_0}{H_0}=\frac{1+e_1}{H_1} \tag{3-20}$$

将 $H_1=H_0-\Delta S_i$ 代入式(3-1)得到:

$$e_1=e_0-\frac{\Delta S_i}{H_0}(1+e_0) \tag{3-21}$$

其中

$$e_0=\frac{G_S\rho_w(1+w_0)}{\rho_0}-1 \tag{3-22}$$

式中:e_0——土样初始孔隙比;

G_S——土粒相对密度;

ρ_w——水的密度,g/cm^3;

ρ_0——土样的初始密度,g/crn^3;

w_0——土样的初始含水率,以小数计算;

H_0——试样初始度高度,cm;

ΔS_i——某级压力下试样高度变化量,cm。

利用式(3-21)算出各级压力作用下相应的孔隙比 e,然后以孔隙比 e 为纵坐标,以压力 p 为横坐标,根据试验结果绘出土的 e—p 曲线,如图 3-32 所示。

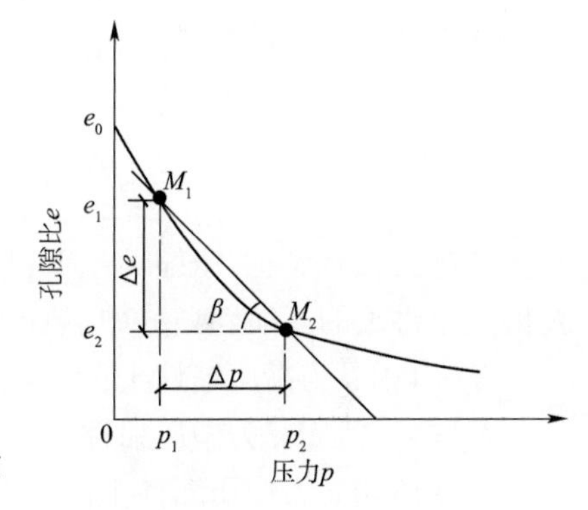

图 3-32 土的 e—p 曲线

2. 压缩性指标

1)压缩系数 a

e—p 曲线可反映土的压缩性的高低,压缩曲线越陡,说明随着压力的增加,土的孔隙比减小越多,则土的压缩性越高;若曲线越平缓,则土的压缩性越低。在工程上,当压力 p 的变化范围不大时,如图 3-32 中从 p_1 到 p_2,压缩曲线上相应的 M_1M_2 段可近似地看成直线,即用割线 M_1M_2 代替曲线,土在此段的压缩性可用该割线的斜率来反映,则直线 M_1M_2 的斜率称为土体在该段的压缩系数,即

$$a=\frac{e_1-e_2}{p_2-p_1} \tag{3-23}$$

式中:a——土的压缩系数,kPa^{-1} 或 MPa^{-1};

p_1——增压前的压力,kPa;

p_2——增压后的压力,kPa;

e_1、e_2——增压前、后土体在 p_1 和 p_2 作用下压缩稳定后的孔隙比。

由式(3-23)可知,a 越大,说明压缩曲线越陡,表明土的压缩性越高;a 越小,则曲线越平缓,表明土的压缩性越低。但必须注意,由于压缩曲线并非直线,故同一种土的压缩系数并非常数,它取决于压力间隔$(p_1 - p_2)$及起始压力 p_1的大小。从对土评价的一致性出发,工程实用上常取压力 $p_1 = 100\text{kPa}$、$p_2 = 200\text{kPa}$ 对应的压缩系数 a_{1-2}作为判别土压缩性的标准。按照 a_{1-2}的大小将土的压缩性划分如下:

$a_{1-2} < 0.1\text{MPa}^{-1}$为低压缩性土;

$0.1\text{MPa}^{-1} \leqslant a_{1-2} < 0.5\text{MPa}^{-1}$为中压缩性土;

$a_{1-2} \geqslant 0.5\text{MPa}^{-1}$为高压缩性土。

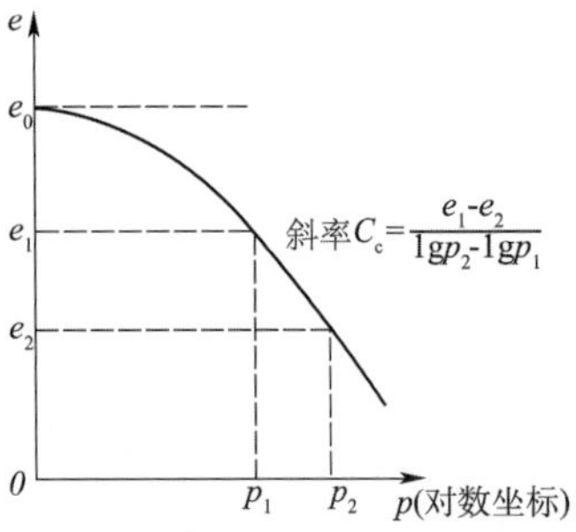

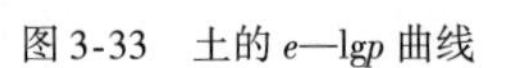

图 3-33　土的 e—$\lg p$ 曲线

2)压缩指数

当采用 e—$\lg p$ 曲线,如图 3-33 所示,可以看到,当压力较大时,e—$\lg p$ 曲线接近直线。其斜率 C_c 为

$$C_c = \frac{e_1 - e_2}{\lg p_2 - \log p_1} = \Delta e / \lg(p_2/p_1) = a(p_2 - p_1)/(\lg p_2 - \lg p_1)$$

式中:C_c——无量纲数,其值越大,说明土的压缩性越高。

一般认为:$C_c < 0.2$,为低压缩性的土;$C_c = 0.2 \sim 0.4$,为中压缩性的土;$C_c > 0.4$,为高压缩性土。

3)压缩模量 E_s

根据 e—p 曲线可求出另一个压缩性指标,即压缩模量。它是指土在侧限压缩的条件下,竖向压力增量 $\Delta p = (p_2 - p_1)$与相应的应变增量 $\Delta\varepsilon$ 的比值,其单位为 kPa 或 MPa,表达式为:

$$E_s = \frac{\Delta p}{\Delta \varepsilon} = \frac{\Delta p}{\Delta s / H_1} = \frac{p_2 - p_1}{(e_1 - e_2)/(1 + e_1)} = \frac{1 + e_1}{a} \tag{3-24}$$

E_s越大,表示土的压缩性越低;反之 E_s越小,则表示土的压缩性越高。一般情况下,按照 E_s的大小将土的压缩性划分如下:

$E_s < 4\text{MPa}$ 为高压缩性土;

$E_s = 4 \sim 15\text{MPa}$ 为中压缩性土;

$E_s > 15\text{MPa}$ 为低压缩性土。

3. 现场荷载试验

土的侧限压缩试验操作简单,是目前测定地基土压缩性的常用方法。但遇到地基土为粉、细砂、软土,取原状土样困难;国家一级工程、规模大或建筑物对沉降有严格要求的工程;土层不均匀,土试样尺寸小,代表性差等情况时,侧限压缩试验就不适用了,应采用荷载试验、旁压试验、静力触探试验等压缩性原位测试方法。

荷载试验通常是在基础底面高程处或需要进行试验的土层标高处进行,当试验土层顶面具有一定埋深时,需要挖试坑,试验示意图如图 3-34 所示。试坑尺寸以能设置试验装置,便于操作为宜,当试坑深度较大时,确定试坑宽度时还应考虑避免坑外土体对试验结果产生影响,《建筑地基基础设计规范》(GB 50007—2002)规定承压板的底面积为 $0.25 \sim 0.5\text{m}^2$,对软土及人工填土不应小于0.5m^2(正方形边长为0.707m 或圆形直径为0.798m)。试坑深度为基础设计埋深 d,试坑宽度 $B \geqslant 3b$(b 为荷载试验压板宽度或直径)。

安装承压板前,应注意保持试验土层的原状结构和天然湿度,宜在拟试压表面用不超过 20mm 厚的粗、中砂找平试坑。

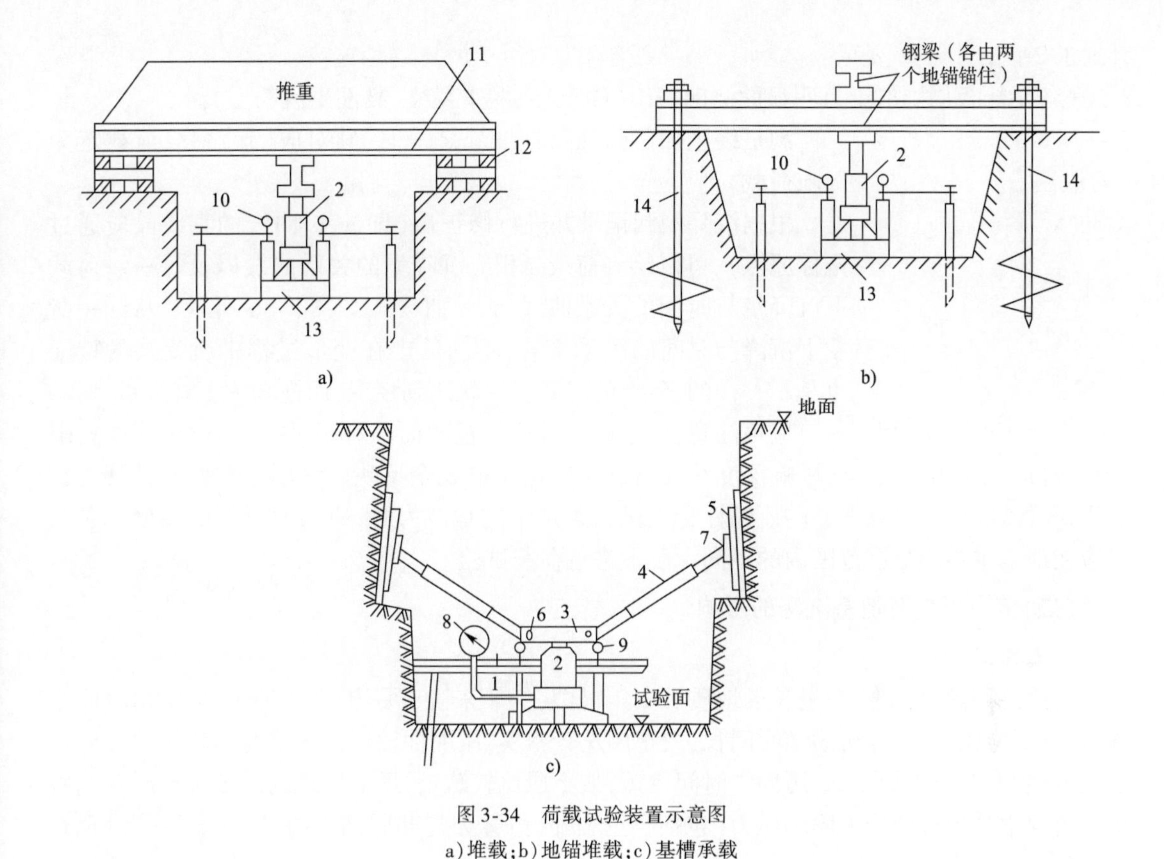

图 3-34　荷载试验装置示意图

a)堆载;b)地锚堆载;c)基槽承载

1-承压板;2-千斤顶;3-主承板;4-斜撑杆;5-斜撑板;6、7-销钉;8-压力表;9-千分表;10-百分表;11-排钢等;12-木垛;13-荷载板;14-地锚

试验采用慢速维持荷载法,其加荷标准如下:

(1)第一级荷载(包括设备重力)应接近所卸除的自重应力,其相应的沉降不计;

(2)其后每级荷载增量对较软的土采用 10 ~ 25kPa,对较密实的土采用 50 ~ 100kPa;

(3)加荷等级不应小于 8 级;

(4)最后一级荷载是判定承载力的关键,应细分两级加荷,以提高成果的精确度,最大加载量不应少于荷载设计值的两倍;

(5)荷载试验所施加的总荷载,应尽量接近地基极限荷载。

测记承压板沉降量。第一级荷载施加后,相应的承压板沉降量不计;此后在每级加载后,应按间隔 10min、10min、10min、15min、15min 及以后每隔 30min 读一次百分表的读数(沉降量)。每级加载后,当连续两次测记压板沉降量 $s_i < 0.1$mm/h 时,则认为沉降已趋稳定,可加下一级荷载。

当出现下列情况之一时,即可终止加载:

(1)沉降急骤增大,荷载—沉降(p—s)曲线出现陡降段(图 3-35),且沉降量超过 $0.04d$(d 为承压板宽度或直径)。

(2)在某一级荷载下,24h 内沉降速率不能达到稳定标准。

(3)本级沉降量大于前一级沉降量的 5 倍。

(4)持力层土层坚硬,沉降量很小时,最大加载量不小于设

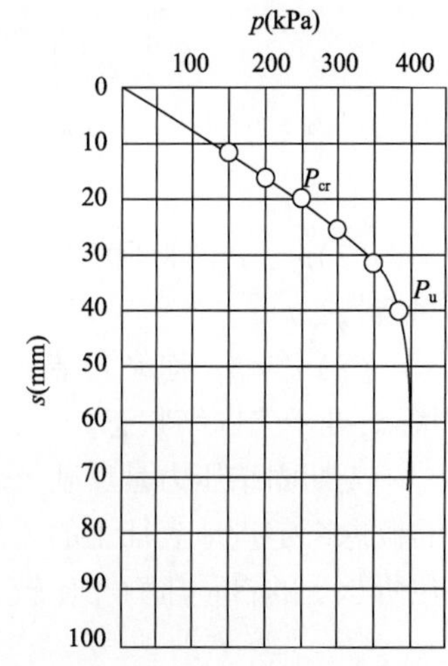

图 3-35　荷载试验沉降曲线

计要求 2 倍；

(5)承压板周围的土有明显的侧向挤出(砂土)或发生裂纹(黏性土或粉土)。

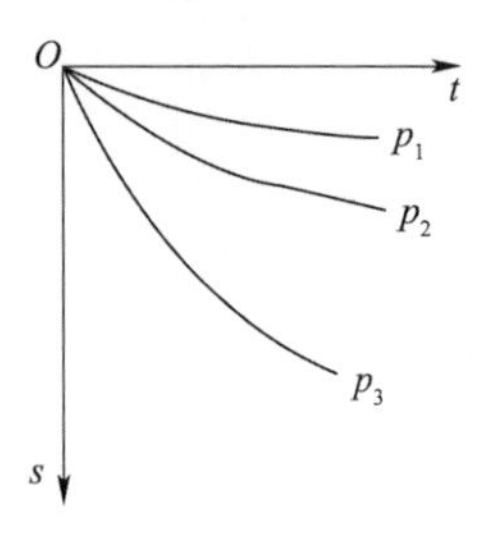

图 3-36　荷载试验 s—t 曲线

满足终止加荷标准三种情况之一时，其对应的前一级荷载定为极限荷载 p_u。

根据沉降观测记录并进行修正后(即 p—s 曲线的直线段应通过坐标原点)，可以绘制荷载与相应沉降量的关系曲线以及每一级荷载下沉降量与时间的关系曲线(s—t 曲线)，如图 3-36 所示。从同一荷载下沉降与时间的关系来看，不同的土在变形过程中所反映的特征也是不一样的，砂土的沉降很快就达到稳定，而饱和黏土却很慢。

应该注意：由于试验时承压板的面积有限，压力的影响深度只限于承压板下不厚的一层土，影响深度约为(1.5～2)b，不能完全反映压缩层土的性质，因此，在利用荷载试验资料研究地基的压缩性特别是在确定土的承载力时，应采取分析的态度。必要时应在地基主要压缩层范围内的不同深度上进行荷载试验。

(二)应力历史对地基沉降的影响

1. 土的固结状态

天然沉积的原状土，在漫长的地质历史年代中，一般来说，沉积时间较长的土层相对埋藏深，承受上覆压力大，经历固结时间长，故土层比较密实，压缩性较低。沉积时间较短的土层一般埋藏浅，上覆压力较小，经历固结时间较短，故土层比较疏松，压缩性较高。这种土层在地质历史过程中受到过的最大固结压力(包括自重和外荷)称为先期固结压力，以 p_c 表示。设现有的土的自重应力为 p_1，则

(1)$p_c = p_1$，称正常固结土，表征某一深度的土层在地质历史上所受过的最大压力 p_c 与现有的自重应力相等，土层处于正常固结状态(图 3-37)。

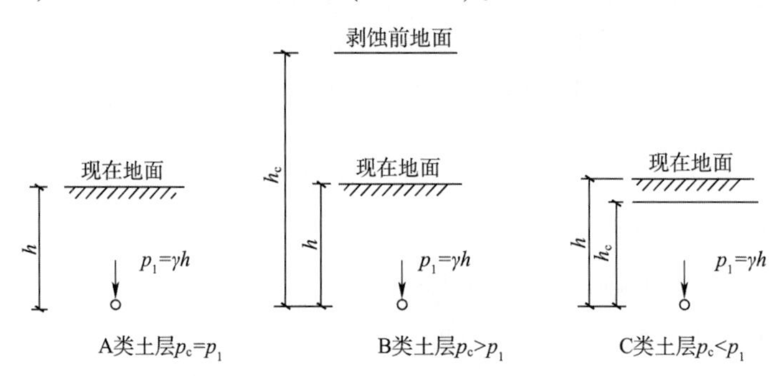

图 3-37　天然土层的三种固结状态

(2)$p_c > p_1$，称超前固结土，表征土层曾经受过的最大压力比现有的自重应力要大，处于超固结状态。

(3)$p_c < p_1$，称欠固结土，表征土层的固结程度尚未达到现有自重压力条件下的最终固结状态，处于欠固结状态。

先期固结压力是反映土层的原始应力状态的一个指标。在工程实际上，通常用超固结比的概念来定量地表征土的天然固结状态，即天然土层在历史上所承受过的最大固结压力与现在所承受的自重压力相比较，并把两者之比定义为超固结比 OCR。

$$\mathrm{OCR} = \frac{p_c}{p_0} \tag{3-25}$$

式中：OCR——土的超固结比。

若 OCR = 1，为正常固结土；OCR > 1，为超固结土；OCR < 1，为欠固结土。

2. 土的回弹曲线和再压缩曲线

在室内压缩试验过程中，如加压到某一值 p_i后，相应于图 3-38a）中的 e—p 曲线上的 b 点，不再加压，反而进行逐级卸压，则可观察到土样的回弹。当测得其逐级卸载回弹稳定后的孔隙比，则可给出相应的孔隙比与压力的关系曲线，如图 3-38a）中的 bc 曲线，称为回弹曲线。由图中可看到，土样在 p_i作用下的压缩变形在卸压完毕后并不能完全恢复到初始的 d 点，说明土的压缩变形是由弹性变形和残余变形两部分组成的，而且以后者为主。如果重新加压，则可测得每级荷载下再压缩稳定后的孔隙比，绘出再压缩曲线，如图 3-38a）中 cdf 线段，其中 df 段像是 ab 段的延续，犹如其间没有经过卸压和再压过程一样。这种现象在 e—lg$p$ 曲线中也同样可以看到，如图 3-38b）所示。

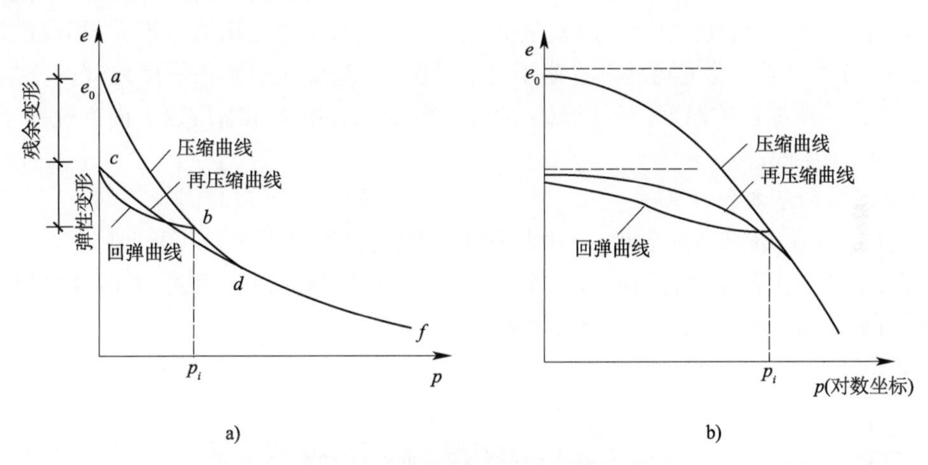

图 3-38　土的回弹曲线和再压缩曲线

a）e—p 曲线；b）e—lg$p$ 曲线

目前，在工程中常见到许多基础，其基底面积和埋深都较大，开挖基坑后地基受到较大的减压（应力解除）过程，造成坑底回弹，建筑物施工时又发生地基土再压缩，在估算基础沉降时，应适当考虑这种影响。

三、土体沉降变形计算

土体在外荷载作用下会产生压缩变形，正常情况下，随着时间的推移沉降会趋于稳定。地基土层在建筑物荷载作用下，不断地产生压缩，直到压缩稳定后地基土总的压缩值为地基最终沉降量。计算最终沉降量可以帮助我们预知该建筑物建成后将使地基土产生的总变形量，然后我们通过总变形量来判断是否超出允许的范围，以便在建筑物设计、施工时，为采取相应的工程措施提供科学依据，保证建筑物的安全。

国内外关于地基沉降量的计算方法很多，精度都不很高，主要分为四类，即弹性理论法、分层总和法、应力面积法和原为压缩曲线法。这里只介绍（单向）分层总和法。

分层总和法是把地基土视为直线变形体，在外荷载作用下变形只发生在有限厚度的范围内，是将地基土这一厚度范围内划分成若干薄层，先求得各个薄层的压缩量，再将各个薄层的压缩量累加起来，即为总的压缩量，也就是基础的沉降量。但在计算沉降时，由于采用了一系列计算假定，还需将所求总的压缩量根据经验进行修正。

(一)分层总和法计算基础的沉降量

1. 计算假定

(1)假定地基土为均质、连续、各向同性的半无限空间弹性体。在建筑物荷载作用下,地基中划分的各薄层均在无侧向膨胀情况下产生竖向压缩变形。这样计算基础沉降时,就可以使用室内压缩试验的成果,如压缩模量、e—p 曲线。

(2)实际上基础底面边缘或中部各点的附加应力不同,中心点下的附加应力为最大值。当基础倾斜时,要分别以倾斜方向基础两端点下的附加应力进行计算,但在计算时还是假定基础沉降量按基础底面中心垂线上的附加应力进行计算。

(3)对于每一薄层来说,从层顶到层底的应力是变化的,计算时均近似地取层顶和层底应力的平均值。划分的土层越薄,由这种简化所产生的误差就越小。

(4)沉降计算的深度,理论上应计算至无限大,工程上因应力扩散作用附加应力随深度增加而减小,自重应力则相反。因此到一定深度后,地基土的应力变化值已不大,相应的压缩变形也就很小,计算基础沉降时可将其忽略不计。这样,从基础底面到该深度之间的土层,就被称为"压缩层"。压缩层的厚度称为压缩层的计算深度。若主要压缩层以下尚有软弱土层,则应计算至软弱土层底部。

2. 计算所需的基本资料

(1)基础(即荷载面积)的形状、尺寸大小以及埋置深度。

(2)荷载:来自上部结构传给基础以至地基的荷载,包括静载和活载,但沉降计算只考虑全部静载而不考虑活载而对地基沉降的影响。

(3)地基土层剖面(包括地下水位)和各土层的物理力学指标以及压缩曲线。

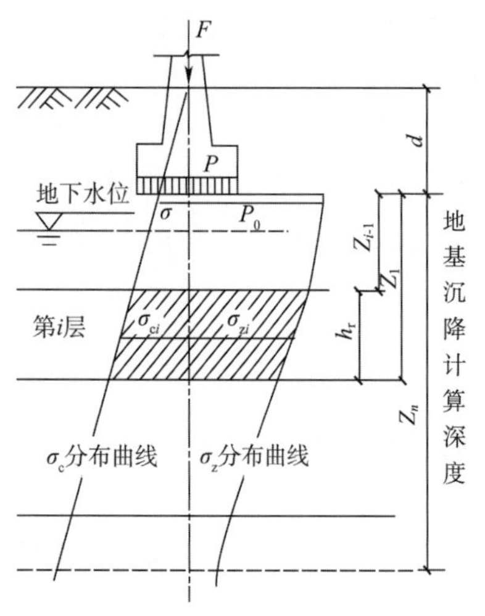

图 3-39 分层总和法计算地基沉降量

3. 计算公式

1)各薄层压缩量计算公式

在地基沉降量计算深度范围内取一薄层土,并令为第 i 层,其厚度为 h_i(图 3-39),在附加应力作用下,该土层被压缩了 Δs_i,其应变为 $\Delta\varepsilon = \Delta s_i/h_i$。若假定土层不发生侧向膨胀,则与室内压缩试验情况接近,可以根据公式(3-24)列出下列等式:

$$\Delta\varepsilon = \frac{\Delta s_i}{h_i} = \frac{e_{1i} - e_{2i}}{1 + e_{1i}}$$

故薄层土沉降量:

$$\Delta s_i = \frac{e_{1i} - e_{2i}}{1 + e_{1i}} h_i \tag{3-26}$$

或引入式(3-25)压缩模量 E_s,则可写成

$$\Delta s_i = \frac{(p_{2i} - p_{1i})}{E_{si}} h_i = \frac{\overline{\sigma}_{zi}}{E_{si}} h_i \tag{3-27}$$

式中:Δs_i——第 i 层土的压缩量,mm;

$\overline{\sigma}_{zi}$——第 i 层平均的附加应力,kPa;

e_{1i}——第 i 层土对应于 p_{1i} 作用下的孔隙比;

e_{2i}——第 i 层土对应于 p_{2i} 作用下的孔隙比;

p_{1i}——第 i 层土的自重应力平均值 $p_{1i} = \overline{\sigma}_{ci}$,kPa;

p_{2i}——第 i 层土的自重应力和附加应力共同作用下的平均值 $p_{2i}=\overline{\sigma}_{ci}+\overline{\sigma}_{zi}$，kPa；

E_{si}——第 i 层土的压缩模量，kPa；

h_i——第 i 层土的厚度，m。

计算地基沉降量时，分层厚度 h_i 越薄，计算值越精确，故取土的分层厚度为 $0.4b$（b 为基础宽度）。

2）各薄层压缩量求和公式

如前所述，基础的总沉降量 s_n 就是在压缩层范围内各薄层压缩量的总和，即：

$$s_n=\sum_{i=1}^{n}\Delta s_i \tag{3-28}$$

3）基础总沉降量的规范公式

由于采用了一系列计算假定，按式（3-28）求出的总压缩量，与工程实际有一定出入，故现行规范用经验系数 m_s 进行修正。规范中的沉降计算公式为：

$$s=m_s\sum_{i=1}^{n}\frac{e_{1i}-e_{2i}}{1+e_{1i}}h_i\,(\mathrm{cm}) \tag{3-29}$$

或

$$s=m_s\sum_{i=1}^{n}\frac{\overline{\sigma}_{zi}}{E_{si}}h_i\,(\mathrm{cm}) \tag{3-30}$$

式中：n——压缩层内划分的薄土层的层数；

e_{1i}——第 i 层对应于平均自重应力 $p_{1i}=\overline{\sigma}_{ci}$ 作用下的孔隙比；

e_{2i}——第 i 薄层对于平均总应力 $p_{2i}=\overline{\sigma}_{ci}+\overline{\sigma}_{zi}$ 作用时的孔隙比；

$\overline{\sigma}_{ci}$——第 i 薄层土的平均自重应力，kPa；

$\overline{\sigma}_{zi}$——第 i 薄层土的平均附加应力，kPa；

h_i——第 i 薄层的土层厚度，cm；

E_{si}——第 i 薄层土的压缩模量（对应于 p_{1i} 至 p_{2i} 范围），kPa；

m_s——沉降计算经验系数，按地区建筑经验确定，如缺乏资料可参考表 3-10 选用。

沉降计算经验系数 表 3-10

E_s（MPa）	1～4	4～7	7～15	15～20	>20
m_s	1.8～1.1	1.1～0.8	0.8～0.4	0.4～0.2	0.2

注：1. E_s 为地基压缩层范围内土的压缩模量，当压缩层由多层土组成时，E_s 可按厚度的加权平均值采用；

2. 表中与给出的区间值，应对应取值。

4. 计算步骤

（1）计算基底的自重应力 γh 及基底处附加压力 $p_0=p-\gamma h$。其中 h 是基础的埋置深度，从地面或河底算起。

（2）先划分薄层，再计算基础底面中心垂线上各薄层上下面处的自重应力和附加应力，最后绘出应力分布线。薄层厚度通常取 $0.4b$（基础宽度）。但必须将不同土层的界面或潜水位面划分为薄层的分界面。

（3）计算各分层分界面处的自重应力 σ_{ci} 和附加应力 σ_{zi}，并绘制分布曲线。

（4）计算各分层的平均自重应力 $\overline{\sigma}_{ci}$ 和平均附加应力 $\overline{\sigma}_{zi}$。平均应力取上、下分层分界面处应力的算术平均值，即：$\overline{\sigma}_{ci}=\dfrac{\sigma_{ci-1}+\sigma_{ci}}{2}$，$\overline{\sigma}_{zi}=\dfrac{\sigma_{zi-1}+\sigma_{zi}}{2}$。

（5）在 e—p 曲线上由 $p_{1i}=\overline{\sigma}_{ci}$ 和 $p_{2i}=\overline{\sigma}_{ci}+\overline{\sigma}_{zi}$ 查出相应的孔隙比 e_{1i} 和 e_{2i}。

（6）用式（3-26）或式（3-27）计算各薄层的压缩量 Δs_i。

(7)用式(3-28)计算各薄层压缩量的总和 s_n。

(8)确定压缩层的计算深度 Z_n。此时应符合下式要求:

$$\Delta s'_n \leqslant 0.025 s_n \tag{3-31}$$

式中:$\Delta s'_n$——在计算深度 Z_n 处,向上取 1m 厚的薄层压缩量,cm;

s_n——在计算深度 Z_n 范围内,各薄层压缩量的总和,cm。

计算深度 Z_n 的确定一般要经过试算才能得到,可先取 $\sigma_z = 0.2\sigma_c$ 处为试算点。规范指出:如已确定的计算深度下有较软土层时,尚应继续计算,直到软弱土层中 1m 厚的压缩量满足上式要求为止。

(9)用式(3-29)或式(3-30)计算基础的总沉降量。

此法优缺点:

①优点:适用于各种成层土和各种荷载的沉降量计算;压缩指标 a、E_s 等易确定。

②缺点:作了许多假设,与实际情况不符,侧限条件,基底压力计算有一定误差;室内试验指标也有一定误差;计算工作量大;利用该法计算结果,对坚实地基,其结果偏大,对软弱地基,其结果偏小。

5. 典型例题讲解

【例题 3-6】 某水中基础如图 3-40 所示,基底尺寸为 6m × 12m,作用于基底的中心荷载 $N = 1749$kN(只考虑恒载作用,其中包括基础重力及水的浮力),基础埋置深度 $D = 3.5$m,地基土上层为透水的亚砂土,其 $\gamma' = 19.3$kN/m³,下层为硬塑黏土,其 $\gamma = 18.6$kN/m³,水深 1.5m,求基础的沉降量?已知地基中两层土的 e—p 曲线如图 3-41 所示。

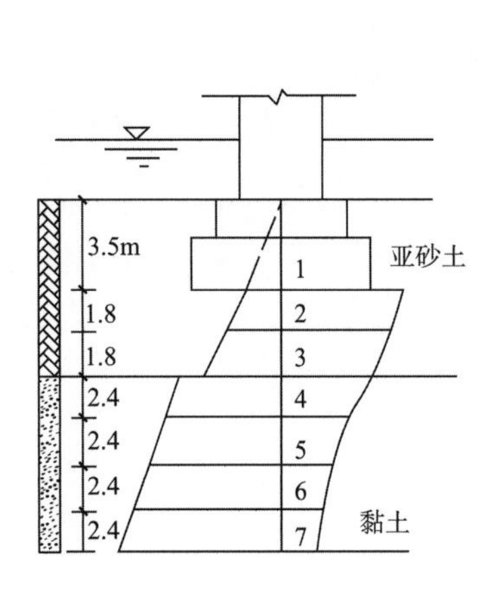

图 3-40　例 3-6 图

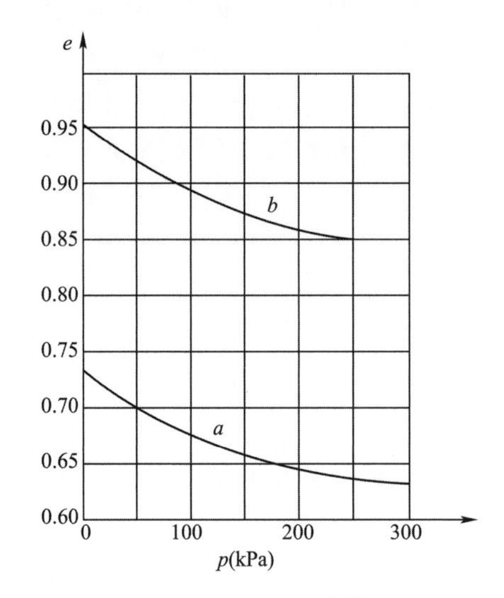

图 3-41　土 e—p 曲线

a-亚砂土;b-黏土

【解】 (1)基础尺寸 $b = 2$m,$l = 12$m,埋深 $D = 3.5$m。

(2)作用在基础底面上的应力计算。

基底压力:$P = \dfrac{N}{A} = \dfrac{17490}{6 \times 12} = 242.9$kPa

自重应力:$\sigma_{CZ} = \gamma D = 3.5 \times 9.31 = 32.6$kPa

基底附加应力:$P_0 = P - \sigma_{CZ} = 242.92 - 32.59 = 210.3$kPa

(3)分层。

分层厚度 $h_i \leqslant 0.4b = 0.4 \times 6 = 2.4\text{m}$;而基底下亚砂土层厚3.6m,宜分两层,每层1.8m;以下黏土层每薄层均取2.4m,如图3-40所示。

(4)计算各薄层界面处自重应力,并根据表3-11绘制分布图。

各薄层界面处自重应力 表3-11

计算点	1	2	3	3′	4	5	6	7
σ_{cz}(kPa)	32.6	49.3	66.0	150.3	195	239.6	284.8	328.9

(5)计算各薄层界面处附加应力(表3-12),绘制分布图。

各薄层界面处附加应力 表3-12

计算点	$\frac{L}{B}$	Z(m)	$\frac{Z}{B}$	α_s	$\sigma_Z = 4\alpha_s p_0$ (kPa)	计算点	$\frac{L}{B}$	Z(m)	$\frac{Z}{B}$	α_s	$\sigma_Z = 4\alpha_s p_0$ (kPa)
1	2	0	0	0.250	210.3	5	2	8.4	2.8	0.800	67.7
2	2	1.8	0.6	0.232	195.9	6	2	10.8	3.6	0.056	47.1
3	2	3.6	1.2	0.182	153.0	7	2	13.2	4.4	0.041	34.2
4	2	6.0	2.0	0.120	101.1						

(6)计算各薄层自重应力的平均值、附加应力的平均值和总应力的平均值,见表3-13。

(7)计算各薄层的压缩量:e_{1i}和e_{2i}由各薄层的自重应力平均值和总应力平均值从图3-37中相应的压缩曲线中查得。计算结果列于表3-13中。

分层总和法计算基础的沉降量 表3-13

土名	点号	自重应力(kPa)	附加应力(kPa)	各层平均值			e_{1i}	e_{2i}	$\frac{e_{1i}-e_{2i}}{1+e_{1i}}$	h_i(cm)	Δs_i(cm)	E_{si}(MPa)
				σ_{czi}(kPa)	σ_{zi}(kPa)	$\sigma_{czi}+\sigma_{zi}$(kPa)						
1	2	3	4	5	6	7=5+6	8	9	11	12	13=11×12	$14=\frac{6}{11}\times 10^{-3}$
亚砂土	1	32.6	210.3	40.9	203.1	244.0	0.71	0.63	0.0468	180	8.42	4.34
	2	49.3	195.9	99.8	174.4	274.2	0.68	0.62	0.0357	180	6.43	4.89
	3′	150.3	153.0	172.7	127.0	299.7	0.86	0.85	0.0053	240	1.27	23.96
黏土	4	195	101.1	217.3	84.4	301.7	0.86	0.85	0.0053	240	1.27	15.92
	5	239.6	67.7	262.2	57.4	319.6	0.86	0.85	0.0053	240	1.27	10.83
	6	284.8	47.1									
	7	328.9	34.2	306.9	40.6	347.5	—	—	—	—	—	—

(8)确定压缩层的计算深度 Z_n。

由于点6处 $=\frac{\sigma_z}{\sigma_{cz}}=\frac{47.1}{284.8}=0.165<0.2$,故可以假设为压缩层下限,即压缩层的计算深度

$$Z_n = 1.8 \times 2 + 2.4 \times 3 = 10.8\text{m}$$

(9)确定沉降计算经验系数 m_s,计算基础的总沉降量。

整个压缩层的压缩模量按厚度的加权平均值计算,得到:

$$E_s = \frac{\sum_{i=1}^{n} E_{si} h_i}{Z_n} = \frac{(4.34 + 4.89) \times 1.8 + (23.96 + 15.92 + 10.83) \times 2.4}{10.8} = 12.81\text{MPa}$$

由算得之 E_s 值参照表 3-11 经内插得 $m_s = 0.48$，所以基础总沉降量为：

$$S = m_s \sum_{i=1}^{n} \frac{e_{1i} - e_{2i}}{1 + e_{1i}} \cdot h_i = 0.48 \times 18.66 = 8.96\text{cm}$$

（二）规范法

由于不同类型的建筑物有其自身的特殊性，因而各行业对其建筑物的沉降要求有所不同。计算方法虽都采用分层综合法，但往往采用不同表达形式和经验修正系数以计算总沉降。现仅就建筑行业对地基沉降计算的规定简要介绍。

1. 地基总沉降计算

地基总沉降 S(mm) 的计算表达式为

$$S = \psi_s \sum_{i=1}^{n} (z_i \overline{\alpha}_i - z_{(i-1)} \overline{\alpha}_{(i-1)}) \frac{p_0}{E_{si}} \tag{3-32}$$

式中：S——地基的总沉降量，mm；

ψ_s——沉降计算经验系数，取值详见下文；

n——地基变形计算深度范围内天然土层数；

p_0——基底附加应力，kPa；

E_{si}——基底以下第 i 层土的压缩模量，按第 i 层实际应力变化范围取值，MPa；

z_i、z_{i-1}——基础底面至第 i 层和 $i-1$ 层底面的距离，m；

$\overline{\alpha}_i$、$\overline{\alpha}_{(i-1)}$——基础底面到第 i 层和 $i-1$ 层底面范围内中心点下的平均附加系数，对于矩形基础，基底为均分布附加应力时，中心点以下的附加应力为 l/b，z/b 的函数，可查表 3-6 得。

2. 沉降计算修正系数 ψ_s

ψ_s 综合反映了计算公式中一些未能考虑的因素，它是根据地区沉降观测资料集经验确定的；或者根据压缩层内平均压缩模量 E_s，并参考地基承载力标准值 f_{ak}，由表 3-14 中查得。

沉降计算经验系数 ψ_s 表 3-14

基底附加应力 p_0(kPa) \ 压缩模量 E_s(MPa)		2.5	4.0	7.0	15.0	20.0
黏性土	$p_0 \geq f_{ak}$	1.4	1.3	1.0	0.4	0.2
	$p_0 < 0.75 f_{ak}$	1.1	1.0	0.7	0.4	0.2
砂土		1.1	1.0	0.7	0.4	0.2

注：(1) 表中 f_{ak} 为地基承载力标准值。

(2) E_s 为沉降计算深度范围内的压缩模量当量值，按下式计算：

$$E_s = \frac{\sum A_i}{\sum \frac{A_i}{E_{si}}} \tag{3-33}$$

式中：A_i——第 i 层土的平均附加应力系数沿土层深度的积分值；

E_{si}——相应于该土层的压缩模量，MPa。

3. 地基沉降计算深度 Z_n

地基沉降计算深度 Z_n，应满足：

$$\Delta S'_n \leqslant 0.025\sum_{i=1}^{n}\Delta S'_i \tag{3-34}$$

$\Delta S'_n$ 为计算深度处向上取厚度 Δz 的分层的沉降计算值，Δz 的厚度选取与基础宽度 B 有关，表3-15。$\Delta S'_i$ 为计算深度范围内第 i 层土的沉降计算值。

Δz 值 表 表3-15

B(m)	≤2	2～4	4～8	8～15	15～30	>30
Δz(m)	0.3	0.6	0.8	1.0	1.2	1.5

(1)当基础无相邻荷载影响时，基础中心点以下地基沉降计算深度也按下式参数取值。

$$Z_n = B(2.5 - 0.4\ln B) \tag{3-35}$$

(2)利用

$$s = \varphi_s' = \varphi_s\sum_{i=1}^{n}\frac{p_0}{E_{si}}(z_i a_i - z_{i-1}a_{i-1}) \tag{3-36}$$

计算地基的最终沉降量，在考虑相邻荷载影响时，平均附加应力仍可应用叠加原理。

【例题3-7】 如图3-42所示地基，地基为粉质黏土，土的天然重度 $\gamma = 16\text{kN/m}^3$，地下水位深度4m，水下土的饱和容重 $\gamma_{sat} = 18.5\text{kN/m}^3$，基础受柱荷载 $N = 1200\text{kN}$，荷载合力通过基础底面中心，基础埋深 $d = 1.5\text{m}$，基础的方形底面尺寸 $l \times b = 4\text{m} \times 4\text{m}$，地基土的平均压缩模量：地下水位以上 $E_{s1} = 6\text{MPa}$，地下水位以下 $E_{s2} = 7\text{MPa}$。地基承载力标准值 $f_{ak} = 81\text{kPa}$。试用规范推荐方法计算基础底面中心的最终沉降量。

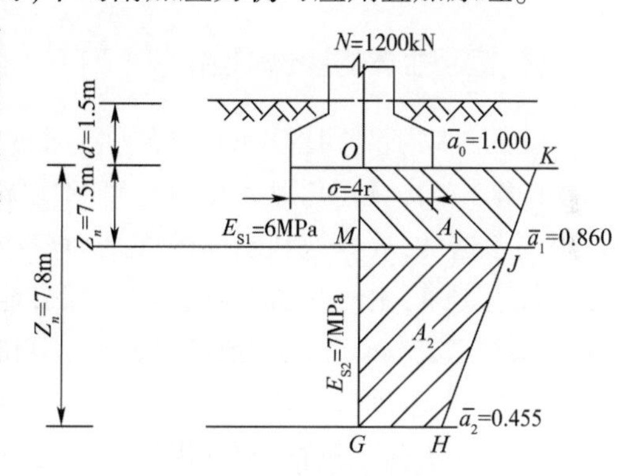

图3-42 例3-7计算图

【解】 以地下水面为界，地基分为两层土：

(1)计算基底附加压力

$$p = \frac{N+G}{A} = \frac{1200 + 20\times4\times4\times1.5}{4\times4} = 105\text{kPa}$$

基础底面处土的自重应力：$\sigma_c = \gamma d = 16\times1.5 = 24\text{kPa}$

则基底附加压力：$p_0 = p - \sigma_c = 105 - 24 = 81\text{kPa}$

(2)确定沉降计算深度 z_n

因为不存在相邻荷载的影响，故可按式(3-35)估算：

$$z_n = b(2.5 - 0.4\ln b) = 4(2.5 - 0.4\ln 4) = 7.8\text{m}$$

(3)计算平均附加应力系数 $\bar{\alpha}$

$z_1 = 2.5\text{m}, z_2 = 7.8\text{m}$，根据 $l/b = 4/4 = 1$ 与 $z_0/b = 0$，查表3-5得：$4\bar{\alpha}_0 = 1$；

根据 $l/b = 4/4 = 1$ 与 $z_1/b = 2.4/4.0 = 0.63$，查表3-5得：$4\bar{\alpha}_1 = 0.86$；

根据 $l/b = 4/4 = 1$ 与 $z_2/b = 7.8/4.0 = 1.95$，查表3-5得：$4\bar{\alpha}_2 = 0.455$；

(4)计算沉降经验系数 ψ_s

$$\overline{E}_s = (A_1 + A_2)\Big/\left(\frac{A_1}{E_{s1}} + \frac{A_2}{E_{s2}}\right)$$

式中：A_1——$A_{OKJM} = \dfrac{1+0.86}{2}\times2.5 = 2.235\text{m}^2$，如图3-42所示；

A_2——$A_{MJRQ}=\dfrac{0.86+0.455}{2}\times5.3=3.485\text{m}^2$，如图 3-42 所示；

因此，

$$E_s=(2.235+3.485)/\left(\frac{2.325}{6}+\frac{3.485}{7}\right)=6.56\text{MPa}$$

由表 3-15 可查得 $\psi_s=1.05$。

(5)计算地基最终沉降

$$s=\psi_s s'=\psi_s\sum_{i=1}^{n}\frac{p_0}{E_{si}}(z_i\bar{\alpha}_i-z_{i-1}\bar{\alpha}_{i-1})$$

$$=\psi_s\left[\frac{p_0}{E_{s1}}(z_1\bar{\alpha}_1-0)+\frac{p_0}{E_{s2}}(z_2\bar{\alpha}_2-z_1\bar{\alpha}_1)\right]$$

$$=1.05\times81\times\left[\frac{2.5\times0.86}{6}+\frac{7.8\times0.445-2.5\times0.86}{7}\right]=47.5\text{mm}$$

四、饱和土体的渗透固结

土的压缩随时间增长的过程，称为土的固结，对于饱和土在荷载作用下，土粒互相挤紧，孔隙水逐渐排出，引起孔隙体积减小直到压缩稳定，需要一定的时间过程，这一过程的快慢，取决于土的渗透性，故称饱和土体的固结为渗透固结。地基的固结，也就是地基沉降的过程。对于无黏性土地基，由于渗透性强，压缩性低，地基沉降的过程时间短，一般在施工完成时，地基沉降可基本完成。而黏性土地基，特别是饱和黏土地基，由于渗透性弱，压缩性高，地基沉降的时间过程长，地基沉降往往延续至完工后数年，甚至数十年才能达到稳定。因此，对于建造在黏土地基上的重要建筑物，常常需要了解地基沉降与时间的关系，以便考虑建筑物有关部分的净空、连接方式、施工顺序和速度。

关于地基沉降与时间的关系常以饱和土体单向渗透固结理论为基础。下面就介绍饱和土体单向渗透固结理论，根据此理论分析地基沉降与时间关系的计算方法及应用。

(一)饱和土的单向渗透固结模型

对于饱和土来说，如果在荷载作用下，孔隙水只能沿着竖直方向渗流，土体的压缩也只能在竖直方向产生，那么，这种压缩过程就称为单向渗透固结。

饱和土是由土粒构成的土骨架和充满于孔隙中的孔隙水两部分组成。显然，外荷载在土中引起的附加应力 σ_z 是由孔隙水和土骨架来分担的，由孔隙水承担的压力，即附加应力作用在孔隙水中引起的应力称为孔隙水压力，用 u 表示，它高于原来承受的静水压力，故又称超静水压力。孔隙水压力和静水压力一样，是各个方向都相等的中性压力，不会使土骨架发生变形。由土骨架承担的压力，即附加应力在土骨架引起的应力称为有效应力，用 σ'表示，它能使土粒彼此挤紧，引起土的变形。在固结过程中，这两部分应力的比例不断变化，而这一过程中任一时刻 t，根据平衡条件，有效应力 σ'和孔隙水压力 u 之和总是等于作用在土中的附加应力 σ_z，即 $\sigma_z=u+\sigma'$。

为了说明饱和土的单向渗透固结过程，可用图 3-43 所示的弹簧—活塞模型来说明。模型是将饱和土体表示为一个有弹簧、活塞的充满水的容器。弹簧代表土的骨架，容器内的水表示土中孔隙水，由容器中水承担的压力相对于孔隙水压力 u，由弹簧承担的压力相当于有效应力 σ'。在荷载刚施加的瞬间($t=0$)，孔隙水来不及排出，此时 $u=\sigma_z,\sigma'=0$。其后($0<t<\infty$)水

从活塞小孔逐渐排出，u 逐渐降低并转化为 σ'，此时，$\sigma_z=u+\sigma'$。最后（$t=\infty$），由于水不再排出，孔隙水压力 u 等于0，压力 σ_z 全部转移给弹簧即 $\sigma_z=\sigma'$，渗透固结完成。

由此可见，饱和土的固结就是孔隙水压力 u 消散和有效应力 σ' 相应增长的过程。

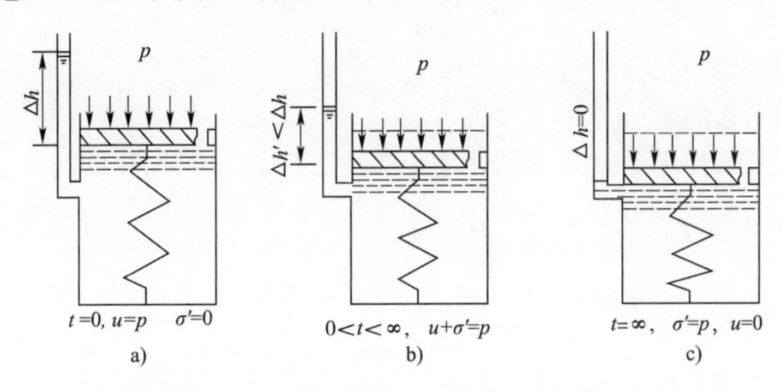

图 3-43 饱和土的单向渗透固结模型

（二）饱和土体的单向渗透固结理论

1. 基本假设

饱和土体单向渗透固结理论的基本假设如下：

（1）地基土为均质、各向同性和完全饱和的。

（2）土的压缩完全是由于孔隙体积的减小而引起，土粒和孔隙水均不可压缩。

（3）土的压缩与排水仅在竖直方向发生，侧向既不变形，也不排水。

（4）土中水的渗透符合达西定律，土的固结快慢取决于渗透系数的大小。

（5）在整个固结过程中，假定压缩系数 a 和渗透系数 k 为常量。

（6）荷载是连续均布的，并且是一次瞬时施加的。

2. 计算公式

饱和土体的固结过程就是孔隙水压力向有效应力转化的过程。图 3-44 表示一厚度为 H 的饱和黏性土层，顶面透水，底面不透水，孔隙水只能由下向上单向单面排出，土层顶面作用有连续均布荷载 p，属于单向渗透固结情况。

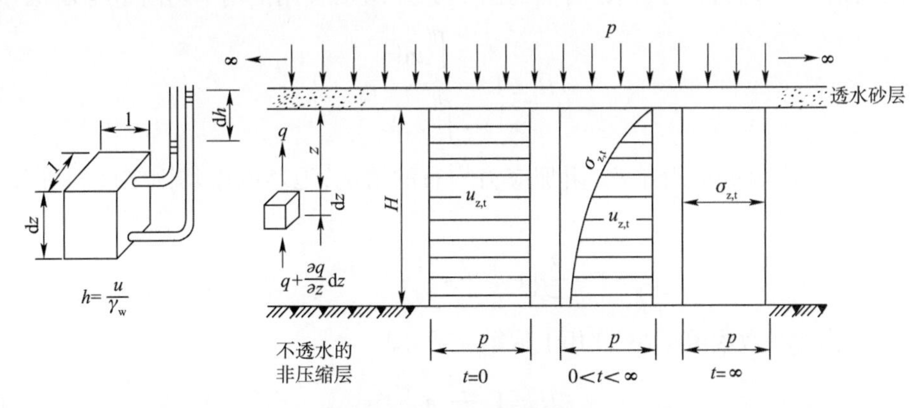

图 3-44 饱和土的固结过程

由于荷载 p 是连续均布，土层中的附加应力 σ_z 将沿深度 H 均匀分布，且 $\sigma_z=p$，当刚加压的瞬间（$t=0$），黏性土层中来不及排水，整个土层中 $u=\sigma_z$，$\sigma'=0$。经瞬间以后（$0<t<\infty$），黏性土层顶面的孔隙水先排出，u 下降并转化为 σ'，接着土层深处的孔隙水随着时间增长而逐渐排出，u 也就逐渐向 σ' 转化，此时土层中 $u+\sigma'=\sigma_z$，直到最后（$t=\infty$），在荷载 p 作用下，应

被排出的孔隙水全部排出了，整个土层中 $u=0$，$\sigma'=\sigma_z$ 达到固结稳定。

根据公式推导可得到某一时刻 t，深度 z 处的孔隙水压力表达式如下：

$$u=\frac{4}{\pi}\sigma_z\sum_{m=1}^{\infty}\frac{1}{m}\sin\left(\frac{m\pi z}{2H'}\right)e^{\frac{-m^2\pi^2}{4}T_V} \tag{3-37}$$

式中：m——正整奇数(1,3,5…)；

e——自然对数的底；

H'——土层最大排水距离，单面排水为土层厚度 H，双面排水取 $H/2$；

T_V——时间因数，$T_v=\frac{C_v t}{H'^2}$；

C_v——固结系数，$C_v=\frac{k(1+e_1)}{\alpha\gamma_w}$，$m^2/a$；

k——土的渗透系数，m/a；

α——土的压缩系数，MPa^{-1}；

e_1——土层固结前的初始孔隙比；

γ_w——水的重度，$9.8kN/m^3$。

3. 地基变形与时间关系

根据式(3-37)所示的孔隙水压力 u 随时间 t 和深度 z 变化的函数解，即可求得地基在任一时间的固结度。地基在固结过程中任一时刻 t 的固结沉降量 s_t 与其最终沉量 s 之比，称为地基在 t 时的固结度，用 U_t 表示，即

$$U_t=\frac{S_t}{S} \tag{3-38}$$

由于土体的压缩变形是由有效应力 σ' 引起的，因此，地基中任一深度 z 处，历时 t 后的固结度亦可表达为

$$U_t=\frac{\sigma'}{\sigma_z}=\frac{\sigma_z-u}{\sigma_z}=1-\frac{u}{\sigma_z} \tag{3-39}$$

因为地基中各点应力不等，所以各点的固结度也不同，实用上用平均固结度 U_t 表示，即

$$U_t=1-\frac{\int_0^H u\mathrm{d}z}{\int_0^H \sigma_z\mathrm{d}z} \tag{3-40}$$

对于图 3-43 所示的单面排水，附加应力均布的情况，地基的平均固结度经过公式推导可得

$$U_t=1-\frac{8}{\pi^2}\left(e^{-\frac{\pi^2}{4}T_V}+\frac{1}{9}e^{-\frac{9\pi^2}{4}T_V}+\cdots\right) \tag{3-41}$$

上式括号内的级数收敛很快，实用上取第一项，即

$$U_t=1-\frac{8}{\pi^2}e^{-\frac{\pi^2}{4}T_V} \tag{3-42}$$

由上式可知，平均固结度 U_t 是时间因数 T_V 的函数，它与土中的附加应力分布情况有关，式(3-41)适用于附加应力均匀分布的情况，也适用于双面排水情况。对于地基为单面排水，且上、下附加应力不相等的情况，可由 $\alpha=\sigma'_z/\sigma''_z$（$\sigma'_z$ 为透水面处的附加应力，σ''_z 为不透水面处的附加应力，对于双面排水 $\alpha=1$）值，查图 3-45 相应的曲线，得出固结度 U_t。

由时间因数 T_V 与平均固结度 U_t 的关系曲线(图 3-45)可解决以下两个问题:

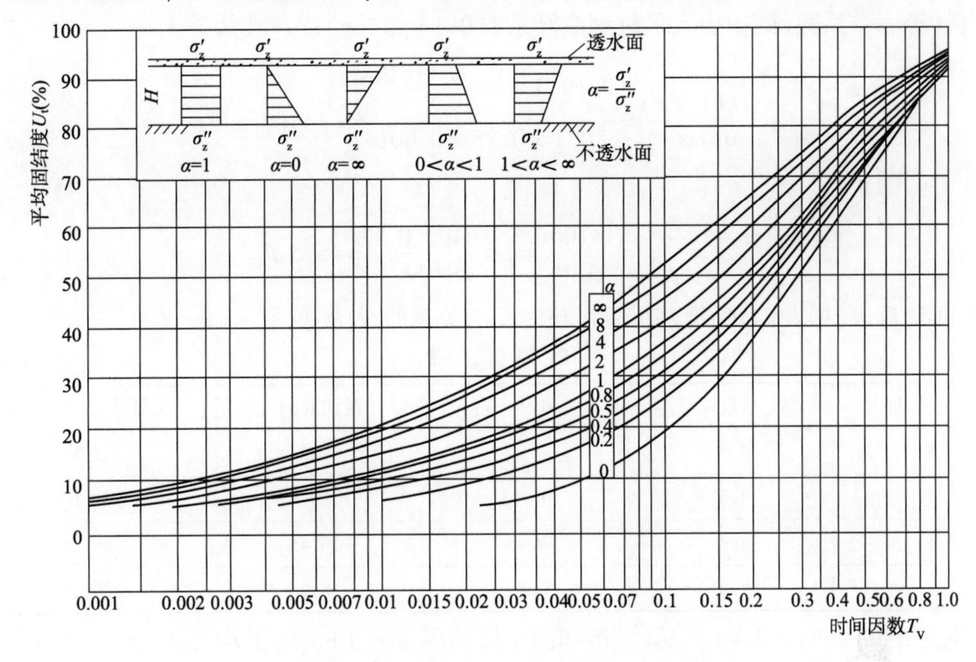

图 3-45　平均固结度 U_t 与时间因数 T_V 的关系

(1)计算加荷后历时 t 的地基沉降量 s_t。对于此类问题,可先求出地基的最终沉降量 s,然后根据已知条件计算出土层的固结系数 C_V 和时间因数 T_V,由 $\alpha=\sigma'_z/\sigma''_z$ 及 T_V 查出固结度 U_t,最后用式(3-38)求出 s_t。

(2)计算地基沉降量达 s_t 时所需的时间 t。对于此类问题,也可先求出地基的最终沉降量 s,再由式(3-38)求出固结度 U_t,最后由 $\alpha=\sigma'_z/\sigma''_z$ 及 U_t 查出时间因数 T_V 并求出所需时间 t。

【例题 3-8】　如图 3-46 所示,某地基的饱和黏土层厚度为 8.0m,其顶部为薄砂层,底部为不透水的基岩层。基础中点 O 下的附加应力:在基底处为 240kPa,基岩顶面为 160kPa。黏土地基的初始孔隙比 $e_1=0.88$,最终孔隙比 $e_2=0.83$。渗透系数 $k=0.6\times10^{-8}$m/s。试求地基沉降量与时间的关系曲线。

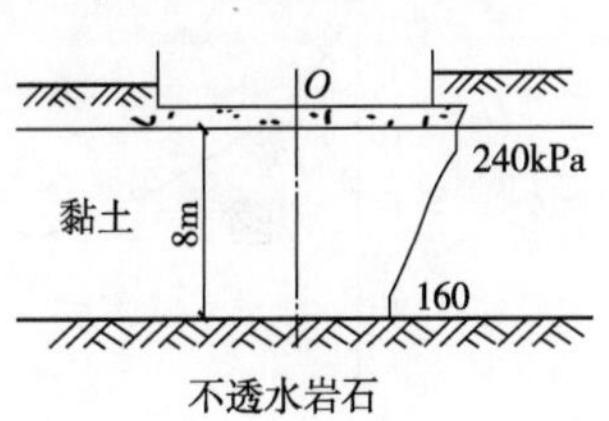

图 3-46　例 3-8 图

【解】　(1)地基总沉降量估算:

$$s=\frac{e_1-e_2}{1+e_1}h=\frac{0.88-0.83}{1+0.88}\times800=21.3\text{cm}$$

(2)计算附加应力比值 α:$\alpha=\frac{\sigma_1}{\sigma_2}=\frac{240}{160}=1.50$

(3)假定地基平均固结度:U_t 为 25%、50%、75%、90%。

(4)计算时间因子 T_v。

查图 3-53 固结度 U_t 与时间因数 T_v 的关系可得:T_v 为 0.04、0.175、0.45、0.84。

(5)计算相应的时间 t。

①地基土的压缩系数 a

$$a=\frac{\Delta e}{\Delta\sigma}=\frac{e_1-e_2}{\frac{0.24+0.16}{2}}=\frac{0.88-0.83}{0.20}=\frac{0.05}{0.20}=0.25\text{MPa}^{-1}$$

②渗透系数换算：$k=0.6\times10^{-8}\times3.15\times10^{7}=0.19\text{cm/a}$

③计算固结系数(式中引入了量纲换算系数0.1)：

$$C_V=\frac{k(1+\bar{e})}{0.1\alpha\gamma_w}=\frac{0.19\left(1+\dfrac{0.88+0.83}{2}\right)}{0.1\times0.25\times0.001}=14100\text{cm}^2/\text{a}$$

④时间因子：

$$T_V=\frac{C_V t}{H^2}=\frac{14100t}{800^2}\Rightarrow t=\frac{640000}{14100}T_V=45.5\ T_V$$

时间计算表，见表3-16，地基沉降量与时间的关系曲线图，见图3-47。

时间计算表 表3-16

固结度 U_t(%)	系数 α	时间因子 T_V	时间 t(a)	沉降量 $s_t=U_t s$(cm)
25	1.5	0.04	1.82	5.32
50	1.5	0.175	8.0	10.64
75	1.5	0.45	20.4	15.96
90	1.5	0.84	38.2	19.17

【例题3-9】 如图3-48所示，设饱和黏土层的厚度为10m，上下均排水，地面上作用无限均布荷载 $p=200\text{kPa}$，若土层的初始孔隙比 $e_1=0.8$，压缩系数 $a=2.5\times10^{-4}\text{kPa}^{-1}$，渗透系数 $k=2.0\text{cm/a}$。试求：

(1)加荷一年后，基础中心点的沉降量为多少？

(2)当基础的沉降量达到20cm时需要多少时间？

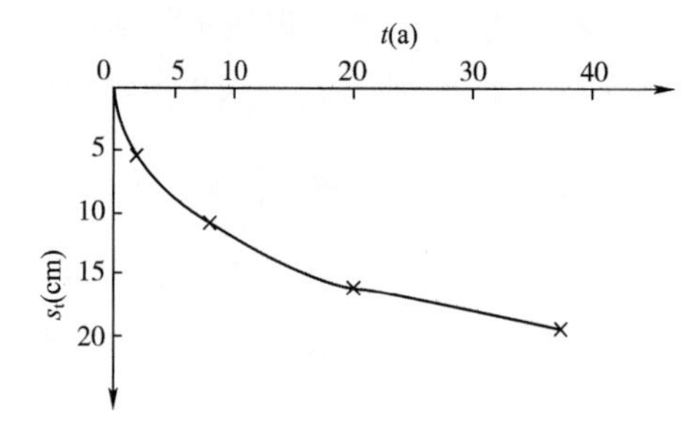

图3-47 地基沉降量与时间的关系曲线图

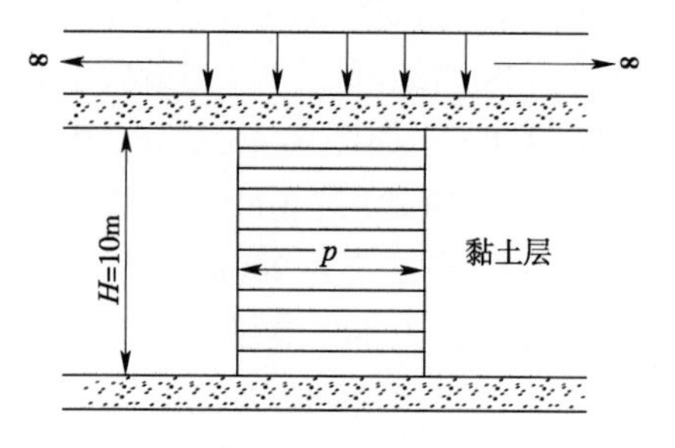

图3-48 例题3-9图

【解】 (1)地基最终沉降量估算

$$s=\frac{a}{1+e_1}\sigma_z H=\frac{2.5}{1+0.8}\times10^{-4}\times200\times1000=27.8\text{cm}$$

(2)土层的固结系数

$$C_V=\frac{K(1+e)}{a\gamma_W}=\frac{2.0\times(1+0.8)}{0.00025\times0.098}=1.47\times10^5\text{cm}^2/\text{a}$$

(3)加荷一年后基础中心点的沉降量

时间因数：$T_V=\dfrac{C_V t}{(H/2)^2}=\dfrac{1.47\times10^5}{500^2}=0.588$

根据 T_V，查表3-17，得土层的平均固结度 $U=0.81$，则加荷一年后的沉降量为：

$$s_t=U\cdot s=0.81\times27.8=22.5\text{cm}$$

地基中附加应力上下均布时固结度 U 与相应的时间因数 T_V 表 3-17

固结度 U	0	0.1	0.2	0.3	0.4	0.5	0.6	0.7	0.8	0.9	1.0
时间因数 T_V	0	0.008	0.031	0.071	0.126	0.197	0.286	0.403	0.567	0.848	∞

4. 沉降 20cm 所需时间

已知基础沉降为 $s_t = 20$cm，最终沉降量 $s = 27.8$cm，则土层的平均固结度为：

$$U = \frac{s_t}{s} = \frac{20}{27.8} = 0.72$$

根据 U，查表 3-17，得时间因素 $T_V = 0.44$，则沉降达到 20cm 所需的时间为：

$$t = \frac{T_V\ (H/2)^2}{C_V} = \frac{0.44 \times 500^2}{1.47 \times 10^5} = 0.75\text{a}$$

思考题与习题

1. 土的压缩变形过程为什么可视为土的孔隙比随压应力增加而逐渐减小的过程？

2. 侧限压缩试验的成果可用哪两种形式的曲线来表示？可以得到哪些压缩性的指标？

3. 什么是土的压缩系数？它怎样反映土的压缩性？一种土的压缩系数是否为常数？大小还与什么条件有关？

4. 荷载试验有何优点？什么情况下应该做荷载试验？

5. 试述饱和黏土地基沉降的 3 个阶段及其特点。

6. 分层总和法计算地基沉降量的原理是什么？为什么计算地基的厚度要规定 $h \leqslant 0.4b$？评价分层总和法计算沉降的优缺点。

7. 何谓“超固结比”？如何区分土体的固结状态？

8. 什么是饱和土的有效应力原理？有效应力原理有什么重大意义？

9. 在饱和土的单固结过程中，土的有效应力和孔隙水压力是如何变化的？

10. 地基沉降与时间的关系的计算步骤如何？

11. 某土样高 2cm、面积 100cm^2，压缩试验结果如表 3-18 所示，试求荷载为 100 ~ 200kPa 之间的压缩系数和压缩指数。

压缩试验结果 表 3-18

P(kPa)	0	50	100	200	300	400
e	1.406	1.250	1.120	0.990	0.910	0.850

12. 某钻孔土样的压缩试验及记录如表 3-19 所示，试绘制压缩区线和计算各土层的 α_{1-2} 及相应的压缩模量 E_s，并评定各土层的压缩性。

土样的压缩式样记录 表 3-19

压应力 p(kPa)		0	50	100	200	300	400
孔隙比 e	1 号土样	0.982	0.964	0.952	0.936	0.924	0.919
	2 号土样	1.190	1.065	0.995	0.905	0.850	0.810

13. 一饱和黏土试样在压缩仪中进行压缩试验，该土样原始高度为 20mm，面积为 30cm^2，土样与环刀总重为 1.756N，环刀重 0.586N。当荷载由 $p_1 = 100$kPa 增加至 $p_2 = 200$kPa 时，在 24h 内土样的高度由 19.31mm 减少至 18.76mm。试验结束后烘干土样，称得干土重为 0.910N。

求土样的初始孔隙比 e_0。

14. 某土样的相对密度 $G_s=2.8$，天然重度 $\gamma=19.8\text{kN/m}^3$，含水率 $w=20\%$，取该土样进行固结试验，环刀的高度 $h_0=2.0\text{cm}$。当施加压力 $P_1=100\text{kPa}$ 时，测得其稳定的压缩量 $\Delta s_i=0.80\text{mm}$；$P_2=200\text{kPa}$ 时，$\Delta s_2=0.95\text{mm}$。试求其相应的孔隙比 e_0、e_1、e_2和压缩系数 a_{1-2}及压缩模量 E_{s1-2}，并评价该土的压缩性。

15. 某柱基底面尺寸为 4.0m×4.0m，基础埋深 $d=2.0\text{m}$。上部结构传至基础顶面中心荷载 $N=4720\text{kN}$。地基分层情况如下：表层为细砂，$\gamma_1=17.5\text{kN/m}^3$，$E_{s1}=8.0\text{MPa}$，厚度 $h_1=6.00\text{m}$；第二层为粉质黏土，$E_{s2}=3.33\text{MPa}$，厚度 $h_2=3.00\text{m}$；第三层为碎石，厚度 $h_3=4.50\text{m}$，$E_{s3}=22\text{MPa}$。用分层总和法计算粉质黏土层的沉降量。

16. 某工程采用箱形基础，基础底面尺寸 $b\times l=10.0\text{m}\times10.0\text{m}$，基础高度 $h=d=6.0\text{m}$，基础顶面与地面平齐，地下水位深 2.0m，基础顶面中心荷载 $N=8000\text{kN}$，基础自重 $G=3600\text{kN}$，其他条件如图 3-49 所示，估算此基础的沉降量。

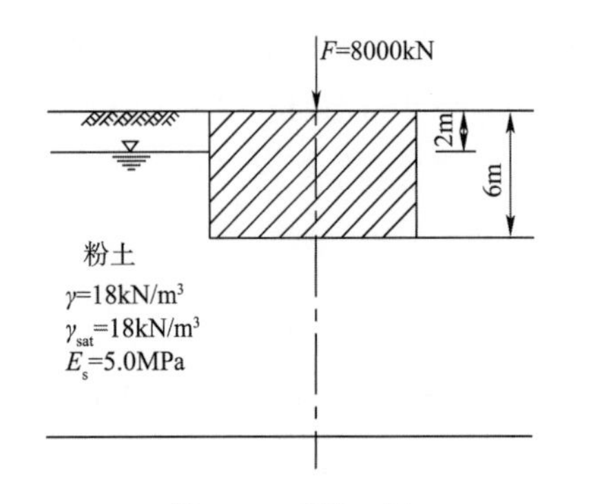

图 3-49　习题 16 图

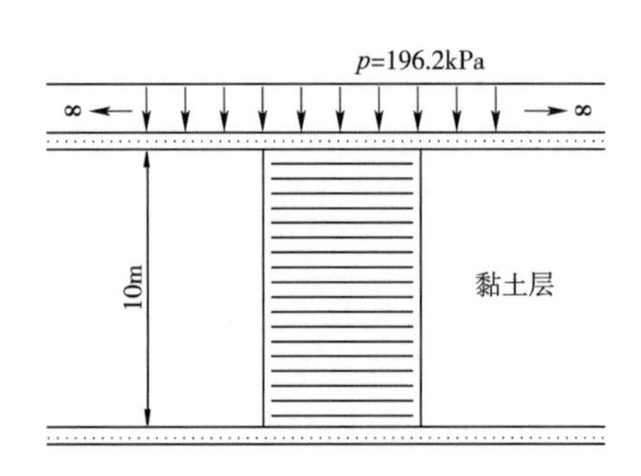

图 3-50　习题 17 图

17. 设厚度为 10m 的黏土层的边界条件如图 3-50 所示，上下层面处均为排水砂层，地面上作用着无限均布荷载 $p=196.2\text{kPa}$，已知黏土层的孔隙比 $e=0.9$，渗透系数 $k=2.0\text{cm/y}=6.3\times10^{-8}\text{cm/s}$，压缩系数 $\alpha=0.025\times10^{-2}/\text{kPa}$。试求：(1)荷载加上一年后，地基沉降量是多少厘米？(2)加荷后历时多久，黏土层的固结度达到 90%？

18. 若有一黏性土层，厚为 10m，上、下两面均可排水。现从黏土层中心取样后切取一厚 2cm 的试样，放入固结仪做试验(上、下均有透水面)，在某一级固结压力作用下，测得其固结度达到 80% 时所需的时间为 10min，问该黏土层在同样固结压力作用下达到同一固结度所需的时间为多少？若黏性土改为单面排水，所需时间又为多少？

19. 厚度为 8m 的黏土层，上下层面均为排水砂层，已知黏土层孔隙比 $e_0=0.8$，压缩系数 $a=0.25\text{MPa}^{-1}$，渗透系数 $k=0.000000063\text{cm/s}$，地表瞬时施加一无限分布均布荷载 $p=180\text{kPa}$。分别求出加荷半年后地基的沉降和黏土层达到 50% 固结度所需的时间。

第四章　土的强度与地基土承载力的确定

学习目标

1. 描述土的剪切变形特点、土的强度理论及强度指标，三种剪切试验方法；
2. 分析判断土中应力的极限平衡条件，解释三轴剪切试验原理；
3. 完成直接剪切试验，并整理试验结果；
4. 了解地基破坏基本模式和影响因素；
5. 掌握地基承载力容许值确定的方法。

第一节　土的强度与测定方法

学习重点

土的剪切变形特点；土的强度理论及强度指标；三种剪切试验方法；土中应力的极限平衡条件；直接剪切试验及整理试验结果。

学习难点

极限平衡条件判断土体的平衡状态；剪切试验数据的处理；三轴剪切试验原理。

一、抗剪强度与库仑定律

(一)概述

土的抗剪强度是指土体抵抗剪切破坏的极限能力，其大小等于剪切破坏时滑动面上的剪应力。土的抗剪强度又称为土的强度，它是土的主要力学性质之一。土体在外荷载作用下，不仅会产生压缩变形，而且会产生剪切变形。剪切变形的不断发展，会使土体塑性变形区扩展成一个连续的滑动面，土体之间产生相对的滑动，使得建筑物整体失去稳定，即土体产生破坏。土体是否达到剪切破坏状态，首先取决于本身的基本性质，即土的组成、土的状态和土的结构，而这些性质又与它所形成的环境和应力历史等因素有关；其次还与所受的应力组合密切相关。考虑破坏时不同的应力组合关系就构成了不同的破坏准则。土的破坏准则是一个十分复杂的问题，它是多年来近代土力学研究的重要课题之一，目前尚无十分完满的适用于土的破坏准则。

在实际工程中，与土的抗剪强度有关的问题主要有以下三方面：第一，是土坡稳定性的问题：包括土坝、路堤等人工填方土坡和山坡、河岸等天然土坡以及挖方边坡等的稳定性问题，如图4-1a)所示；第二，是土压力问题：包括挡土墙、地下结构物等周围的土体对其产生的侧向压力可能导致这些构造物发生滑动或倾覆，如图4-1b)所示；第三，是地基的承载力问题：若外荷载很大，基础下地基中的塑性变性区扩展成一个连续的滑动面，使得建筑物整体丧失了稳定性，如图4-1c)所示。

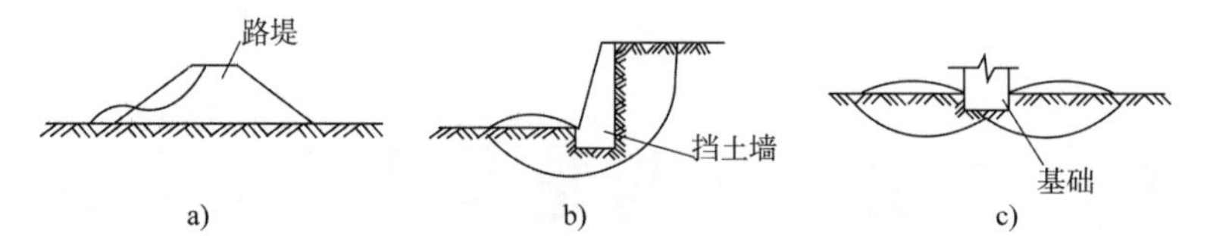

图4-1 与土的抗剪强度有关的工程问题

(二)莫尔—库仑破坏理论

莫尔(Mohr)强度理论认为材料受荷载产生的破坏是剪切破坏，即在破裂面上的剪应力τ_f是法向应力σ的函数：

$$\tau_f = f(\sigma) \tag{4-1}$$

由此函数关系确定的曲线称为莫尔破坏包线，如图4-2所示。如果代表土任意点某一个面上的法向应力σ和剪应力τ的点落在莫尔破坏包线下面，如图中A点，它表明了在该法向应力σ下，该面上的剪应力τ小于土的抗剪强度τ_f，土体将不会沿该面发生剪切破坏。假如代表应力状态下的点落在曲线以上的区域，如点C，表明土体已经破坏。而实际上这种应力状态是不会存在的，因为剪应力增加到抗剪程度τ_f值时，就不可能再继续增大。当点正好落在莫尔破坏包线上时，如B点，表明土中通过该点的一个面上的剪应力等于抗剪强度，土中这一点将进于破坏状态，或称为极限平衡状态。

1766年法国科学家库仑(Coulomb)提出了土的抗剪强度τ_f与作用在该剪切面上的法向应力σ的关系为：

$$\tau_f = c + \sigma \cdot \tan\varphi \tag{4-2}$$

式中：τ_f——剪切破裂面上的剪应力，即土的剪强度；

σ——剪切破裂面上的法向应力；

c——土的黏聚力，对于无黏性土$c=0$；

φ——土的内摩擦角。

式(4-2)称为库仑定律(图4-3)，式中c和ϕ是反映土体抗剪强度的两个指标，称为抗剪强度指标，对于同一种土，在相同的试验条件下为常数，但是试验方法不同则会有很大的差异。

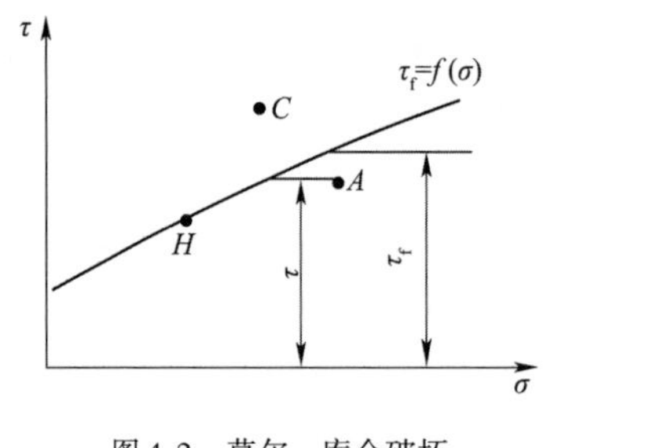

图4-2 莫尔—库仑破坏

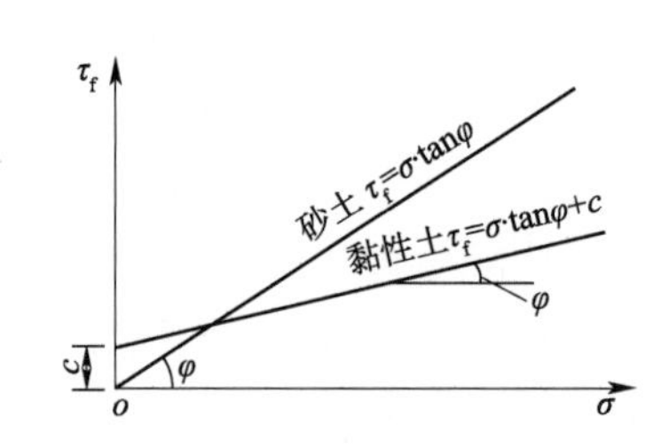

图4-3 库仑定律

近代土力学中，人们认识到的只有有效应力的作用才能引起抗剪强度的变化，因此上述库仑定律有改写为：

$$\tau_f = c' + \sigma' \cdot \tan\varphi'$$

式中：σ'——剪切破裂面上的有效法向应力；

c'——土的有效黏聚力；

φ'——土的有效内摩擦角。

c'和φ'称为土的有效抗剪强度指标，对于同一种土，其值理论上与试验方法无关，应接近于常数。

实验证明，在应力变化范围不是很大的情况下，莫尔破坏包线可以用库仑定律来表示，即土的抗剪强度与法向应力成线性函数的关系。实际上，库仑定律是莫尔强度理论的特例，即：

$$\tau_f = f(\sigma) = c + \sigma \cdot \tan\varphi$$

这种以库仑定律来表示莫尔破坏包线的理论被称为莫尔—库仑破坏理论。

二、土的强度理论——极限平衡条件

根据库仑定律和试验做出的强度破坏线不难看出，它是代表着土体的一种受剪破坏的极限状态。如果已知地基中某点可能发生剪切破坏面的位置，在该面上作用着法向压应力σ以及剪应力τ，那么当$\tau < \tau_f = c + \sigma \cdot \tan\varphi$时，可以肯定该平面强度是足够的，剪应力与剪切变化成正比，称之为弹性平衡；而当$\tau = \tau_f$时，该平面即将破坏，称为极限平衡状态。但地基中任意点可能发生剪切破坏面的位置一般不能预先确定，而且该点往往处于双向应力状态或三向应力状态时，这就无法直接利用上述简单的关系，来判断它是否已达到极限平衡状态。为了解决这个问题，下面先引用材料力学中应力状态原理和应力圆的概念，然后结合库仑公式，找出极限平衡条件。

由材料力学双向应力状态的分析原理可知：物体在外荷载作用下，内部各点任意方向平面上一般都作用有两个应力分量，即正应力σ和剪应力τ，平面方位变化，值σ、τ也随着发生变化，但总能找到两个相互垂直的面，这两个面上的剪应力为零，其正应力称为主应力，分别用σ_1和σ_3表示。这两个面则称为主应力面。若已知土中某点的主应力面位置和主应力大小如图4-4所示，则通过该点任意平面$m-n$上的σ、τ，可根据静力平衡条件得到。

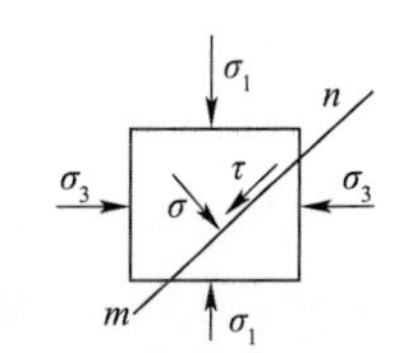

图4-4　某点主应力面

$$\sigma = \frac{1}{2}(\sigma_1 + \sigma_3) + \frac{1}{2}(\sigma_1 - \sigma_3)\cos2\alpha$$

$$\tau = \frac{1}{2}(\sigma_1 - \sigma_3)\sin2\alpha \tag{4-3}$$

式中：α——任意平面$m-n$与最大主应力面间的夹角。

任意点的应力状态可用应力圆表示，如图4-5中M点的坐标，即代表图4-4中斜面上的应力。这就是说，当土中某点的主应力值已知时，可以画出应力圆，而该点任意方向平面上的应力值（包括正应力和剪应力），都可从这个应力圆上找到。

根据土的强度条件，土中某点只要有任何一个方向平面上的剪应力达到土的抗剪强度，即说明该点已处于极限平衡状态。因此，可把土的抗剪强度线与反映土中某点应力状态的应力圆画在同一坐标图上，如图4-6和图4-7所示。这样某点的应力状态将可能有下述三种情况：

（1）抗剪强度线与应力圆不相遇。这说明该点任意方向平面上的剪应力均小于对应的抗剪强度（$\tau < \tau_f$）。因此，该点的强度是足够的，土体中这一点处于弹性平衡状态。

（2）抗剪强度线与应力圆相割。这表示该点已有一部分平面上的剪应力达到或超过了土的抗剪强度（$\tau \geqslant \tau_f$）。即土体已经破坏（但土中剪应力不可能超过抗剪强度，因为抗剪强度等于土体被剪坏时的极限剪应力值，所以抗剪强度线与应力圆相割的情况实际上不存在）。

(3)抗剪强度与应力圆相切于 Q 点(图4-7a)。这意味着对应于 Q 点的平面 $m-n$(图4-7b)上剪应力已等于土的抗剪强度,可见该点应力已处于极限平衡状态,$m-n$ 面是最危险的滑裂面。

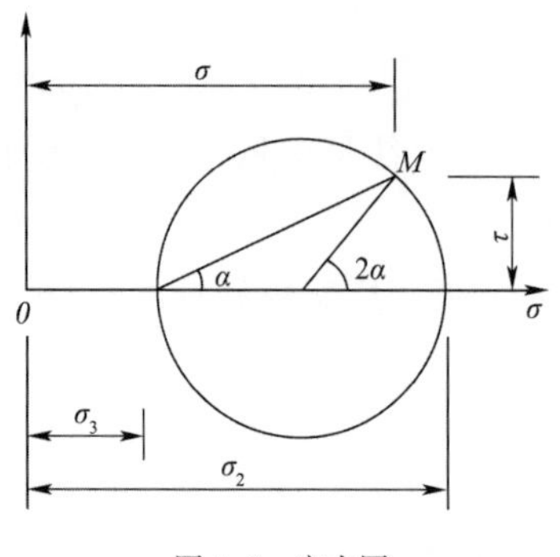

图4-5　应力圆

图4-6　莫尔破坏包线与应力圆

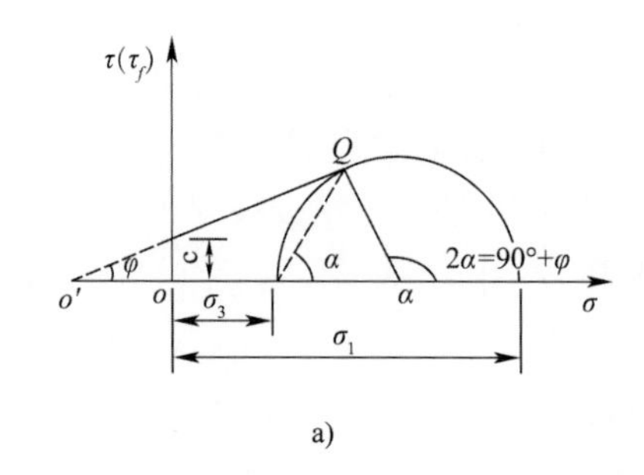

a)

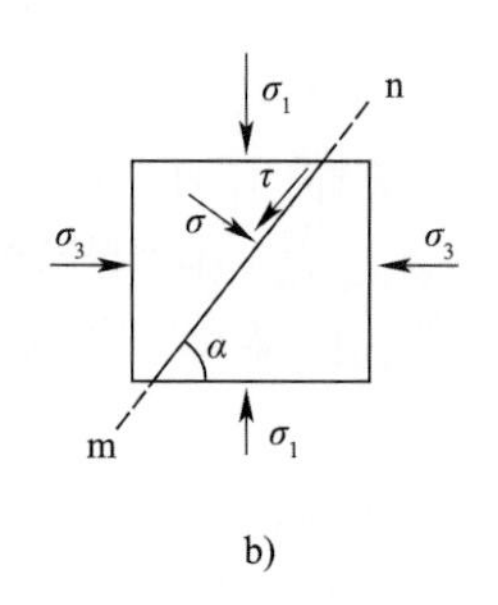

b)

图4-7　莫尔破坏包线与应力圆相切

由此可以认定:图中某点处于极限平衡状态时,抗剪强度线应与应力圆相切。利用两者相切的几何关系,从图4-7a)中可以看出存在以下关系:

$$\sin\varphi=\frac{\overline{aQ}}{\overline{ao'}}$$

$$\overline{aQ}=\frac{\sigma_1-\sigma_3}{2}$$

$$\overline{ao'}=\frac{c}{\tan\varphi}+\frac{\sigma_1+\sigma_3}{2}$$

$$\sin\varphi=\frac{\dfrac{\sigma_1+\sigma_3}{2}}{\dfrac{c}{\tan\varphi}+\dfrac{\sigma_1+\sigma_3}{2}}$$

$$\sin\varphi=\frac{\sigma_1-\sigma_3}{\sigma_1+\sigma_3+\dfrac{2c}{\tan\varphi}}$$

上式经过数学变换后,可得符合极限平衡条件时的主应力与抗剪强度指标间的关系如下:

$$\sigma_1=\sigma_3\cdot\tan^2\left(45°+\frac{\varphi}{2}\right)+2c\cdot\tan\left(45°+\frac{\varphi}{2}\right)\tag{4-4a}$$

$$\sigma_3=\sigma_1\cdot\tan^2\left(45°-\frac{\varphi}{2}\right)-2c\cdot\tan\left(45°-\frac{\varphi}{2}\right)\tag{4-4b}$$

这就是说,当土的 c、φ 已知,而土中某点的主应力符合式(4-4a)或式(4-4b)时,该点必处于极限平衡状态,也即该点必有一个平面上的剪应力等于土的抗剪强度,该平面即最危险剪裂面。最危险剪裂面与最大主应力面的夹角为 α,由应力圆中可知 $2\alpha = 90° + \varphi$,所以:

$$\alpha = 45° + \frac{\varphi}{2} \tag{4-5}$$

这两个结果很重要,后面讨论挡土墙土压力时也将用到。

这样对于地基中的任意点,可以先根据荷载作用情况,求出其应力 σ_z、σ_x 和 τ,再利用材料力学公式求得主应力 σ_1 和 σ_3 值及主应力面的位置(具体公式可参见材料力学)。在已知土的 c、φ 值的情况下,根据 σ_1、σ_3 值看是否符合式(4-4),就能判断该点应力是否处于极限平衡状态。如按 σ_1 和 σ_3 值绘出应力圆,并绘上抗剪强度线,也可以很方便地判断出该点的应力状态。

【例题 4-1】 某土样 $\varphi = 24°$, $c = 20\text{kPa}$, 承受大小主应力分别为 $\sigma_1 = 500\text{kPa}$, $\sigma_3 = 200\text{kPa}$,试判断该土样是否达到极限平衡状态?

【解】 已知最小主应力 $\sigma_3 = 200\text{kPa}$,将已知数据代入式(4-4a),得最大主应力的计算值为:

$$\begin{aligned}\sigma_{1f} &= \sigma_3 \cdot \tan^2\left(45° + \frac{\varphi}{2}\right) + 2c \cdot \tan\left(45° + \frac{\varphi}{2}\right) \\ &= 200 \times \tan^2 57° + 2 \times 20 \times \tan 57° \\ &= 474.2 + 61.6 = 535.8\text{kPa}\end{aligned}$$

σ_{1f}的计算结果大于已知值,所以该土样处于弹性平衡状态。

上述计算也可用式(4-4b)进行。

如果用图解法,则会得莫尔应力圆与强度线相离的结果。

三、土的强度指标的测定方法

抗剪强度指标 c、φ 值,是土体的重要力学性质指标,正确地测定和选择土的抗剪强度指标是土工计算中十分重要的问题。

土体的抗剪强度指标是通过土工试验确定的。室内试验常用的方法有直接剪切试验、三轴剪切试验;现场原位测试的方法有十字板剪切试验和大型直剪试验。

(一)直接剪切试验

1.试验仪器与基本原理

直剪试验所使用的仪器称为直剪仪,按加荷方式的不同,直剪仪可分为应变控制式和应力控制式两种,前者是以等速水平推动试样产生位移并测定相应的剪应力;后者则是对试样分级施加水平剪应力,同时测定相应的位移。目前常用的是应变控制式直剪仪(图 4-8)。

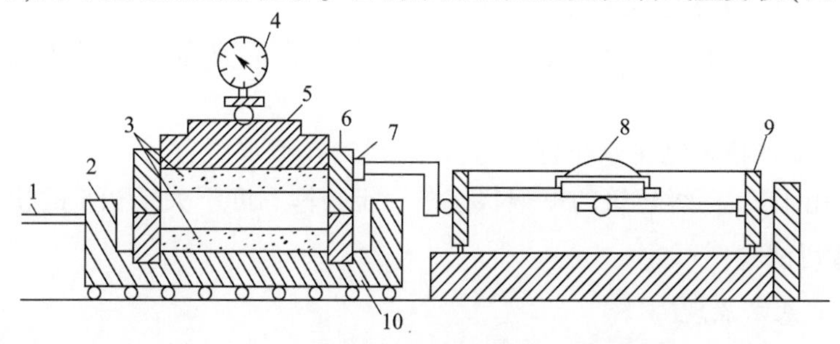

图 4-8 直剪仪示意图

1-轮轴;2-底座;3-透水石;4-垂直变形量表;5-活塞;6-上盒;7-土样;8-水平位移量表;9-量力环;10-下盒

试验时，垂直压力由杠杆系统通过加压活塞和透水石传给土样，水平剪应力则由轮轴推动活动的下盒施加给土样。土体的抗剪强度可由量力环测定，剪切变形由百分表测定。在施加每一级法向应力后，匀速增加剪切面上的剪应力，直至试件剪切破坏。

将试验结果绘制成剪应力 τ 和剪切变形 Δl 的关系曲线（图 4-9）。一般地，将曲线的峰值作为该级法向应力下相应的抗剪强度 τ_f。

变换几种法向应力 σ 的大小，测出相应的抗剪强度 τ_f。在 $\sigma—\tau_f$ 坐标上，绘制曲线，即为土的抗剪强度曲线，也就是莫尔—库仑破坏包线，如图 4-10 所示。

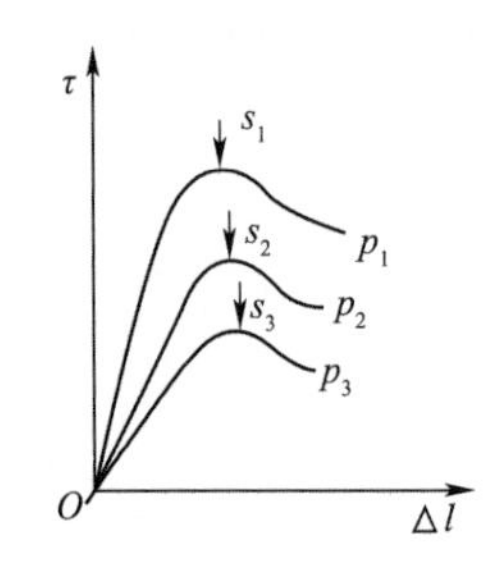

图 4-9　剪应力与剪切位移关系

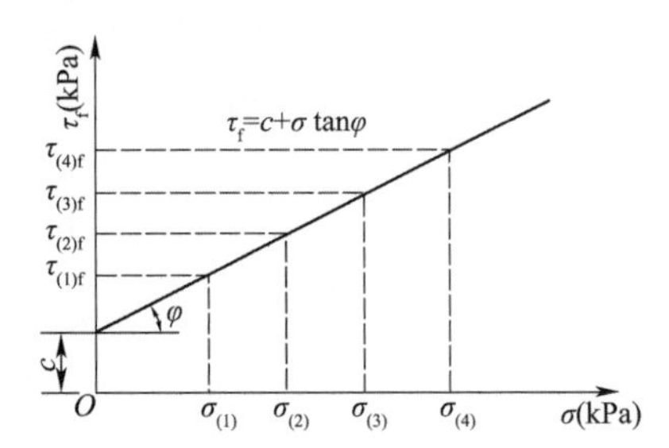

图 4-10　抗剪强度与垂直压力关系曲线

2. 试验方法分类

为了在直剪试验中能尽量考虑实际工程中存在的不同固结排水条件，通常采用不同加荷速率的试验方法来近似模拟土体在受剪时的不同排水条件，由此产生了三种不同的直剪试验方法，即快剪、固结快剪和慢剪。

（1）快剪。快剪试验是在土样上下两面均贴以蜡纸，在加法向压力后即施加水平剪力，使土样在 3 ~ 5min 内剪坏，由于剪切速率较快，得到的抗剪强度指标用 c_q、φ_q 表示。

（2）固结快剪。固结快剪是在法向压力作用下使土样完全固结。然后很快施加水平剪力，使土样在剪切过程中来不及排水，得到的抗剪强度指标用 c_{cq}、φ_{cq} 表示。

（3）慢剪。慢剪试样是先让土样在竖向压力下充分固结，然后再慢慢施加水平剪力，直至土样发生剪切破坏。使试样在受剪过程中一直充分排水和产生体积变形，得到的抗剪强度指标用 c_s、φ_s 表示。

3. 试验优缺点和适用范围

直接剪切试验是测定土的抗剪强度指标常用的一种试验方法。它的优点是具有仪器设备简单、操作方便等。

它的缺点主要包括：

（1）剪切面限定在上下盒之间的平面，而不是沿土样最薄弱的面剪切破坏；

（2）剪切面上剪应力分布不均匀；

（3）在剪切过程中，土样剪切面逐渐缩小，而在计算抗剪强度时仍按土样的原截面积计算；

（4）试验时不能严格控制排水条件，并且不能量测孔隙水压力。

直剪试验适用于二、三级建筑的可塑状态黏性土与饱和度不大于 0.5 的粉质土。

（二）三轴剪切试验

1. 试验仪器与基本原理

三轴剪切试验仪（也称三轴压缩仪）由受压室、周围压力控制系统、轴向加压系统、孔隙水压力系统以及试样体积变化量测系统等组成，如图 4-11 所示。

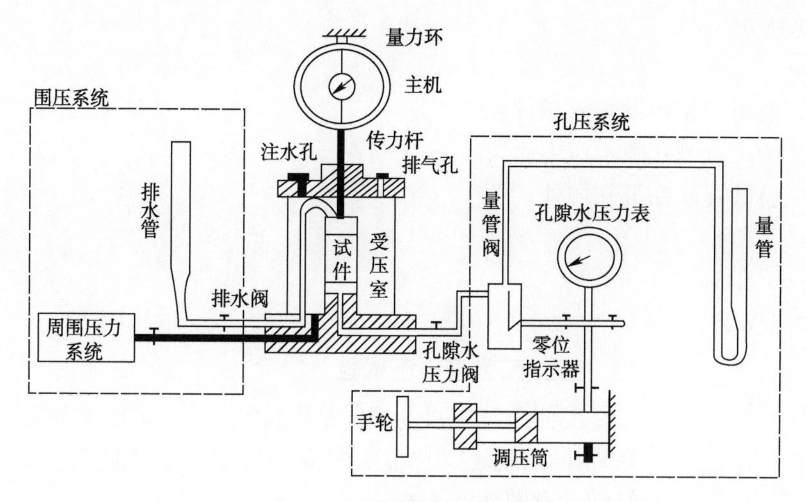

图 4-11 三轴剪切仪构造示意图

柱体土样用乳胶膜包裹，固定在压力室内的底座上。先向压力室内注入液体（一般为水），使试样受到周围压力 σ_3，并使 σ_3 在试验过程中保持不变。然后在压力室上端的活塞杆上施加垂直压力直至土样受剪破坏。

设土样破坏时由活塞杆加在土样上的垂直压力为 $\Delta\sigma_3$，则土样上的最大主应力为 $\sigma_{1f}=\sigma_3+\Delta\sigma_3$，而最小主应力为 σ_{3f}。由 σ_{1f} 和 σ_{3f} 可绘制出一个莫尔圆。试验时，用同一种土制成 3 ~ 4 个土样，按上述方法进行试验，对每个土样施加不同的周围压力 σ_3，可分别求得剪切破坏时对应的最大主应力 σ_1，将这些结果绘成一组莫尔圆。根据土的极限平衡条件可知，通过这些莫尔圆的切点的直线就是土的抗剪强度线，由此可得抗剪强度指标 c、φ 值（图 4-12）。

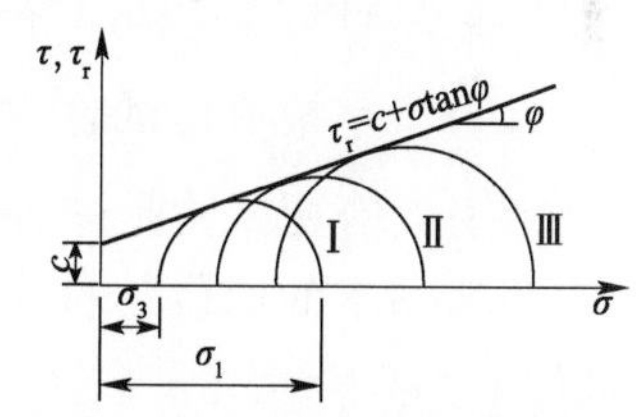

图 4-12 三轴剪切试验莫尔破坏包线

三轴压缩试验是测定土的抗剪强度的一种方法。它通常用 3 ~ 4 个圆柱形试样，分别在不同的恒定周围压力（σ_3）下，施加轴向压力，即主应力差（$\sigma_1-\sigma_3$），进行剪切直到破坏；然后根据摩尔—库仑理论，求得抗剪强度参数。

适用于测定细粒土及砂类土的总抗剪强度参数及有效抗剪强度参数。

2. 试验方法分类

按剪切前的固结程度和剪切过程中的排水条件三轴试验可分为三种类型：

1）不固结不排水试验（UU）

试验过程由始至终关闭排水阀门，土样在剪切破坏时不能将土中的孔隙水排出。土样在加压和剪切过程中，含水率始终保持不变，得到的抗剪强度指标用 c_u、σ_u 表示。

2）固结不排水试验（CU）

先对土样施加周围压力，将排水阀门开启，让土样中的水排入量水管中，直至排水终止，土样完全固结。然后关闭排水阀门，施加竖向压力 σ_3，使土样在不排水条件下剪切破坏，得到的抗剪强度指标用 c_{cu}、φ_{cu} 表示。

3）固结排水试验（CD）

在固结过程和 $\Delta\sigma$ 的施加过程中，都让土样充分排水（将排水阀门开启），使土样中不产生孔隙水压力。故施加的应力就是作用于土样上的有效应力，得到的抗剪强度指标用 c_{cd}、σ_{cd} 表示。

3. 试验优缺点

优点：

(1) UU 试验可严格控制排水条件；

(2) CU 试验可量测孔隙水压力；

(3) CD 试验破裂面在最软弱处。

缺点：

(1) $\sigma_2 = \sigma_3$，轴对称；

(2) 试验比较复杂。

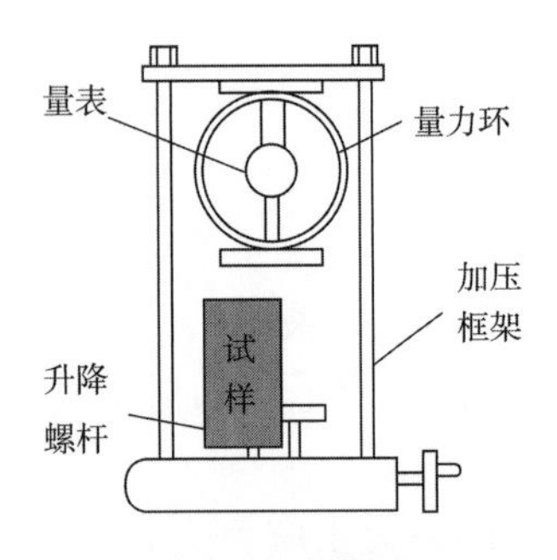

图 4-13　无侧限压力仪

(三) 无侧限抗压试验

无侧限抗压强度试验是周围压力 $\sigma_3 = 0$(无侧限)的一种特殊三轴压缩试验，又称单轴试验，该试验多在无侧限抗压仪上进行，其结构示意图如图 4-13 所示。

试验时，在不加任何侧向压力的情况下，对圆柱体试样施加轴向压力，直至试样剪切破坏为止。试样破坏时的轴向压力以 q_u 表示，称为无侧限抗压强度。

对于饱和软黏土，可以认为 $\varphi = 0$，此时其抗剪强度线与 σ 轴平行，且有 $c_{cu} = q_u/2$。

(四) 十字板剪切试验

十字板剪切试验是一种土的抗剪强度的原位测试方法，这种试验方法适合于在现场测定饱和软黏土的原位不排水抗剪强度。十字板剪切试验采用的试验设备主要是十字板剪力仪。

试验时，先将十字板压入土中至测试的深度，然后由地面上的扭力装置对钻杆施加力矩，使埋在土中的十字板扭转，直至土体剪切破坏(破坏面为十字板旋转所形成的圆柱面)。

(五) 饱和黏性土剪切试验方法的选择

根据排水条件，室内抗剪强度试验有以下三种方法：

(1) 不固结不排水剪(或称快剪)这种试验方法在全部剪切试验过程中都不让土样排水固结。

(2) 固结不排水剪(或称固结快剪)在周围压力(或法向压力)作用下使土样完全固结，而在土样的剪切至破坏的过程中不(或来不及)排水。

(3) 固结排水剪(或称慢剪)隙水充分排出，始终保持 $u = 0$。

在实际工程中，要根据地基土的实际受力情况和排水条件选用合适的试验方法。如果施工周期缩短，结构荷载增长速率较快，因此验算施工结束时的地基短期承载力时，采用不排水剪，以保证工程的安全。对于施工周期较长，结构荷载增长速率较慢的工程，宜根据建筑物的荷载及预压荷载作用下地基的固结程度，采用固结不排水剪。

思考题与习题

1. 土的抗剪强度指标 c、φ 值是否常数与哪些因素有关？剪切试验方法有哪几种？其实验结果有何区别？主要原因是什么？

2. 何为极限平衡状态？土中某点处于极限平衡状态时，其应力圆与强度线的关系如何？

切线面方向如何?

3. 已知土的 $c=80\text{kPa}$,$\varphi=20°$,土中某斜面上的斜应力 $p=120\text{kPa}$,当 p 的方向与该平面成 $\theta=35°$时,该平面是否会产生剪切破坏?

4. 某地基土的内摩擦角 $\varphi=20°$,黏聚力 $c=25\text{kPa}$,土中某点的最大应力为250kPa,最小主应力为100kPa,试判断该点的应力状态。

第二节　地基土承载力的确定

学习目标

1. 了解地基破坏基本模式和影响因素;
2. 掌握地基承载力容许值确定方法。

学习重点

不同地基土破坏模式;荷载试验和规范法确定地基承载力容许值;地基强度验算。

学习难点

荷载试验法确定地基承载力容许值;规范法确定地基承载力容许值;地基强度验算。

一、地基的破坏模式

建筑物地基在荷载作用下,往往由于承载力不足而产生剪切破坏。地基的破坏模式有整体剪切破坏、局部剪切破坏和刺入剪切破坏。

1. 整体剪切破坏

整体剪切破坏的特征是,当基础上荷载较小时,基础下形成一个三角形压密区Ⅰ(见图4-14a),随同基础压入土中,这时土体发生弹性变形。随着荷载增加,压密区Ⅰ向两侧挤压,土中出现塑性区,塑性区一般先在基础边缘产生,然后逐渐扩大形成图4-14中的Ⅱ、Ⅲ塑性区。当荷载达到最大值后,土中形成连续滑动面,并延伸到地面,土从基础两侧挤出并隆起,基础沉降量急剧增加,整个地基失稳破坏,破坏明显。

整体剪切破坏常发生在浅基础下的密砂或硬黏土等坚实地基中。

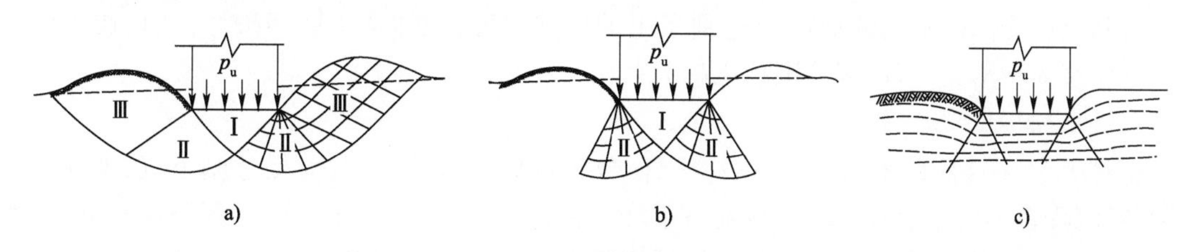

图4-14　地基破坏形式

a)整体剪切破坏;b)局部剪切破坏;c)刺入剪切破坏

2. 局部剪切破坏

局部剪切破坏的特征是,随着荷载的增加,基础下地基土也先后产生压密区Ⅰ和塑性区Ⅱ,但塑性区仅仅发展到地基某一范围内,土中滑动面并不延伸到地面,见图4-14b),基础两侧地面微隆起,没有出现裂缝,基础一般不会发生倒塌或倾斜破坏。

局部剪切破坏常发生在中等密实砂土中。

3. 刺入剪切破坏

刺入剪切破坏的特征是，随着荷载增加，基础下土层发生压缩变形，基础随之下沉，荷载继续增加，基础四周土体发生竖向剪切破坏，使基础刺入土中。如图 4-14 所示，刺入剪切破坏时，地基没有出现连续滑动面，基础四周地面没有隆起，而是随基础刺入微微下沉。地基土有较大沉降。

刺入剪切破坏常发生在松砂及软土中。

地基的破坏形式除了与地基土的性质有关外，还同基础埋置深度、加荷速度等因素有关。如在密实地基中一般会出现整体剪切破坏，但当基础埋置深度大时，密砂在很大荷载作用下会出现刺入破坏；在软黏土中，当加荷速度较慢时一般出现刺入剪切破坏，当加荷速度快时，由于土体不能产生压实变形，就有可能出现整体剪切破坏。

根据荷载试验结果得到 $p—s$ 曲线，典型的 $p—s$ 曲线可以反映地基破坏的 3 个阶段，见图 4-15。

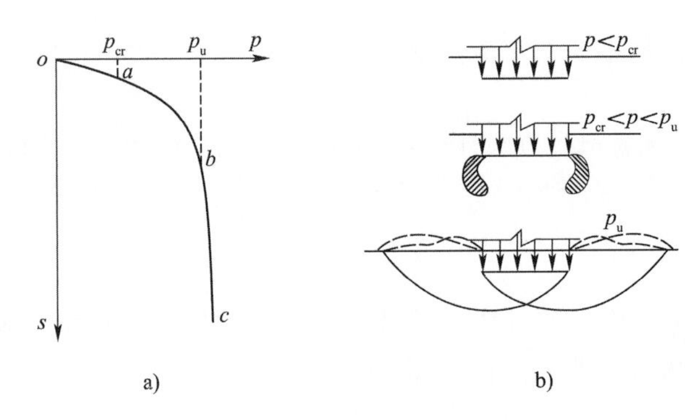

图 4-15　地基荷载试验 $p—s$ 曲线

1) 压密阶段

相对于 $p—s$ 曲线上的 oa 段，在这阶段，$p—s$ 曲线接近直线，土中各点收到的剪应力均小于土的抗剪强度，土体处于弹性平衡状态。荷载板沉降的主要原因是土颗粒相互挤密、空隙减小，土体产生压缩变形。

2) 局部剪切阶段

相对应于 $p—s$ 曲线上的 ab 段，为一曲线段。在此阶段，变形的增长率随荷载的增大而增大。地基土中局部范围内的剪应力达到了土的抗剪强度，土体产生剪切破坏，及形成了塑性区。且随着荷载增大，塑性区范围越来越大。

3) 破坏阶段

相对应于 $p—s$ 曲线上的 b 点以后。当荷载超过极限荷载后，载荷板急剧下沉，即使不自己荷载，沉降也不能稳定，因此，曲线陡直下降。在这一阶段，由于土中塑性区不断扩展，最后在土中形成连续滑动面，土从荷载板四周挤出隆起，地基土失稳而破坏。

$p—s$ 曲线中，a 和 b 点是变形由一个阶段过渡到另一个阶段的两个特征分界点。a 点对应的荷载 p_{cr} 是地基即将出现塑性变形区的荷载，称为临塑荷载（亦称比例界限）；b 点对应的荷载 p_u 是地基将要发生整体剪切破坏的荷载，称为极限荷载。以 p_u 作为地基的承载力容许值极不安全，而将临塑荷载 p_{cr} 作为地基的承载力容许值有时又偏于保守。只要保证塑性区最大深度不超过某一界限，地基就不会形成连通的滑动面，就不会形成整体剪切破坏。实践表明，地基土中塑性变形区的最大深度 z_{max} 达到1/4～1/3 的基础宽度时,地基仍是安全的。与塑性区最大深度 z_{max} 相对应的荷载强度称为临界荷载。

岩土地基承载力分为容许承载力[σ]、基本承载力[σ_o]和极限承载力 p_u。地基承载力值的确定方法一般可通过以下三种途径:(1)利用理论公式;(2)利用现场原位测试试验成果;(3)按规范法计算。

二、按理论公式计算地基承载力容许值

地基承载力容许值是指在建筑物荷载作用下,能保证地基不发生失稳破坏,同时也不产生建筑物所不容许的沉降量时的最大地基压力。

在实践中,可以根据建筑物的不同要求,用临塑荷载或临界荷载作为地基承载力容许值。下面介绍临塑荷载及临界荷载的理论计算公式。

1. 临塑荷载

临塑荷载是指地基土中将要出现但尚未出现塑性变形区时的基底压力。临塑荷载理论公式的计算是根据土中应力计算的弹性理论和土体极限平衡条件推得的。均布条形荷载作用下地基的临塑荷载计算公式见公式(4-6)。

$$p_{cr} = \gamma d N_q + c N_c \tag{4-6}$$

$$N_q = \frac{\cot\varphi + \varphi + \frac{2}{\pi}}{\cot\varphi + \varphi - \frac{2}{\pi}} \qquad N_c = \frac{\pi\cot\varphi}{\cot\varphi + \varphi - \frac{2}{\pi}}$$

式中:γ——基础范围内土的重度,kN/m^3;

d——基础的埋置深度,m;

c——基础底面以下土的黏聚力,kPa;

φ——基础底面以下土的内摩擦角,°。

2. 临界荷载

工程实践表明,即使地基中存在塑性区的发展,只要塑性区范围不超过某一限度,一般不会影响建筑物的安全和正常使用。若地基中允许塑性区开展的深度 $z_{max} = \frac{b}{4}$(b 为基础宽度),与之对应的荷载称为临界荷载。临时荷载 $p_{\frac{1}{4}}$ 计算见公式(4-7)

$$p_{\frac{1}{4}} = \frac{1}{2}\gamma b N_r + \gamma d N_q + c N_c \tag{4-7}$$

$$N_r = \frac{\pi}{4\left(\cot\varphi + \varphi - \frac{\pi}{2}\right)}$$

式中:N_r、N_q、N_c——承载力系数,它们只与土的内摩擦角有关,可从表4-1 查用;

其他符号意义同前。

上述公式是在均质地基情况下求解所得。如果基底上下的不同的土层,则式(4-7)中第一项应采用基底以下土的重度。另外地下水以上均采用天然重度,而地下水以下则用浮重度。

上述临塑荷载和临界荷载计算公式都是在均布条形荷载条件下推得的,应用于矩形基础

或圆形基础，其结果偏安全。另外，公式的推导采用弹性理论计算土中应力，对于已出现塑性区的塑性变形阶段，在计算临界荷载 $p_{\frac{1}{4}}$ 的推导是不够严格的。

临塑荷载 p_{cr} 及临界荷载 $p_{\frac{1}{4}}$ 的承载力系数 N_r、N_q、N_c 值 表 4-1

φ(°)	N_r	N_q	N_c	φ(°)	N_r	N_q	N_c
0	0	1.00	3.14	22	0.61	3.44	6.04
2	0.03	1.12	3.32	24	0.72	3.87	6.45
4	0.06	1.25	3.51	26	0.84	4.37	6.90
6	0.10	1.39	3.71	28	0.98	4.93	7.40
8	0.14	1.55	3.93	30	1.15	5.59	7.95
10	0.18	1.73	4.17	32	1.34	6.35	8.55
12	0.23	1.94	4.42	34	1.55	7.21	9.22
14	0.29	2.17	4.69	36	1.81	8.25	9.97
16	0.36	2.43	5.00	38	2.11	9.44	10.80
18	0.43	2.72	5.31	40	2.46	10.84	11.73
20	0.51	3.06	5.66	45	3.66	15.64	14.64

3. 极限荷载公式

地基的极限荷载是在地基内部整体达到极限平衡时的荷载。采用理论公式计算极限荷载的公式很多，基本上分成两种类型：一种是按照极限平衡理论求解，另一种是按照假定滑动面方法求解。

按极限平衡理论计算极限荷载时，在实际运用时常无法求得其解析解，而只能用数值计算方法来求解，这使得计算量很大，在实际应用中很不方便。而按照假定滑动面法得到的极限荷载公式在应用上比较方便，实践中多用此方法。这类极限荷载计算公式很多，目前很没有得到一致公认的公式，对这些公式的评价，一方面要看它所假定的滑动面与实际是否相符，同时还涉及土的强度指标的选用。本节仅介绍太沙基公式。

太沙基假定基础为条形基础，均布荷载，基础底面的粗糙的。当地基发生滑动时，滑动面的形状是：两端为直线，中间为曲线，左右对称（如图 4-16 所示），将滑动土体分为三个区：Ⅰ区——由于土体与基础粗糙的底面之间存在很大的摩擦阻力，此区的土体不发生剪切位移，处于弹性压密状态。滑动面与基础底面直径的夹角为土的内摩擦角 φ。Ⅱ区——对称位于Ⅰ区左右下方，滑动面为对数螺旋线。Ⅰ区正中底部的 b 点处对数螺旋线的切线为竖向，c 点处对数螺旋线的切线方向与水平线夹角为 $45° - \varphi/2$。Ⅲ区——对称位于Ⅱ区左右，呈等腰三角形，滑动面为斜向平面，该斜面与水平面的夹角也为 $45° - \varphi/2$。

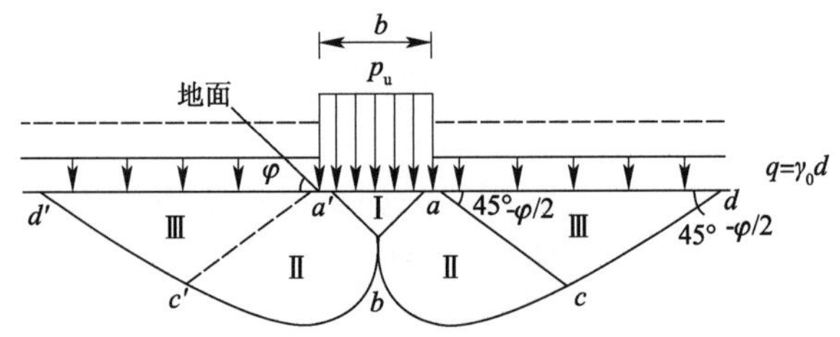

图 4-16 太沙基公式的滑动面形式

太沙基不考虑基底以上基础两侧土体抗剪强度的影响，以均布超载 $q=\gamma_0 d$ 来代替埋置深度内的土体自重。根据在均匀分布的极限荷载力作用下，作用于Ⅰ区各力在竖直方向的静力平衡条件，可求得太沙基极限荷载为：

$$p_u=\frac{1}{2}\gamma bN_r+cN_c+\gamma dN_q \tag{4-8}$$

式中：N_r、N_c、N_q——承载力系数，仅与地基土的内摩擦角 φ 有关，可查表4-2确定。

太沙基承载力系数 表4-2

φ(°)	N_r	N_q	N_c	φ(°)	N_r	N_q	N_c
0	0	1.00	5.7	22	6.50	9.17	20.2
2	0.23	1.22	6.5	24	8.6	11.4	23.4
4	0.39	1.48	7.0	26	1.15	14.2	27.0
6	0.63	1.81	7.7	28	15.0	17.8	31.6
8	0.86	2.20	8.5	30	20.0	22.4	37.0
10	1.20	2.68	9.5	32	28.0	28.7	44.4
12	1.66	3.32	10.9	34	36.0	36.6	52.8
14	2.20	4.00	12.0	36	50.0	47.2	63.6
16	3.00	4.91	13.0	38	90.0	61.2	77.0
18	3.90	6.04	15.5	40	130.0	80.5	94.8
20	5.00	7.42	17.6	45	326.0	173.0	172.0

公式(4-8)只适用于条形基础，对于圆形或者方形基础太沙基提出了半经验的极限荷载公式：

圆形基础：
$$p_u=0.6\gamma RN_r+\gamma dN_q+1.2N_c \tag{4-9}$$

式中：R——圆形基础的半径，其他符号同前。

方形基础：
$$p_u=0.4\gamma bN_r+\gamma dN_q+1.2cN_c \tag{4-10}$$

上述公式只适用于地基土是整体剪切破坏，对于局部剪切破坏，沉降较大，其极限荷载较小，太沙基建议把土的强度指标按下列方法进行折减后再代入上列各式计算。即令：

$$c'=\frac{2}{3}c \qquad \tan\varphi'=\frac{2}{3}\tan\varphi,\text{即 }\varphi'=\arctan\left(\frac{2}{3}\tan\varphi\right)$$

通过上述公式计算出的极限承载力，除以安全系数 K，既可得到地基承载力特征值，K 一般取2~3。

【例题4-2】 已知某条形基础，基础宽 $b=4\text{m}$，基础埋深 $d=2\text{m}$，土的天然重度为 19kN/m^3，土的快剪强度指标 $c=15\text{kPa}$，$\varphi=14°$。试求其临塑荷载、临界荷载 $p_{\frac{1}{4}}$ 和极限荷载 p_u（按太沙基公式）。

【解】 已知土的内摩擦角 $\varphi=14°$，由表4-1查得承载力系数 $N_r=0.29$，$N_q=2.17$，$N_c=4.69$。由式(4-6)得临塑荷载为：

$$p_{cr}=\gamma dN_q+cN_c=19\times2\times2.17+15\times4.69=152.81(\text{kPa})$$

由式(4-7)得临界荷载 $p_{\frac{1}{4}}$ 为：

$$p_{\frac{1}{4}}=\frac{1}{2}\gamma bN_{\mathrm{r}}+\gamma dN_{\mathrm{q}}+cN_{\mathrm{c}}=\frac{1}{2}\times19\times4\times0.29+19\times2\times2.17+15\times4.69=163.83(\mathrm{kPa})$$

由表4-7查得，当土的内摩擦角 $\varphi=14°$。太沙基承载力系数 $N_{\mathrm{r}}=2.20$，$N_{\mathrm{q}}=4.00$，$N_{\mathrm{c}}=12.0$。由式(4-3)得极限荷载 p_{u} 为：

$$p_{\mathrm{u}}=\frac{1}{2}\gamma bN_{\mathrm{r}}+cN_{\mathrm{c}}+\gamma dN_{\mathrm{q}}=\frac{1}{2}\times19\times4\times2.20+19\times2\times4.00+15\times12.20=418.60(\mathrm{kPa})$$

三、现场原位测试确定地基承载力基本容许值

原位试验法是一种通过现场直接试验确定地基承载力的方法，现场直接试验包括静荷载试验、静力触探试验、标准贯入试验、旁压试验等，其中以荷载试验法为最直接、最可靠的方法。

1. 载荷试验确定地基承载力

载荷试验是确定岩土承载力的主要方法，荷载试验确定地基容许承载力是利用荷载试验所得的 p—s 曲线来确定地基的承载力容许值。

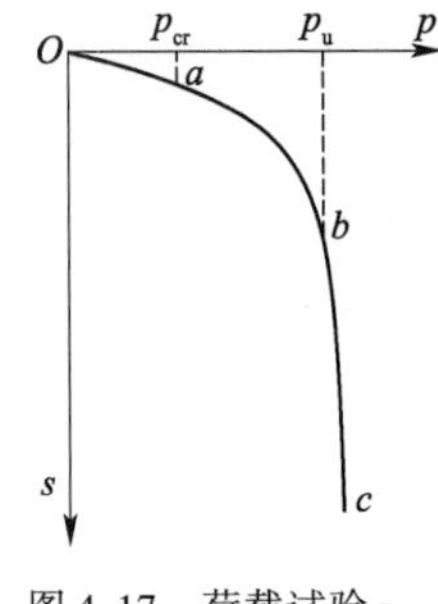

图4-17　荷载试验 p—s 曲线

对于密实砂土、一般硬黏土等低压缩性土，其 p—s 曲线中，通常能找到明显的临塑荷载和极限荷载，见图4-17中的曲线，一般比对临塑荷载 p_{cr} 和 p_{u}（取 $K=2$）选定地基承载力容许值。

对于稍松的砂土、新填土、可塑性黏土等中高压缩性土，其 p—s 曲线没有明显的直线段和转折点，一般采用压缩变形量为 $0.01b\sim0.015b$（b 为荷载板边长或直径）所对应的荷载作为地基的承载力容许值。

对于少数硬黏土，临塑荷载接近极限荷载，可以取 p_{u}/K（取 $K=2\sim3$）作为地基的承载力容许值。

《建筑地基基础设计规范》（GB 5007—2011）提出载荷试验确定地基承载力基本容许值应符合以下规定：

（1）当 p—s 曲线上有比例界限时，取该比例界限所对应的荷载值。

（2）当极限荷载小于对应比例界限时的荷载值的2倍时，取极限荷载值的一半。

（3）当不能按上述两款要求确定时，当承压板面积为 $0.25\sim0.50\mathrm{m}^2$ 时，可取 $s=0.01b\sim0.015b$ 所对应的荷载，但其值不应大于最大加载量的一半。

（4）同一土层参加统计的试验点不应少于三点。当试验实测值的极差不超过其平均值的30%，取此平均值作为该土层的地基承载力基本容许值 $[f_{\mathrm{ao}}]$。

应该指出：地基承载力还与基础的形状、底面尺寸、埋置深度等有关，由于荷载试验的承压板尺寸远小于地基的底面尺寸，所以用上述方法确定的地基承载力容许值偏保守。

2. 其他

采用静力触探、动力触探、标准贯入试验等原位测试法确定地基承载力，在我国已有成熟经验，但应有地区经验，即当地的对比资料，同时还应注意结合室内试验成果进行综合分析，不宜单独应用。

四、规范法确定地基承载力

《铁路工程地质勘察规范》（TB 10012—2007）根据大量的工程建设经验和原位测试试验

资料,综合理论和试验研究成果,通过统计分析,得到了可供采用的地基承载力。因篇幅关系,仅介绍规范里面的基本承载力。

岩体“基本承载力”是表示岩土体在比例界限以内,以弹性变形为主,地基稳定且满足沉降要求,并且基础埋置深度不大于3m、基础宽度不大于2m时的地基承载力。

1. 岩石地基的基本承载力(见表4-3)

岩石地基的基本承载力$[\sigma_0]$(单位:kPa) 表4-3

节理发育程度 / 节理间距(cm) / 岩石类别	节理不发育或发育	节理发育	节理很发育
	>40	20~40	2~20
坚硬岩、较硬岩	>3000	2000~3000	1500~2000
较软岩	1500~3000	1000~1500	800~1000
软岩	1000~1200	700~1000	500~800
极软岩	400~500	300~400	200~300

注:1. 对溶洞、断层、软弱夹层、易溶岩的岩石等,应个别研究确定;

2. 裂隙张开或有泥质充填时,应取低值。

2. 碎石类土地基的基本承载力(见表4-4)

碎石类土地基基本承载力$[\sigma_0]$(单位:kPa) 表4-4

密实度 / 土名	密实	中密	稍密	松散
卵石土、粗圆砾土	1000~1200	650~1000	500~650	300~500
碎石土、粗角砾土	800~1000	550~800	400~550	200~400
细圆砾土	600~850	400~600	300~400	200~300
细角砾土	500~700	400~500	300~400	200~300

注:1. 半胶结的碎石土,可按密实度的同类土的表值提高10%~30%;

2. 由硬质岩块组成,填充砂土者取高值;由软质岩块组成,填充黏性土者取低值;

3. 自然界中很少见松散的碎石土,定为松散应慎重;

4. 漂石、块石的基本承载力值,可参照卵石、碎石适当提高。

3. 砂类土地基的基本承载力(见表4-5)

砂类土地基的基本承载力$[\sigma_0]$(单位:kPa) 表4-5

砂土名称	密实度 / 湿度	密实	中密	稍密	松散
砾砂、粗砂	与湿度无关	550	430	370	200
中砂	与湿度无关	450	370	330	150
细砂	稍湿或潮湿	350	270	230	100
	饱和	300	210	190	—
粉砂	稍湿或潮湿	300	210	190	—
	饱和	200	110	90	—

4. 粉土地基的基础承载力(见表4-6)

粉土地基基础承载力[σ_0](单位:kPa) 表4-6

e \ w(%)	10	15	20	25	30	35	40
0.5	400	380	(355)				
0.6	300	290	280	(270)			
0.7	250	235	225	215	(205)		
0.8	200	190	180	170	(165)		
0.9	160	150	145	140	130	(125)	
1.0	130	125	120	115	110	105	(100)

注:1. e为天然孔隙比,w为天然含水率;

2. 在湖、塘、沟、谷与河漫滩地段及新近沉积的粉土,应根据当地经验取值。

5. Q_4冲、洪积黏性土地基的基本承载力(见表4-7)

Q_4冲、洪积黏性土地基基本承载力[σ_0](单位:kPa) 表4-7

孔隙比e \ 液性指数I_L	0	0.1	0.2	0.3	0.4	0.5	0.6	0.7	0.8	0.9	1.0	1.1	1.2
0.5	450	440	430	420	400	380	350	310	270	240	220	—	—
0.6	420	410	400	380	360	340	310	280	250	220	200	180	—
0.7	400	370	350	330	310	290	270	240	220	190	170	160	150
0.8	380	330	300	280	260	240	230	210	180	160	150	140	130
0.9	320	280	260	240	220	210	190	180	160	140	130	120	100
1.0	250	230	220	210	190	170	160	150	140	120	110	—	—
1.1	—	—	160	150	140	130	120	110	100	90	—	—	—

注:土中含粒径大于2mm的颗粒,按质量计占全部质量的30%以上时,σ_0可酌情提高。

6. Q_3及其以前冲、洪积黏性土地基的基本承载力(见表4-8)

Q_3及其以前冲、洪积黏性土地基的基本承载力[σ_0](单位:kPa) 表4-8

压缩模量E_s(MPa)	10	15	20	25	30	35	40
[σ_0](kPa)	380	430	470	510	550	580	620

注:1. 压实模量为对应于0.1~0.2MPa压力段的压实模量;

2. 当压缩模量小于10MPa时,其基本承载力可按表4-7确定。

7. 残积黏性土地基的基本承载力(见表4-9)

残积黏性土地基基本承载力[σ_0](单位:kPa) 表4-9

压缩模量E_s(MPa)	4	6	8	10	12	14	16	18	20
[σ_0](kPa)	190	220	250	270	290	310	320	330	340

注:本表适用于西南地区碳酸盐类岩层的残积红土,其他地区可参照使用。

8. 软土地基的承载力

(1)容许承载力[σ]可按下式计算:

$$[\sigma]=\frac{1}{k}5.14CU+\gamma h \tag{4-11}$$

式中：h——基础底面的埋置深度(m)，对受水流冲刷的，由一般冲刷线算起，不受水流冲刷者，由天然地面算起；

γ——基底以上土的天然重度平均值(kN/m^3)；如持力层在水面以下，且为透水时，水中部分土层应取浮重度；如为不透水，不论基底以上土的透水性如何，一律取饱和重度；

CU——不排水抗剪强度(kPa)；

k——安全系数，可视软土的灵敏度及建筑物对变形的要求等因素选用1.5~2.5。

(2)一般建筑物基础，其基本承载力也可按表4-10确定。

软土地基基本承载力[σ_0](单位：kPa)　　　　表4-10

天然含水率w(%)	36	40	45	50	55	65	75
基本承载力(kPa)	100	90	80	70	60	50	40

9.黄土地基的基本承载力(见表4-11、表4-12)

新黄土(Q_3、Q_4)地基基本承载力[σ_0](单位：kPa)　　　　表4-11

液限w_L	e \ w(%)	5	10	15	20	25	30	35
24	0.7		230	190	150	110		
	0.9	240	200	160	125	85	(50)	
	1.1	210	170	130	100	60	(20)	
	1.3	180	140	100	70	40		
28	0.7	280	260	230	190	150	110	
	0.9	260	240	200	160	125	85	
	1.1	240	210	170	140	100	60	
	1.3	220	180	140	110	70	40	
32	0.7		280	260	230	180	150	
	0.9		260	240	200	150	125	
	1.1		240	210	170	130	100	60
	1.3		220	180	140	100	70	40

注：1.非饱和Q_3新黄土，当$0.85 < e < 0.95$时，σ_0值可提高10%；

2.本表不适用于坡积、崩积和人工堆积等黄土；

3.括号内表值供内插用；

4.液限含水率试验采用圆锥仪法，圆锥仪总质量76g，入土深度10mm。

老黄土(Q_1、Q_2)地基基本承载力[σ_0](单位：kPa)　　　　表4-12

e \ w/w_L	<0.7	0.7~0.8	0.8~0.9	>0.9
<0.6	700	600	500	400
0.6~0.8	500	400	300	250
>0.8	400	300	250	200

注：1.老黄土黏聚力小于50kPa，内摩擦角小于25°，表中数值应适当降低20%左右；

2.w天然含水率，w_L为液限，e天然孔隙比；

3.液限含水率试验采用圆锥仪法，圆锥仪总质量76g，入土深度10mm。

10. 多年冻土地基的基本承载力(见表4-13)

多年冻土地基基本承载力[σ_0](单位:kPa)　　表4-13

序号	基础底面的月平均最高土温(℃) 土名	-0.5	-1.0	-1.5	-2.0	-2.5	-3.5
1	块石土、卵石土、碎石土、粗圆砾土、粗角砾土	800	950	1100	1250	1380	1650
2	细圆砾土、细角砾土、砾砂、粗砂、中砂	600	750	900	1050	1180	1450
3	细砂、粉砂	450	550	650	750	830	1000
4	粉土	400	450	550	650	710	850
5	粉质黏土、黏土	350	400	450	500	560	700
6	饱冰冻土	250	300	350	400	450	550

注:1. 表列数值不适用于含盐量和泥炭化程度分别超过表4-14和表4-15中数值的多年冻土;
2. 本表序号1~5类地基承载力适用于少冰冻土、多冻冻土,当序号1~5类的地基为富冰冻土时,表列数值应降低20%;
3. 含土冰层的承载力应实测确定;
4. 基础置于饱冰冻土上的土层时,基础底面应敷设厚度不小于0.20~0.30m的砂垫层。

盐渍化冻土的盐渍程度界限值　　表4-14

土类	碎石类土、砂类土	粉土	粉质黏土	黏土
盐渍程度(%)	≥0.10	≥0.15	≥0.20	≥0.25

泥炭化冻土的泥炭化程度界限值　　表4-15

土类	碎石类土、砂类土	粉土、黏性土
泥炭化程度(%)	≥3	≥5

《铁路工程地质勘察规范》(TB 10012—2007)指出当有类似工程经验或用原位测试方法确定时,可不受上述各表限制。对于重要工程,应采用荷载试验、理论公式计算、室内试验机其他原位测试等方法综合确定。同时对于客运专线铁路和时速200km客货运共线铁路因其对沉降有特殊要求,其地基的承载力应慎重研究确定,一般应采用多种勘察手段,参考工程实例,并结合工程实际情况确定。

《建筑地基基础设计规范》(GB 5007—2011)指出地基承载力特征值可由荷载试验或其他原位测试、公式计算,并结合工程实践经验等方法综合确定。当基础宽度大于3m或埋置深度大于0.5m时,从荷载试验或其他原位测试、经验值等方法确定的地基承载力特征值,尚应按公式(4-12)修正。

$$[f_a]=[f_{ak}]+\eta_b\gamma(b-3)+\eta_d\gamma_m(d-0.5) \tag{4-12}$$

式中:f_a——修正后的地基承载力(kPa);

f_{ak}——地基承载力特征值(kPa);

b——基础底面最小边宽(m);当$b<3$m时,按3m取值;当$b>6$m时,按6m取值;

d——基础埋置深度(m),宜自室外地面高程算起。在填方整平地区,可自填土地面高程算起,但填土在上部结构施工后完成时,应从天然地面高程算起;

η_b、η_d——基础宽度和埋置深度的地基承载力修正系数,根据基底下土类别查表4-16取值;

γ——基础底面以下土的天然重度(kN/m^3),地下水位以下取浮重度;

γ_m——基底以上土的加权平均重度(kN/m^3),位于地下水位以下的土层取有效重度。

承载修正系数 表 4-16

土的类别		η_b	η_d
淤泥和淤泥质土		0	1.0
人工填土、e 或 I_L 大于或等于 0.85 的黏性土		0	1.0
红黏土	含水比 >0.8	0	1.2
	含水比≤0.8	0.15	1.4
大面积压实填土	压实系数大于 0.95、黏粒含量≥10% 的粉土	0	1.5
	最大干密度大于 2100kg/m^3 级配砂石	0	2.0
粉土	黏粒含量≥10% 的粉土	0.3	1.5
	黏粒含量 <10% 的粉土	0.5	2.0
e 或 I_L 均小于 0.85 的黏性土		0.3	1.6
粉砂、细砂(不包括很湿与饱和时的稍密状态)		2.0	3.1
中砂、粗砂、砾砂和碎石土		3.0	4.4

注:1. 强风化和全风化的岩石,可参照所风化成的相应土类取值,其他状态下的岩石不修正;

2. 地基承载力特征值按规范里深层平板荷载试验确定时 η_d 取 0;

3. 含水比是指天然含水率与液限的比值;

4. 大面积压实填土是指填土面积范围大于两倍基础宽度的填土。

【例题 4-3】 某旱地基础,已知基础底面宽度 $b=5$m,长度 $l=10$m,埋置深度 $h=1.5$m,作用在基底中心的中心荷载 $N=20000$kN,自地面以下 2.5m 内土层均为碎石土,该土体重度 21.6kN/m^3,荷载试验得知承载力特征值为 230kPa,试验算地基强度是否满足?

解 (1)计算持力层的地基承载力值$[f_a]$

已知$[f_{ak}]=280$kPa;查表 4-16 得宽度、深度修正系数 $\eta_b=3.0$,$\eta_d=4.4$,由公式(4-12)可得:

$$\begin{aligned}[f_a] &= [f_{ak}]+\eta_b\gamma(b-3)+\eta_d\gamma_m(d-0.5)\\ &=230+3.0\times21.6\times(5-3)+4.4\times21.6(1.5-0.5)\\ &=454.6\text{kPa}\end{aligned}$$

(2)基础底面压力 P

$$P=\frac{N}{b\times l}=\frac{20000}{5\times10}=400\text{kPa}<[f_a]$$

故地基强度满足要求。

思考题与习题

1. 地基破坏的形式有哪几种?它与哪些因素有关?

2. 地基破坏的阶段有哪些?

3. 简述临塑荷载、临界荷载、极限荷载的意义。

4. 某条形基础,基础宽 $b=3$m,基础埋深 $d=2$m,土的天然重度为 18kN/m^3,土的快剪强度指标 $c=16$kPa,$\varphi=18°$。试求其临塑荷载、临界荷载 $p_{\frac{1}{4}}$ 和极限荷载 p_u(按太沙基公式)。

5. 如图 4-18 所示，某基础底面为 4.0m × 10.0m 的矩形，基础埋深为 2.5m，基础持力层为中密细砂，荷载试验得知其地基土承载力特征值为 150kPa，土体饱和重度 19.8kN/m^3，下卧层为黏土荷载试验得知其地基土承载力特征值为 350kPa，试求持力层及下卧层地基承载力值。

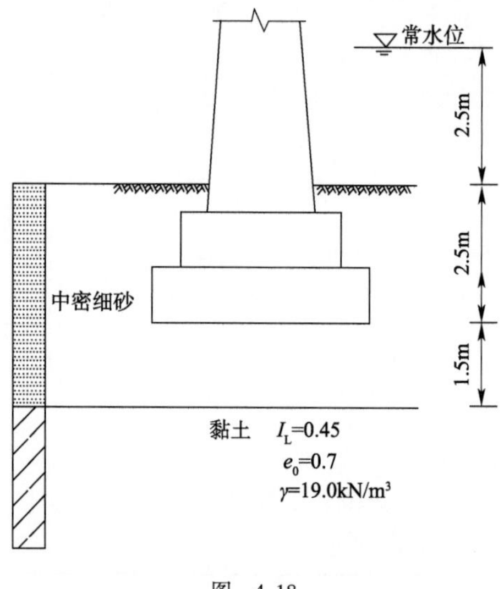

图 4-18

第五章 土质边坡的稳定性评价

学习目标

1. 掌握土坡稳定的影响因素；
2. 会土质边坡开挖方法；
3. 会简单土质边坡稳定分析的方法。

学习重点

规范对土质边坡开挖的规定；土质边坡稳定的因素；土质边坡稳定分析的方法。

学习难点

土质边坡稳定的因素；黏性土质边坡的稳定分析。

第一节 土质边坡的稳定性

(一)概述

土坡就是具有倾斜坡面的土体。工程中常遇到的土坡有天然土坡和人工土坡两种。天然土坡是由于地质作用自然形成的土坡，如山坡、江河的岸坡等。人工土坡是经过人工开挖、填筑的土工建筑物，如基坑、土坝、路堤、路堑等边坡。土坡稳定是土坡工程施工安全的基本保证。

1. 影响土坡稳定因素

在工程中常常会遇到土坡因失稳而滑动的现象。土坡的滑动，一般是指土坡在一定的范围内整体地沿某一滑动面产生向下和向外移动而丧失其稳定性(图5-1)。

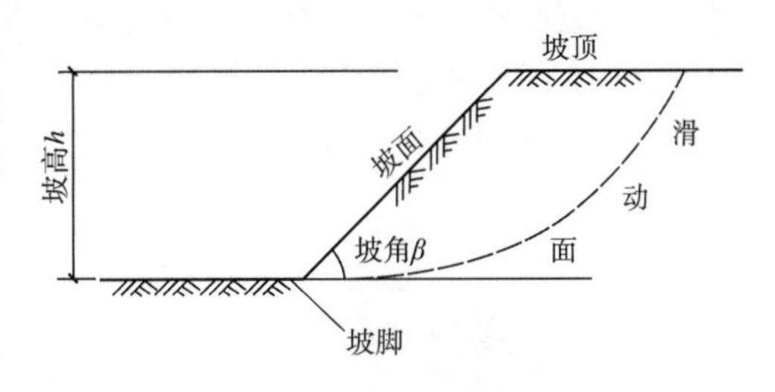

图5-1 土坡滑动图

土坡滑动失稳的原因一般有以下两方面。

(1)外界力的作用破坏了土体原来的应力平衡状态，常见的有：

①作用于土坡上的外力发生变化，如人工开挖、路堤填筑和土坡面上堆载、地震等。

②静水力的作用，如雨水或者地表水渗流入土坡的裂缝，对土坡产生侧向压力，从而促使土坡的滑动。

③土坡中渗流作用。当边坡中有水渗流时，对潜在的滑动面除有动水力和浮托力作用外，渗流还有可能产生潜蚀，逐渐扩大成管涌。

(2)外界因素降低了土的抗剪强度,使土坡失稳破坏。

雨水或地表水浸入,使土中含水率增大或孔隙水压力变大,导致土的抗剪强度降低;土坡附近因施工引起震动以及地震力,引起土的液化或触变;外界气候等自然条件的改变使土体时干时湿、冻结、融化从而使土变松强度降低。

2. 土质边坡开挖规定

《建筑地基基础设计规范》(GB 50007—2011)指出:在坡体整体稳定的条件下,土质边坡的开挖应符合以下规定:

(1)边坡的坡度允许值,应根据当地经验,参照同类土层的稳定坡度确定。当土质良好且均匀、无不良地质现象、地下水不丰富时,可按表5-1确定。

(2)土质边坡开挖时,应采取排水措施,边坡的顶部应设置截水沟。在任何情况下不应在坡脚及坡面上积水。

(3)边坡开挖时,应由上往下开挖,依次进行。弃土应分散处理,不得将弃土堆放在坡顶及坡面上。当必须在坡顶或坡面上设置弃土转运站时,应进行坡体稳定性验算,严格控制堆栈的土方量。

(4)边坡开挖后,应立即对边坡进行防护处理。

土质边坡坡度允许值 表5-1

土的类别	密实度或状态	坡度允许值(高宽比)	
		坡高在5m以内	坡高为5~10m
碎石土	密实	1:0.35~1:0.50	1:0.50~1:0.75
	中密	1:0.50~1:0.75	1:0.75~1:1.00
	稍密	1:0.75~1:1.00	1:1.00~1:1.25
黏性土	坚硬	1:0.75~1:1.00	1:1.00~1:1.25
	硬塑	1:1.00~1:1.25	1:1.25~1:1.50

注:1 表中碎石土的填充物为坚硬或硬塑状态的黏性土;

2 对于砂土或填充物为砂土的碎石土,其边坡坡度允许值均按自然休止角确定。

(二)无黏性土坡的稳定性

工程实践中,分析土坡稳定的目的检验所设计的土坡是否安全与合理,边坡过陡可能发生坍滑,过缓则使土方量增加。本书主要介绍土坡的坡度不变,顶面和底面都是水平,并且土质均匀,没有地下水的简单土坡的稳定分析。

分析无黏性土的土坡稳定时,根据实际观测,同时为了计算简便起见,一般均假定滑动面是平面。

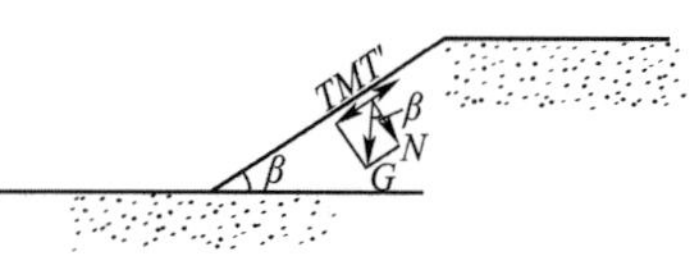

图5-2 无黏性土坡稳定分析图

图5-2是一坡度为的无黏性土的土坡。由于无黏性土颗粒间无黏聚力存在,因此只要位于坡面上的各土粒能保持稳定状态不下滑,则该土坡就是稳定的。

设土坡面上的某土颗粒 M 所受的重力为 G,砂土的内摩擦角为 φ,土坡的坡角等于 β。重力沿坡面的切向分力 T 使土颗粒向下滑动,而法向分力 N 在坡面上引起的摩擦力 T' 将阻止土粒下滑。抗滑力和滑动力的比值即为土坡的稳定安全系数,用 K 表示。

$$K=\frac{T'}{T}=\frac{G\cos\beta\tan\varphi}{G\sin\beta}=\frac{\tan\varphi}{\tan\beta} \tag{5-1}$$

由上式可知,当$\beta=\varphi$时,$K=1$,即抗滑力等于滑动力,此时土坡处于极限平衡状态。由此可知,砂土土坡的极限坡角等于砂土的内摩擦角φ,此坡角称为自然休止角。从式(5-1)可以看出,无黏性土土坡稳定性与坡高无关,而仅与坡脚β有关。只要$\beta<\varphi$,土坡就是稳定的。为了保证土坡具有足够的安全储备,《建筑边坡工程技术规范》(GB 50330—2013)指出,按照边坡工程安全等级不同可取$K=1.2\sim1.35$。

(三)黏性土土坡稳定性

黏性土均匀土坡失去稳定时,沿着曲面滑动,通常滑动曲面接近圆弧面,在理论分析时,可采用圆弧面计算。

黏性土边坡稳定分析方法有许多种,以下介绍费伦纽斯提出的方法。

瑞典工程师费伦纽斯假定最危险圆弧面通过坡脚,并忽略作用在土条两侧的侧向力,提出了广泛用于黏性土坡稳定性分析的条分法。该方法的基本原理是:将圆弧滑动体分为若干土条;计算各土条上的力系对弧心的滑动力矩和抗滑动力矩;选择多个滑动圆心,通过计算多个相应的稳定安全系数。

如图5-3所示,具体分析计算步骤如下:

(1)按比例绘制土坡剖面图,假设圆弧滑动面通过坡脚A点,分析时垂直纸面取单位长度。

(2)任选一点O为圆心,以OA为半径做圆弧AC,AC即为圆弧滑动面。

(3)将滑动土体ABC竖直分为若干等宽(或不等宽)土条,并对土条编号。

编号一般从圆心O的铅垂线开始,向右依次为1、2、3…,向左依次为-1、-2、-3…。为了计算方便,可取分条宽度为滑动圆弧半径的1/10,即$b=0.1R$,则此时$\sin\beta_1=0.1$,$\sin\beta_2=0.2$,…,$\sin\beta_i=0.1i$,$\sin\beta_{-i}=-0.1i$等,可减少大量三角函数计算。

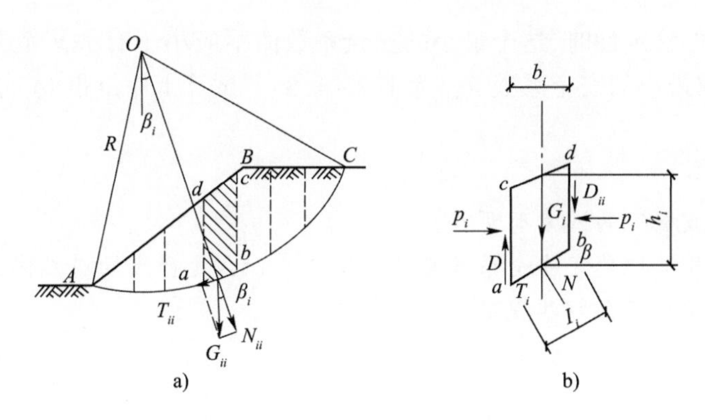

图5-3　土坡稳定条分法分析图

(4)取第i条作为隔离体进行分析,计算该土条自重$G_i=\gamma h_i b_i$(b_i、h_i、γ分别为计算土条的宽度、平均高度和土的重度),分解G_i为滑动面ab(简化为直线段)上的法向分力N_i和切线分力T_i。

$$N_i=G_i\cos\beta_i$$

$$T_i=G_i\sin\beta_i$$

分析时不计土条两侧面ad、bc上的法向力P_i、P_{i+1}和剪切力D_i、D_{i+1}的影响。

(5)以圆心O为转动中心,滑动面AC上的滑动力矩等于各土条对弧心的滑动力矩之和,即:

$$M_S = \sum T_i R = R \sum G_i \sin\beta_i$$

(6)圆弧滑动面对圆心 O 的抗滑力矩,来自于法向分力 N_i 引起的摩擦阻力和黏聚力 c 产生的抗滑力两部分。第 i 土条的抗滑阻力 T_i'可能发挥的最大值等于土条底面上土的抗剪强度与滑弧长度 l_i 的乘积,即

$$T_i' = \tau_{fi} l_i = (\sigma_i \tan\varphi + c) l_i = N_i \tan\varphi + c l_i = G_i \cos\beta_i \tan\varphi + c l_i$$

其抗滑力矩 M_{ri}为

$$M_{ri} = T_i' R = R G_i \cos\beta_i \tan\varphi + R c l_i$$

则整个滑动面 AC 上的抗滑力矩为

$$M_r = \sum M_{ri} = R \tan\varphi \sum G_i \cos\beta_i + R c l_{AC}$$

(7)计算稳定安全系数

$$K = \frac{M_r}{M_s} = \frac{\tan\varphi \sum G_i \cos\beta_i + c l_{AC}}{\sum G_i \sin\beta_i} \tag{5-2}$$

若取各土条宽度相等,上式可简化为

$$K = \frac{\gamma b \tan\varphi \sum h_i \cos\beta_i + c l_{AC}}{\gamma b \sum h_i \sin\beta_i} \tag{5-3}$$

式中:φ——土的内摩擦角,(°);

c——土的黏聚力,kPa;

β_i——第 i 土条 ab 滑动面与水平面的夹角,(°);

l_{AC}——圆弧面 AC 的弧长,m。

(8)由于滑动圆弧的圆心是任意选的,故上述计算结果不一定是最危险的。因此,选择几个可能的滑动面(即不同的圆心位置),分别按上述过程计算相应的 K 值,其中 K_{min}所对应的滑动面就是最危险滑动面。

评价一个土坡的稳定性时,这个最小的安全系数值不应小于有关规范要求的数值。根据工程性质,规范要求最小的安全系数 K_{min}为 1,2 ~ 1.35。试算工作量很大,可采用计算机求解。

思考题与习题

1. 影响土质边坡稳定的因素有哪些?
2. 无黏性土土质边坡稳定安全系数与什么有关?什么是砂土的自然休止角?
3. 土质边坡开挖应符合哪些规定?

第六章　土压力与挡土墙设计

学习目标

1. 明确土压力的概念,掌握主动土压力、静止土压力、被动土压力的含义及其区别;
2. 掌握静止土压力的计算方法;
3. 掌握朗金土压力理论的原理与计算方法;
4. 掌握库仑土压力理论的原理和计算方法;
5. 了解挡土墙后填土面上有超载、分层填土、地下水时的土压力计算方法;
6. 了解朗金和库仑土压力理论的区别;
7. 掌握挡土墙设计依据、原则及设计内容;
8. 熟悉挡土墙类型,并掌握各类挡墙的构造和特征;
9. 熟悉重力式挡墙的设计方法与步骤,掌握挡土墙抗倾覆、抗滑动稳定性验算方法;
10. 了解加筋土挡墙的作用机理、设计原理与方法。

第一节　土压力计算

学习重点

土压力的概念;主动、静止、被动这三种土压力的含义及其区别;静止土压力的计算方法;朗金土压力、库仑土压力理论的原理与计算方法。

学习难点

朗金土压力、库仑土压力理论的原理与计算方法;墙后填土面上有超载、分层填土、地下水时的土压力计算方法。

一、土压力类型

(一)概述

挡土墙是防止土体坍塌下滑的构筑物,广泛应用于铁路工程、道路工程、房屋建筑、水利工程以及桥梁工程等领域。例如,支撑路基边坡的挡土墙,地下室外墙、基坑开挖维护结构、码头的岸壁以及桥台等(图6-1)。挡土墙就其结构形式可分为重力式、悬臂式和扶壁式等类型,其中以重力式最为常见,它可用块石、砖、素混凝土、钢筋混凝土和土工合成材料等修建。

土压力是指挡土墙后填土因自重或外荷载作用对墙背产生的侧向压力。由于土压力是挡土墙的主要外荷载,因此,设计挡土墙时首先要确定土压力的性质、大小、方向和作用点。土压力的计算是一个十分复杂的问题,它涉及填料、墙身以及地基三者之间的共同作用。土压力的性质和大小不仅与墙身的位移、墙体高度、墙后填土的性质有关,而且还与墙和地基的刚度以及填土施工方法有关。

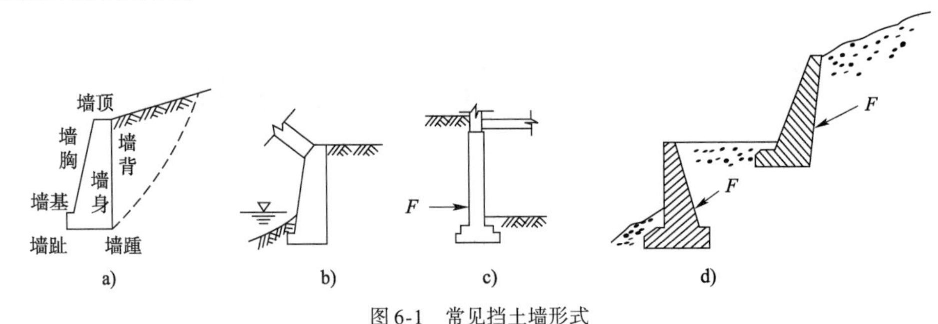

图 6-1　常见挡土墙形式

a)边坡挡土墙;b)拱桥桥台;c)地下室墙;d)山区路基

一般的挡土墙其长度远大于其高度和宽度,且其断面在相当长的范围内不变,因此土压力的计算是取 1 延米的挡土墙进行分析的,即将土压力计算当作平面问题来处理。

(二)土压力类型

挡土墙土压力的大小及其分布规律与墙体可能移动的方向和大小有很大关系。根据墙的移动情况和墙后土体所处的应力状态,作用在挡土墙墙背上的土压力可分为以下三种。

1. 静止土压力 E_0

若挡土墙静止不动,墙后土体处于弹性平衡状态时,土对墙的压力称为静止土压力,应力用 σ_0 表示,合力用 E_0 表示,见图 6-2a)。静止土压力可能存在于某些建筑物支撑着的土层中,如地下室外墙、地下水池侧壁、涵洞侧墙、船闸边墙以及其他不产生位移的挡土构筑物均可近似视为受静止土压力作用。

2. 主动土压力 E_a

若挡土墙受墙后填土作用离开土体方向偏移至土体达到极限平衡状态时,作用在墙背上的土压力称为主动土压力,应力用 σ_a 表示,合力用 E_a 表示,见图 6-2b)。土体内相应的应力状态称为主动极限平衡状态。

3. 被动土压力 E_p

若挡土墙受外力作用使墙身发生向土体方向的偏移至土体达到极限平衡状态时,作用在挡土墙上的土压力称为被动土压力,应力用 σ_p 表示,合力用 E_p 表示,见图 6-2c)。土体内相应的应力状态称为被动极限平衡状态。例如,拱桥桥台在荷载作用下挤压土体并产生一定量的位移,则作用在台背的侧压力属于被动土压力。

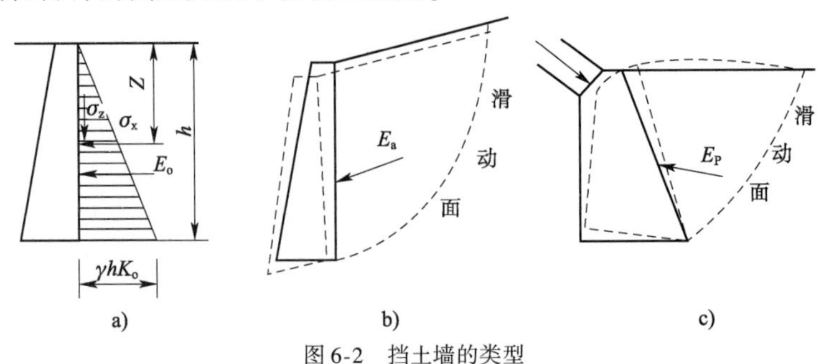

图 6-2　挡土墙的类型

a)静止土压力;b)主动土压力;c)被动土压力

挡土墙所受土压力大小并不是一个常数，随着挡墙位移量的变化，墙后土体的应力应变状态不同，因而土压力值也在变化，土压力的大小变化于两个极限值之间，其方向随之变化。

静止土压力可按直线变形体无侧向变形理论求出。主动土压力和被动土压力的计算理论主要有朗肯(Rankine)土压力理论和库仑(Coulomb)土压力理论。

(三)土压力与墙身位移的关系

挡土墙的位移大小决定着墙后土体的应力状态和土压力的性质，墙后土体将要出现而未出现滑动面时挡土墙位移的临界值称为界限位移。显然，这个临界位移值对于确定墙后土体的应力状态、确定土压力分布及进行土压力计算都非常重要。根据大量的试验观测和研究，主动极限平衡状态和被动极限状态的界限位移大小不同，后者比前者大得多。

图6-3给出了三种土压力与挡土墙位移的关系。由图可见，产生被动土压力所需的位移量$\Delta\delta_p$(即被动极限状态的界限位移)比产生主动土压力所需的位移量$\Delta\delta_a$(即主动极限状态的界限位移)要大得多。经验表明，一般$\Delta\delta_a$为$(0.001 \sim 0.005)h$，而$\Delta\delta_p$为$(0.01 \sim 0.1)h$。在相同条件下，主动土压力值最小，被动土压力最大，静止土压力则介于上述两者之间，即

$$E_a < E_0 < E_p$$

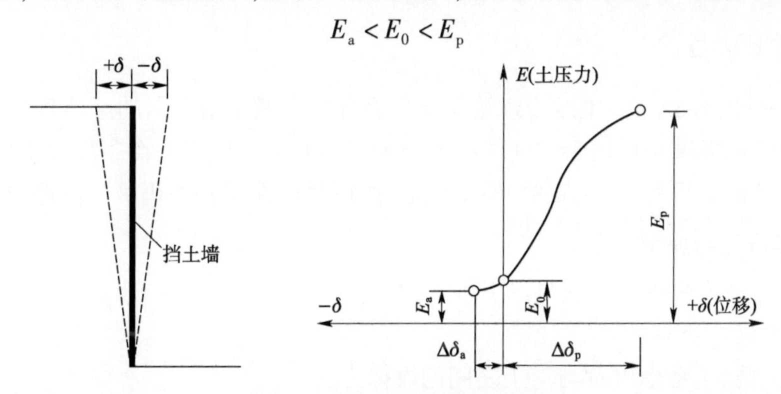

图6-3 土压力与墙身位移的关系

二、静止土压力计算

静止土压力是墙静止不动，墙后土体处于弹性平衡状态时作用于墙背的侧向压力。静止土压力犹如半空间弹性变形体，在土的自重作用下无侧向变形时的水平侧压力。故根据弹性半无限体的应力和变形理论，z深度处的静止土压力为(见图6-4)。

$$\sigma_0 = \sigma_x = K_0\sigma_z = K_0\gamma z \qquad (6\text{-}1)$$

式中：σ_x——z深度处土单元的水平应力；

σ_z——z深度处土单元的竖向应力；

K_0——静止土压力系数；

γ——墙后填土重度，kN/m^3；

z——计算土压力点的深度，m。

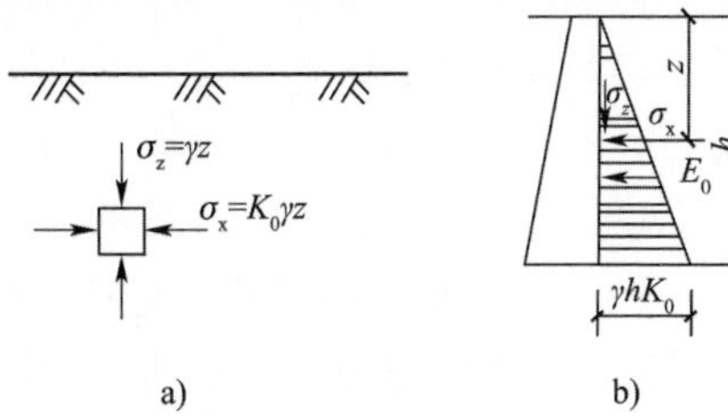

图6-4 静止土压力计算

土体的静止土压力系数K_0可按照下式计算

$$K_0 = \frac{\mu}{1-\mu} \qquad (6\text{-}2)$$

式中：μ——土的泊松比。

一般土的泊松比值，砂土可取0.2～0.25，黏性土可取0.25～0.4，其相应的K_0值在0.25～0.67之间。对于理想刚体$\mu=0$，$K_0=0$；对于液体$\mu=0.5$，$K_0=1$。

由于 K_0 与土的性质、密实程度、应力历史等因素有关，而且土体的泊松比不易确定，故实际应用中，可以通过室内试验及原位测试得到，当缺乏试验资料时，K_0 可近似地用下列经验公式计算。

砂性土 $$K_0 = 1 - \sin\varphi' \tag{6-3}$$

黏性土 $$K_0 = 0.95 - \sin\varphi' \tag{6-4}$$

超固结黏性土 $$K_0 = \sqrt{OCR}(1 - \sin\varphi') \tag{6-5}$$

式中：φ'——土的有效内摩擦角，(°)；

OCR——土的超固结比。

由式(6-1)可知，在均质土中，静止土压力与计算深度呈三角形分布，对于高度为 H 的竖立挡墙而言，取单位墙长，则作用在墙上的静止土压力的合力值 E_0 为

$$E_0 = \frac{1}{2}\gamma H^2 K_0 \tag{6-6}$$

合力 E_0 的方向水平，作用点在距墙底 $H/3$ 高度处。

三、朗金土压力理论

朗金(W. J. M. Rankine)土压力理论是土压力计算中两个最有名的经典理论之一，又称为极限应力法。朗金理论是根据半空间体内的应力状态和土的极限平衡条件而得出的土压力计算方法。由于其概念清楚，公式简单，便于记忆，所以目前在工程中仍被广泛地应用。

（一）基本假定与原理

朗金土压力理论分析时需满足以下基本假定：

(1)挡土墙墙背竖直；

(2)墙背光滑，不考虑墙背与填土之间的摩擦力；

(3)墙后填土面水平。

根据朗肯土压力理论假定，墙背与填土间无摩擦力，即土体的竖直面和水平面没有剪应力，则墙背为主应力面，竖直方向和水平方向的应力分别为大、小主应力，而竖直方向的应力即为土的竖向自重应力。

如果挡土墙无位移，墙后土体处于弹性状态，则作用在墙背上的应力状态与弹性半空间土体应力状态相同。如图 6-5a)所示，在距离填土面深度 z 处，该单元水平截面上的应力等于该处土的自重应力，即 $\sigma_z = \sigma_1 = \gamma z$；竖直截面上的法向应力就是该处土的静止土压力，即 $\sigma_x = \sigma_3 = K_0\gamma z$。该点的应力状态可由图 6-5d)中的应力圆 I 表示，该点未达到极限平衡，因而应力圆 I 在强度线以下。如图 6-5b)所示，当挡土墙离开土体向左移动时，墙后土体有向外移动趋势，土体在水平方向主动伸展。此时土体中的竖向应力 σ_z 不变，而水平向的应力 σ_x 减小，σ_z 和 σ_x 仍为大、小主应力。随着挡土墙的位移增大，σ_x 逐渐减小到使土体达极限平衡状态时，σ_x 达到最小值 σ_a，此时 σ_z 和 $\sigma_x = \sigma_a$ 的摩尔应力圆与抗剪强度线相切图 6-5d)中的应力圆Ⅱ)。土体形成一系列滑裂面，各点都处于极限平衡状态，此种状态称为主动朗金状态。此时墙背上的法向应力 σ_x 为小主应力 σ_a，即朗金主动土压力。滑动面与大主应力作用面(即水平面)的夹角为 $\alpha = 45° + \varphi/2$。如图 6-5c)所示，若挡土墙在外力作用下挤压土体，土体在水平方向被动压缩。σ_z 仍保持不变，而 σ_x 随着挡土墙位移增加而逐渐增大，应力圆逐渐减小；当 $\sigma_x = \sigma_z$ 时，应力圆变成一个点；当 σ_x 继续增大超过 σ_z 时，σ_x 变成了大主应力，而 σ_z 则是小主应力；

当 σ_x 超过 σ_z、逐渐增大,则应力圆逐渐增大。当挡土墙移动挤压土体使 σ_x 增大到土体达极限平衡状态时,σ_x 达到最大值 σ_p,此时 σ_z 和 $\sigma_x=\sigma_p$ 的摩尔应力圆与抗剪强度线相切(图 6-5d)中的应力圆Ⅲ)。土体形成一系列滑裂面,各点都处于极限平衡状态,此种状态称被动朗金状态。此时墙背上的法向应力 σ_x 为大主应力 σ_p,即朗金被动土压力。滑动面与小主应力作用面(即水平面)的夹角为 $\alpha'=45°-\varphi/2$。

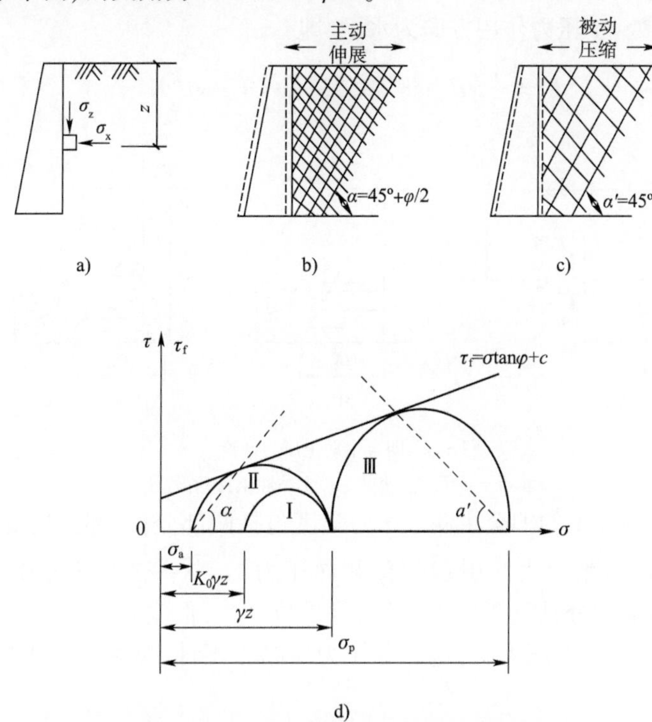

图 6-5 半空间体的极限平衡状态

a) z 深度处单元体的应力状态;b) 主动朗金状态;c) 被动朗金状态;d) 莫尔应力圆表示朗金状态

(二) 主动土压力计算

根据前述分析,当墙后填土达到主动极限平衡状态时,作用于任意 z 深度处土单元的竖直应力 $\sigma_z=\gamma z$ 应是大主应力 σ_1,而作用于墙背的水平向土压力 σ_a 应是小主应力 σ_3。由土的强度理论可知,当土体中某点处于极限平衡状态时,大主应力 σ_1 和小主应力 σ_3 间应满足以下关系式:

黏性土
$$\sigma_3=\sigma_1\tan^2\left(45°-\frac{\varphi}{2}\right)-2c\tan\left(45°-\frac{\varphi}{2}\right) \tag{6-7}$$

无黏性土
$$\sigma_3=\sigma_1\tan^2\left(45°-\frac{\varphi}{2}\right) \tag{6-8}$$

以 $\sigma_3=\sigma_a$,$\sigma_1=\gamma z$ 代入式(6-7)和式(6-8),即得朗金主动土压力计算公式为

黏性土
$$\sigma_a=\gamma z\tan^2\left(45°-\frac{\varphi}{2}\right)-2c\tan\left(45°-\frac{\varphi}{2}\right)=\gamma zK_a-2c\sqrt{K_a} \tag{6-9}$$

无黏性土
$$\sigma_a=\gamma z\tan^2\left(45°-\frac{\varphi}{2}\right)=\gamma zK_a \tag{6-10}$$

式中:K_a——主动土压力系数,$K_a=\tan^2\left(45°-\frac{\varphi}{2}\right)$;

γ——墙后填土的重度,kN/m³,地下水位以下取有效重度;

c——填土的黏聚力，kPa；

φ——填土的内摩擦角；

z——计算点距填土面的深度，m。

由式(6-10)可知：无黏性土的主动土压力强度与深度 z 成正比，沿墙高压力分布为三角形，如图6-6b)所示，作用在墙背上的主动土压力的合力 E_a 为 σ_a 分布图形的面积，其作用点位置在分布图形的形心处，土压力作用方向为水平，即

$$E_a = \frac{1}{2}\gamma H^2 \tan^2\left(45° - \frac{\varphi}{2}\right) = \frac{1}{2}\gamma H^2 K_a \tag{6-11}$$

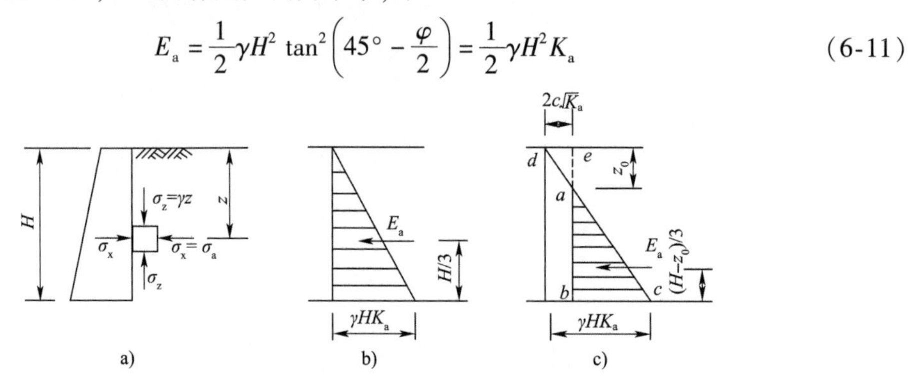

图6-6 朗金主动土压力计算

a)墙后土单元应力状态；b)无黏性土；c)黏性土

由式(6-9)可知：黏性土的朗金主动土压力强度包括两部分：一部分是由土自重引起的土压力 $\gamma z K_a$，另一部分是由黏聚力 c 引起的负侧向压力 $2c\sqrt{K_a}$，这两部分压力叠加的结果如图6-6c)所示，其中 ade 部分是负侧压力，对墙背是拉应力，但实际上墙与土在很小的拉力作用下就会分离，因此在计算土压力时，这部分拉力应略去不计，黏性土的土压力分布仅为 abc 阴影面积部分。

a 点离填土面的距离 z_0 常称为临界深度，可由式(6-9)中令 $\sigma_a=0$ 求得 z_0 值，即

$\gamma z_0 K_a - 2c\sqrt{K_a} = 0$，求得

$$z_0 = \frac{2c}{\gamma\sqrt{K_a}} \tag{6-12}$$

则黏性土主动土压力 E_a 为

$$E_a = \frac{1}{2}(H - z_0)(\gamma HK_a - 2c\sqrt{K_a}) = \frac{1}{2}\gamma H^2 K_a - 2cH\sqrt{K_a} + \frac{2c^2}{\gamma} \tag{6-13}$$

主动土压力 E_a 通过三角形压力分布图 abc 的形心，即作用在离墙底 $(H - z_0)/3$ 处，方向水平。

（三）被动土压力计算

当墙在外力作用下挤压土体时，如图6-7a)所示，填土中任一点的竖向应力 $\sigma_z = \gamma z$ 仍不变，而水平向应力 σ_x 却由小到大逐渐增大，直至出现被动朗金状态。此时，作用在墙面上的水平向应力达到最大限值 σ_p，即大主应力 σ_1；而竖向应力 σ_z 为小主应力 σ_3。利用式(6-7)和式(6-8)，可得被动土压力强度计算公式：

黏性土
$$\sigma_p = \gamma z K_p + 2c\sqrt{K_p} \tag{6-14}$$

无黏性土
$$\sigma_p = \gamma z K_p \tag{6-15}$$

式中：K_p——被动土压力系数，$K_p = \tan^2\left(45° + \frac{\varphi}{2}\right)$；其余符号同前。

由上面两式可知,黏性土的被动土压力随墙高呈上小下大的梯形分布,如图6-7c)所示;无黏性土的被动土压力强度呈三角形分布,如图6-7b)所示。单位墙长被动土压力合力为:

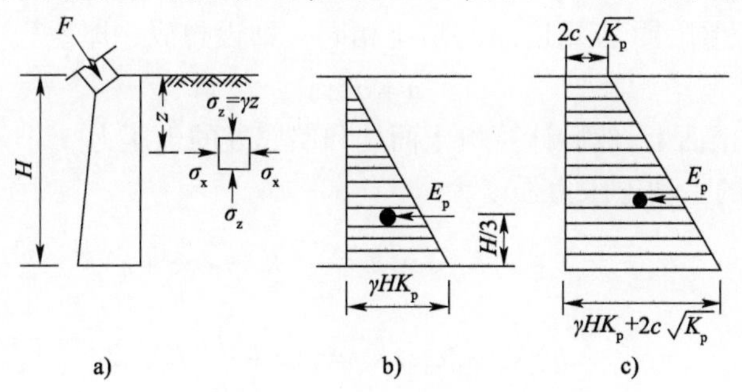

图6-7　朗金被动土压力计算

a)墙后土单元应力状态;b)无黏性土;c)黏性土

黏性土
$$E_p=\frac{1}{2}\gamma H^2K_p+2cH\sqrt{K_p} \tag{6-16}$$

无黏性土
$$E_p=\frac{1}{2}\gamma H^2K_p \tag{6-17}$$

被动土压力 E_p 的作用点通过梯形压力或三角形压力分布图的形心,方向水平。

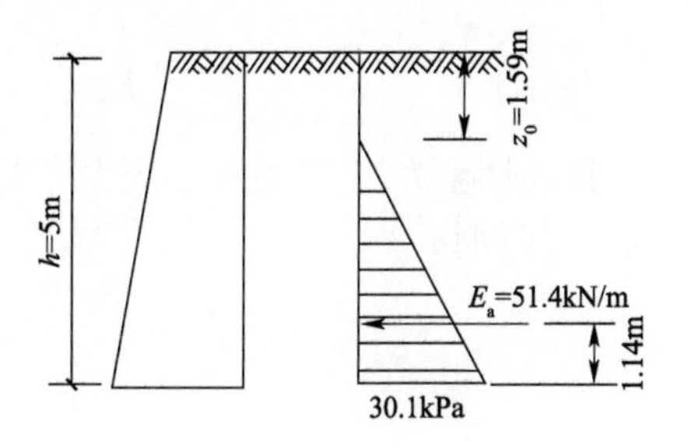

图6-8　例题6-1

【例题6-1】　有一挡土墙,高5m,墙背直立、光滑,填土面水平,填土的物理学性质指标如下:$\varphi=20°$,$c=10\text{kPa}$,$\gamma=18\text{kN/m}^3$。试求挡土墙的主动土压力 E_a 及其作用点位置,并汇出主动土压力分布图。

【解】　在墙底处的主动土压力强度为

$$\begin{aligned}\sigma_a&=\gamma hK_a-2c\sqrt{K_a}=\gamma h\tan^2\left(45°-\frac{\varphi}{2}\right)-2c\tan\left(45°-\frac{\varphi}{2}\right)\\&=18\times5\times\tan^2\left(45°-\frac{20°}{2}\right)-2\times10\times\tan\left(45°-\frac{20°}{2}\right)=30.1\text{kPa}\end{aligned}$$

主动土压力

$$\begin{aligned}E_a&=\frac{1}{2}\gamma H^2K_a-2cH\sqrt{K_a}+\frac{2c^2}{\gamma}=\frac{1}{2}\gamma H^2\tan^2\left(45°-\frac{\varphi}{2}\right)-2cH\tan\left(45°-\frac{\varphi}{2}\right)+\frac{2c^2}{\gamma}\\&=\frac{1}{2}\times18\times5^2\times\tan^2\left(45°-\frac{20°}{2}\right)-2\times10\times5\times\tan\left(45°-\frac{20°}{2}\right)+\frac{2\times10^2}{18}=51.4\text{kN/m}\end{aligned}$$

临界深度为

$$z_0=\frac{2c}{\gamma\sqrt{K_a}}=\frac{2\times10}{18\times\tan\left(45°-\dfrac{20°}{2}\right)}=1.59\text{m}$$

主动土压力 E_a 离墙底的距离 x 为

$$x=(h-z_0)/3=(5-1.59)/3=1.14\text{m}$$

(四)几种常见情况下的朗金土压力计算

工程中经常遇到填上面有超载、分层填土、填土中有地下水的情况,当挡土墙满足朗肯土压力简单界面条件时,仍可根据朗肯理论按如下方法分别计算其土压力。

1. 填土面有连续均布荷载

当挡土墙后填土面有连续满布超载 q 作用时，通常土压力的计算方法是将均布荷载换算成作用在地面上的当量土重（其重度 γ 与填土相同），即设想成一厚度为

$$h = q/\gamma \tag{6-18}$$

的土层作用在填土面上，然后计算填土面处和墙底处的土压力。

则在深度为 z 处的主动土压力强度为

无黏性土
$$\sigma_a = \gamma(z+h)K_a = \gamma(z+\frac{q}{\gamma})K_a = (\gamma z+q)K_a \tag{6-19}$$

黏性土
$$\sigma_a = \gamma(z+h)K_a - 2c\sqrt{K_a} = \gamma(z+\frac{q}{\gamma})K_a - 2c\sqrt{K_a}$$
$$= (\gamma z+q)K_a - 2c\sqrt{K_a} \tag{6-20}$$

则墙后填土的主动土压力合力 E_a 为

无黏性土
$$E_a = (\frac{1}{2}\gamma H^2 + qH)K_a \tag{6-21}$$

黏性土
$$E_a = (\frac{1}{2}\gamma H^2 + qH)K_a - 2C\sqrt{K_a}H \tag{6-22}$$

以黏性土为例，其主动土压力分布图如图6-9所示，土压力合力的作用点位置通过梯形的形心，方向水平。

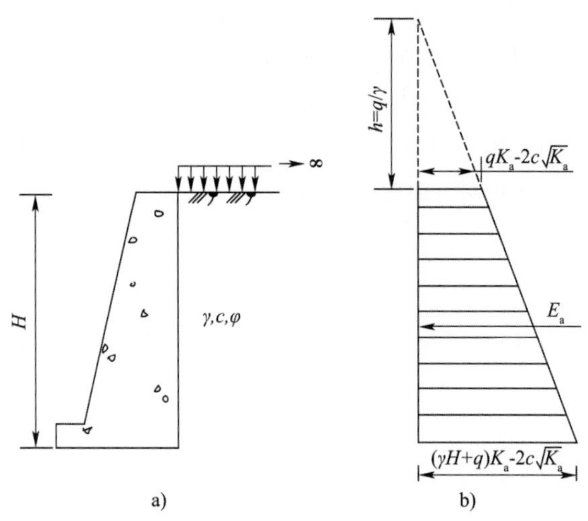

图6-9　填土表面有连续均布荷载（墙后填土为黏性土）

2. 分层填土

填土由不同性质的土分层填筑时（见图6-10），上层土按均匀的土质指标计算土压力。计算第二层土的土压力时，将上层土视为作用在第二层土上的均布荷载，换算成第二层土的性质指标的当量土层（当量土层厚度 $h = h_1\gamma_1/\gamma_2$），然后按第二层土的指标计算土压力，但只在第二层土层厚度范围内有效。因此在土层的分界面上，计算出的土压力有两个数值，会产生突变。其中一个值代表第一层底面的压力，而另一个值则代表第二层顶面的压力。由于两层土性质不同，土压力系数 K 也不同，

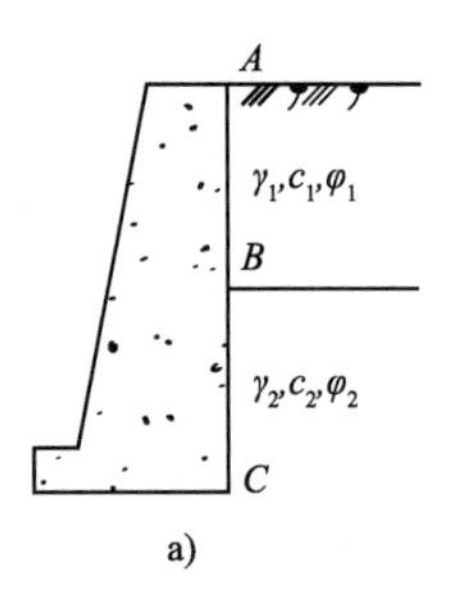

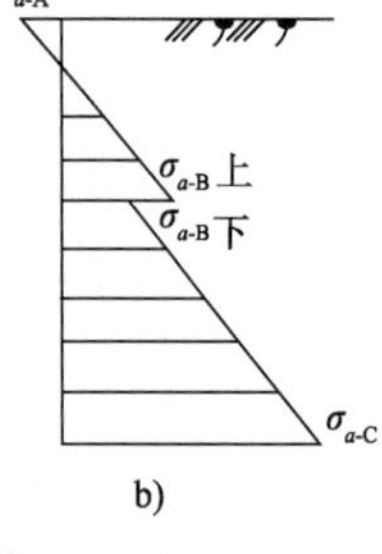

图　6-10

计算第一、第二层土的土压力时，应按各自土层的性质指标 c、φ 分别计算其土压力系数 K，从而计算出各层土的土压力。多层土时计算方法相同。

如图 6-10 所示，以黏性土为例，某挡墙墙后有两层黏性土，墙后各点的主动土压力强度分别为

A 点处（属第 1 层土）

$$\sigma_{a-A} = -2c_1\sqrt{K_{a1}} \tag{6-23}$$

B 点处上方（属第 1 层土）

$$\sigma_{a-B}^{上} = \gamma_1 h_1 K_{a1} - 2c_1\sqrt{K_{a1}} \tag{6-24}$$

B 点处下方（属第 2 层土）

$$\sigma_{a-B}^{下} = \gamma_2 \frac{\gamma_1 h_1}{\gamma_2} K_{a2} - 2c_2\sqrt{K_{a2}} = \gamma_1 h_1 K_{a2} - 2c_2\sqrt{K_{a2}} \tag{6-25}$$

C 点处（属第 2 层土）

$$\sigma_{a-C} = \gamma_2\left(\frac{\gamma_1 h_1}{\gamma_2} + h_2\right)K_{a2} - 2c_2\sqrt{K_{a2}} = (\gamma_1 h_1 + \gamma_2 h_2)K_{a2} - 2c_2\sqrt{K_{a2}} \tag{6-26}$$

式中：K_{a1}——第 1 层土的主动土压力系数，$K_{a1} = \tan^2\left(45° - \frac{\varphi_1}{2}\right)$；

K_{a2}——第 2 层土的主动土压力系数，$K_{a2} = \tan^2\left(45° - \frac{\varphi_2}{2}\right)$。

主动土压力（合力）E_a 为土压力强度分布图形的面积，作用点位置为其形心处。

【例题 6-2】 有一重力式挡土墙高 5m。墙背垂直光滑，墙后填土表面水平，其上作用着均布荷载 $q = 20\text{kPa}$。填土分两层，上层填土厚 2m，$\gamma_1 = 18\text{kN/m}^3$，强度指标为 $c_1 = 18\text{kPa}$，$\varphi_1 = 16°$；下层填土厚 3m，$\gamma_2 = 20\text{kN/m}^3$，强度指标为 $c_2 = 0$，$\varphi_2 = 30°$；如图 6-11 所示。试求作用于墙背的主动土压力强度 σ_a 分布及单位长度上主动土压力 E_a 大小及作用点。

【解】 各土层的主动土压力系数为

$$K_{a1} = \tan^2\left(45° - \frac{\varphi_1}{2}\right) = \tan^2\left(45° - \frac{16°}{2}\right) = 0.5678 \qquad \sqrt{K_{a1}} = 0.7536$$

$$K_{a2} = \tan^2\left(45° - \frac{\varphi_2}{2}\right) = \tan^2\left(45° - \frac{30°}{2}\right) = 0.3333 \qquad \sqrt{K_{a2}} = 0.5774$$

挡土墙背 A、B、C 各点的主动土压力强度为

$$\sigma_{a-A} = qK_{a1} - 2c_1\sqrt{K_{a1}} = (20 \times 0.5678 - 2 \times 18 \times 0.7536)\text{kPa} = -15.77\text{kPa}$$

$$\begin{aligned}\sigma_{a-B}^{上} &= (\gamma_1 h_1 + q)K_{a1} - 2c_1\sqrt{K_{a1}} = [(18 \times 2 + 20) \times 0.5678 - 2 \times 18 \times 0.7536]\text{kPa} \\ &= 4.67\text{kPa}\end{aligned}$$

$$\begin{aligned}\sigma_{a-B}^{下} &= (\gamma_1 h_1 + q)K_{a2} - 2c_2\sqrt{K_{a2}} = [(18 \times 2 + 20) \times 0.3333 - 2 \times 0 \times 0.5744]\text{kPa} \\ &= 18.67\text{kPa}\end{aligned}$$

$$\begin{aligned}\sigma_{a-C} &= (\gamma_1 h_1 + \gamma_2 h_2 + q)K_{a2} - 2c_2\sqrt{K_{a2}} = (18 \times 2 + 20 \times 3 + 20) \times 0.3333 - 2 \times 0 \times 0.5774 \\ &= 38.67\text{kPa}\end{aligned}$$

求临界深度 z_0，即

$$(\gamma_1 z_0 + q)K_{a1} - 2c\sqrt{K_{a1}} = 0$$

解得 $z_0 = 1.54\text{m}$。

主动土压力强度 σ_a 分布如图 6-11 所示。

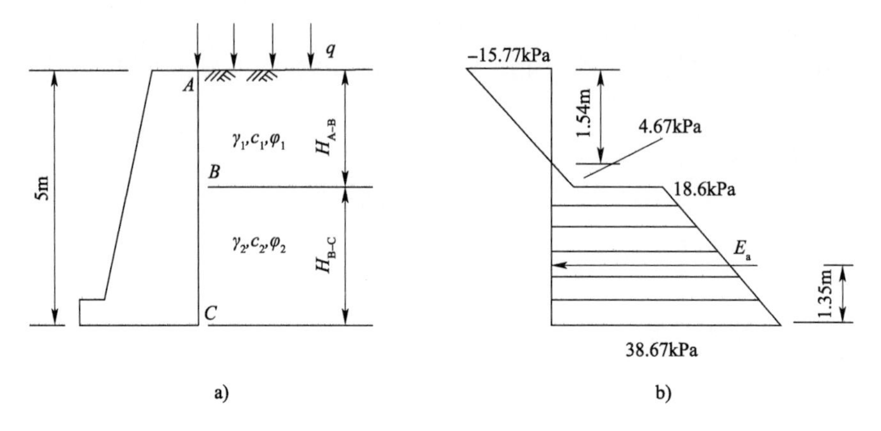

图 6-11　例题 6-2 图

墙背单位长度的土压力合力 E_a 为

$$E_a=\frac{1}{2}\times4.67\times(2-1.54)+\frac{1}{2}\times(18.67+38.67)\times3=87.1\text{kN/m}$$

E_a 作用点位置(土压力分布图的形心处)为

$$h_a=\frac{\frac{1}{2}\times4.67\times(2-1.54)\times[3+(2-1.54)/3]}{87.1}+\frac{18.67\times3\times1.5+\frac{1}{2}\times(38.67-18.67)\times3\times1}{87.1}$$

$$=1.35\text{m}$$

3. 填土中有地下水

墙后填土常会部分或全部处于地下水位以下，由于渗水或排水不畅也会导致墙后填土含水率增加。水对砂土的抗剪强度指标的影响较小，一般可以忽略。但对黏性土，随着含水率的增加，抗剪强度指标明显降低，从而使墙背土压力增大。因此，挡土墙应具有良好的排水措施，对于重要工程，计算时还应考虑适当降低抗剪强度指标 c 和 φ。

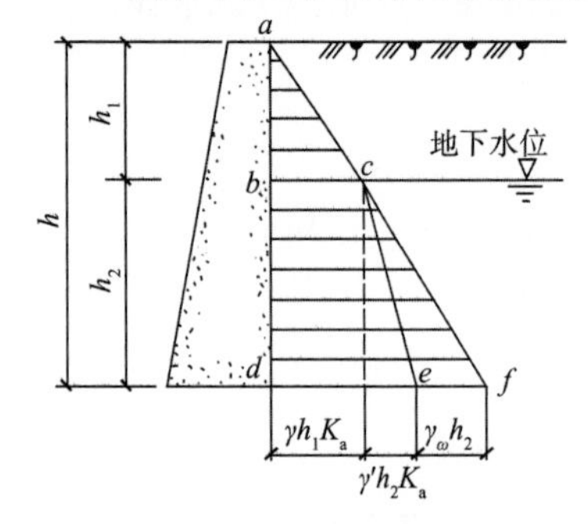

图 6-12　墙后有地下水

地下水位以下土的重度应取浮重度，并应计入地下水对挡土墙产生的静水压力 $\gamma_w h$。因此，作用在墙背上的侧压力为土压力和水压力之和。图 6-12 中 $abdce$ 为土压力分布图，而 cef 为水压力分布图。

【例题 6-3】　已知某挡土墙高度 $H=8.0\text{m}$，墙背竖直、光滑，填土表面水平，地下水位在填土表面下 4m。墙后填土为砂土，地下水位以上：重度 $\gamma=18\text{kN/m}^3$、黏聚力 $c=0$，内摩擦角 $\varphi=32°$。地下水位以下：饱和重度 $\gamma_{sat}=20\text{kN/m}^3$、黏聚力 $c'=0$，内摩擦角 $\varphi'=32°$，如图 6-13 所示。试求作用在挡土墙上的主动土压力及水压力分布及合力。

【解】　1. 主动土压力

由于本例中在地下水位上、下，土的内摩擦角相等，故主动土压力系数

$$K_{a1}=K_{a2}=\tan^2\left(45°-\frac{\varphi}{2}\right)=\tan^2\left(45°-\frac{32°}{2}\right)=0.307$$

挡墙墙背上各点主动土压力强度为

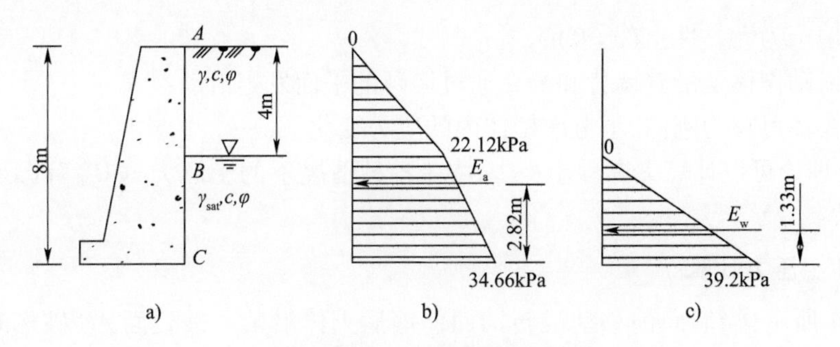

图 6-13　例题 6-3 图

a)计算图示;b)土压力分布;c)水压力分布

$\sigma_{a-A}=0\text{kPa}$

$\sigma_{a-B}^{上}=\gamma h_1 K_{a1}=18\times4\times0.307=22.12\text{kPa}$

$\sigma_{a-B}^{下}=\gamma h_1 K_{a2}=18\times4\times0.307=22.12\text{kPa}$

$\sigma_{a-C}=(\gamma h_1+\gamma' h_2)K_{a2}=[18\times4+(20-9.8)\times4]\times0.307=34.66\text{kPa}$

主动土压力强度分布如图 6-13b)所示。

单位长度挡墙承受的主动土压力合力 E_a

$$E_a=\frac{1}{2}\sigma_{a-B}^{上}h_1+\frac{1}{2}(\sigma_{a-B}^{下}+\sigma_{a-C})h_2=\frac{22.12\times4}{2}+\frac{(22.12+34.66)\times4}{2}=157.8\text{kN/m}$$

E_a作用点位置距挡墙底面 h_a为

$$h_a=\frac{\frac{1}{2}\sigma_{a-B}^{上}h_1\left(h_2+\frac{h_1}{3}\right)+\sigma_{a-B}^{下}h_2\frac{h_2}{2}+\frac{1}{2}(\sigma_{a-C}-\sigma_{a-B}^{下})h_2\frac{h_2}{3}}{E_a}=2.82\text{m}$$

其方向水平,垂直于墙背。

2. 水压力

墙背各点水压强

$$\sigma_{w-B}=0$$

$$\sigma_{w-C}=\gamma_w h_2=9.8\times4=39.2\text{kPa}$$

水压强分布图如图 6-13c)所示。

单位长度挡墙承受的总水压力为

$$E_w=\frac{1}{2}\sigma_{w-C}h_2=65.8\text{kN/m}$$

E_w作用点位置距挡墙底面 $h_w=h_2/3=1.33\text{m}$,其方向水平,垂直于墙背。

四、库仑土压力理论

库仑土压力理论是库仑在 1776 年提出的计算土压力的一种经典理论。该理论计算简便,能适用于各种复杂情况且计算结果比较接近实际,因而至今仍得到广泛应用。我国的土建类规范大多都规定,挡土墙、桥梁墩台所承受的土压力,应按库仑土压力理论计算。

(一)基本假定

库仑土压力是根据墙后所形成的滑动楔体的静力平衡条件建立的土压力计算方法。该理论假定:

(1)挡土墙是刚性的;

(2)墙后填土为无黏性土($c=0$);

(3)墙后滑动楔体是沿着墙背和一个通过墙踵的平面发生滑动;

(4)滑动楔体可视为刚体,不考虑楔体内的应力变化。

应用库仑理论可以计算无黏性土($c=0$)在各种情况下的土压力,如墙背倾斜、填土面倾斜、墙面粗糙等。

(二)主动土压力计算

如图6-14所示,当墙向前移动或转动而使墙后土体沿某一破裂面 AC 破坏时,土楔 ABC 将沿着墙背 AB 和通过墙踵 A 点的滑动面 AC 向下向前滑动,在破坏的瞬间,滑动楔体 ABC 处于主动极限平衡状态。取 ABC 为隔离体,作用在其上的力有三个。

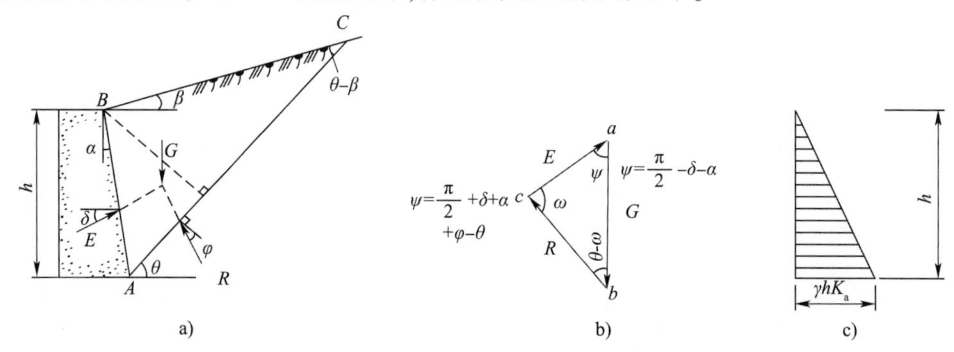

图6-14 库仑主动土压力计算图

(1)土楔体自重 G。只要破裂面 AC 的位置一确定,G 的大小就已知(等于土楔体 $\triangle ABC$ 的面积乘以土的重度),其方向竖直向下。

(2)墙背对土楔体的反力 E。该力是墙背对土楔体的切向摩擦力和法向反力的合力。与该力大小相等、方向相反的力就是土楔体作用在墙背上的土压力。E 大小未知,但方向为已知,它与墙背的法线方向成 δ 角,位于法线下侧;σ 角为墙背与填土之间的摩擦角(即外摩擦角)。

(3)破裂面 AC 上的反力 R。该力是土楔体滑动时,破裂面上的切向摩擦力和法向反力的合力,其大小未知,但其方向是已知的。反力 R 与破裂面 AC 的法线之间的夹角等于土的内摩擦角 φ,并位于该法线的下侧。

土楔体在以上三力作用下处于静力平衡状态,因此必构成一闭合的力矢三角形,如图6-14所示,按正弦定理可得:

$$\frac{E}{G}=\frac{\sin(\theta-\varphi)}{\sin[180°-(\theta-\varphi+\psi)]}=\frac{\sin(\theta-\varphi)}{\sin(\theta-\varphi+\psi)} \tag{6-27}$$

即

$$E=G\frac{\sin(\theta-\varphi)}{\sin(\theta-\varphi+\psi)} \tag{6-28}$$

式中 $\psi=90°-\alpha-\delta$,其余符合,如图6-14所示。

上式中滑面 AC 的倾角 θ 是未知的,按不同的 θ 值可绘出不同的滑动面,得出不同的 G 和 E 值。产生最大 E 值的滑动面才是产生库仑主动土压力的滑动面,按微分学求极值的方法,可由式(6-28)按 $\mathrm{d}E/\mathrm{d}\theta=0$ 的条件求得 E 为最大值(即主动土压力 E_a)时的 θ 角,确定了 θ 值即确定了最危险滑动面的位置。将 θ 值代入式(6-28),可得主动土压力 E_a 为

$$E_a=\frac{1}{2}\gamma h^2K_a \tag{6-29}$$

其中 $$K_a=\frac{\cos^2(\varphi-\alpha)}{\cos^2\alpha\cos(\delta+\alpha)\left[1+\sqrt{\frac{\sin(\varphi+\delta)\sin(\varphi-\beta)}{\cos(\alpha+\delta)\cos(\alpha-\beta)}}\right]} \tag{6-30}$$

式中，K_a——库仑主动土压力系数，K_a与角α、β、δ、φ有关，而与γ、H无关；

γ、φ——填土的重度和内摩擦角；

α——墙背与竖直线之间的夹角，以竖直线为准，逆时针方向为正（俯斜），顺时针方向为负（仰斜）；

β——填土表面与水平面之间的夹角，水平面以上为正，水平面以下为负；

δ——墙背与填土之间的摩擦角，其值可由试验确定，无试验资料时，一般取为(1/3 ~ 2/3)φ。

由式(6-29)可知，主动土压力合力与墙高的平方成正比，离墙顶深度为z处的主动土压力强度σ_a为：

$$\sigma_a=\mathrm{d}E_a/\mathrm{d}z=\mathrm{d}(\frac{1}{2}\gamma z^2K_a)/\mathrm{d}z=\gamma zK_a \tag{6-31}$$

由上式可知，主动土压力强度沿墙高呈三角形分布。主动土压力的作用点在离墙底$H/3$处，方向与墙背法线的夹角为δ且在上侧。

当墙背直立($\alpha=0$)、光滑($\delta=0$)、填土面水平($\beta=0$)时，式(6-29)可化简成

$$E_a=\frac{1}{2}\gamma h^2\tan^2(45°-\frac{\varphi}{2}) \tag{6-32}$$

此时，库仑土压力公式与朗肯土压力公式完全相同，说明朗肯土压力是库仑土压力的一个特例。在特定条件下，两种土压力理论所得结果一致。

（三）被动土压力计算

如图6-15所示，当墙在外力作用下向后推挤填土，直至土体沿某一破裂面AC破坏时，土楔体ABC沿墙背AB和滑动面AC向上滑动，在破坏的瞬间，滑动土楔体ABC处于被动极限平衡状态。取ABC为隔离体，考虑其上作用的力和静力平衡，按前述库仑主动土压力公式推导思路，采用类似方法可得库仑被动土压力公式。但要注意的是，作用在土楔体上的反力E和R的方向与求主动土压力时相反，都应位于法线的另一侧（即上侧）。另外，被动土压力与主动土压力不同之处是相应于土压力正为最小值时的滑动面才是真正的滑动面，因为这时楔体所受阻力最小，最容易被向上推出。

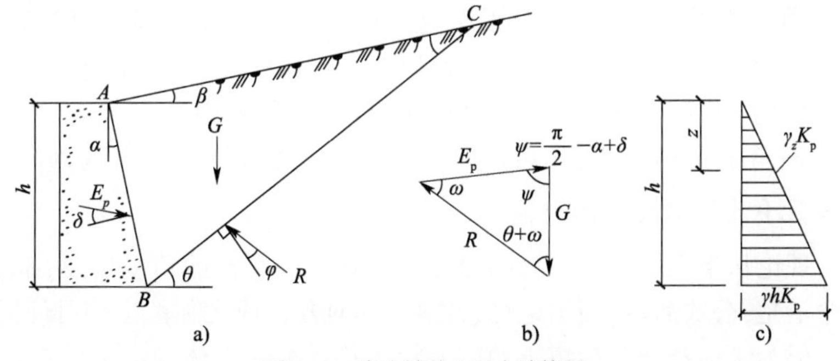

图6-15 库仑被动土压力计算图

被动土压力的库仑公式为

$$E_p=\frac{1}{2}\gamma H^2K_p \tag{6-33}$$

其中
$$K_p = \frac{\cos^2(\varphi+\alpha)}{\cos^2\alpha\cos(\alpha-\delta)\left[1-\sqrt{\frac{\sin(\varphi+\delta)\sin(\varphi+\beta)}{\cos(\alpha-\delta)\cos(\alpha-\beta)}}\right]^2} \tag{6-34}$$

式中：K_p——库仑被动土压力系数，其他符号意义同前。

显然 K_p 也与角 α、β、δ、φ 有关。

被动土压力强度 σ_p 可按下式计算：

$$\sigma_p = dE_p/dz = d\left(\frac{1}{2}\gamma z^2 K_p\right)/dz = \gamma z K_p \tag{6-35}$$

被动土压力强度沿墙高也呈三角形分布，如图 6-15 所示，其方向与墙背的法线成 δ 角且在下侧，土压力合力作用点在距墙底 $H/3$ 处。

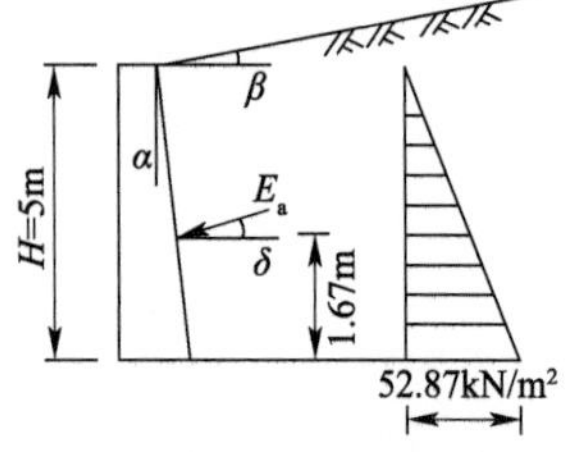

图 6-16　例题 6-4 图

在墙背直立、光滑、填土面水平情况时，库仑被动土压力公式与朗肯被动土压力公式相同。说明朗肯土压力是库仑土压力的一个特例。在特定条件下，两种土压力理论所得结果一致。

【例题 6-4】　某挡土墙墙高 5m，墙背俯斜 $\alpha = 10°$，填土面坡角 $\beta = 25°$，填土重度 $\gamma = 17\text{kN/m}^3$，内摩擦角 $\varphi = 30°$，黏聚力 $c = 0$，填土与墙背的摩擦角 $\delta = 10°$。试求库仑主动土压力的大小、分布及作用点位置。

【解】

根据 $\alpha = 10°$，$\beta = 25°$，$\gamma = 17\text{kN/m}^3$，$\varphi = 30°$，$\delta = 10°$，由式(6-30)得主动土压力系数 $K_a = 0.622$；

由式(6-31)得主动土压力强度值。

在墙顶　　$\sigma_a = \gamma z K_a = 0$

在墙底　　$\sigma_a = \gamma z K_a = 17 \times 5 \times 0.622 = 52.87\text{kPa}$

土压力的合力为强度分布图面积，也可按式(6-29)直接求出。

$$E_a = \frac{1}{2}\gamma H^2 K_a = \frac{1}{2} \times 17 \times 5^2 \times 0.622 = 132.18\text{kN/m}$$

土压力合力作用点位置距墙底为 $H/3 = 5/3 = 1.67\text{m}$，与墙背法线成 10° 上倾。土压力强度分布如图 6-16 所示。注意该强度分布图只表示大小，不表示作用方向。

(四)黏性土的库仑土压力计算

库仑土压力理论只讨论了墙后填土为无黏聚力的砂性土($c = 0$)的土压力计算问题，对于挡墙后土体为黏性土时，不能直接应用库仑理论。但在实际工程中，挡墙后的填料一般都就地取材，且大部分是黏性土。因此，要计算黏性土压力，必须将库仑理论加以推广。为此，提出等效内摩擦角方法。所谓等效内摩擦角方法，就是在根据一定的等效原则，将黏性土等效为具有摩擦角 φ_d 的砂性土，然后按照砂性土的方法计算库仑土压力。

(五)朗金与库仑土压力理论的讨论

朗金土压力理论从半无限体中一点的应力状态和极限平衡的角度出发，推导出土压力计算公式。其概念清楚，公式简单，便于记忆，计算公式对黏性或无黏性土均可使用，在工程中得到了广泛应用。但为了使挡土墙后填土的应力状态符合半无限体的应力状态，必须假设墙背是光滑、直立的，因而它的应用范围受到了很大限制。此外，朗肯理论忽略了实际墙背并非光滑，存在摩擦力的事实，使计算得到的主动土压力偏大，而计算的被动土压力偏小。

库仑土压力理论是根据挡土墙后滑动土楔体的静力平衡条件推导出土压力的计算公式

的。推导时考虑了实际墙背与土之间的摩擦力，对墙背倾斜、填土面倾斜情况没有像朗金公式那样限制，因而库仑理论应用更广泛。但库仑理论事先曾假设墙后填料为无黏性土，因而对于黏性填土挡土墙，不能直接采用库仑土压力公式进行计算，必须将库仑理论加以推广使用。

思考题与习题

1. 按位移不同土压力有哪几种？

2. 什么是静止土压力、主动土压力和被动土压力？三者的大小关系以及与挡土墙位移大小和方向的关系怎样？

3. 比较朗金土压力理论和库仑土压力理论的基本假定。

4. 比较朗金土压力理论和库仑土压力理论的推导原理。

5. 朗肯土压力理论和库仑土压力理论的适用性怎样？存在哪些问题？

6. 计算如图6-17所示的地下室外墙上的土压力分布图、合力大小及其作用点位置。

7. 某挡土墙高6m，墙背竖直光滑，填土面水平，$\gamma=18.6\text{kN/m}^3$、$\varphi=20°$、$c=18\text{kPa}$。试计算挡土墙主动土压力分布、合力大小及其作用点位置。

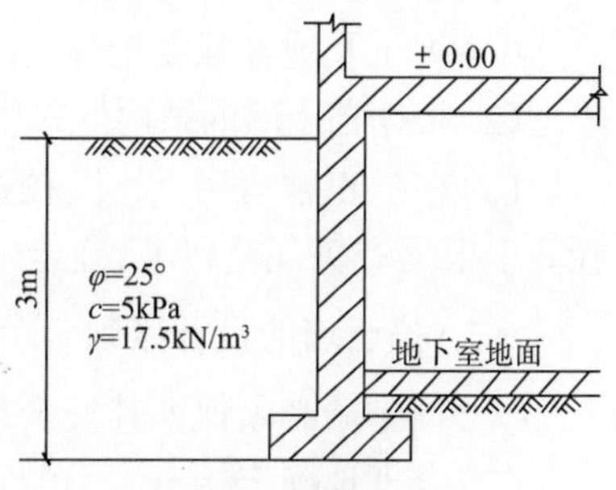

图6-17　习题6图

8. 某挡土墙高6m，墙背垂直、光滑，填土面水平，土面上作用有连续均布荷载$q=30\text{kPa}$，墙后填土为两层性质不同的土层，其他物理力学指标如图6-18所示。试计算作用于该挡土墙上的被动土压力及其分布。

9. 如图6-19所示，某挡墙墙后填土与墙背的外摩擦角$\delta=15°$，使用库仑土压力理论计算主动土压力的大小、作用点的位置和方向，及主动土压力沿墙高的分布。

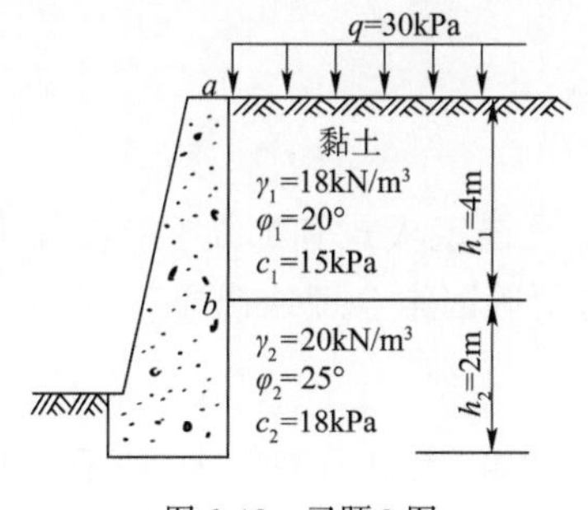

图6-18　习题8图

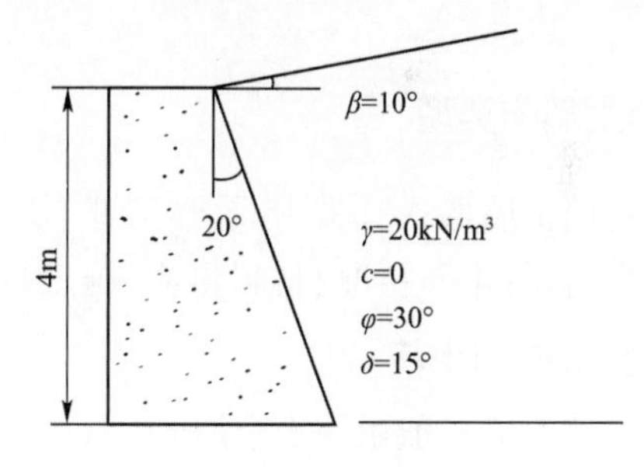

图6-19　习题图

第二节　挡土墙设计

学习重点

重力式挡墙的构造及特点；重力式挡墙的设计方法与步骤；重力式挡墙抗倾覆、抗滑动稳定性验算方法。

学习难点

重力式挡墙抗倾覆、抗滑动稳定性验算方法；加筋土挡墙的作用机理、设计原理与方法。

一、挡土墙的设计依据和原则

(一)挡土墙设计的基本要求

为做出合理的挡土墙设计,应满足以下两项基本要求:

1.选择合理的结构形式

挡土墙的结构形式应根据建筑物总体布置要求、墙的高度、地基条件,当地材料及施工条件等通过经济技术比较确定。

2.合理的断面设计

为做出合理的断面设计,在挡土墙设计中,应考虑以下各种条件:

(1)填土及地基强度指标的合理选取;

(2)根据挡土墙的结构形式、填土性质、施工开挖边坡等条件选用合理的土压力计算公式;

(3)根据正常运用、设计、校核、施工和建成等情况进行荷载计算和组合,并在稳定和强度验算中根据有关规范要求,确定合理的稳定和强度安全系数。

(二)挡土墙的设计原则

(1)挡土墙必须保证其安全正常使用;

(2)合理地确定挡土墙类型及截面尺寸;

(3)挡土墙的平面布置及高度的确定,需满足工程用途的要求;

(4)保证挡土墙设计符合有关规范的要求。

(三)挡土墙的设计内容

挡土墙设计包括墙型选择、稳定性验算、地基承载力验算、墙身材料强度验算以及一些设计中的构造要求和措施等。本章着重介绍重力式挡土墙和加筋土挡土墙设计中的有关问题。

二、挡土墙的类型

常用的挡土墙形式有重力式、悬臂式、扶壁式、锚杆及锚定板式和加筋土挡土墙等。一般应根据工程需要、土质情况、材料供应、施工技术以及造价等因素合理地选择。

(一)重力式挡土墙

重力式挡土墙一般由块石、浆砌片石或混凝土材料砌筑,墙身截面较大,依靠墙体自重抵抗土压力、保持墙身稳定的一种挡土墙,重力式挡墙结构几个部分名称见图 16-20a)。根据墙背倾斜方向可分为俯斜、直立和仰斜三种形式,如图 6-20b)、图 6-20c)、图 6-20d)所示。墙高一般小于 8m,当墙高超过 10m 时,宜用衡重式,见图 6-20e)。重力式挡土墙依靠墙身自重抵抗土压力引起的倾覆弯矩,其结构简单,施工方便,能就地取材,在建筑工程中应用最广。

(二)悬臂式、扶壁式挡土墙

悬臂式挡土墙一般是由钢筋混凝土制成悬臂板式的挡土墙,挡土墙结构及各部分名称如图 6-21a)所示。墙身立壁板在土压力作用下受弯,墙身内弯曲拉应力由钢筋承担;墙体的稳定性靠底板以上的土重维持。因此,这类挡土墙的优点是充分利用了钢筋混凝土的受力特性,墙体截面较小。悬臂式挡土墙一般适用于墙高大于 5m、地基土质较差、当地缺少石料的情况,多用于市政工程及储料仓库。

当悬臂式挡土墙高度大于10m时,墙体立壁挠度较大,为了增强立壁的抗弯刚度,沿墙体纵向每隔一定距离(0.3~0.6倍墙高)设置一道加劲扶臂,故称为扶臂式挡土墙,如图6-21b)所示。

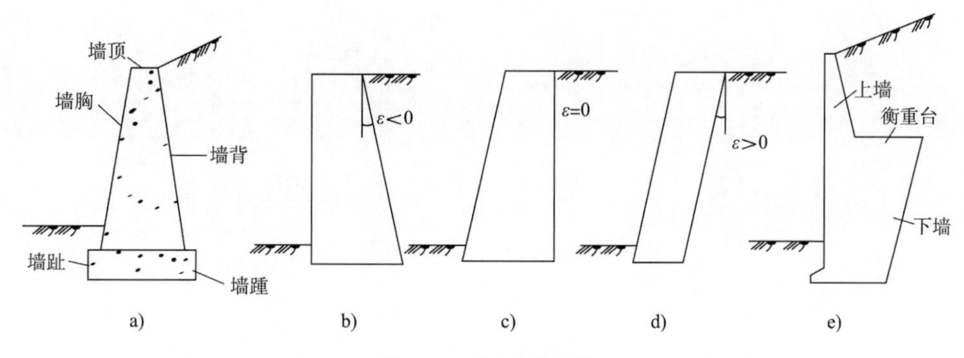

图6-20 重力式挡土墙

a)挡墙各部位名称;b)俯斜式;c)直立式;d)仰斜式;e)衡重式

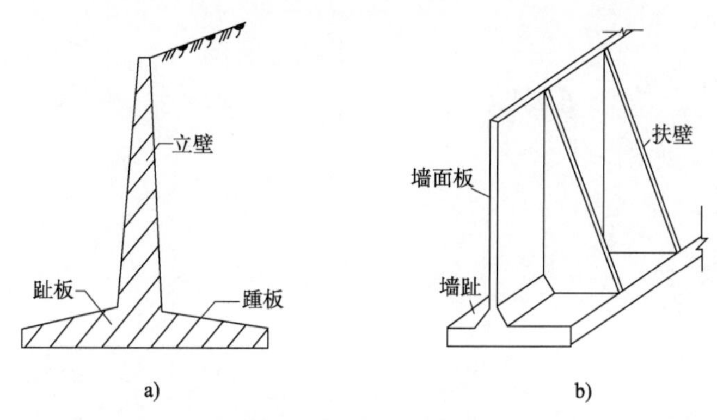

图6-21 悬臂式、扶壁式挡土墙

a)悬臂式;b)扶壁式

(三)锚杆式及锚定板挡土墙

锚杆式挡土墙属于轻型支挡结构物,依靠锚固于稳定岩土层中的锚杆提供的拉力保证挡土墙的稳定。锚杆式挡土墙适用于承载力较低的地基,不必进行复杂的地基处理,常作为深基坑开挖的一种经济有效的支挡结构。锚杆式挡土墙一般由肋柱、挡土板和锚杆组成,如图6-22a)所示。

锚定板挡土墙于锚杆式挡墙类似,只是在锚杆的端部用锚定板固定于滑动破裂面以外。依靠锚定板前面土的被动土压力提供锚杆的拉力。一般由墙面系(由立柱和挡土板组成)、拉杆、锚定板组成,如图6-22b)所示。锚定板挡土墙所受到的主动土压力完全由拉杆和锚定板承受,只要锚杆所受到的岩土摩阻力和锚定板抗拔力不小于土压力值时,就可保持结构和土体的稳定性。

(四)加筋土挡土墙

加筋土挡土墙由拉筋、填土及墙面板三部分组成的复合结构,其构造如图6-23所示。填土与筋材间的摩擦力、筋条承受的拉力、墙面板承受的土压力都是整个复合结构的内力,这些内力相互平衡,将拉筋、填土及墙面板结合成一个整体的复合结构;同时加筋土挡土墙作为整体的工程构筑物,还要能够在外荷载的作用下保持稳定,即整个挡土墙的外部稳定。

除了上述介绍的几种常见挡土结构外,还有混合式挡土墙、构架式挡土墙、板桩墙等。

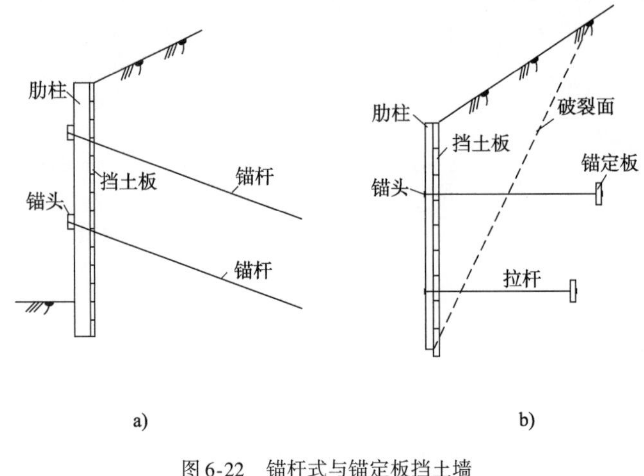

图 6-22　锚杆式与锚定板挡土墙

a)锚杆式挡土墙;b)锚定板挡土墙

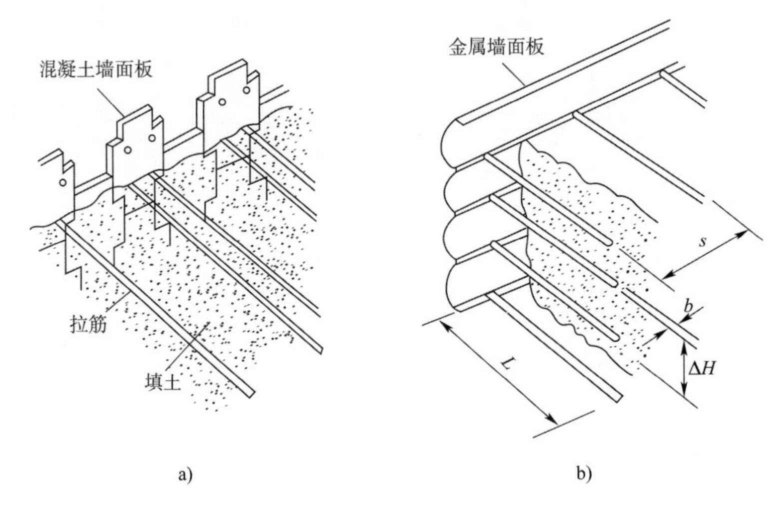

图 6-23　加筋土挡土墙

三、重力式挡土墙设计

(一)墙型选择及截面尺寸确定

重力式挡土墙除了根据墙背倾斜方向可分为仰斜、直立、俯斜三种形式外,还可以选择衡重式挡土墙,设计中应根据使用要求、地形和施工条件等实际情况合理选择墙型。从边坡挖填的要求来看,当边坡是挖方时,仰斜式墙背比较合理,因为它的墙背可以和开挖的边坡紧密贴合;反之,填方时采用仰斜式墙背,则墙背填土的夯实工作就比较困难,故填方时采用俯斜式或直立式比较合理。

重力式挡土墙的截面尺寸一般按试算法确定,可结合工程地质、填土性质、墙身材料和施工条件等方面的情况按经验初步拟定截面尺寸,然后进行验算、修正,直到满足要求为止。

(二)主要构造措施

拟定挡土墙截面尺寸前,还需充分调查地基土层条件。绝大部分挡土墙,都直接修筑在天然地基上。当地基较弱,地形平坦而墙身较高时,为减小基底压应力和增加抗倾覆稳定性,可加大墙趾外伸宽度，以增大基底面积。若墙趾加宽过多时，可采用钢筋混凝土底板，其厚度由抗剪及抗弯计算确定。当地基为软弱土层（如淤泥、软黏土等）时，可采用砂砾、碎石、矿渣或灰土等材料换填，以扩散基底压应力。若墙趾处地基情况较好而地面横坡坡度较大时，基础可做成台阶状，以减少基坑开挖和节省圬工。

一般重力式挡土墙基底宽度与墙高之比为 1/2～2/3；挡墙墙面一般为平面，其坡度应与墙背坡度相协调，仰斜墙面与墙背宜平行，坡度不宜缓于 1∶0.25。墙顶的最小宽度，块石挡土墙顶宽不小于 0.4m，混凝土挡土墙为 0.20～0.4m。

挡土墙的埋置深度，一般不小于 0.5m，当有冲刷时，基础埋深至少在冲刷线以下 1m，此外还应考虑冻胀的影响。遇岩石地基时，应把基础埋入未风化的岩层内，为增加墙体稳定性，基底可做成逆坡，坡度以可取 0.1 或 0.2。

挡墙排水设施包括：

（1）当墙后有山坡时，应在坡下设置截水沟，顶地面宜铺设防水层。

（2）设置墙身泄水孔。最下层排泄水孔的底部应高出地面 0.3m；当为路堑墙时，出水口应高于边沟水位 0.3m；若为浸水挡土墙，则应设于常水位以上 0.3m。对于干砌挡土墙可不设泄水孔。

（3）路堑墙址处的边沟应紧靠泄水孔下部设置隔水层，墙前应做好散水或排水沟。

（4）墙后要做好滤水层和必要的排水盲沟，可选用卵石、碎石等粗颗粒作为滤水层。

另外，为了避免因地基的不均匀沉陷所引起的墙身开裂，需根据地基土的地质条件的变异，墙高和墙身断面的变化情况设置沉降缝。同时，为了防止圬工砌体因收缩、硬化和温度变化而产生裂缝，也应设置伸缩缝。设计时通常将挡土墙的沉降缝和伸缩缝合并设置，沿挡墙纵向每 10～25m 设置一道，缝宽 2～3cm。

在根据填土性质和墙高等因素初步拟定挡土墙尺寸后，主要验算内容就是挡墙的强度和稳定。即挡土墙的设计应保证在自重和外力作用下不发生全墙的滑动和倾覆，并保证墙身每一截面和基底的应力与偏心距均不超过容许值。

（三）稳定性验算

1. 作用于挡土墙上的力系

为验算挡土墙的稳定性，必须首先了解作用于挡墙的各种力系，主要包括以下力系

（1）土压力：土压力是挡土墙的主要设计荷载；

（2）墙身自重 W 及墙上的恒载；

（3）挡土墙基底反力：包括挡土墙基底的法向反力 N 和摩擦力 T。

在浸水地区，除上述几种力之外，还有水压力；在地震地区，还应考虑地震附加惯性力对挡土墙的影响。

2. 抗倾覆稳定性验算

研究表明，挡土墙的破坏大部分是倾覆破坏。要保证挡土墙在土压力的作用下不发生绕墙趾 O 点的倾覆（见图 6-24），必须要求抗倾覆安全系数 K_t（O 点的抗倾覆力矩与倾覆力矩之比）≥1.6，即

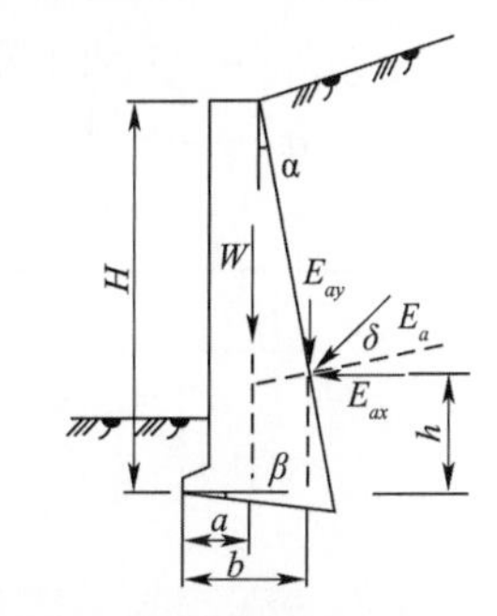

图 6-24　挡土墙稳定性验算

$$K_t = \frac{Wa + E_{ay}b}{E_{ax}h} \geqslant 1.6 \tag{6-36}$$

$$E_{ay} = E_a \sin(\alpha + \delta) \tag{6-37}$$

$$E_{ax}=E_a\cos(\alpha+\delta) \tag{6-38}$$

式中：W——挡土墙每延米自重，kN/m；

a——挡土墙重心离墙趾的水平距离，m；

b——主动土压力 E_a 作用点离墙趾的竖直距离，m；

h——E_a 作用点离墙趾的竖直距离，m；

E_{ay}——主动土压力 E_a 的竖向分力，kN/m；

E_{ax}——主动土压力 E_a 的水平分力，kN/m；

δ——挡土墙墙背与土间的摩擦角，(°)；

α——挡土墙墙背与竖直方向的夹角，(°)。

挡土墙的抗倾覆不满足要求时，可采取如下措施：

(1)增大挡土墙截面尺寸，使 W 增大，但工程量将增加；

(2)加宽墙趾，增加抗倾覆力矩，但应注意墙趾宽高比应满足墙身材料刚性角的要求，否则需验算墙趾根部剪切承载力，必要时需配抗剪筋；

(3)墙背做成仰斜，减小土压力；

(4)设计成衡重式挡墙或在挡土墙背上做减压平台。

当地基软弱时，在墙身倾覆的同时，墙趾可能陷入土中，造成力矩中心 O 点向内移动，抗倾覆安全系数就将会降低，因此验算抗倾覆稳定性时，应注意地基土的压缩性。对软弱地基应按圆弧滑动面验算地基的稳定性，必要时可进行地基处理。

3. 抗滑动稳定性验算

挡土墙在土压力作用下，有可能沿基底发生滑动，如图 6-25 所示。抗滑安全系数K_s = 基底抗滑力/滑动力，抗滑动稳定性验算公式为

$$K_s=\frac{(W_n+E_{an})\mu}{E_{at}-W_t}\geqslant 1.3 \tag{6-39}$$

式中：W_n、W_t——挡墙每延米自重分别垂直于基底和平行于基底的分量，kN/m；其中，$W_n=W\cos\beta$，$W_t=W\sin\beta$；

β——墙底倾角，(°)；

E_{an}——主动土压力 E_a 垂直于墙底的分量，kN/m，$E_{an}=E_a\sin(\alpha+\delta+\beta)$；

E_{at}——主动土压力 E_a 平行于墙底的分量，kN/m，$E_{at}=E_a\cos(\alpha+\delta+\beta)$；

μ——土对挡墙基底的摩擦系数，宜通过试验确定，也可按表 6-1 确定。

土对挡墙基底的摩擦系数 表 6-1

土 的 类 别		摩擦系数 μ
黏性土	可塑	0.25 ~ 0.30
	硬塑	0.30 ~ 0.35
	坚硬	0.35 ~ 0.45
粉土		0.30 ~ 0.40
中砂、粗砂、砾砂		0.40 ~ 0.50
碎石土		0.40 ~ 0.60
软质岩石		0.40 ~ 0.60
表面粗糙的硬质岩石		0.65 ~ 0.75

抗滑动验算不满足要求时,可采取以下措施:

(1)修改挡土墙截面尺寸,以加大 W 值;

(2)加大基底宽度,以提高总抗滑力;

(3)增加基础埋深,使墙趾前的被动土压力增大;

(4)挡土墙底面做砂、石垫层,以提高 μ 值。

(四)地基承载力验算

为保证挡土墙的基底应力不超过地基的容许承载力,应进行基底应力验算。同时,为避免挡土墙基础发生不均匀沉陷,还应控制作用于挡土墙基底的合力偏心距。否则,地基将丧失稳定性而产生整体滑动。挡土墙基底属偏心受压情况,其基底压力按线性分布计算。基底应力及合理偏心距验算图式见图6-25。

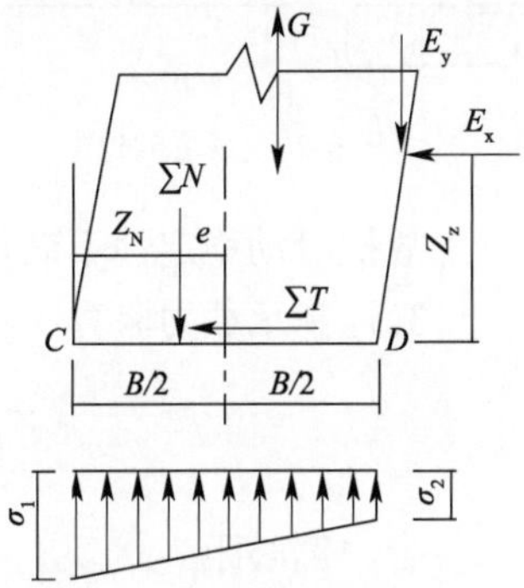

图6-25 基底应力及合理偏心距验算图式

1.合力偏心距

作用于基底合力的法向分力为 $\sum N$,它对墙趾的力臂为 Z_N,即为

$$Z_N = \frac{\sum M_1 - \sum M_2}{\sum N} = \frac{(Wa + E_{ay}b) - E_{ax}h}{W_n + E_{an}} \tag{6-40}$$

式中,$\sum M_1$——各力系对墙趾的稳定力矩之和,kN/m;

$\sum M_2$——各力系对墙趾的倾覆力矩之和,kN/m;

其余符号同前。

合力偏心距 e 为

$$e = \frac{B}{2} - Z_N \tag{6-41}$$

基底的合力偏心距 e,要求在土质地基上,$e \leqslant B/6$;软弱岩石地基上,$e \leqslant B/5$;在不易分化的岩石地基上,$e \leqslant B/4$。

2.基底应力

基底两边缘点,即墙趾和墙踵的法向压应力 σ_1、σ_2 为:

$$\frac{\sigma_1}{\sigma_2} = \frac{\sum N}{A} \pm \frac{\sum M}{W_0} = \frac{G + E_y}{B}\left(1 \pm \frac{6e}{B}\right) \tag{6-42}$$

式中:$\sum M$——各力对中性轴的力矩之和,kN/m;$\sum M = \sum N \cdot e$;

W_0——基底截面模量,m^3,对于1m长的挡土墙,$W_0 = B^2/6$;

A——基底面积,m^2,对于1m长的挡土墙,$A = B$。

基底压应力不得大于地基的容许承载力$[\sigma]$。

当$|e| > B/6$,基底的一侧将出现拉应力,故不计拉力而按应力重分布计算基底最大压应力。

(五)墙身强度验算

挡土墙设计中,除保证挡土墙有足够稳定性外,还必须使墙身具有足够的强度。对一般挡土墙的墙身强度验算,一般选墙身截面突变处作为控制截面进行验算。墙身截面强度验算应包括抗压强度验算和抗剪验算。

【例题6-5】 某重力式挡土墙如图6-26所示,砌体重度 $\gamma_k = 20kN/m^3$,挡墙位于软质岩石上,基底摩擦系数 $\mu = 0.5$,地基承载力特征值 $f_a = 300kPa$,作用在墙背上的主动土压力为 $60kN/m^3$。试验证该挡土墙是否满足设计要求?

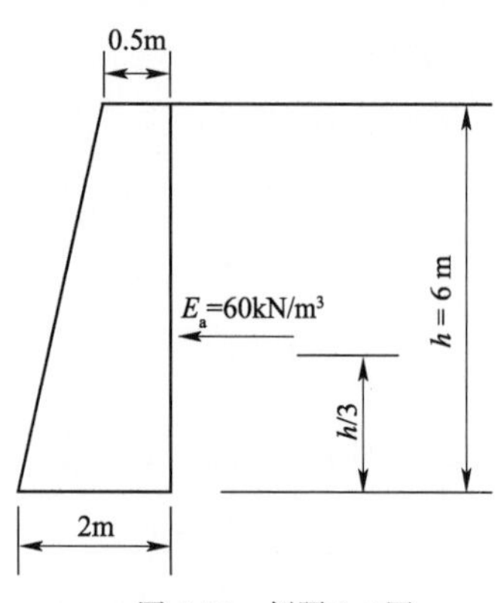

图 6-26　例题 6-5 图

【解】 1. 抗倾覆验算

挡土墙自重 $W = \frac{1}{2}(0.5 + 2) \times 6 \times 20 = 150\text{kN/m}$

由图 6-26 易知，墙身自重 W 距墙趾的力矩：$a = 1.3\text{m}$；土压力 E_a 距墙趾的力矩：$d = h/3 = 2\text{m}$，则抗倾覆稳定系数 K_t

$$K_t = \frac{Wa}{E_a d} = \frac{150 \times 1.3}{60 \times 2} = 1.625 > 1.6$$

故抗倾覆稳定性满足设计要求。

2. 抗滑动验算

$$K_s = \frac{W\mu}{E_a} = \frac{150 \times 0.5}{60} = 1.25 < 1.3$$

故抗滑动稳定性不满足设计要求。

3. 地基承载力验算

$$Z_N = \frac{\sum M_1 - \sum M_2}{\sum N} = \frac{150 \times 1.3 - 60 \times 2}{150} = 0.5\text{m}$$

合力偏心距 $$e = \frac{B}{2} - Z_N = \frac{2}{2} - 0.5 = 0.5\text{m} > 0.4\text{m} = \frac{B}{5}$$

故基底一侧会出现拉应力，计算时不计拉应力，而应按应力重分布计算基底最大压应力，详细方法本文不做介绍。

墙身强度验算从略。

四、加筋土挡土墙设计

加筋土支挡结构（或称加筋土挡土墙）由面板、筋带及填料三部分组成。它借助于与面板相连接的筋带同填料之间的相互作用，使面板、筋带和填料形成一种稳定而柔性的复合支挡结构，见图 6-27。加筋土结构能充分利用材料的性能以及土与筋带的共同作用，因而结构轻巧、圬工体积小，便于现场预制和工地拼装，施工速度快，并能抗严寒、抗地震，与重力式挡土墙相比，一般可降低造价 25% ~60%。因此，加筋土挡土墙是一种较为合理的挡土结构。现就面板、筋带、填料的基本要求，以及其结构计算进行简单介绍。

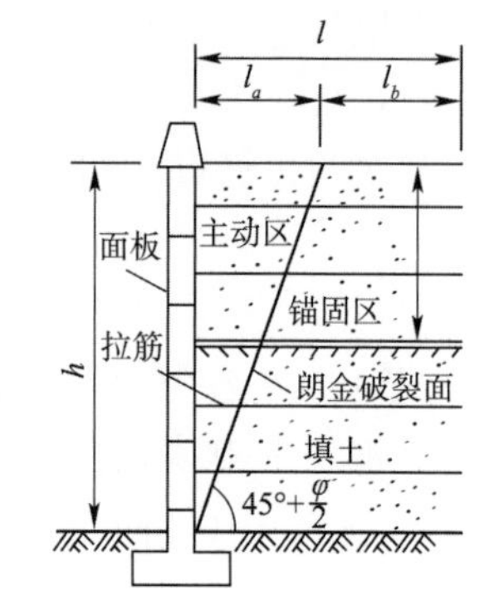

图 6-27　加筋土挡墙结构示意图

（一）面板

面板设计应满足坚固、美观、搬运方便和易于安装等要求，国内常用混凝土或钢筋混凝土预制件，混凝土强度等级不小于 C20，国外也采用半圆形油桶或特制的椭圆形钢管做面板。面板的断面形式可做成槽形、矩形，立面可为矩形、六边形、十字形等。当面板为槽形断面时，可在面板翼缘上预留穿筋孔；而矩形断面可预埋钢筋环，钢筋直径宜不小于 12mm。相邻面板之间可用企口拼接和插销定位，插销的钢筋直径宜不小于 10mm。

（二）筋带

要求筋带抗拉强度高、延伸率小、抗老化、抗腐蚀，并具有一定的柔韧性。常用筋带材料有钢筋混凝土、镀锌钢片、多孔废钢片及土工合成材料等，国内以聚丙烯土工带应用最广。一般情况下，筋带宜水平布设，并尽可能垂直于面板，当从一个结点引出多根筋带时，可呈扇形散开，但在筋带有效长度范围内彼此不得直接搭叠。筋带与面板应连接良好，筋带的水平距离和垂直距离，一般为0.5～1.0m。

（三）填料

一般可采用砂类土、黏性土或杂填土，应易压实，同筋带相互作用力可靠，不含可能损伤筋带的尖利状颗粒。填料的设计参数应由试验确定。填筑时，填料的含水率应接近最优含水率，其压实度一般应达90%以上。

（四）加筋土的设计计算

加筋土挡墙设计计算内容一般包括：内部稳定性检算、外部稳定性检算、面板设计等。内部稳定性是指抵抗加筋被拉断或拔出的能力，即验算加筋土是否会发生加筋强度破坏（拉力破坏）或加筋被拔出（摩擦破坏）。依据加筋最大拉力和加筋材料的抗拉强度可进行强度检算，以确定加筋的密度与截面；依据加筋最大拉力和土筋间的摩擦系数可进行加筋抗拔检算，以确定加筋的长度与宽度。所谓外部稳定性是指整体结构的抗滑、抗倾覆稳定性以及基底应力水平。由于其检算方法，类似于重力式挡墙，这里不再重复。本节主要介绍加筋土挡墙的内部稳定性分析方法。

1. 筋带所受拉力计算

现有计算筋带所受到拉力的计算理论较多，且不同的计算理论其结果不同，以下仅介绍常用的朗金理论分析方法。

朗金理论认为面板后土体呈朗金主动状态，破裂面与水平面夹角为$45° + \varphi/2$，如图6-27所示，破裂面以左为主动区，以右为被动区（即锚固区）。当土体主动土压力充分发挥时，面板后距加筋体顶面深度z处第i根筋带所受的拉力T_i为

$$T_i = K_a \gamma z s_x s_y \tag{6-43}$$

式中：K_a——朗金主动土压力系数，$K_a = \tan^2(45° - \frac{\varphi}{2})$；

γ——填料的重度，kN/m^3；

z——第i层筋带距加筋体顶面的垂直距离，m；

s_x——筋带的水平距离；

s_y——筋带的垂直距离。

2. 筋带的断面面积

筋带的断面面积A_s（m^2）可根据筋带所用的材料强度确定：

$$A_s = \frac{\gamma_G T_i}{f} \tag{6-44}$$

式中：f——筋带材料的抗拉强度设计值，kPa；

γ_G——荷载分项系数，可取$\gamma_G = 1.35$。

计算筋带断面尺寸时，在实际工程中还应考虑防腐蚀需要增加的尺寸。

3. 筋带摩擦力

每根筋带在工作时还有被拔出的可能，因此，尚须计算筋带抵抗被拔出的锚固长度l_b。设土与筋带间摩擦系数为μ，则锚固区内由于摩擦作用而使第i根筋带产生的摩擦力T_b为：

$$T_b = 2 l_b b \gamma z \mu \tag{6-45}$$

式中：b——筋带的宽度，m；

μ——筋带与填土之间的摩擦系数，宜通过试验确定，无试验时可取：砂土 0.42 ~ 0.7；黏性土 0.4 ~ 0.6；杂填土 0.38 ~ 0.6。

4. 抗拉安全系数

在 z 深度处的抗拉安全系数 K_b 为：

$$K_b = \frac{T_b}{T_i} = \frac{2l_b b\gamma z\mu}{K_a \gamma z s_x s_y} = \frac{2l_b b\mu}{K_a s_x s_y} \tag{6-46}$$

由上式可知，抗拉安全系数与深度无关，一般可取 1.5 ~ 2.0。

5. 筋带的锚固长度和总长度

由式(6-46)可得，第 i 根筋带的锚固长度 l_b 为：

$$l_b = \frac{K_b K_a s_x s_y}{2b\mu} \tag{6-47}$$

见图 6-27，第 i 根筋带的总长度 l 为：

$$l = l_0 + l_b = h\tan^2\left(45° + \frac{\varphi}{2}\right) + \frac{K_b K_a s_x s_y}{2b\mu} \tag{6-48}$$

式中：l_0——筋带的无效长度，按朗金理论 $l_0 = h\tan^2\left(45° + \frac{\varphi}{2}\right)$。

思考题与习题

1. 挡土墙设计有哪些基本要求和原则？
2. 挡土墙的设计内容有哪些？
3. 常见的挡土墙有哪几种类型？
4. 重力式挡土墙有何特点？
5. 如何确定重力式挡土墙墙型、断面尺寸及进行各种验算？
6. 加筋土挡土墙的工作机理是什么？有何优点？
7. 加筋土挡土墙需进行哪些内容的设计计算？
8. 某重力式挡土墙高 5m，墙背竖直光滑，填土面水平，如图 6-28 所示。砌体重度 $\gamma = 24\text{kN/m}^3$，基底摩擦系数 $\mu = 0.4$，作用在墙背上的主动土压力 $E_a = 46.5\text{kN/m}$。试验算该挡土墙的抗滑和抗倾覆稳定性。
9. 如图 6-29 所示，挡土墙墙身砌体重度 $\gamma_w = 22\text{kN/m}^3$，试验算该挡土墙的稳定性。

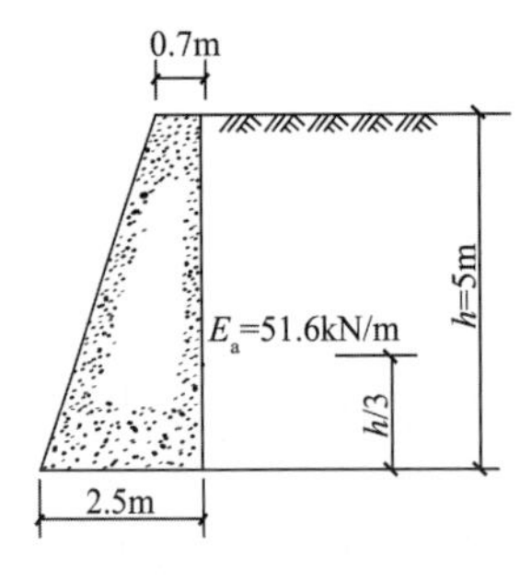

图 6-28　习题 8 图

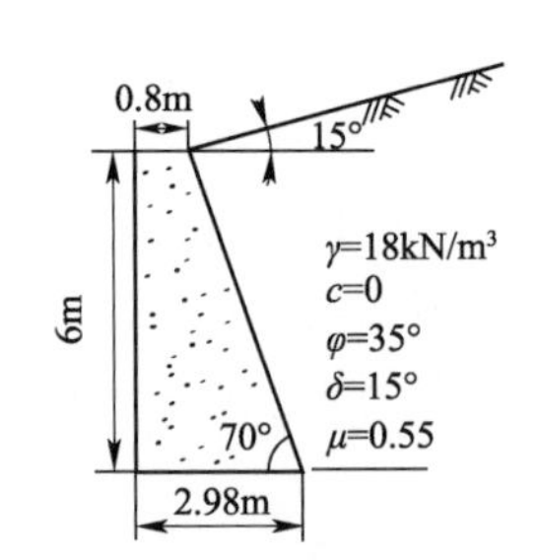

图 6-29　习题 9 图

第七章　基础设计与施工

学习目标

1. 掌握浅基础常用类型及适用条件；
2. 掌握刚性扩大基础的埋置深度和尺寸试算设计；
3. 掌握陆地、水中浅基础的施工方法和要求；
4. 了解桩基础的类型以及适用条件；
5. 掌握单桩基础极限承载力和承载力标准值的计算方法；
6. 了解桩基内力和位移计算；
7. 掌握群桩基础验算和桩基础设计的方法和步骤；
8. 掌握桩基础的施工方法；
9. 了解沉井基础的分类、构造、作用；
10. 了解沉井的施工方法及施工中的常在问题；
11. 了解沉井的设计与计算。

第一节　浅　基　础

学习重点

刚性基础与柔性基础的区别；浅基础常用类型及适用条件；刚性扩大基础的埋置深度的基本要求；刚性扩大基础设计和检算的步骤；《铁路桥涵地基和基础设计规范》(TB 10002.5—2005)对刚性扩大基础检算的具体要求；陆地和水中基坑的开挖及支护施工方法和要求。

学习难点

刚性扩大基础的埋置深度的基本要求；刚性扩大基础设计和检算的步骤；陆地和水中基坑的开挖及支护施工方法和要求。

一、概述

(一)基本概念

任何结构物都建造在一定的地层上，结构物的全部荷载都由它下面的地层来承担。受结构物影响的那一部分地层称为地基，结构物与地基接触的部分称为基础。在城市轨道交通工程中，桥梁工程占有相当大的比重，桥梁上部结构为桥跨结构，下部结构包括桥墩、桥台及其基础,如图 7-1 所示。

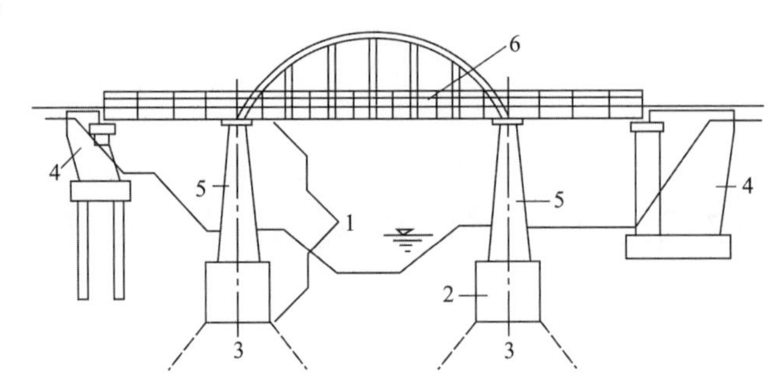

图 7-1　桥梁结构各部立面示意图

1-下部结构;2-基础;3-地基;4-桥台;4-桥墩;5-上部结构

(二)地基基础在建筑物结构中的地位

地基基础是桥梁等建筑物的根基,如果地基基础不稳固,将危及整个建筑物的安全。基地基础的工程量、造价和施工工期,在整个建筑工程中占有相当大的比重,而且建筑物的基础是地下隐蔽工程,工程竣工后,将无法检验,难以补救。因此,应当充分认识地基基础的重要性。

各地的地基的差别非常大,即使同一个地区的地质情况也很不同,有的地基均匀坚实,可以采用天然地基浅基础,有的地基上部软弱,下部坚实,可以考虑采用桩基础,有的地基软弱层很深,可以用人工加固地基的方法进行处理,不仅如此,有些基础范围内存在地下建筑物、构筑物等旧的结构物,需要进行特殊处理。由此可见,地基基础的复杂性。

(三)地基基础设计方案的确定

进行基地基础设计,首先就是根据地基的地质情况和地基承载力,有针对性地选择地基基础设计方案。目前,世界各国采用的各种方案,归纳起来有四种类型。

1. 天然地基上的浅基础

当建筑场地土质均匀、坚实、性质良好,地基承载力 $f>120$kPa 时,对于一般的建筑物,可将基础直接做在浅层天然土层上,称为天然地基上浅基础(本书简称浅基础)。

2. 不良地基人工处理后的浅基础

对于建筑物地基土层软弱,压缩性高,强度低,无法承受上部结构荷载时,需经过人工加固处理后作为地基,称为人工地基。

3. 桩基础

当建筑物地基上部土层软弱、深层土质坚实时,可采用桩基础。上部结构荷载通过桩基础穿过软弱土层,传到下部坚实土层。

4. 深基础

若上部结构荷载很大,一般浅基础无法承受,或相邻建筑不允许开挖基础施工以及有特殊用途与要求时,可采用埋置深度大于 5m 的深基础,例如沉井基础等。

二、浅基础的类型

天然地基上的基础,由于埋置深度不同,采用的施工方法、基础结构形式和设计计算方法也不相同,因而分为浅基础和深基础两类。浅基础埋入地层的深度较浅,施工一般采用直接敞坑开挖的方法,故亦称为明挖基础,明挖基础大多是浅平基。天然地基上的浅基础由于具有埋深浅、结构形式简单、施工方法简便、造价低等诸多优点,只要在地质和水文条件许可的情况下，应优先选用。

（一）刚性基础与柔性基础

天然地基上的浅基础，根据受力条件及构造可分为刚性基础和柔性基础两大类。

1. 刚性基础

刚性基础如图7-2所示，基础在外力（包括基础自重）作用下，基底承受着强度为σ的地基反力，基础的悬出部分a-a断面左端，相当于承受着强度为σ的均布荷载的悬臂梁，在荷载作用下，a-a断面将产生弯曲拉应力和剪应力。基础圬工具有足够大的截面使得由地基反力产生的弯曲拉应力和剪应力小于圬工材料的容许应力，基础不允许有挠曲变形，a-a断面不会出现裂缝，这时，基础内不需配置受力钢筋。这种采用抗压强度高，而抗拉、抗剪强度较低的刚性材料制作的基础称为刚性基础。工业与民用建筑行业称之为无筋扩展基础。常见的形式有刚性扩大基础、单独柱下基础、条形基础等。

刚性基础的特点是稳定性好，施工简便，能承受较大的荷载，所以只要地基强度能满足要求，它是首选的基础类型。它的主要缺点是自重大，并且当持力层为软弱土时，由于扩大基础面积有一定限制，需要对地基进行处理或加固后才能采用，否则会因所受的荷载压力超过地基强度而影响结构物的正常使用。所以对于荷载大或上部结构对沉降差较敏感的结构物，当持力层的土质较差且又较厚时，刚性基础作为浅基础是不适宜的。

2. 柔性基础

基础在基底反力作用下，在a-a断面产生的弯曲拉应力和剪应力若超过了基础圬工的强度极限值，为了防止基础在a-a断面开裂甚至断裂，必须在混凝土基础中配置足够数量的钢筋，利用钢筋来承受拉应力，使基础底部能够承受较大的弯矩，这种基础称为柔性基础，如图7-3所示。柔性基础允许挠曲变形。工业与民用建筑行业称之为扩展基础。柔性基础常见的形式有柱下条形基础、十字形基础、筏板基础、箱形基础等。

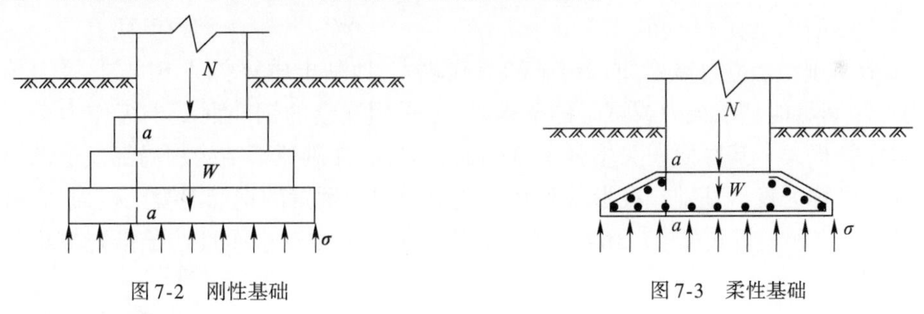

图7-2　刚性基础　　　　图7-3　柔性基础

（二）浅基础的常见形式

（1）刚性扩大基础。由于地基强度一般较墩台或墙柱圬工的强度低，因而需要将其基础平面尺寸扩大以满足地基强度要求，这种刚性基础又称为刚性扩大基础，如图7-4所示。它是桥梁及其他构造物常用的基础形式，其平面形状常为矩形。

（2）单独和联合基础。单独基础是立柱式桥墩和房屋建筑常用的基础形式之一。它的纵横剖面均可砌筑成台阶式，如图7-5a）所示，但柱下单独基础若用石或砖砌筑时，则在柱子与基础之间用混凝土墩连接。个别情况下柱下基础用钢筋混凝土浇筑时，其剖面也可浇筑成锥形，如图7-5c）所示。

当为了满足地基强度要求，必须扩大基础平面尺寸，而扩大结果使相邻的单独基础在平面上相接甚至重叠时，则可将它们连在一起成为联合基础，如图7-5b）所示。

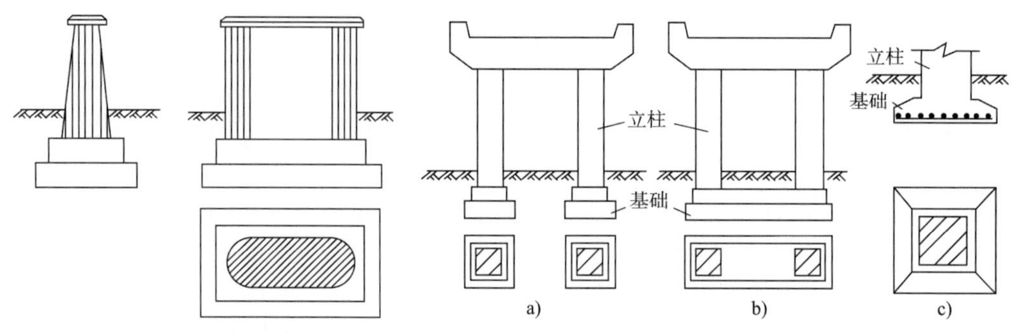

图 7-4　刚性扩大基础　　图 7-5　单独和联合基础

(3)条形基础。条形基础分为墙下和柱下条形基础,墙下条形基础是挡土墙下或涵洞下常用的基础形式。有时为了增强桥柱下基础的承载能力,将同一排若干个柱的基础联合起来,也可形成柱下条形基础,如图 7-6 所示。

(4)柱下十字交叉基础。对于荷载较大的高层建筑,如果地基土软弱且在两个方向分布不均,需要基础纵横两向都具有一定的抗弯刚度来调整基础的不均匀沉降。可在柱网下沿纵横两个方向都设置钢筋混凝土条形基础,即形成柱下十字交叉基础或叫柱下交梁基础,如图 7-7 所示。

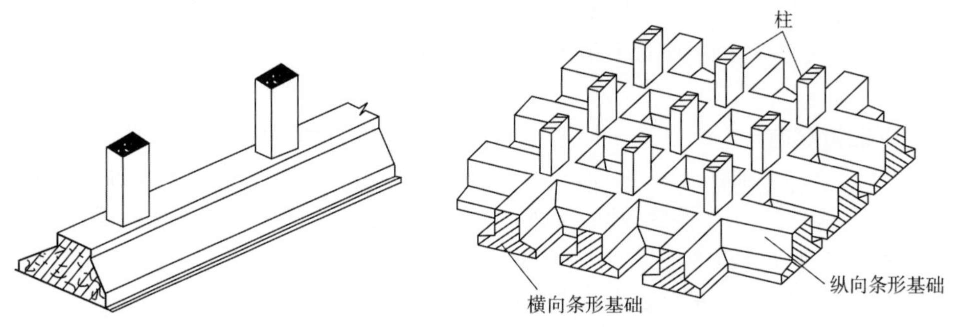

图 7-6　柱下条形基础　　图 7-7　柱下十字交叉基础

(5)筏形基础。当立柱或承重墙传来的荷载较大,地基土质软弱又不均匀,采用单独或条形基础均不能满足地基承载力或沉降的要求时,可采用连续的钢筋混凝土板作为全部柱或墙的基础,这样既扩大了基底面积又增强了基础的整体性,并避免了结构物局部发生的不均匀沉降,这种基础简称为筏形基础。筏形基础在构造上类似于倒置的钢筋混凝土楼盖,它可以分为梁板式(图 7-8a)和平板式(图 7-8b)。平板式常用于柱荷载较小而且柱子排列较均匀和间距也较小的情况。

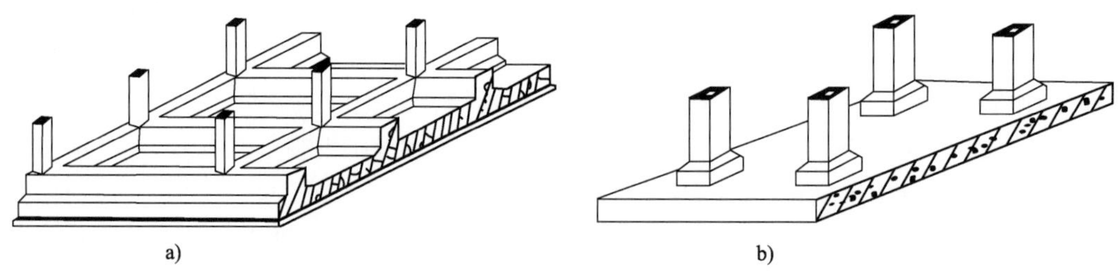

图 7-8　筏形基础

(6)箱形基础。当筏形基础埋置深度较大时,为了避免回填土增加基础上的承受荷载,有效地调整基底压力和避免地基的不均匀沉降,可将筏形基础扩大,形成钢筋混凝土的底板、顶板、侧墙及纵横墙组成的箱形基础,如图 7-9 所示。箱形基础具有整体性好,抗弯刚度大,且又空腹深埋等特点,可相应增加建筑物层数,基础空心部分可作为地下室。但基础的钢筋和水泥用量很大，造价较高，施工技术要求也高。

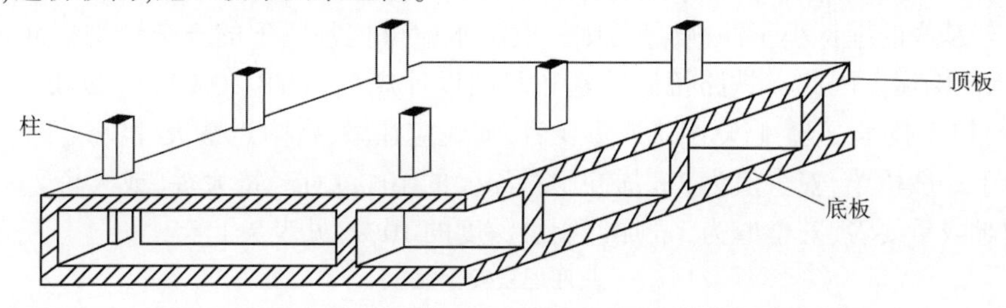

图 7-9　箱形基础

柱下十字交叉基础、筏形基础和箱形基础都是房屋建筑常用的基础形式。

在实践中必须因地制宜地选用基础类型，有时还必须另行设计基础的形式，如在非岩石地基上修筑拱桥桥台基础时，为了增加基底的抗滑能力，可将基底在顺桥方向的剖面做成齿坎状或斜面等。

结构物基础在一般情况下均砌筑在土中或水下，所以要求所有材料要有良好的耐久性和较高的强度。混凝土是修筑基础最常用的材料。它的优点是抗压强度高、耐久性好，可浇筑成任意形状的砌体。混凝土强度等级一般不宜低于 C15。对于大体积混凝土基础，为了节约水泥用量，又不影响强度，可掺入 15% ~20% 砌体体积的片石（称为片石混凝土），但片石的强度等级应不低于 MU30，也不应低于混凝土强度等级。粗料石、片石或块石也常用作基础材料。石砌基础的石料强度等级应不低于 MU30，水泥砂浆的强度等级应不低于 M10。

三、基础埋置深度

基础的埋置深度是指基础底面至天然地面（无冲刷时）或局部冲刷线（有冲刷时）的距离，如图 7-10 所示。

确定基础的埋置深度是基础设计的一个重要环节，它既关系到建筑物在建成后的稳固问题，也关系到基础类型的选择、施工方法和施工期限的确定。

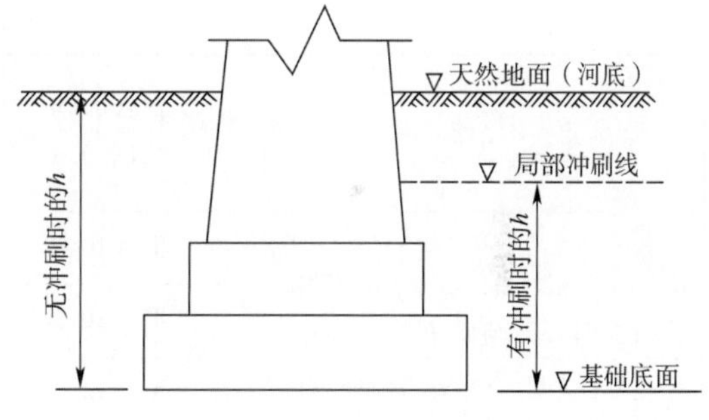

图 7-10　基础埋置深度

确定基础的埋置深度主要从两方面考虑：

（1）从保证持力层不受外界破坏因素的影响考虑，基础埋深起码不得小于按各种破坏因素而定的最小埋深（最小埋深见后述）。

（2）从满足各项力学检算的要求考虑，在最小埋深以下的各土层中找一个埋得比较浅、压缩性较低、强度较高的土层，即容许承载力较大的土层作为持力层。当然在地基比较复杂的情况下，可作为持力层者不止一个，需经技术、经济、施工等方面的综合比较，选出一个最佳方案。

最小埋深应考虑以下各项要求：

（1）确保持力层稳定的最小埋深。地表土层受气候、湿度变化的影响及雨水的冲蚀，会产生风化作用，另外，有些动植物多在此土表层内活动生长，也会破坏地表土层的结构。因此，地表土层的性质不稳定，不宜作为持力层。为了保证持力层的稳定，《铁路桥涵地基和基础设计规范》（TB 10002.5—2005）规定，在无冲刷处或设有铺砌防冲时，基础底面埋置深度应在地面以下不小于 2m，特殊困难情况下不小于 1m。

（2）河流的冲刷深度。在有水流的河床上修建墩台基础时，要考虑洪水的冲刷作用。整个河床断面被洪水冲刷后要下降，这叫一般冲刷，被冲下去的深度叫一般冲刷深度。同时在墩台四周还冲出一个深坑,这叫局部冲刷。我国某些暴涨暴落的大河,冲刷深度有时可达一二十米。显然,若基底的埋深小于冲刷深度,则一次洪水就可把基底下的土全给掏空冲走,使墩台因失去支承而倒塌。因此,《铁路桥涵地基和基础设计规范》(TB 10002.5—2005)规定,特大桥(或大桥)属于技术复杂、修复困难或重要者,基底应在墩、台附近最大冲刷线下不小于下列安全值:对于一般桥梁,安全值为2m加冲刷总深度的10%;对于特大桥(或大桥)属于技术复杂、修复困难或重要者,安全值为3m加冲刷总深度的10%,见表7-1。

基底埋置安全值 表7-1

冲刷总深度(m)			0	5	10	15	20
安全值(m)	一般桥梁		2.0	2.5	3.0	3.5	4.0
	特大桥(或大桥)属于技术复杂、修复困难或重要者	设计频率流量	3.0	3.5	4.0	4.5	5.0
		检算频率流量	1.5	1.8	2.0	2.3	2.5

注:冲刷总深度为自河床面算起的一般冲刷深度与局部冲刷深度之和。

建在抗冲性能强的岩石上的基础,可不考虑上列规定,对于抗冲性能较差的岩石,应根据冲刷的具体情况确定基底埋置深度。

(3)在寒冷地区,应考虑地基土季节性冻胀对基础的影响。土在冻结和解冻时,其结构性质发生变化。冻结时土隆起,冻胀力甚大,而解冻时土沉陷,致使建于其上的结构物遭到破坏。为避免这些危害,《铁路桥涵地基和基础设计规范》(TB 10002.5—2005)规定,除不冻胀土外,对于冻胀、强冻胀土应在冻结线以下不小于0.25m;对于弱冻胀土,应不小于冻结深度的80%。

不冻胀土与冻胀性土的划分以及冻胀性土的冻胀严重程度(即弱冻胀、冻胀、强冻胀)的划分见表7-2。

季节性冻土分类 表7-2

土的名称	天然含水率 W_n(%)	湿度或稠度状态	冻结期间地下水位低于天然冻结线的最小距离 h_w(m)	冻胀分类
粉黏粒含量≤15%(或粒径小于0.1mm的颗粒含量≤25%)的粗颗粒土(包括碎石土、砾砂、粗砂、中砂)	$W_n \leq 10$	潮湿	不考虑	不冻胀
	$W_n > 10$	饱和		弱冻胀
粉黏粒含量>15%(或粒径小于0.1mm的颗粒含量>25%)的粗颗粒土(包括碎石土、砾砂、粗砂、中砂)、细砂、粉砂	$W_n \leq 12$	稍湿	$h_w > 1.5$	不冻胀
	$12 < W_n \leq 18$	潮湿		弱冻胀
	$W_n > 18$	饱和		冻胀
黏性土	$W_n \leq w_p$	半干硬	$h_w > 2.0$	不冻胀
	$W_p < W_n \leq w_p + 7$	硬塑		弱冻胀
	$W_p + 7 < W_n \leq w_p + 15$	软塑		冻胀
	$W_n > W_p + 15$	流塑	不考虑	强冻胀

注:1. w_p——塑限含水率;

2. 碎石土及砂土的天然含水率界限为该两类土的中间值,含粉黏粒少的粗颗粒土比表列数值小;细砂、粉砂比表列数值大;

3. 黏性土天然含水率界限中的+7、+15两值为不同类别黏性土的中间值,黏砂土比该值小,黏土比该值大;

4. 当砂土的h_w小于和等于1.5m,黏性土的h_w小于和等于2m时,应将表中冻胀分类提高一级,如不冻胀提高为弱冻胀;

5. 表中天然含水率是指入冬前的含水率。

修建在冻胀性土壤区的涵洞,其出入口和自两端洞口向内各2m范围的基础埋深最小深度与上述规定相同。涵洞中间部分的基底埋深可根据地区经验确定。严寒地区,当涵洞中间部分的埋深与洞口埋深相差较大时,其连接处应设置过渡段。冻结较深的地区,也可将基底至冻结线下0.25m处的地基土换填为粗颗粒土(包括碎石土、砾砂、粗砂、中砂,但其中粉黏粒含量应小于或等于15%,或粒径小于0.1mm的颗粒应小于或等于25%)。

冻结线即当地最大冻结深度线。土的标准冻结深度系指地表无积雪和草皮覆盖时,多年实测最大冻深的平均值。我国北方各地的冻结深度大致如下:满洲里2.6m、齐齐哈尔2.4m、佳木斯或哈尔滨2.2m、牡丹江2.0m、长春1.7m、沈阳1.2m、锦州1.1m、太原1.0m、北京0.8~1.0m、大连0.7m、天津0.5~0.7m、济南0.5m。

多年冻土地区桥涵基础的底面埋置深度应符合下列规定:

(1)按保持冻结原则进行设计时,基础和桩基承台座板底面位于稳定人为上限以下的最小埋置深度应符合表7-3中的要求。桩身位于稳定人为上限以下的最小深度(不论土质)不应小于4m。

基础和桩基承台座板底面位于稳定人为上限以下的最小埋置深度(m) 表7-3

基础类型	地基土质	位于稳定人为上限以下的最小埋置深度
桥梁明挖基础	多冰、富冰或饱冰冻土	1.0
涵洞出入口明挖基础	多冰、富冰或饱冰冻土	0.25
承台座板底面	多冰、富冰或饱冰冻土	不应小于0.25

(2)按容许融化原则进行设计时,基础埋深应满足地基沉降方面的要求。当季节活动层为冻胀性土时,尚应避免冻胀的危害。

满足上述规定所确定的基础埋深称为最小埋深。合适的持力层应在最小埋深以下的各土层中寻找。

在覆盖土层较薄的岩石地基中,可不受最小埋深的限制,将基础修建在清除风化层后的新鲜岩面上。如遇岩石风化层很厚,难以全部清除时,则其埋置深度应视岩石的风化程度及其相应的地基容许承载力来确定。对于风化严重和抗冲刷性能较差的岩石,应按具体情况适当加大埋置深度。当基岩表面倾斜时,应避免将基础的一部分置于岩层上而另一部分置于土层上,以防基础由于不均匀沉降而倾斜或破裂。如基岩面倾斜较大时,基底可做成台阶形。

墩、台明挖基础顶面不宜高出最低水位,如地面高于最低水位且不受冲刷时,则不宜高出地面。

四、基础尺寸设计

明挖基础多为刚性基础,通常是根据构造要求和过去的设计经验先拟定基础几何尺寸,然后按照最不利荷载组合的基底合力进行地基承载力、基底合力偏心距、基础稳定性检算,必要时还要进行地基稳定性和地基沉降量的检算。刚性基础本身的强度,只要满足刚性角的要求即可得到保证,不必另行检算。通过检算如不能满足要求,则应修改尺寸再进行检算,直至满足要求为止。

(一)基础上荷载计算

在设计和检算基础是否符合设计要求时,必须先计算作用于基底上的合力,此合力由作用于基底以上的各种荷载所组成。

荷载按其性质和发生几率划分为主力、附加力和特殊力三类。主力是经常作用的;附加力不是经常发生的,或者其最大值发生几率较小;特殊力是暂时的或者属于灾害性的,发生的几率是极小的。

《铁路桥涵设计基本规范》(TB 10002.1—2005)对桥涵荷载分类见表7-4。

《高速铁路设计规范》(TB 10621—2014)在表7-4的基础上另在活载中增加了“气动力”。

桥涵荷载分类 表7-4

<table>
<tr><th colspan="2">荷载分类</th><th>荷载名称</th><th>荷载分类</th><th>荷载名称</th></tr>
<tr><td rowspan="2">主力</td><td>恒载</td><td>结构构件及附属设备自重
预加力
混凝土收缩和徐变的影响
土压力
静水压力及水浮力
基础变位的影响</td><td>附加力</td><td>制动力或牵引力
风力
流水压力
冰压力
温度变化的作用
冻胀力</td></tr>
<tr><td>活载</td><td>列车竖向静活载
公路活载(需要时考虑)
列车竖向动力作用
长钢轨纵向水平力(伸缩力和挠曲力)
离心力
横向摇摆力
活载土压力
人行道人行荷载</td><td>特殊荷载</td><td>列车脱轨荷载
船只或排筏的撞击力
汽车撞击力
施工临时荷载
地震力
长钢轨断轨力</td></tr>
</table>

注:1. 如杆件的主要用途为承受某种附加力,则在计算此杆件时,该附加力应按主力考虑;

2. 流水压力不与冰压力组合,两者也不与制动力或牵引力组合;

3. 船只或排筏的撞击力、汽车撞击力以及长钢轨断轨力,只计算其中的一种荷载与主力相组合,不与其他附加力组合;

4. 列车脱轨荷载只与主力中恒载相组合,不与主力中活载和其他附加力组合;

5. 地震力与其他荷载的组合见国家现行《铁路工程抗震设计规范》(GB 50111—2006)的规定;

6. 长钢轨纵向力及其与制动力或牵引力等的组合,按(新建铁路桥上无缝线路设计暂行规定)有关规定办理。

1. 主力

主力包括恒载和活载两部分。

1)恒载

(1)结构自重

如桥跨自重(包括梁部结构、线路材料、人行道等)、墩台自重、基础及基顶上覆土自重等。检算基底应力和偏心时,一般按常水位(包括地表水或地下水)考虑,计算基础台阶顶面至一般冲刷线的土重;检算稳定性时,应按设计洪水频率水位(即高水位)考虑,计算基础台阶顶面至局部冲刷线的土重。

(2)水浮力

在河中的墩台,其基底下的持力层若为透水性土时,则基础要承受向上的水浮力,水浮力大小可由结构浸水部分体积求出。《铁路桥涵设计基本规范》(TB 10002.1—2005)规定:位于碎石土、砂土、粉土等透水地基上的墩台,当检算稳定性时,应考虑设计洪水频率水位的水浮力;计算基底应力或基底偏心时,仅考虑常水位(包括地表水或地下水)的水浮力。检算墩台身截面或检算位于黏性土上的基础,以及检算岩石(破碎、裂隙严重者除外)上的基础且基础混凝土与岩石接触良好时,均不考虑水浮力。位于粉质黏土和其他地基上的墩台,不能肯定是否透水时,应分别按透水与不透水两种情况检算基底而取其不利者。

(3)土压力

桥台承受台后填土土压力、锥体填土土压力及台后滑动土楔(也称破坏棱体)上活载所引起的土压力(简称活载土压力)。台后填土土压力、锥体填土土压力,可按库仑楔体极限平衡理论推导的主动土压力计算,公式见《铁路桥涵设计基本规范》(TB 10002.1—2005)附录A。

活载土压力的计算是将活载压力强度 q(kPa)换算成与填土重度相同的当量均布土层,也就是将均布活载 q 换算成等效厚度为 $h_{活}$($h_{活}=q/\gamma$)的土体进行计算。

在计算滑动稳定时,墩台前侧不受冲刷部分土的侧压力可按静止土压力计算,公式见《铁路桥涵设计基本规范》(TB 10002.1—2005)附录B。

(4)预加力

预加力是对预应力结构而言的。

(5)混凝土收缩和徐变的影响

对于刚架、拱等超静定结构,预应力混凝土结构、结合梁等,应考虑混凝土收缩和徐变的影响,而涵洞可不考虑。

2)活载

列车活载虽然不像恒载那样时刻作用于桥梁结构,但通过车辆是建造桥梁的目的,故活载与恒载一样,并列为主要荷载,它包括以下几种:

(1)列车竖向静活载

常速铁路列车竖向静活载采用中华人民共和国铁路标准活载,即"中—活载"。标准活载的计算图式如图7-11所示。一般可能产生最不利情况的列车位置有如下几种,在检算纵向(顺桥方向)时为:二孔满载(水平力即制动力最大,而竖向合力接近最大);二孔重载(墩上的竖向合力最大,而水平力可能亦为最大者);一孔重载(水平力最大,且支座反力亦最大);一孔轻载(水平力最大,而支座反力最小)。在检算横向(横桥方向)时为:二孔满载(产生大水平力如风力或列车横向摇摆力和最大竖向合力);二孔空车(产生大水平力和小竖向合力);桥上无车(产生更大风水平力和更小竖向力)。总之,列车位置的截取标准是:水平力要最大;检算基底压力时竖向合力要最大;检算偏心、倾覆稳定、滑动稳定时,竖向合力要最小。加载时可由计算图式中任意截取或采用特种活载,均以产生最不利情况为准。空车的竖向活载按10kN/m计算。

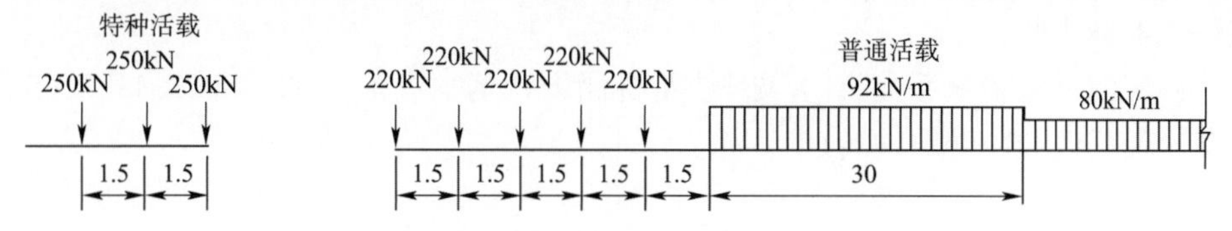

图7-11 中—活载图式(距离以m计)

高速铁路列车竖向静活载采用ZK活载,如图7-12所示,ZK标准活载如图7-12a)所示,ZK特种活载如图7-12b)所示。

(2)公路活载

桥梁为铁路、公路两用时,尚应考虑公路活载,其值按交通运输部现行《公路工程技术标准》(JTG B01—2014)规定的全部活载的75%计算,但对仅承受公路活载的构件,应按公路全部活载计算。

(3)列车竖向动力作用

列车竖向活载包括列车竖向动力作用时,该列车竖向活载等于列车竖向静活载乘以动力系数($1+\mu$),其动力系数的计算见《铁路桥涵设计基本规范》(TB 10002.1—2005)和《高速铁路设计规范》(TB 10621—2014)。

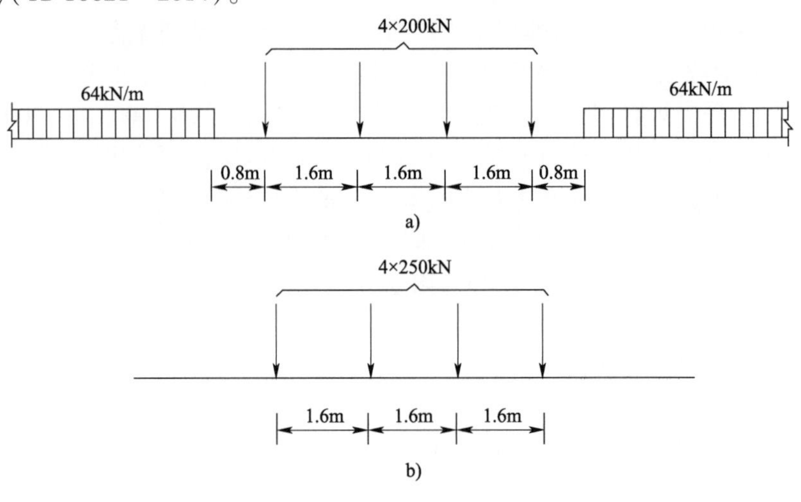

图 7-12 ZK 活载

a)ZK 标准活载;b)ZK 特种活载

(4)离心力

列车在曲线上行驶时,要产生离心力。离心力为作用于轨顶以上 2m 高处的横向水平力。

对集中活载 N

$$F=\frac{v^2}{127R}fN \tag{7-1}$$

对分布活载 q

$$F=\frac{v^2}{127R}fq \tag{7-2}$$

式中:F——离心力,kN;

N——“中—活载”图式中的集中荷载,kN;

q——“中—活载”图式中的分布荷载,kN/m;

v——设计速度,km/h;

R——曲线半径,m;

f——竖向活载折减系数,计算见《铁路桥涵设计基本规范》(TB 10002.1—2005)和《高速铁路设计规范》(TB 10621—2014)。

(5)横向摇摆力

横向摇摆力取 100kN,作为一个集中荷载取最不利位置,以水平方向垂直线路中心线作用于钢轨顶面。多线桥梁只计算任一线上的横向摇摆力。空车时应考虑横向摇摆力。

(6)列车活载所产生的土压力

列车静活载在桥台背后破坏棱体上引起的侧向土压力,应按列车静活载换算为当量均布土层厚度计算。

(7)人行道荷载

铁路桥梁上的人行道以通行巡道和维修人员为主,有时需放置钢轨、轨枕和工具等。设计主梁时,人行道的竖向静活载不与列车活载同时计算。

铺设无缝线路桥梁,桥梁设计应考虑无缝线路长钢轨纵向力作用。长钢轨纵向力及其与制动力或牵引力等的组合,按《新建铁路桥上无缝线路设计暂行规定》有关规定办理。

(8)气动力

由驶过列车引起的气动压力和气动吸力，气动力应分为水平气动力 q_h 和垂直气动力 q_v。气动力的计算见《高速铁路设计规范》(TB 10621—2014)。

2. 附加荷载

附加荷载是指非经常性作用的荷载，多为水平向，有如下几种：

1)制动力或牵引力

制动力或牵引力应按列车竖向静活载的10%计算。但当与离心力或列车竖向动力作用同时计算时，制动力或牵引力应按列车竖向静活载的7%计算。

制动力或牵引力作用在轨顶以上2m处，但计算桥墩台时移至支座中心处，计算台顶活载的制动力或牵引力时移至轨底，计算刚架结构时移至横杆中线处，均不计移动作用点所产生的竖向力或力矩。采用特种活载时，不计算制动力或牵引力。

简支梁传到墩台上的纵向水平力数值应按下列规定计算：固定支座为全孔制动力或牵引力的100%，滑动支座为全孔制动力或牵引力的50%，滚动支座为全孔制动力或牵引力的25%。在一个桥墩上安设固定支座及活动支座时，应按上述数值相加，但对于不等跨梁，则不应大于其中较大跨的固定支座的纵向水平力，对于等跨梁，不应大于其中一跨的固定支座的纵向水平力。

2)风力

作用于桥梁上的风力等于风荷载强度 W 乘以受风面积。风荷载强度及受风面积应按下列规定计算：

作用在桥梁上的风荷载强度 W 按下式计算：

$$W = K_1 K_2 K_3 W_0 \tag{7-3}$$

式中：W——风荷载强度，Pa；

W_0——基本风压值，Pa，$W_0 = \frac{1}{1.6}v^2$，系按平坦空旷地面，离地面20m高，频率1/100的10min平均最大风速 v(m/s)计算确定；一般情况下 W_0 可按《铁路桥涵设计基本规范》(TB 10002.1—2005)附录D"全国基本风压分布图"并通过实地调查核实后采用；

K_1——风载体形系数，桥墩见表7-5，其他构件为1.3；

K_2——风压高度变化系数，见表7-6，风压随离地面或常水位的高度而异，除特别高墩个别计算外，为简化计算，全桥均取轨顶高度处的风压值；

K_3——地形、地理条件系数，见表7-7。

桥墩风载体形系数置 K_1 表7-5

序号	截面形状		长宽比值	体形系数 K_t
1	(圆形截面图)	圆形截面	—	0.8
2	(正方形截面图)	与风向平行的正方形截面		1.4
3	(矩形截面图，l，b)	短边迎风的矩形截面	$l/b \leq 1.5$	1.2
			$l/b > 1.5$	0.9
4	(矩形截面图，l，b)	长边迎风的矩形截面	$l/b \leq 1.5$	1.4
			$l/b > 1.5$	1.3

续上表

序号	截面形状		长宽比值	体形系数 K_t
5		矩边迎风的圆端形截面	$l/b \geq 1.5$	0.3
6		长边迎风的圆端形截面	$l/b \leq 1.5$	0.8
			$l/b > 1.5$	1.1

风压高度变化系数 K_2 表 7-6

离地面或常水位高度(m)	≤20	30	40	50	60	70	80	90	100
K_2	1.00	1.13	1.22	1.30	1.37	1.42	1.47	1.52	1.56

地形、地理条件系数 K_3 表 7-7

地形、地理情况	K_3
一般平坦空旷地区	1.0
城市、林区盆地和有障碍物挡风时	0.85 ~ 0.90
山岭、峡谷、垭口、风口区、湖面和水库	1.15 ~ 1.30
特殊风口区	按实际调查或观测资料计算

桥上有车时,风荷载强度采用 $0.8W$,并不大于 1250Pa;桥上无车时按 W 计算。作用在桥梁上的风力等于单位风压形乘以受风面积,横向风力的受风面积应按结构理论轮廓面积乘以系数计算,见表 7-8。列车横向受风面积按 3m 高的长方带计算,其作用点在轨顶以上 2m 高度处。标准设计的风压强度,有车时 $W = 800K_1K_2$,并不大于 1250Pa;无车时 $W = 1400K_1K_2$。

横向受风面积系数表 表 7-8

钢桁梁及钢塔架	0.4
钢拱两弦间的面积	0.5
桁拱下弦与系杆间的面积或上弦与桥面系间的面积	0.2
整片的桥跨结构	1.0

纵向风力与横向风力计算方法相同。对于列车、桥面系和各类上承梁,所受的纵向风力不予计算;对于下承桁梁和塔架,应按其所受横向风荷载强度的 40% 计算。

3)流水压力

作用于桥墩上的流水压力可按下式计算:

$$P = KA\frac{\gamma v^2}{2g_n} \tag{7-4}$$

式中:P——流水压力,kN;

A——桥墩阻水面积,m^2,通常计算至一般冲刷线处;

γ——水的重度,一般采用 $10kN/m^3$;

g_n——标准自由落体加速度,m/s^2;

v——计算时采用的流速,m/s:检算稳定性时采用设计频率水位的流速,计算基底应力或基底偏心时采用常水位的流速;

K——桥墩形状系数,见表 7-9。

流水压力的分布假定为倒三角形,其合力的作用点位于水位线以下 1/3 水深处。

桥墩形状系数表 K 表 7-9

截面形状	方形	长边平行于水流之矩形	圆形	尖端形	圆端形
K	1.47	1.33	0.73	0.67	0.60

4)冰压力

流水压力、冰压力不同时计算,两者也不与制动力或牵引力同时计算。位于有冰的河流或水库中的桥墩台,应根据当地冰的具体条件及墩台的结构形式,考虑河流流冰产生的动压力、风和水流作用于大面积冰层产生的静压力等冰荷载的作用。

5)温度变化的影响

这是由气温变化引起的,对于刚架、拱桥等超静定结构才需要考虑它。

6)冻胀力

严寒地区桥梁基础位于冻胀、强冻胀土中时将受到切向冻胀力的作用,其计算及检算见《铁路桥涵地基和基础设计规范》(TB 10002.5—2005)附录 G。

3. 特殊荷载

特殊荷载指某些出现几率极小的荷载,如船只或排筏撞击力、地震力以及仅在某一段时间才出现的荷载,如施工荷载。

施工荷载是指结构物在就地建造或安装时,尚应考虑作用在其上的荷载(包括自重、人群、架桥机、风载、吊机或其他机具的荷载以及拱桥建造过程中承受的单侧推力等)。在构件制造、运送、装吊时亦应考虑作用于构件上的临时荷载。计算施工荷载时,可视具体情况分别采用各自有关的安全系数。

以上各种荷载并不同时全部作用在结构物上,对结构物的强度、刚度或稳定性的影响也不相同。在桥梁设计中,应对每一项要求选取导致结构物出现最不利情况的荷载进行检算,称为最不利荷载组合。例如检算桥墩基底要求的承载力时,应选取导致桥墩基底产生最大应力的各项荷载组合起来进行计算;当检算基底稳定性时,则应选取导致桥墩承受最大水平力而竖向力为最小的各项荷载组合。不同要求的最不利荷载组合一般不能直接判断出来,需选取可能出现的不同荷载组合通过计算确定。在进行荷载组合时应注意如下原则:

(1)只考虑主力加附加力或主力加特殊荷载。不考虑主力加附加力加特殊荷载这种组合方式,因为它们同时出现的几率是非常小的。

(2)主力与附加力组合时,只考虑主力与一个方向(顺桥向或横桥向)的附加力相组合。

(3)对某一检算项目应选取相应的最不利荷载组合。最不利荷载组合可依该检算项目的检算公式作分析和选取。

(二)刚性扩大基础尺寸的拟定

拟定基础尺寸是基础设计的重要内容之一,尺寸拟定恰当,可以减少重复设计工作。刚性扩大基础尺寸的拟定主要是根据基础埋置深度确定基础分层厚度和基础平面尺寸。

基底高程可按基础埋深的要求确定。水中基础顶面高程一般不高于最低水位,在季节性流水的河流或旱地上的桥梁墩台基础,则不宜高出地面,以防碰损。这样,基础厚度可按上述要求所确定的基础底面和顶面高程求得。当基础的厚度较大时,多采用厚度不小于 1m 的逐层扩大的阶梯形式,以便于施工和节省圬工。基础底面形状,一般与墩、台身的截面形状大致相近即可,以方便施工,例如矩形、圆端形及圆形墩的基础多做成矩形的,圆形墩的基础也有做成八角形或圆形的。刚性扩大基础尺寸如图 7-13 所示,基础底面长、宽尺寸与基础厚度有如

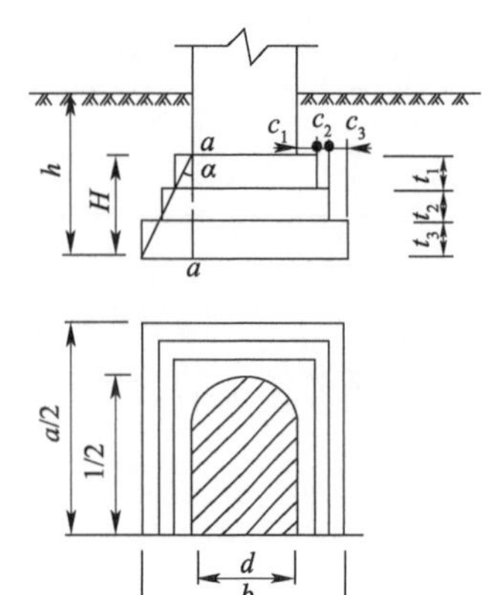

图 7-13　刚性扩大基础尺寸

下的关系式：

长度（横桥向）　　　$a = l + 2H\tan\alpha$　　　(7-5)

宽度（顺桥向）　　　$b = d + 2H\tan\alpha$　　　(7-6)

式中：l——墩、台身底截面长度，m；

d——墩、台身底截面宽度，m；

H——基础厚度，m；

α——墩、台身底截面边缘至基础边缘连线与铅垂线间的夹角，(°)。

自墩台身底面边缘至基础顶面边缘的距离 c_1 称为襟边，其作用一方面是扩大基底面积增加基础承载力，同时也便于调整基础施工时在平面尺寸上可能发生的误差，也为满足支立墩台身模板的需要。通常，桥梁墩、台基础采用的襟边最小宽度为 0.2m。

基础悬出总长度（包括襟边与台阶宽度之和），应使悬出部分在基底反力作用下，在 a-a 截面所产生的弯曲拉应力和剪应力不超过基础圬工的强度限值。所以满足上述要求时，就可得到自墩、台身底面边缘处的铅垂线与基底边缘的连线间的最大夹角 α_{max}（称 α_{max} 为刚性角）。在设计时，应使每个台阶宽度 c_i 与厚度 t_i 保持在一定的比例内，使其夹角 $\alpha_i \leqslant \alpha_{max}$ 时可认为属刚性基础，不必对基础进行弯曲拉应力和剪应力的强度检算，在基础内部也可不设置钢筋。

《铁路桥涵地基和基础设计规范》（TB 10002.5—2005）对刚性角 α_{max} 作了如下规定：

单向受力明挖基础（不包括单向受力圆端形桥墩采用矩形基础的）各层台阶正交方向（顺桥轴方向和横桥轴方向）的坡线与竖直线所成的夹角，对于石砌基础不应大于 35°，对于混凝土基础不应大于 45°。双向受力矩形墩、台的各种形状的基础以及单向和双向受力的圆端形桥墩采用明挖矩形基础的，其最上一层基础台阶两正交方向的坡线与竖直线所成的夹角，对于石砌和混凝土基础则分别不应大于 30°和 35°；需要同时调整最上一层台阶两正交方向的襟边宽度时，其斜角处的坡线与竖直线所成的夹角，不得大于上述两正交方向为 30°和 35°夹角时斜角处的坡线与竖直线所成的夹角；其下各层台阶正交方向的夹角分别不应大于 30°和 35°，否则应予切角。

（三）刚性扩大基础的计算

（1）地基强度计算

1）持力层强度计算

持力层是直接与基底相接触的土层，持力层强度检算要求最不利荷载组合在基底产生的地基应力不超过持力层的地基容许承载力。基底应力的分布在理论上可采用弹性理论求得较精确解，在实践中常采用简化方法，即按材料力学偏心受压公式进行计算。由于浅基础埋置深度浅，在计算中可不计基础四周土的摩阻力和弹性抗力的作用。

桥梁在直线上时，其计算公式为

$$\sigma_{\min}^{\max} = \frac{\sum P}{A} \pm \frac{\sum M_x}{W_x} \leqslant [\sigma] \tag{7-7}$$

式中：$\sum P$——基底竖向合力，kN；

A——基底面积，m^2；

$\sum M_x$——基底纵向（顺桥轴线）x 方向）合力矩，kN · m；

W_x——基底对 x 轴（横桥轴线 y 方向）之截面模量，m^3；

$[\sigma]$——地基容许承载力,kPa。

如桥梁在曲线上,则在计算纵向时,除了纵向力矩 $\sum M_x$ 外,尚有离心力所产生的横向力矩 $\sum M_y$ 对基底应力的影响,其计算公式为

$$\sigma_{\substack{max \\ min}} = \frac{\sum P}{A} \pm \frac{\sum M_x}{W_x} \pm \frac{\sum M_y}{W_y} \tag{7-8}$$

式中:$\sum M_y$——基底横向(横桥轴线 y 方向)合力矩,kN·m;

W_y——基底对 y 轴之截面模量,m^3。

按以上公式计算,当 $\sigma_{min} < 0$ 时,说明基底出现拉应力。若持力层为土质,实际上是不会产生拉应力的;若持力层为整体性较好的岩面,当出现拉应力时,由于《铁路桥涵地基和基础设计规范》(TB 10002.5—2005)规定不考虑基底承受拉应力,因此应考虑应力重分布,全部荷载仅由受压部分承担。按应力重分布计算的基底最大压应力 σ'_{max} 也必须满足地基承载力的要求,即 $\sigma'_{max} \leqslant [\sigma]$。

2)软弱下卧层强度计算

当受压层范围内地基土由多层土(主要指地基承载力有差异而言)组成,且持力层以下有软弱下卧层(指容许承载力小于持力层容许承载力的土层)时,还应计算软弱下卧层的承载力,计算时先计算软弱下卧层顶面(在基底形心轴下)处的总压应力(包括自重应力及附加应力)σ_{h+z},要求 σ_{h+z} 不得大于软弱下卧层顶面处的地基承载力 $[\sigma]_{h+z}$。

3)基底偏心距计算

控制基底偏心距 e 的目的是为了使基底压应力的分布较均匀,减少地基土的不均匀下沉,从而避免基底产生拉应力和基础发生过大的倾斜。当桥梁墩、台及挡土墙等受有水平荷载时,要设计使其合力通过基底中心,不但不经济,有时甚至是不可能的,设计时一般以基底不出现拉应力为原则,只要控制其偏心距 e,使其不超过某一数值即可。《铁路桥涵地基和基础设计规范》(TB 10002.5—2005)规定:外力对基底截面重心的偏心距 e 不应大于表 7-10 规定的值。

偏心距 e 限值规定 表 7-10

<table>
<tr><th colspan="3">地基及荷载情况</th><th>e</th></tr>
<tr><td>建于非岩石地基上的墩台,仅承受恒载作用时</td><td colspan="3">合力的作用点应接近基础底面的重心</td></tr>
<tr><td rowspan="2">建于非岩石地基(包括土状的风化岩层)上的墩台,当承受主力加附加力时</td><td colspan="2">桥墩与土的基本承载力 $\sigma_0 > 200$kPa 的桥台</td><td>1.0ρ</td></tr>
<tr><td colspan="2">土的基本承载力 $\sigma_0 \leqslant 200$kPa 的桥台</td><td>0.8ρ</td></tr>
<tr><td rowspan="2">建于岩石地基上的墩台,当承受主力加附加力时</td><td colspan="2">硬质岩</td><td>1.5ρ</td></tr>
<tr><td colspan="2">其他岩石</td><td>1.2ρ</td></tr>
<tr><td rowspan="4">墩台承受长钢轨伸缩力或挠曲力加主力时</td><td rowspan="2">非岩石地基</td><td>土的基本承载力 $\sigma_0 > 200$kPa</td><td>0.8ρ</td></tr>
<tr><td>土的基本承载力 $\sigma_0 \leqslant 200$kPa</td><td>0.6ρ</td></tr>
<tr><td rowspan="2">岩石地基</td><td>硬质岩</td><td>1.25ρ</td></tr>
<tr><td>其他岩石</td><td>1.0ρ</td></tr>
<tr><td rowspan="4">墩台承受主力加特殊荷载(地震力除外)时</td><td rowspan="2">非岩石地基</td><td>土的基本承载力 $\sigma_0 > 200$kPa</td><td>1.2ρ</td></tr>
<tr><td>土的基本承载力 $\sigma_0 \leqslant 200$kPa</td><td>1.0ρ</td></tr>
<tr><td rowspan="2">岩石地基</td><td>硬质岩</td><td>2.0ρ</td></tr>
<tr><td>其他岩石</td><td>1.5ρ</td></tr>
</table>

外力对基底截面重心的偏心距 e 的计算公式为

$$e = \frac{\sum M}{\sum P} \leqslant [e] \tag{7-9}$$

式中：$\sum M$——所有外力对基底截面重心的合力矩，kN·m；

$\sum P$——基底竖向合力，kN；

$[e]$——基底容许偏心距，m。

当外力作用点不在基底截面对称轴上，基底受斜向弯矩时，基地截面核心半径ρ的计算较为烦琐，为省略计算ρ的工作，可先求出基底截面的最小应力σ_{min}，然后按下式直接求出e/ρ的比值。

$$\frac{e}{\rho}=1-\frac{\sigma_{min}}{\frac{\sum P}{A}} \tag{7-10}$$

式中：σ_{min}——不考虑应力重分布的基底最小应力。

其他符号意义同前，但要注意$\sum P$和σ_{min}是在同一种荷载组合情况下求得的。

4）基础稳定性计算

基础稳定性计算的目的是为了保证墩台在最不利荷载组合作用下，不致绕基底外缘转动或沿基础底面滑动。其计算内容包括倾覆稳定性计算和滑动稳定性计算两部分。

（1）倾覆稳定性计算

在最不利荷载组合下，墩台基础的倾覆稳定系数K_0计算公式为

$$K_0=\frac{\text{稳定力矩}}{\text{倾覆力矩}}=\frac{s\sum P_i}{\sum P_i e_i+\sum T_i h_i}=\frac{s}{e} \tag{7-11}$$

式中：K_0——墩、台基础的倾覆稳定系数；

P_i——各竖直力，kN；

e_i——各竖直力只对检算截面重心的力臂，m；

T_i——各水平力，kN；

h_i——各水平力正对检算截面的力臂，m；

s——在沿截面重心与合力作用点的连线上，自截面重心至检算倾覆轴的距离，m，如图7-14所示；

e——所有外力合力R的作用点至截面重心的距离，m。

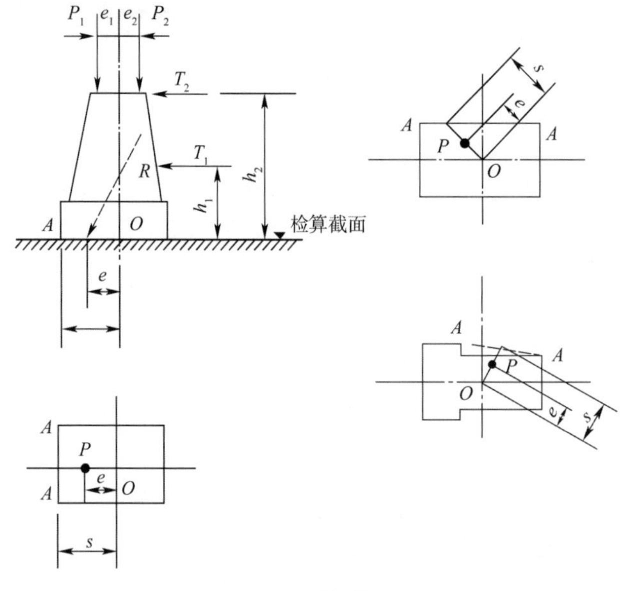

图7-14　基础倾覆稳定计算

力矩 $P_i e_i$ 和 $T_i h_i$ 应视其绕检算截面重心的方向区别正负。对于凹多边形基底，检算倾覆稳定性时，其倾覆轴应取基底截面的外包线。墩台基础的倾覆稳定系数不得小于1.5，考虑施工荷载时不得小于1.2。理论和实践证明，基础倾覆稳定性与合力的偏心距有关。合力偏心距越大，则基础抗倾覆的安全储备越小，因此，在设计时，可以用限制合力偏心距 e 来保证基础的倾覆稳定性。

(2)滑动稳定性计算

墩台基础的滑动稳定系数 K_c 的计算公式为

$$K_c = \frac{f\sum P_i}{\sum T_i} \tag{7-12}$$

式中：f——基底与持力层间的摩擦系数。

当缺少实际资料时，可采用表7-11数值。墩台基础的滑动稳定系数 K_c 不得小于1.3，考虑施工荷载时不得小于1.2。

基底摩擦系数 表7-11

地基土石分类	摩擦系数	地基土石分类	摩擦系数
软塑的黏性土	0.25	碎石类土	0.5
硬塑的黏性土	0.3	软质岩	0.4~0.6
粉土、坚硬的黏性土	0.3~0.4	硬质岩	0.6~0.7
砂类土	0.4		

5)地基稳定性计算

建筑在土质斜坡上的基础，尤其受有水平荷载作用的建筑物，例如桥台、挡土墙等，应注意该基础是否会连同地基土一起下滑。要防止下滑，就必须加深基础的埋置深度，以加长其滑裂线，如图7-15a)所示。

位于稳定土坡坡顶上的建筑，当基础边长 b(垂直于边坡)小于3m时，基础外缘至坡顶的水平距离 s 不得小于2.5m，且基础外缘至坡面的水平距离 l，对于条形基础，不得小于3.5b；对于矩形基础，不得小于2.5b，如图7-15b)所示。当边坡坡角 α 大于45°，坡高 D 大于8m时，则尚应检算坡体(即地基)稳定性。

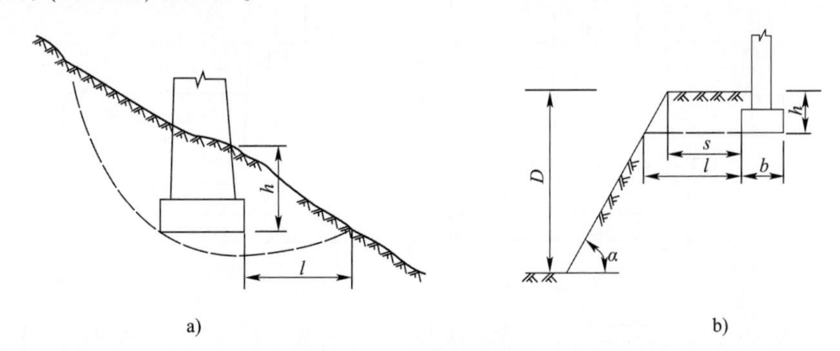

图7-15 地基稳定检算图式

地基稳定性可用圆弧滑动面法进行计算。稳定安全系数 K_f 系指最危险的滑动面上诸力对滑动中心所产生的抗滑力矩与滑动力矩之比，其值应符合下式要求，即

$$K_f = \frac{抗滑力矩}{滑动力矩} \geqslant 1.3 \tag{7-13}$$

6）地基沉降计算

修建在非岩石地基上的桥梁基础，都会发生一定程度的沉降。为了保证墩台发生沉降后，桥头或桥上线路坡度的改变不致影响列车的正常运行，即使要进行线路高程调整，其调整工作量也不致太大，不会引起梁上道砟槽边墙改建和桥梁结构加固，对于桥梁基础沉降量给予一定的限制。《铁路桥涵地基和基础设计规范》（TB 10002.5—2005）规定：

（1）桥涵基础的沉降应按恒载计算。

（2）对于静定结构，其墩台总沉降量与墩台施工完成时的沉降量之差不得大于下列容许值：

对于有砟桥面桥梁：墩台均匀沉降量 80mm；相邻墩台均匀沉降量之差 40mm。

对于明桥面桥梁：墩台均匀沉降量 40mm；相邻墩台均匀沉降量之差 20mm。

对于涵洞：涵身沉降量 100mm。

对于超静定结构，其相邻墩台均匀沉降量之差的容许值，应根据沉降对结构产生的附加沉降对结构产生的附加应力的影响而定。

五、浅基础设计实例

（一）设计资料

（1）某桥为某Ⅰ级线路上的一座直线铁路桥，线路为单线平坡，桥与河流正交。

（2）设计荷载为中—活载。

（3）上部结构为等跨 16m 钢筋混凝土梁，每孔梁重 1029.8kN。线路材料及双侧人行道重 39.2kN/m。顶帽为 C20 钢筋混凝土，墩身及基础采用 C15 片石混凝土。桥墩尺寸如图 7-16 和图 7-17 所示，地质及水文情况如图 7-16 所示。

（4）桥址位于空旷平坦地区，基本风压值为 500Pa。

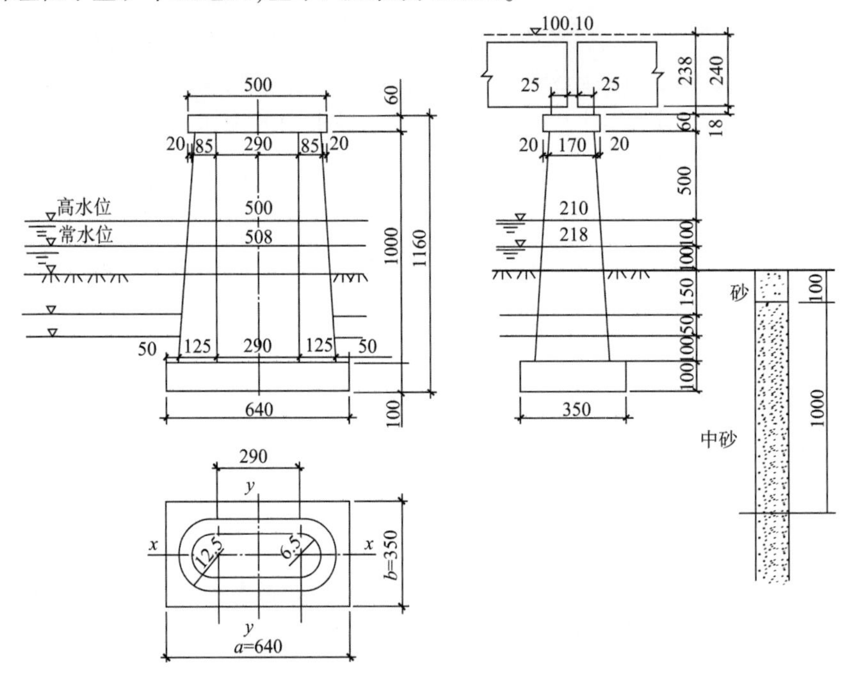

图 7-16　桥墩尺寸图（高程单位：m；尺寸单位：cm）

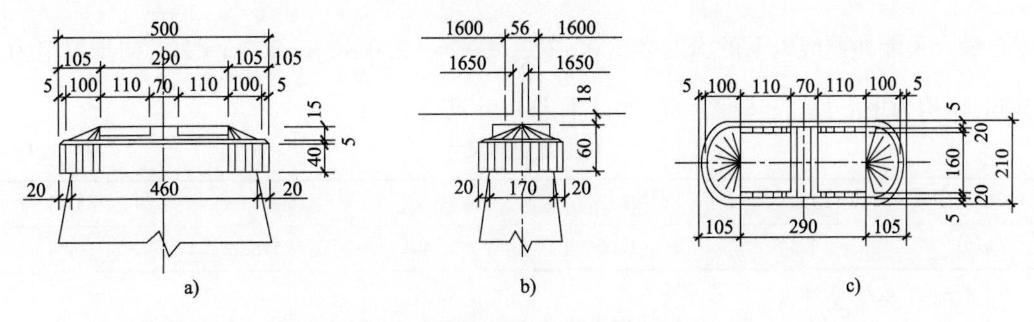

图 7-17　桥墩顶帽尺寸(尺寸单位:cm)

(5)支座形式为弧形支座,全高 18cm,铰中心至垫石顶面为 8.7cm,钢轨高 16cm。

(6)水流平均流速为:常水位时 $v=1\text{m/s}$;高水位时 $v=2\text{m/s}$。

(7)基础顶面处荷载,计算结果见表 7-12(表中未计基础自重及基顶襟边以上土重)。

基顶荷载　　表 7-12

项目	活载			主力+纵向附加力	主力+横向附加力
基底压应力及偏心	一孔轻载	常水位,计浮力	$\sum P$(kN)	4137.7	
			$\sum M$(kN·m)	2393.9	
			$\sum H$(kN)	207.5	
	二孔重载	常水位,计浮力	$\sum P$(kN)	4964.3	
			$\sum M$(kN·m)	2198.6	
			$\sum H$(kN)	207.5	
	二孔满载	常水位,计浮力	$\sum P$(kN)	4899.5	4899.5
			$\sum M$(kN·m)	2180.5	1215.2
			$\sum H$(kN)	207.5	92.8
倾覆及滑走稳定性	一孔轻载	高水位,计浮力	$\sum P$(kN)	4041.7	
			$\sum M$(kN·m)	2383.8	
			$\sum H$(kN)	205.3	
	二孔满载	高水位,计浮力	$\sum P$(kN)		4803.5
			$\sum M$(kN·m)		1245.8
			$\sum H$(kN)		100.5
	二孔空车	高水位,计浮力	$\sum P$(kN)		4803.5
			$\sum M$(kN·m)		705.5
			$\sum H$(kN)		58.5

注:表中基顶荷载可由题中条件计算得到。

(二)设计计算任务

(1)初步确定基础埋置深度和尺寸。

(2)检算基础本身强度。

(3)检算基底压应力及偏心、基础倾覆及滑动稳定性。

(三)设计计算

1.初步拟定基础埋置深度和尺寸

本桥址河流的冲刷总深度为 90.00−88.00=2.0m,根据最小埋深的有关规定,基底必须埋置在最大可能冲刷线以下的深度为 $2.0+\frac{2.5-2.0}{5-0}\times(2.0-0)=2.2\text{m}\approx 2\text{m}$，初步拟定为一层基础，形状为矩形，基底高程为 86.00m，详细尺寸见表 7-13。

初拟基础的尺寸　　表 7-13

长度(m)	宽度(m)	高度(m)	体积(m^3)	重量(kN)	水浮力(kN)
6.40	3.50	1.00	22.40	515.2	224.0

2. 基础本身强度计算

基础各层台阶正交方向的坡线与竖直线所成的夹角 α 值见表 7-14。

初拟基础的刚性角　　表 7-14

纵向夹角 α	横向夹角 α	α_{max}
$\arctan\left(\frac{\frac{3.5-2.5}{2}}{1.0}\right)=26.6°$	$\arctan\left(\frac{\frac{6.4-5.4}{2}}{1.0}\right)=26.6°$	35°

基础纵向、横向的刚性角 α 都满足 $\alpha\leqslant\alpha_{max}$，故纵向、横向均满足基础圬工强度要求。

3. 基底压应力及偏心、基础倾覆及滑动稳定性计算

纵向、横向基底压应力及偏心计算、基础倾覆及滑动稳定性计算分别列表计算，见表 7-15 和表 7-16。

主力＋纵向附加力(顺桥向)　　表 7-15

检算项目		倾覆滑动稳定性		基底压应力及偏心					
活载布置图式		一孔轻载		一孔轻载		二孔重载		二孔满载	
水位		高水位，计浮力		常水位，计浮力		常水位，计浮力		常水位，计浮力	
力或力矩		P 或 H	M	P 或 H	M	P 或 H	M	P 或 H	M
基顶	P(kN)或 M(kN·m)	4041.7	2383.8	4137.7	2393.9	4964.3	2198.6	4899.5	2180.5
	H(kN)	205.3		207.5		207.5		207.5	
基础重量(kN)		515.2		515.2		515.2		515.2	
基础所受浮力(kN)		−224.0		−224.0		−224.0		−224.0	
覆土重量(kN)		102.4		307.2		307.2		307.2	
基底	ΣP(kN)或 ΣM(kN·m)	4435.3	2589.1	4736.1	2601.4	5562.7	2406.1	5497.9	2388
	ΣH(kN)	205.3		207.5		207.5		207.5	
抵抗倾覆力矩 $=\frac{b}{2}\times\Sigma P$ (kN·m)		7761.8							
倾覆稳定系数 $K_0=\frac{\frac{b}{2}\times\Sigma P}{\Sigma M}$		3.0							
容许最小倾覆稳定系数		1.5							
基底摩擦力 $=f\times\Sigma P$(kN)		1774.1							
滑动稳定系数 $K_c=\frac{f\times\Sigma P}{\Sigma H}$		8.6							
容许最小滑动稳定系数		1.3							
基底面积 A(m^2)				22.4		22.4		22.4	

续上表

检　算　项　目	倾覆滑动稳定性	基底压应力及偏心		
基底截面模量 $W_x(m^3)$		13.07	13.07	13.07
$\sigma_{max}=\frac{\Sigma P}{A}+\frac{\Sigma M}{W_x}$(kPa)		211.4+199.0=410.4	248.3+184.1=432.4	245.4+182.7=428.1
$\sigma_{min}=\frac{\Sigma P}{A}-\frac{\Sigma M}{W_x}$(kPa)		211.4−199.0=12.4	248.3−184.1=64.2	245.4−182.7=62.7
地基容许承载力[σ](kPa)		456	456	456
竖向合力偏心 $e=\frac{\Sigma M}{\Sigma P}$(m)		0.55	0.43	0.43
容许偏心[e]$=\frac{b}{6}$(m)		0.58	0.58	0.58

主力+横向附加力(横桥向)　表 7-16

检　算　项　目		倾覆及滑动稳定性				基底压应力及偏心	
活载布置图式		二孔空车		二孔满载		二孔满载	
水位		高水位,计浮力		高水位,计浮力		常水位,计浮力	
力或力矩		P 或 H	M	P 或 H	M	P 或 H	M
基顶荷载	P(kN)或 M(kN·m)	4803.5	705.5	4803.5	1245.8	4899.5	1215.2
	H(kN)	58.5		100.5		92.8	
基础重量(kN)		515.2		515.2		515.2	
基础所受浮力(kN)		−224.0		−224.0		−224.0	
覆土重量(kN)		102.4		102.4		307.2	
基底合力	ΣP(kN)或 ΣM(kN·m)	5197.1	764	5239.1	1346.3	5497.9	1308
	ΣH(kN)	58.5		100.5		92.8	
抵抗倾覆力矩$=\frac{a}{2}\times\Sigma P$(kN·m)		16630.7		16765.1			
倾覆稳定系数 $K_0=\frac{\frac{a}{2}\times\Sigma P}{\Sigma M}$		21.8		12.5			
容许最小倾覆稳定系数		1.5		1.5			
基底摩擦力$=f\times\Sigma P$(kN)		2078.8		2095.6			
滑动稳定系数 $K_c=\frac{f\times\Sigma P}{\Sigma H}$		35.5		20.9			
容许最小滑动稳定系数		1.3		1.3			
基底面积 $A(m^2)$						22.4	
基底截面模量 $W_y(m^3)$						23.89	
$\sigma_{max}=\frac{\Sigma P}{A}+\frac{\Sigma M}{W_y}$(kPa)						245.4+54.8=300.2	
$\sigma_{min}=\frac{\Sigma P}{A}-\frac{\Sigma M}{W_y}$(kPa)						245.4−54.8=190.6	
地基容许承载力[σ](kPa)						456	
竖向合力偏心 $e=\frac{\Sigma M}{\Sigma P}$(m)						0.24	
容许偏心[e]$=\frac{a}{6}$(m)						1.07	

(1)基础襟边以上土重：

持力层为中密中砂，其基本承载力 $\sigma_0=350\text{kPa}$；修正系数 $K_1=2$，$K_2=4$；因持力层透水，故 γ_1、γ_2 应采用浮重度，$\gamma_1=\gamma_2=\gamma_b=20-10=10\text{kN/m}^3$。故地基容许承载力

$$[\sigma]=\sigma_0+K_1\gamma_1(b-2)+K_2\gamma_2(h-3)=350+2\times10(3.5-2)+0=380\text{kPa}$$

当荷载为主力加附加力时，可提高 20%，即

$$[\sigma]=380\times1.2=456\text{kPa}$$

因持力层下无弱下卧层，故不必进行软弱下卧层检算。

(2)该桥为简支梁桥，地质条件简单，故只要基底压应力小于$[\sigma]$，可不必进行沉降计算；本桥为小跨度桥，墩身也不高，因此可以不计算墩顶位移。

计算结果表明都符合要求。

(3)本桥位于直线上，通常直线桥由主力加纵向附加力控制设计。

(4)本算例中，控制各项检算项目的最不利荷载组合分别为：

①基底压应力：主力加纵向附加力——二孔重载，常水位，计浮力；

②基底处竖向合力偏心距：主力加纵向附加力——一孔轻载，常水位，计浮力；

③基础的倾覆及滑动稳定性：主力加纵向附加力——一孔轻载，高水位，计浮力。

六、浅基础施工

在浅基础施工中，只要经济上合理、技术上可行时，大都优先考虑明挖施工。明挖基础施工，一般包括基坑定位放样、基坑开挖、支撑与排水、地基检验和处理、砌筑基础及回填基坑等。如果在水中修建基础，基坑开挖前还要修筑围堰。明挖基础施工的每一个工序，均应符合《铁路桥涵施工规范》(TB 10203—2002)的有关规定。其具体施工方法分述如下。

(一)基坑尺寸的确定

基坑定位放样是基坑开挖前的一项工作。首先应根据基础底面尺寸及埋置深度、河床土质及地下水位高程等确定基坑开挖的尺寸。无水土质基坑底面，宜按基础设计平面尺寸，每边加宽不小于 50cm，基础如有凹角，基坑仍应取直；适宜垂直开挖且不立模板的基坑，基坑底尺寸应满足基础轮廓的要求；对有水的基坑底面，应设四周排水沟与汇水井的位置，每边加宽不宜小于 80cm。

(二)基坑定位放样

基坑定位实际上就是墩台定位，即确定墩台的纵、横向十字线方向，以此确定基础纵、横向十字线方向。直线桥墩台定位，常采用直接定位法(直接丈量定位，视差法调正)和交会法，曲线桥常采用交会法和综合法(直接定位法和交会法结合)，详见铁路工程施工技术手册《桥涵》上册，这里不再叙述。

基坑放样是指当基坑底面尺寸和坑壁坡度(可参考表 7-17)确定后，根据基础纵、横向十字线方向和基底的设计高程，用作横断面测量的方法放出基坑的开挖边桩。例如图 7-18 所示的桥墩基础，尺寸为 4m×6m，开挖深度约 5m，基坑土质为黏砂土，开挖时有地下水。计划在地面较低一侧设汇水井，留 1m 的富余量，其他三侧设排水沟，各留0.8m的富余量，则基坑底面宽为 5.6m，长为 7.8m。预计基坑开挖过程中，顶缘无载重，黏砂土坡度为 1:0.67。该基坑坑顶地面起伏较大，放样时，先根据桥墩纵、横向十字线定出基坑底的平面位置，再沿其四边的边线作断面，在断面图上找出基坑顶部的尺寸，以此放出 a_1、a_2、b_1、b_2 等 8 个边桩，a_1b_1、a_2b_2、

c_1d_1、c_2d_2等各边桩的连接线所形成的四边形，就可作为基坑上口边缘的开挖线。

基坑坑壁坡度　表 7-17

坑壁土	坑壁坡度		
	基坑顶缘无载重	基坑顶缘有静载	基坑顶缘有动载
砂类土	1:1	1:1.25	1:1.5
碎石类土	1:0.75	1:1	1:1.25
黏砂土	1:0.67	1:0.75	1:1
砂黏土	1:0.35	1:0.5	1:0.75
黏土带有石块	1:0.25	1:0.33	1:0.67
未风化页岩	1:0	1:0.1	1:0.25
岩石	1:0	1:0	1:0

注：1. 开挖基坑通过不同土层时，边坡可分层选定，并酌留平台。

2. 在山坡上挖基坑，如地质不良时，应注意防止滑坍。

3. 如土的湿度过大，能引起坑壁坍塌时，坑壁坡度应采用该湿度下的天然坡度。

4. 在既有建筑物旁开挖基坑时，应按设计文件的要求办理。

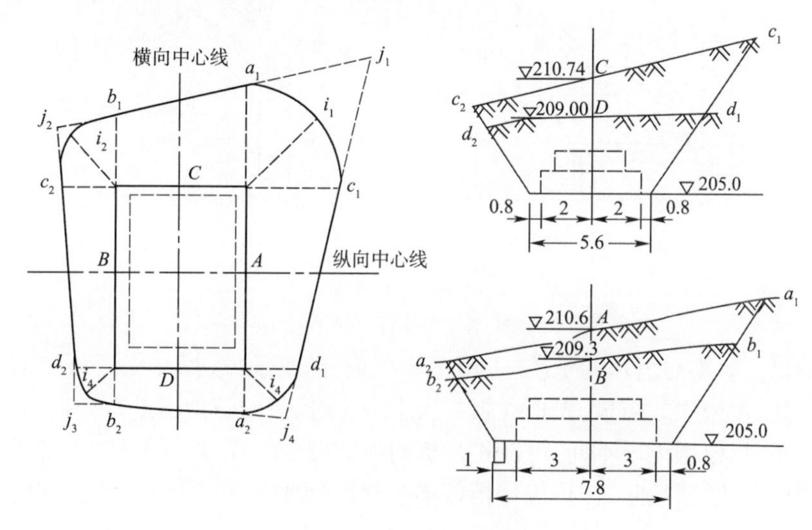

图 7-18　基坑放样（尺寸单位：m）

在利用桥墩台的纵、横向十字线放样时，应注意：桥台的横向中心线为桥台的胸墙线，它与桥台基础横向中心线之间有一差数；曲线上预偏心桥墩基础的中心与相邻梁中线交点差一横向预偏心值。

（三）基坑土方量的计算

开挖基坑前，应根据设计基坑断面，计算工程数量，作为安排施工计划的依据。基坑开挖后，还应按照实际开挖情况，绘制实际开挖断面图，计算实际挖基土方数量，作为验工计价、竣工图和决算的依据。一般计算方法是根据基坑开挖前后的几何形状，用数学方法算出体积，即得到基坑开挖前后的土方量。

（四）基坑开挖

基坑开挖方法有机械和人力两种。

机械开挖适用于较大面积土质基坑。机械挖土时，由于不能准确地挖至设计高程，易使地基土的结构遭受破坏,因此应保留一定厚度由人工开挖。

人力开挖时,对于土质基坑,常用锹、镐等工具开挖,对于石质基坑、风化岩层可用风铲开挖,坚硬岩层需用风钻打眼放炮,但用药量要严加控制,以保护附近的建筑物及机械设备的安全。

基坑顶外有动载时,坑顶边缘和动载间至少应留有 1m 的护道。如水文条件不良或动载过大,宜增宽护道或采取加固措施。弃土堆宜设在下游指定地点,其坡脚与坑顶缘的距离不宜小于基坑的深度。

(五)支撑与排水

1.基坑支撑

当土质松软而放坡所增加的土方量很大,或受场地限制不能放坡时,可采用木板支撑来挡土,或用喷射混凝土护壁来加固坑壁。

1)木板支撑

挡土板可以平放或立放,如图 7-19 所示。

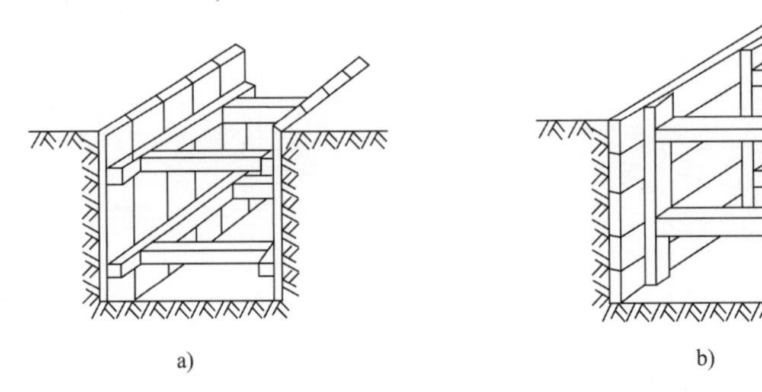

图 7-19 木板支撑

a)竖衬板支撑;b)横衬板支撑

一般在挖掘当时不易坍塌的土质,可用平放挡板,随挖随放,撑住一层再挖下一层。而对容易坍塌的土质,可用立放挡板,先把立板打入土中,在挡板的防护下进行开挖。

为了节约木材,根据土质不同,可以将衬板间隔铺设,或上部放坡开挖,下部采用坑壁竖直开挖木板支撑的办法,回填基坑时,应将挡板逐步拆除回收。当基坑较大时,桩柱也可用型钢来代替。

2)喷射混凝土护壁

其基本方法是将基坑开挖成圆形(开挖坡度为 1:0.07 ~ 1:0.1,然后分层喷射 3 ~ 15cm 厚的速凝混凝土作为护壁,再进行下段的基坑开挖,再喷射混凝土护壁,如此逐段向下开挖,直至设计高程一根据土质与渗水情况,每次下挖 0.5 ~ 1m 后应立即喷护。

喷射混凝土护壁宜用于稳定性较好,地下水渗透不很严重的各种土质基坑开挖。目前采用此法开挖深度不宜超过 10m,并注意基坑开挖前,应在坑口顶缘采取加固措施,防止土层坍塌。

2.基坑排水

1)抽水

在有渗水的基础中开挖时,应在坑底周边挖引水沟,靠下游一角挖集水坑,并将水引入境内抽走。集水坑应低于正在开挖的基坑底面,其尺寸应能放入抽水机龙头,以保证及时抽干坑内渗水。集水坑的开挖常影响挖基的效率,所以必须指定专人负责这项工作。

抽水机常用的有离心式及潜水式两种，抽水机采用的类型、规格及台数可根据渗入基坑的水量经计算确定。离心式抽水机最大吸水高度为6～8m，当基坑深度在6m以上时，可将抽水机放在坑内或挂在坑壁上进行抽水。

抽水机应有50%～100%的备用量。

2）井点法排水

对粉、细砂土质的基坑，宜用井点法降低水位，其方法是在基坑的周围埋设端部带孔的金属管作为井管，见图7-20所示、并将这些井管连接到一总管上，抽水泵将地下水从井内不断抽出，这样可使基坑范围内的地下水充分疏干。

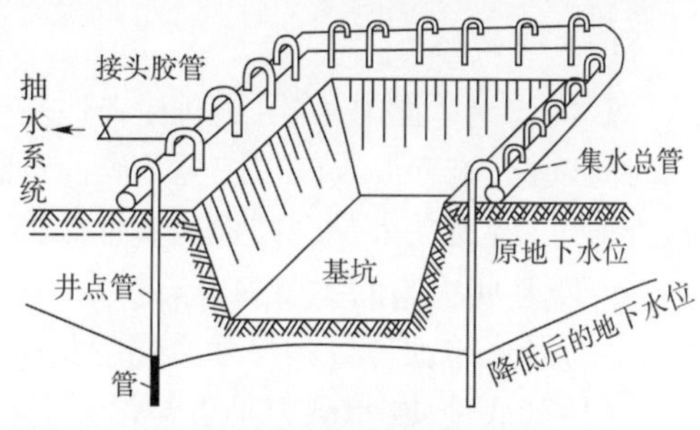

图7-20　井点法降低水位布置

井点法排水降低水位深度一般可达4～6m，使用二级井点的降水深度可达6～9m，可满足一般桥墩基坑的施工需要，多用于城市内的桥涵施工挖基。

井点法排水应符合以下规定：

（1）安装井管时，应先造孔后下管，不得将井管强行打入土内，滤管底应低于基底以下1.5m；

（2）井管四周应以粗砂灌实，距地面0.5～1m深度内，用黏土填塞严密，防止漏气，井管系统筹部件均应安装严密；

（3）井点法排水的抽水能力，应为渗水量的1.5～2倍。

（六）水淹地区的基坑开挖

围堰是一种防水挡水的临时工程，使用围堰的目的就是给基础施工创造旱地开挖和砌筑的条件。待基础或墩台修筑露出水面后，即可将其拆除，以免堵塞河道。

常用围堰按其构造分为土围堰、草（麻）袋围堰、木板桩围堰、钢板桩围堰、钢筋混凝土主板桩围堰等。同时修筑的围堰必须满足下列条件：

（1）围堰顶面应高出施工水位0.5m，

（2）修建围堰时，应考虑河流断面被围堰压缩而引起的冲刷，并尽量减少渗漏。

（3）围堰内应有适当的工作面积。

（4）围堰的断面需满足强度、稳定的要求。

1. 土围堰

当水深小于2m，冲刷作用很小，河底为渗水性较小的土壤时，可就地取用黏性土来填筑围堰。填筑土围堰前应先清除堰底河床上的树根、草皮、石块、冰块等物，以减少渗漏。再自上游开始填筑至下游合龙，建筑时勿直接向水中倒土。应将土倒在已露出水面的堰头上；再顺坡送入水中，以免离析。水面上的填土要分层夯实。流速较大处，应在外侧坡面进行防护。

2. 草（麻）袋围堰

草（麻）袋圈堰适用于水深3m以内、流速为1.5m/s以内，河底为渗水性较小的土壤。如使用草（麻）袋来装松散的黏性土。装填量为袋容量的60%左右，袋口应缝合。施工时，草（麻）袋上下左右互相错缝，并尽可能堆码整齐。

黏土心墙可在内外圈草（麻）袋码至一定高度后填筑，填筑方法同土围堰，修筑前堰底的处理，可按土围堰办法进行。

流速较大时，外侧草（麻）袋可盛小卵石或粗砂。以免土壤流失。必要时时抛片石防护。土、草（麻）袋围堰填筑时，均应自上游开始至下游合龙。

3. 钢板桩围堰

钢板桩围堰是用许多块钢板桩组合而成的,板桩之间用锁口连接。它的优点是:挤缩流水面积小、渗水少、耐锤击,可多次倒用,穿透硬地层能力强,便于接长,适用范围广,通常用于水深4~18m,流速大,覆盖层厚而含大量砾石、河卵石及风化岩等地层中。钢板桩围堰不仅可用来作水中明挖基础,还可用来作沉井基础的筑岛围堰和桩基承台的防水围堰。

(七)基底检验处理及基础圬工砌筑

1. 基底检验

基坑开挖过程中,除了随时检查地基土质及地层情况是否符合设计资料外,为防止基底暴露时间过长,施工责人应在挖至基底前,通知有关人员按时前来检验,并事先填写"隐蔽工程检查证"。经有关人员会同检验签证后,方可砌筑基础或作其他工序。

一般基底检验的主要内容有:

(1)基底平面位置的尺寸及高程是否与设计文件相符合。

(2)基底地质、承载力是否与设计资料相符合。

(3)基底的排水处理情况是否能确保基础圬工的质量等。

基底检验时,基底高程容许误差对于土质为±50mm,石质为+50mm、-200mm,对基底土质有疑问时,应作土壤分析或其他试验进行核实。

2. 基底处理

1)岩层

(1)未风化的岩层基底,应清除岩面的碎石、石块、淤泥等。

(2)风化的岩层基底,开挖基坑尺寸要少留或不留富余量。浇筑基础圬工时,同时将坑底填满,封闭岩层。

(3)岩层倾斜时,应将岩面凿平或凿成台阶,使承重面与重力线垂直,以免滑动。

(4)砌筑前,岩层表面应用水冲洗干净。

2)碎石类土及砂类土层

承重面应修理平整夯实,砌筑前铺一层2cm厚的浓稠水泥砂浆。

3)黏性土层

(1)铲平坑底时,不能扰动土壤天然结构,不得用土回填。

(2)必要时,加铺一层10cm厚的夯填碎石,碎石层顶面不得高于基底设计高程。

(3)基坑挖完处理后,应在最短期间内砌筑基础,防止暴露过久变质。

4)泉眼

(1)插入钢管或做水井,引出泉水使之与圬工隔离,以后用水下混凝土填实。

(2)在坑底凿成暗沟,上放盖板,将水引出至基础以外的汇水井中抽出,圬工硬化后,停止抽水。

对特殊土层的基底处理,可参考有关的施工技术手册,本书从略。

3. 基础圬工砌筑

明挖基坑中,基础圬工的砌筑可采用排水砌筑或用水下混凝土浇筑。

1)排水砌筑的施工要点

应在坑底无水情况下砌筑圬工。禁止带水作业及用混凝土将水赶出模板外的浇筑方法。基础边缘部分,应严密防水。水下基础圬工终凝后,方可停止抽水。

2)水下混凝土浇筑

只有在排水困难时采用此法。基础圬工的水下浇筑分水下封底与水下直接浇筑基础两种。前者封底后，仍要排水砌筑基础，封底只起封闭渗水的作用，其混凝土只作为地基而不作为基础本身。它适用于板桩围堰开挖的基坑。

在混凝土基础施工的过程中，应考虑与墩台身的接缝，一般按设计文件办理。设计无规定时，周边可预埋直径不小于16mm的钢筋（或其他铁件），以加强其整体性，埋入与露出长度不少于钢筋直径的30倍，间距不大于钢筋直径的20倍。基础前后、左右边缘距设计中心线尺寸的容许误差不大于±50mm。

（八）基坑回填

墩台身拆模后，经检查无质量问题时，应及时回填基坑，回填土可采用原挖出的土，并应分层夯实。

思考题与习题

1. 浅基础的常见形式有哪几种？

2. 何谓刚性基础？何谓柔性基础？

3. 刚性扩大基础设计检算项目有哪些？如何计算？

4. 某一桥墩底面为2.5m×5.4m的矩形，其高程为91.00m，河床面高程为94.00m，一般冲刷线的高程为92.50m，局部冲刷线的高程为92.00m，刚性扩大基础顶面设在河床面下3m处。作用于基础顶面的荷载为：$N=4500\text{kN}$，$M=2400\text{kN}\cdot\text{m}$，$H=200\text{kN}$。地基土为中密中砂，$\gamma=20\text{kN/m}^3$。试确定基础埋置深度及其平面尺寸，并经过检算说明其合理性（不计基础襟边以上覆土自重及水浮力对荷载的影响）。

5. 某混凝土桥墩基础如图7-21所示，基底平面尺寸$a=7.5\text{m}$，$b=7.4\text{m}$，埋置深度$h=2\text{m}$，试根据图示荷载及地质资料，进行下列项目的检算：

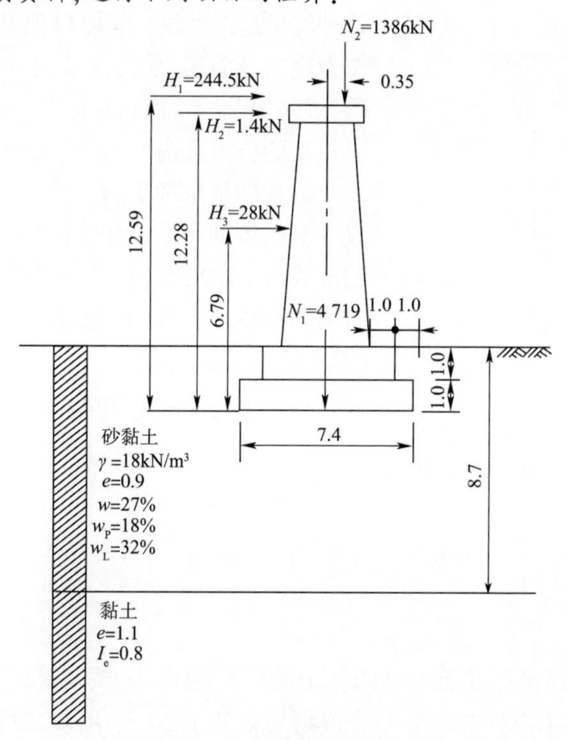

图7-21　习题图（尺寸单位：m）

(1)检算持力层及下卧层的承载力;

(2)检算基础本身强度;

(3)检算偏心距、滑动和倾覆稳定性。

6. 坑壁支护的形式有哪几种?支护开挖的使用范围是什么?

7. 喷射混凝土护壁的适用条件是什么?

8. 井点排水适用于什么条件?应符合哪些规定?

9. 基地检验的主要内容是什么?

第二节　桩　基　础

学习重点

桩的极限承载力的概念;单桩承载力标准值的计算方法;基桩的内力计算和位移计算方法;群桩的基础验算;桩基础的设计方法和步骤;桩基础施工方法。

学习难点

单桩承载力标准值的计算方法;基桩的内力计算和位移计算方法;群桩的基础验算;桩基础的设计方法和步骤。

一、概述

建筑物在选择地基基础方案时,应充分利用地基土的承载力,尽量采用天然地基上的浅基础。当建筑场地浅层地基土质不能满足建筑物的地基承载力和变形的要求,也不宜采用地基处理等措施时,往往需要以地基深层坚实土层或岩层作为地基持力层,采用深基础方案,深基础主要有桩基础、沉井基础、墩 基础和地下连续墙等几种类型,其中以桩基的历史最为悠久,应用最为广泛。

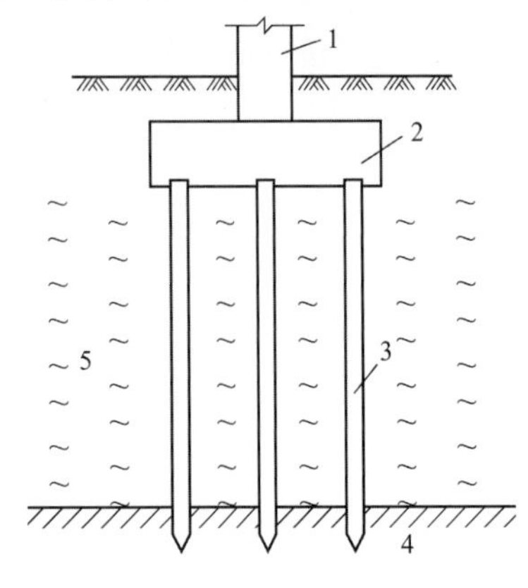

图 7-22　桩基础的组成

1-上部结构(墙或柱);2-承台(承台梁);3-桩身;4-坚硬土层;5-软弱土层

桩基础是由埋于地基中的若干根桩及将所有桩联成一个整体的承台(或盖梁)两部分所组成的一种基础形式(图 7-22)。桩基础的作用是将承台或盖梁以上结构物传来的外力,通过承台和盖梁由桩传到较深的地基持力层中去。

(一)桩基础的适用范围

1. 天然地基土质软弱

如果天然地基土质软弱,采用天然地基浅基础不能满足地基强度或变形的要求,或采用人工加固处理地基,或时间不允许时,可考虑采用桩基础或其他形式的深基础。

2. 高层建筑

高层建筑,尤其是超高层建筑设计的一个重要问题是,必须满足地基基础稳定性的要求。在地震区,基础埋置深度 d 不应该小于建筑物高度的 1/10,采用浅基础,难以满足这项要求,因此,只能用桩基础或其他形式的深基础。

（二）桩的分类

1. 按桩的受力状态分类

1）摩擦型桩

（1）摩擦桩：是指桩上的荷载由桩侧摩擦力和桩端阻力共同承受。《建筑桩基技术规范》（JGJ 94—2008）规定，在极限承载力状态下，桩顶荷载由桩侧阻力承受，桩端阻力忽略不计，就是纯摩擦桩，如图7-23a）所示。

（2）端承摩擦桩：在极限承载力状态下，桩顶荷载由桩端阻力承受。桩端阻力占少量比例，“端承”为形容摩擦力的，但不能忽略不计，如图7-23b）所示。

2）端承型桩

（1）端承桩：在极限承载力状态下，桩顶荷载由桩端阻力承受，当桩端进入微风化或中等风化岩石时，为端承桩，此时桩侧阻力忽略不计，如图7-23c）所示。

（2）摩擦端承桩：在极限承载力状态下，桩顶荷载主要由桩端阻力承受，“摩擦”是形容端承桩的，桩侧摩擦力占的比例很小，但并非忽略不计。如图7-23d）所示。

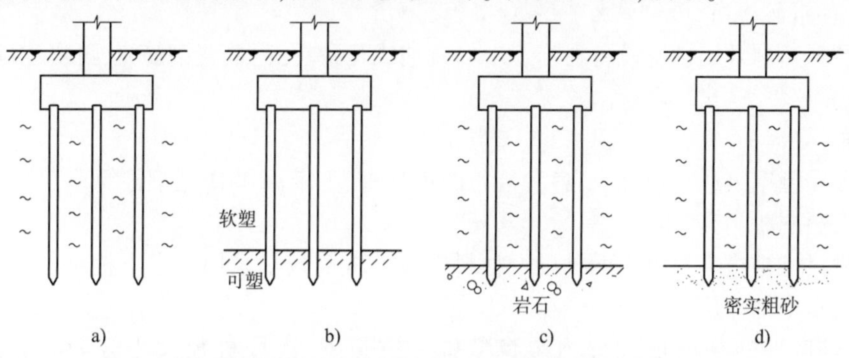

图7-23　摩擦桩与端承桩

a）摩擦桩；b）端承摩擦桩；c）端承桩；d）摩擦端承桩

2. 按施工方法分类

按桩的施工方法，桩可分为预制沉桩和就地灌注桩。

1）预制沉桩

预制沉桩是将预制的木桩、钢筋混凝土桩、预应力混凝土桩、钢桩等，用锤击、振动、射水等方法沉入土中，使该处的地基变得更密实，以增大其承载能力。预制沉桩按沉桩方式的不同分为打入桩和震动下沉桩。

（1）打入桩是用打桩机具将各种预制桩打入地基内所需达到的深度，这种桩适用于桩径较小，地基土为中密或稍松的砂类土和可塑性的黏性土的情况。

在软塑黏性土中也可用重力将桩压入土中，称为静力压桩。

（2）振动下沉桩是将大功率震动打桩机安装在桩顶（钢筋混凝土桩或钢管桩），利用振动力减少土对桩的阻力使桩沉入土中。它适用于较大桩径，地基土为砂类土、黏性土和碎石类土的情况。

2）灌注桩

灌注桩是先在桩位处造孔，然后就地灌注钢筋混凝土形成的桩，分挖孔桩和钻孔桩。

（1）钻孔灌注桩是用钻孔机具造孔，在孔内放入钢筋骨架，灌注桩身混凝土成桩。它的特点是施工设备简单、操作方便，适用于砂类土、黏性土，也适用于碎、卵石层和岩层。

(2)挖孔灌注桩是用小型机具或人工在地基中挖出桩孔,然后在孔内放入钢筋骨架,灌注混凝土成桩。其特点是不受设备限制,施工简单,桩的横截面可以做成较大尺寸。适用于无水或渗水量较小的土层,在地形狭窄、山坡陡峭处采用挖孔桩较钻孔桩或明挖基础更为有利。

此外,还有打入式灌注桩(即先打入带有桩尖的套管成孔,然后边拔套管边灌注混凝土成桩)、桩尖爆扩桩(即成孔后用爆破的方法扩大桩底支撑面积,增大桩的容许承载力)的施工方法。

3. 按桩身的材料分类

根据桩身材料,可分为混凝土桩、钢桩和组合材料桩等。

1)混凝土桩

混凝土桩是目前应用最广泛的桩,具有制作方便、桩身强度高、耐腐蚀性能好、价格较低等优点。它又可分为预制混凝土桩和灌注混凝土桩两大类。

(1)预制混凝土桩

预制混凝土桩多为钢筋混凝土桩,断面尺寸一般为 400mm × 400mm 或 500mm × 500mm,单节长十余米。为减少钢筋用量和桩身裂缝,也可用预应力钢筋混凝土桩。

(2)灌注混凝土桩

灌注混凝土桩是用桩机设备在施工现场就地成孔,在孔内放置钢筋笼,再浇注混凝土所形成的桩。

2)钢桩

由钢板和型钢组成,常见的有各种规格的钢管桩、工字钢和 H 型钢桩等。

3)组合材料桩

组合材料桩是指一根桩由两种以上材料组成的桩。较早采用的水下桩基,就是在泥面以下用木桩而水中部分用混凝土。

另外,桩按桩的截面形式分为实腹型桩和空腹型桩;按桩径大小分为小直径桩($d \leq 250$mm),中等直径桩(250mm $< d <$ 800mm),大直径桩($d \geq 800$mm)。

4. 按承台位置分类

桩基础按承台位置可分为高桩承台和低桩承台两种,通常将承台底面置于土面或局部冲刷线以下的称为低桩承台,承台底面高出地面或局部冲刷线的称为高桩承台,如图 7-24。高桩承台的位置较高,可减少墩台的圬工数量,施工较方便。但是高桩承台在水平力的作用下,由于承台及部分桩身露出地面或局部冲刷线,减少了承台及自由段桩身侧面的土抗力,桩身的内力和位移都将大于低桩承台,在稳定性方面不如低桩承台。

5. 按桩轴方向分类

按桩轴方向可分为竖直桩、单向斜桩和多向斜桩桩基,如图 7-25。

桩基中是否需要设置斜桩及设置多大斜度,可根据荷载、桩的截面尺寸和施工方法等因素确定。对于钻(挖)孔桩基础,采用的桩截面尺寸一般较大,抗弯抗剪较强,它可以承受较大的水平力;而且由于当前工艺水平的限制,设置斜桩的困难较多,常采用竖直桩基础。对于打入桩桩基础,当桩基受水平力较大时,采用带斜桩的桩基为宜。例如桥墩有时采用双向或多向斜桩,桥台有时采用单向斜桩。

6. 按桩的布置形式分类

1)单桩或单排桩桩基

当桩基只有单根或仅在与水平作用外力作用平面相垂直的同一平面内有若干根时,称为单桩或单排桩桩基,如图 7-26a)、b)。

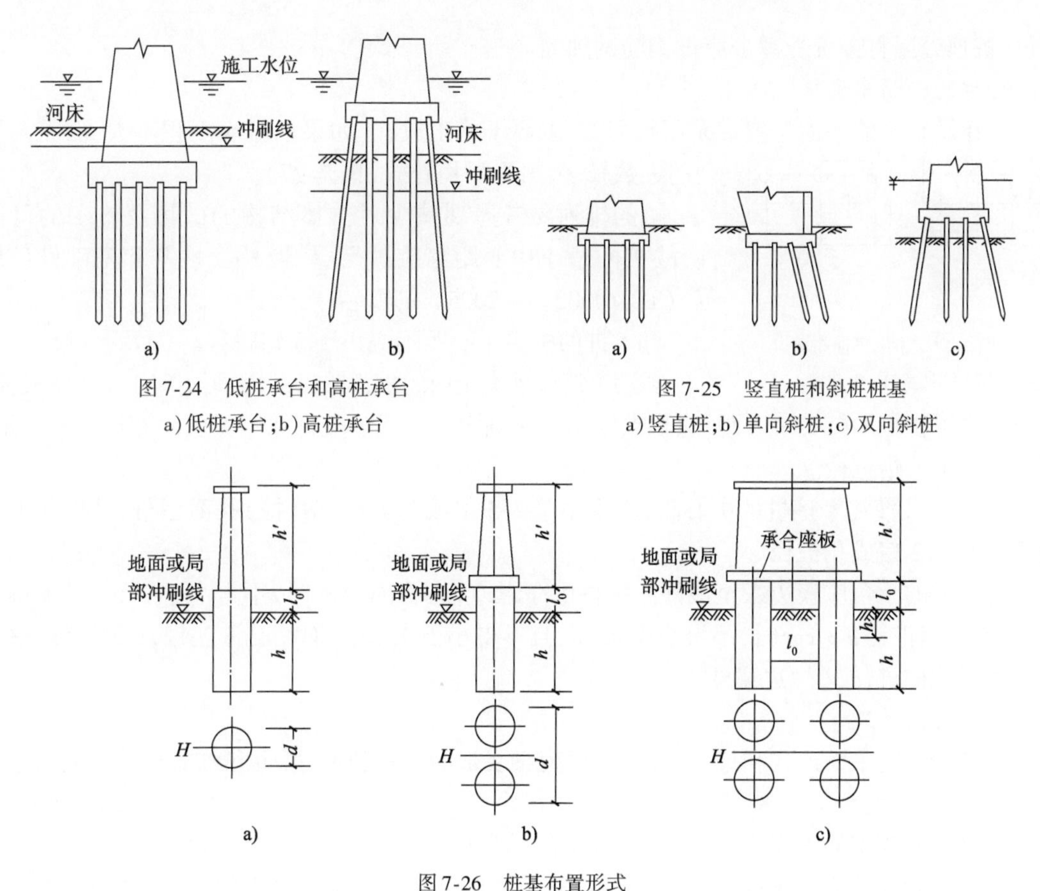

图7-24　低桩承台和高桩承台

a)低桩承台;b)高桩承台

图7-25　竖直桩和斜桩桩基

a)竖直桩;b)单向斜桩;c)双向斜桩

图7-26　桩基布置形式

2)排桩桩基

当基桩排列的行数和列数均不小于2的桩基,为多排桩桩基,如图7-26c)所示。

(三)桩与桩基础的构造

1.桩的构造

1)就地灌注钢筋混凝土桩的构造

钻(挖)孔桩是就地灌注的钢筋混凝土桩,桩身常为实心截面,桩身混凝土标号可采用C15~C25,水下混凝土不应低于C20。钻孔桩直径分0.8m、1.0m、1.25m和1.5m 4种,挖孔桩的直径或边宽不小于1.25m。桩内钢筋应按照内力和抗裂性的要求布设,并可根据桩身弯矩分布分段配筋。为保证钢筋骨架有一定的刚度,便于吊装及保证主筋受力的轴向稳定,主筋不宜过少,箍筋间距采用200mm,摩擦桩下部可增大至400mm,顺钢筋笼长度每隔2.0~2.5m加一道直径为16~22mm的骨架钢筋。考虑到灌注桩身混凝土施工的方便,主筋宜采用光面钢筋。采用束筋时,每束不宜多于两根。主筋净距不宜小于120 mm,任何情况下不宜小于80mm。主筋的净保护层不应小于60mm。

2)预制钢筋混凝土桩、预应力混凝土桩

预制钢筋混凝土桩或预应力混凝土桩多为工厂用离心旋转法制造的空心管桩,桩径有400mm和550mm两种,混凝土标号为C30以上,桩内钢筋由纵向主筋和箍筋组成。管桩在工厂中分节预制,每节长为4~12m,用钢制法兰盘、螺栓接头,桩尖节单独预制。

工地预制钢筋混凝土桩多为实心方形截面,通常当桩长在10m以内时横截面尺寸0.3m×0.3m,桩身混凝土标号不低于C25,桩身配筋应按制造、运输、施工和使用各阶段的内力要求配筋，桩顶处因直接承受锤击应设钢筋网加固。

2. 桩的平面布置

桩在承台中的平面布置多采用行列式，以便于施工放样，如果承台底面积不大，而需要排列的桩数较多，可采用梅花式（图7-27）。

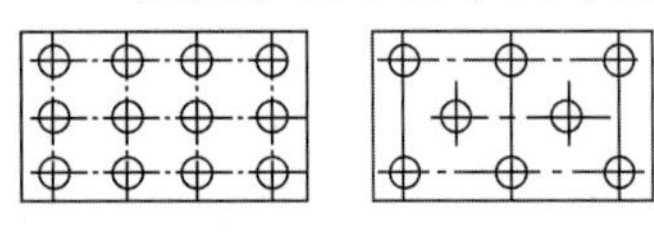

图7-27　桩的平面布置

a）行列式；b）梅花式

桩的排列要考虑到减少对土体结构的破坏及施工的可能性，故桩间最小中心距离应满足《铁路桥涵地基和基础设计规范》（TB 10002.5—2005）的规定：

打入桩的桩尖中心距不应小于3倍桩径。

震动下沉于砂类土内的桩，其桩尖中心距不应小于4倍桩径。桩尖爆扩桩的桩尖中心距，应根据施工方法确定。上述各类桩在座板底面处桩的中心距，不应小于1.5倍桩径。

钻（挖）孔灌注摩擦桩的中心距，不应小于2.5倍成孔桩径，钻（挖）孔灌注桩，其桩的中心距不应小于2倍成孔桩径。

各类桩的承台座板边缘至最外一排桩的净距，当桩径$d \leq 1$m时，不得小于$0.5d$且不得小于0.25m；当桩径$d > 1$m时，不得小于$0.3d$，且不得小于0.5m。对钻孔灌注桩，d为设计桩径，对于矩形截面桩，d为短边宽度。

3. 承台的构造

桩基承台的平面形式和尺寸，决定于墩台身底部的形式和尺寸，也和桩的布置及桩的数量有关系。

承台一般为钢筋混凝土结构，其混凝土的标号可采用C15～C25。承台座板的厚度和配筋应根据受力情况决定，其厚度不宜小于1.5m，底板的底部应布置一层钢筋网（图7-28）。当基桩采用桩顶主筋伸入承台联结时，此处钢筋网在越过桩顶处不得截断。当基桩采用桩顶直接埋入承台内，且桩顶作用于座板的压应力超过座板混凝土的容许局部承压应力时，应在每一根桩的顶面以上，设置1～2层直径不小于12mm的钢筋网，钢筋网的每边长度不得小于桩径的2.5倍，其网孔为100mm×100mm～150mm×150mm。

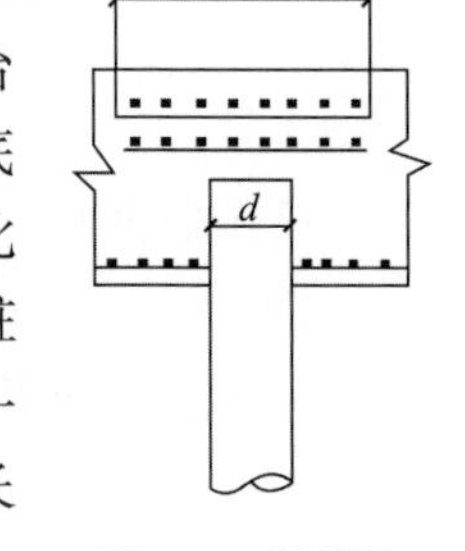

图7-28　钢筋网

4. 桩与承台的连接

桩和承台的连接方式有两种：

1）桩顶主筋伸入式

基桩桩顶主筋伸入承台内（图7-29a）、b），桩身伸入承台内的长度可采用100mm（不包括水下封底混凝土厚度）。桩顶伸入承台内的主筋长度（算至弯钩切点），对于光钢筋不得小于45倍主筋的直径，对于螺纹钢筋不得小于35倍主筋的直径。其箍筋的直径不应小于8mm，箍筋间距可采用150～200mm。伸入承台的主筋可做成喇叭形（图7-29a）或竖直型（图7-29b）。前者受力较好，特别是对受拉的桩有利，后者施工方便，特别对靠近承台边缘的桩布置有利。这种连接方式较牢固，多用于钻（挖）孔灌注桩。

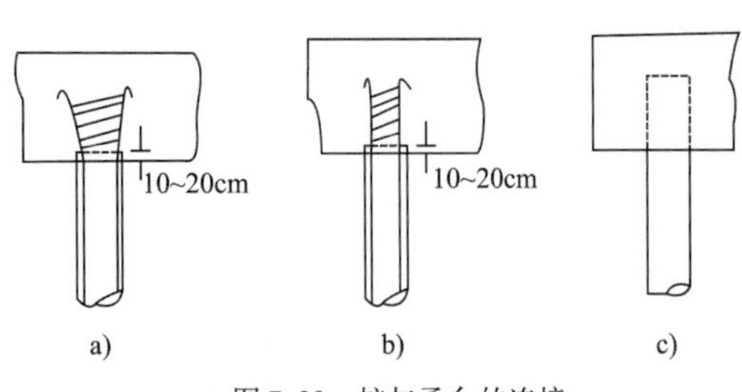

图7-29　桩与承台的连接

2）桩顶直接埋入式

基桩桩顶直接埋入承台座板内（图7-29c），这种联结方式比较简单方便，多用于预应力钢筋混凝土桩和普通钢筋混凝土桩。为保证联结可靠，其桩顶埋入长度应满足下列规定：

(1)当桩径小于0.6m时，桩顶埋入长度不得小于2倍桩径；

(2)当桩径为0.6~1.2m时，桩顶埋入长度不得小于1.2m；

(3)当桩径大于1.2m时，桩顶埋入长度不得小于桩径。

木桩桩顶埋入承台的长度不应小于0.50m，也不应小于两倍桩径。

承受拉力的桩与承台的联结必须满足受拉强度的要求。

嵌入新鲜岩面以下的钻(挖)孔灌注桩，其嵌入深度应根据计算确定，但不得小于0.5m。

桩顶至承台顶面的厚度不宜太小，以保证不致出现桩顶对承台的冲切破坏。

二、单桩极限承载力

单桩极限承载力是指竖向荷载逐渐施加于单桩桩顶，桩身上部受压缩而产生相对于土体的向下位移，桩侧表面有向上的摩擦阻力。桩身荷载通过桩侧摩阻力传递到桩周土层中，致使桩身荷载和压缩变形随深度的增加而减小。在桩土相对位移等于零处，摩阻力也等于零。随着桩身荷载的增大，桩身压缩变形和位移量也增大，桩身下部四周土体的摩阻力也将随着增大，桩件土层也受到压缩而产生端阻力，桩端土层的压缩又加大了桩，土间的相对位移，这又进一步加大了桩四周的摩阻力。当桩侧摩阻力达到极限后，继续增加荷载，这部分增大的荷载全部由桩端阻力来承担，此时桩端持力层的压缩位移量将迅速增大，到达某一极限，桩端土层产生塑性变形，并发生塑性挤出，位移迅速增大而破坏。这时桩所承受的荷载就是极限荷载。

一般情况下，桩要受到竖向力、水平力和弯矩的作用，因此，必须分别研究和确定单桩竖向和横向承载力。本节仅讨论单桩竖向承载力的有关内容。

单桩竖向极限承载力主要取决于两个方面：一是土对桩的支承能力，二是桩身本身的材料强度。因此单桩竖向极限承载力应分别按照桩身的结构强度和地基土对桩的支承能力来确定，取其中最小值。一般情况下桩的承载力由土的支承能力所控制，而桩的材料强度往往不能充分发挥。只有对端承桩、超长桩以及桩身有质量缺陷的桩，材料强度才起控制作用。

目前，根据桩周土的变形和强度确定单桩竖向承载力的方法较多，确定单桩极限承载力的方法主要有：静载荷试验法、经验参数法、静力触探法、动力分析法等。

单桩静载荷试验法是确定单桩竖向承载力的最可靠方法，但单桩静载荷试验的费用、时间、人力消耗较大。在工程实际中，一般依桩基工程的重要性和建筑场地的复杂程度，并利用地质条件相同的试桩资料、触探资料及土的物理指标的经验关系参数，慎重选择一种或几种方法相结合的方式综合确定单桩的竖向承载力，力争所选方法既可靠又经济合理。

《建筑地基基础设计规范》(GB 50007—2011)对单桩竖向极限承载力标准值Q_{uk}确定的规定如下：

(1)对设计等级为甲级的建筑桩基应通过现场静载荷试验法确定；

(2)对设计等级为乙级的建筑桩基，一般情况下应通过单桩静载荷试验法确定；地质情况简单，可参照地质条件相同的试桩，结合静力触探等原位测试和经验参数综合确定；

(3)对设计等级为丙级的建筑桩基，可根据原位测试和经验参数综合确定。

(一)静载试验确定单桩极限承载力

1.试验准备

①在建筑工地选择有代表性的桩位，将与设计采用的工程桩的截面、长度及质量完全相同的试桩，用设计采用的施工机具和方法，将试桩沉到设计高程；②确定试桩加载装置，根据工程

的规模、桩的尺寸、地质情况及设计采用的单桩竖向承载力,以及经费情况,全面考虑确定;③准备荷载与沉降测量仪表;④从成桩到试桩需要间歇的时间,在桩身强度达到设计要求的前提下,对于砂类土不应少于10天,对于粉土和一般黏性土不应小于15天,对于淤泥或淤泥质土中的桩不应小于25天,用以消散沉桩时产生的孔隙水压力和触变等影响,才能反映真实的桩的端承力和桩侧摩擦力的数值。

2. 试验加载装置

通常试验采用油压千斤顶加载试桩加载应沿桩轴方向均匀、无冲击和分级进行。每级加载量一般不大于预计最大荷载的1/10。加载一次后,每隔5~20min读一次下沉值,一直读到其下沉终止后,才能加下一级荷载。直到试桩破坏,然后分级卸载到零。下沉终止的标准:对砂土是在最后30min内,对黏性土是在最后60min内,桩的下沉量不超过0.1mm。为满足测量沉降量的精度,量测沉降量的仪器至少要对称地设置两个,仪器的测量精度应高于0.05mm。

3. 试桩破坏判定

单桩竖向极限承载力实测值:取直角坐标,以桩顶荷载 P 为横坐标,桩顶沉降 s 为纵坐标(向下),绘制荷载—沉降(p—s)曲线,如图7-30所示。

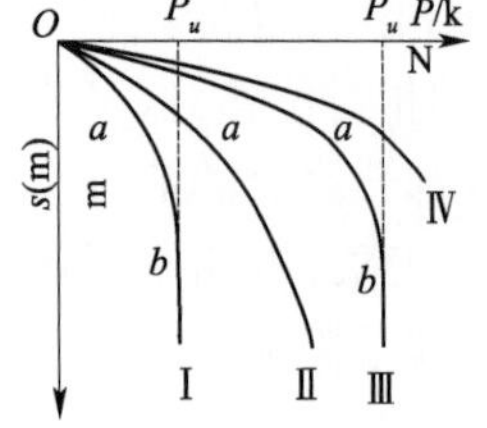

图7-30 p—s 曲线

①P—s 曲线有明显的陡降段,取陡降段起点相应的荷载值 p_u。

②桩径或桩宽在550mm以下的预制桩,在某级荷载 P_i 作用下,其沉降增量与相应荷载增量的比值大于0.1mm/kN时,取前一级荷载 P_{i-1} 值为极限荷载 P_u。

③当曲线为缓变型,无陡降段时,据桩顶沉降量确定极限承载力:

一般桩可取 $s=40\sim60$mm对应的荷载;

大直径桩可取 $s=(0.03\sim0.06)D$ 对应的荷载值;

对于细长桩($L/D>80$)可取 $s=60\sim80$mm对应荷载;

根据沉降随时间变化特征确定极限承载力:取 s—lg$t$ 曲线尾部出现明显向下弯曲的前一级荷载值。

参加统计的试桩的实测值,当满足其极差不超过平均值的30%时,可取其平均值为单桩竖向极限承载力。对桩数为3或小于3根的桩下承台,取实测值的最小值为单桩竖向极限承载力。极差超过平均值的30%时,宜增加试桩数量并分析离差过大的原因,结合工程具体情况确定极限承载力。

4. 单桩竖向承载力标准值

$$R_k=\frac{Q_{uk}}{K} \tag{7-14}$$

式中:R_k——单桩竖向承载力标准值,kN;

Q_{uk}——单桩竖向极限承载力标准值;

K——安全系数,取2.0。

(二)按设计规范经验公式确定单桩承载力

确定单桩竖承载力标准值的经验公式,是根据多年的基桩静载试验,按其所获得的桩侧土的极限摩擦力和桩端土的极限阻力的数据而建立起来的。如无条件进行静载试验,可用经验公式计算。

不同类型的基桩有不同的承载力,《铁路桥涵地基和基础设计规范》(TB 10002.5—2005)按桩在土中的支承类型及施工方法的不同,提供了经验公式。

(1)摩擦桩竖向承载力标准值

摩擦桩的承载力,假定由桩侧土的摩擦力和桩尖土的阻力两部分组成。为计算简便起见,认为摩擦阻力沿桩长和桩周都均匀分布,桩底支承力在桩底面上均匀分布。

①打入、震动下沉和桩尖爆扩桩的竖向承载力标准值:

$$R_{\mathrm{k}} = \frac{1}{2}(U\sum \alpha_i f_i l_i + \lambda A R \alpha) \tag{7-15}$$

式中:R_{k}——单桩竖向承载力标准值,kN;

U——桩身截面周长,m;

l_i——各土层厚度,m;

A——桩底支承面积,m^2;

α_i、α——震动下沉桩对各土层桩周摩阻力和桩底承压力的影响系数(表7-18),对于打入桩其值为1.0;

λ——系数,与桩尖爆扩体土的种类及爆扩体直径和桩身直径之比有关,见表(7-19);

f_i 和 R——分别为桩周土的极限摩阻力(kPa)和桩尖土的极限承载力(kPa),可根据土的物理性质查表7-20和表7-21确定或采用静力触探测定。

震动下沉桩系数 表7-18

桩尖爆扩体处土的种类 D_{p}/d	砂土	黏砂土	砂黏土 $I_{\mathrm{L}}=0.5$	黏土 $I_{\mathrm{L}}=0.5$
1.0	1.0	1.0	1.0	1.0
1.5	0.95	0.85	0.75	0.70
2.0	0.90	0.80	0.65	0.50
2.5	0.85	0.75	0.50	0.40
3.0	0.80	0.60	0.40	0.30

注:d 为桩身直径,D_{p} 为爆扩桩的爆扩体直径。

系 数 λ 表7-19

桩径或边宽	砂土	黏砂土	砂黏土	黏土
$d \leqslant 0.8$ m	1.1	0.9	0.7	0.6
$0.8\ \mathrm{m} < d \leqslant 2.0$ m	1.0	0.9	0.7	0.6
$d > 2.0$ m	0.9	0.7	0.6	0.5

桩周土的极限摩阻力 f_i(单位:kPa) 表7-20

土类	状态	极限摩阻力 f_i	土类	状态	极限摩阻力 f_i
黏性土	$1 \leqslant I_{\mathrm{L}} \leqslant 1.5$	15~30	粉、细砂	稍松	20~35
	$0.75 \leqslant I_{\mathrm{L}} < 1$	30~45		稍、中密	35~65
	$0.5 \leqslant I_{\mathrm{L}} < 0.75$	45~60		密实	65~80
	$0.25 \leqslant I_{\mathrm{L}} < 0.50$	60~75	中 砂	稍、中密	55~75
	$0 \leqslant I_{\mathrm{L}} < 0.25$	75~85		密实	75~90
	$I_{\mathrm{L}} < 0$	85~95	粗 砂	稍、中密	70~90
粉 土	稍密	20~35		密实	90~105
	中密	35~65			
	密实	65~80			

桩尖土的极限承载力 $\boldsymbol{R}$(单位:kPa)　　表 7-21

土类	状态	桩尖极限承载力 R		
黏性土	$1 \leqslant I_L$	1000		
	$0.65 \leqslant I_L < 1$	1600		
	$0.35 \leqslant I_L < 0.65$	2200		
	$I_L < 0.35$	3000		
		桩尖进入持力层的相对深度		
		$\frac{h'}{d} < 1$	$1 \leqslant \frac{h'}{d} < 4$	$4 < \frac{h'}{d}$
粉土	中密	1700	2000	2300
	密实	2500	3000	3500
粉砂	中密	2500	3000	3500
	密实	5000	6000	7000
细砂	中密	3000	3500	4000
	密实	5500	6500	7500
中、粗砂	中密	3500	4000	4500
	密实	6000	7000	8000
圆砾土	中密	4000	4500	5000
	密实	7000	8000	9000

注:表中 h' 为桩尖进入持力层的深度(不包括桩靴),d 为桩的直径或边长。

②钻(挖)孔灌注桩的竖向承载力标准值:

$$R_k = \frac{1}{2}U\sum f_i l_i + m_0 A[\sigma] \tag{7-16}$$

式中:R_k——竖向承载力标准值,kN;

U——桩身截面周长,m,按成孔桩径计算,通常钻孔桩的成孔桩径,按钻头类型分别比设计桩径(即钻头直径)增大下列数值:旋转锥为 30 ~ 50mm;冲击锥为 50 ~ 100mm;冲抓锥为 100 ~ 150mm;

f_i——各土层的极限摩阻力,kPa,查表 7-22;

l_i——各土层的厚度,m;

A——桩底支承面积,m^2,按设计桩径计算;

m_0——钻孔灌注桩桩底支承力折减系数,查表 7-23。挖孔灌注桩桩底支承力折减系数可根据具体情况确定 m_0 值,一般可取 $m_0 = 1.0$;

$[\sigma]$——桩底地基土的容许承载力,kPa,当 $h \leqslant 4d$ 时,$[\sigma] = \sigma_0 + k_2\gamma_2(h-3)$;当 $4d < h \leqslant 10d$ 时,$[\sigma] = \sigma_0 + k_2\gamma_2(4d-3) + k'_2\gamma_2(h-4d)$;当 $h > 10d$ 时,$[\sigma] = \sigma_0 + k_2\gamma_2(4d-3) + k'_2\gamma(6d)$,其中 d 为桩径或桩的宽度,m;k_2 为深度修正系数,采用《桥规》有关数值;k'_2 对于黏性土、粉土和黄土为 1.0,对于其他土,k'_2 采用 k_2 值的一半;σ_0 为桩端土的基本承载力;γ_2 为桩底以上土的加权平均重度,kN/m^3;h 为桩底至一般冲刷线(无冲刷时为地面)的深度,m。

钻孔灌注桩桩周极限摩阻力 f_i（单位：kPa）　　表 7-22

<table>
<tr><td>土的名称</td><td>土性状态</td><td>极限摩阻力</td><td>土的名称</td><td>土性状态</td><td>极限摩阻力</td></tr>
<tr><td>软土</td><td></td><td>12～22</td><td rowspan="2">中砂</td><td>中密</td><td>45～70</td></tr>
<tr><td rowspan="3">黏性土</td><td>流塑</td><td>20～35</td><td>密实</td><td>70～90</td></tr>
<tr><td>软塑</td><td>35～55</td><td rowspan="2">粗砂、砾砂</td><td>中密</td><td>70～90</td></tr>
<tr><td>硬塑</td><td>55～75</td><td>密实</td><td>90～150</td></tr>
<tr><td rowspan="2">粉土</td><td>中密</td><td>30～55</td><td rowspan="2">圆砾土、角砾土</td><td>中密</td><td>90～150</td></tr>
<tr><td>密实</td><td>55～70</td><td>密实</td><td>150～220</td></tr>
<tr><td rowspan="2">粉砂、细砂</td><td>中密</td><td>30～55</td><td rowspan="2">碎石土、卵石土</td><td>中密</td><td>150～220</td></tr>
<tr><td>密实</td><td>55～70</td><td>密实</td><td>220～420</td></tr>
</table>

注：1. 漂石土、块石土极限摩阻力可采用 400～600kPa。

2. 挖孔灌注桩的极限摩阻力可参照上表。

钻孔灌注桩桩底支承力折减系数 m_0　　表 7-23

<table>
<tr><td rowspan="2">土质及清底情况</td><td colspan="3">m_0</td></tr>
<tr><td>$5d < h \leq 10d$</td><td>$10d < h \leq 25d$</td><td>$25d < h \leq 50d$</td></tr>
<tr><td>土质较好，不易坍塌，清底良好</td><td>0.9～0.7</td><td>0.7～0.5</td><td>0.5～0.4</td></tr>
<tr><td>土质较差，易坍塌，清底稍差</td><td>0.7～0.5</td><td>0.5～0.4</td><td>0.4～0.3</td></tr>
<tr><td>土质差，难以清底</td><td>0.5～0.4</td><td>0.4～0.3</td><td>0.3～0.1</td></tr>
</table>

注：h 为地面线或局部冲刷线以下桩长，d 为桩的直径，均以 m 计。

（2）柱桩竖向承载力标准值

当柱桩支立于岩层上或嵌入岩层内时，柱桩的承载力只考虑桩底的支承力，桩侧土的摩阻力略去不计（图 7-31）。

①支承于岩石层上的打入桩、震动下沉桩（包括管桩）的容许承载力

$$R_k = CRA \tag{7-17}$$

式中：R_k——桩的承载力标准值，kN；

R——岩石试块单轴抗压极限强度，kPa；

C——系数，匀质无裂缝的岩石层采用 $C = 0.45$；有严重裂缝的、风化的或易软化的岩石层采用 $C = 0.30$；

A——桩底支承面积，m^2。

图 7-31　柱桩承载力

②支承于岩石层上与嵌入岩石层内的钻（挖）孔灌注桩及管柱的容许承载力：

$$R_k = R(C_1 A + C_2 Uh) \tag{7-18}$$

式中：R_k——桩及管柱的承载力标准值，kN；

U——嵌入岩石层内的桩及管柱的钻孔周长，m；

h——自新鲜岩石面（平均高程）算起的嵌入深度，m；

C_1、C_2——系数，根据岩石破碎程度和清底情况决定，查表 7-24；

其余符号的意义与前面相同。

系 数 C_1、C_2 表 7-24

岩石层及清底情况	C_1	C_2
良好	0.5	0.04
一般	0.4	0.03
较差	0.3	0.02

注:当 $h \leqslant 0.5$ m 时,C_1 应乘以 0.7,C_2 采用为 0。

(三)按桩身材料强度确定单桩竖向承载力标准值

对于仅承受竖向力的桩,可按沉入土中的压杆考虑。钢筋混凝土桩,其承载力标准值可用下式计算:

$$R_k = \varphi(A_c + mA_s)[\sigma_c] \tag{7-19}$$

式中:A_c——桩身横截面中的混凝土面积,m^2;

A_s——主筋截面积,m^2;

m——主筋的计算强度与混凝土抗压极限强度之比,可从表 7-25 查得;

$[\sigma_c]$——混凝土中心受压容许应力,kPa;可从表 7-26 查得;

φ——压杆的纵向弯曲系数,根据构件的长细比,可从表 7-27 查得。

m 值 表 7-25

钢筋种类	混凝土强度等级									
	C15	C20	C25	C30	C35	C40	C45	C50	C55	C60
Ⅰ级钢筋	20.4	15.7	12.4	10.4	9.0	8.0	7.1	6.4	5.9	5.4
Ⅱ级钢筋	29.1	22.3	17.6	14.9	12.9	11.4	10.2	9.2	8.4	7.7

混凝土中心受压容许应力$[\sigma_c]$ 表 7-26

应力种类	单位	混凝土等级强度									
		C15	C20	C25	C30	C35	C40	C45	C50	C55	C60
中心受压	MPa	4.6	6.1	7.6	9.0	10.3	11.6	13.2	14.6	16.0	17.4

注:①主力加附加力同时作用时,可提高 30%;

②对厂制及工艺符合厂制条件的桩,可以再提高 10%。

纵向弯曲系数 φ 值 表 7-27

l_0/b	≤8	10	12	14	16	18	20	22	24	26	28	30
l_0/d	≤7	85	10.5	12	14	15.5	17	19	21	22.5	24	26
l_0/r	≤28	35	42	48	55	62	69	76	83	90	97	104
φ	1.0	0.98	0.95	0.92	0.87	0.81	0.75	0.70	0.65	0.60	0.56	0.52

注:l_0——构件计算长度,m;$l_0 = kl$,其中 l 为桩身全长,k 值按上、下铰的连接情况而定:两端刚性固定时,$l_0 = 0.5l$;一端刚性固定,另一端为不移动的铰时,$l_0 = 0.7l$;两端均为不移动铰时,$l_0 = l$;一端刚性固定另一端自由端时 $l_0 = 2l$。

b——矩形截面构件的短边尺寸,m;

d——圆形截面构件的直径,m;

r——任意形状截面构件的回转半径,m。

三、基桩内力和位移计算

桩在横向荷载作用下桩身的内力和位移计算,目前较为普遍的是桩侧土采用文克尔假定,通过求解挠曲微分方程,再结合力的平衡条件,求出桩各部位的内力和位移,该方法称为弹性地基梁法。

以文克尔假定为基础的弹性地基梁法其基本概念明确，方法简单，所得结果一般安全，在国内外工程界得到广泛应用。我国铁路在桩基础的设计中常用的"m"法就属于此种方法。

(一) 基本概念

1. 土的弹性抗力及其分布规律

桩基础在荷载(包括竖向荷载、横向荷载和力矩)作用下产生位移及转角，使桩挤压桩侧土体，桩侧土必然对桩产生横向土抗力 σ_{zx}，它起抵抗外力和稳定桩基础的作用，土的这种作用力称为土的弹性抗力。σ_{zx} 即指深度为 Z 处的横向(x 轴向)土抗力，其大小取决于土体性质、桩身刚度、桩的入土深度、桩的截面形状、桩距及荷载等因素，可以下式表示：

$$\sigma_{zx} = Cx_z \tag{7-20}$$

式中：σ_{zx}——横向土抗力，kN/m²；

C——地基系数，kN/m³；

x_z——深度 Z 处桩的横向位移，m。

地基系数 C 表示单位面积土在弹性限度内产生单位变形时所需施加的力。大量的试验表明，地基系数 C 值不仅与土的类别及其性质有关，而且也随着深度而变化。由于实测的客观条件和分析方法不尽相同等原因，所采用的 C 值随深度的分布规律也各有不同。常采用的地基系数分布规律有(图 7-32)所示的几种形式，因此也就产生了与之相应的基桩内力和位移的计算方法。现将桩的几种有代表的弹性地基梁计算方法概括在表 7-28 中。

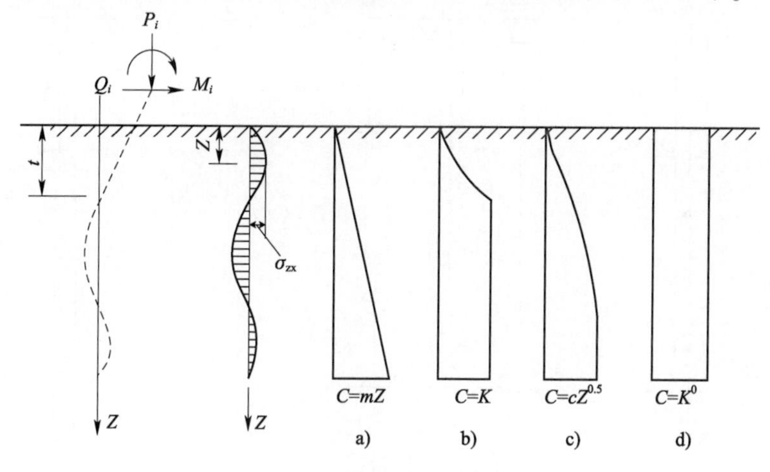

图 7-32　地基系数变化规律

桩的几种典型的弹性地基梁法　　表 7-28

计算方法	图　号	地基系数随深度分布	地基系数 C 表达式	说　明
m 法	图 7-32a)	与深度成正比	$C = mZ$	m 为地基土比例系数
K 法	图 7-32b)	桩身第一挠曲零点以上抛物线变化，以下不随深度变化	$C = K$	K 为常数
C 值法	图 7-32c)	与深度呈抛物线变化	$C = cZ^{0.5}$	c 为地基土比例系数
张有龄法	图 7-32d)	沿深度均匀分布	$C = K_0$	K_0 为常数

上述的四种方法各自假定的地基系数随深度分布规律不同，其计算结果是有差异的。实验资料分析表明，宜根据土质特性来选择恰当的计算方法。

2. 单桩、单排桩与多排桩

计算基桩内力，应先根据作用在承台底面的外力 N、H、M 计算出在每根桩顶的荷载 p_i、Q_i、M_i 值，然后才能计算各桩在荷载作用下各截面的内力和位移。桩基础按其作用力 H 与基桩的布置方式之间的关系可归纳为单桩、单排桩及多排桩两类来计算各桩的受力，所谓单桩、单排桩是指与水平外力 H 作用面相垂直的平面上，仅有一根或一排桩的桩基础（如图 7-33a）所示。对于单桩来说，上部荷载全由它承担。对于单排桩[图 7-33b）、图 7-34]，桥墩作纵向验算时，若作用于承台底面中心的荷载为 N、H、M_y，当 N 在单排桩方向无偏心时，可以假定它是平均分布在各桩上的，即

$$P_i = \frac{N}{n};Q_i = \frac{H}{n};M_i = \frac{M_y}{n} \tag{7-21}$$

式中：n——桩的根数。

当竖向力 N 在单排桩方向有偏心距 e 时，如图 7-33b）、图 7-34 所示，即 $M_x = N \cdot e$，因此每根桩上的竖向作用力可按偏心受压计算，即

$$P_i = \frac{N}{n} \pm \frac{M_x y_i}{\sum y_i^2} \tag{7-22}$$

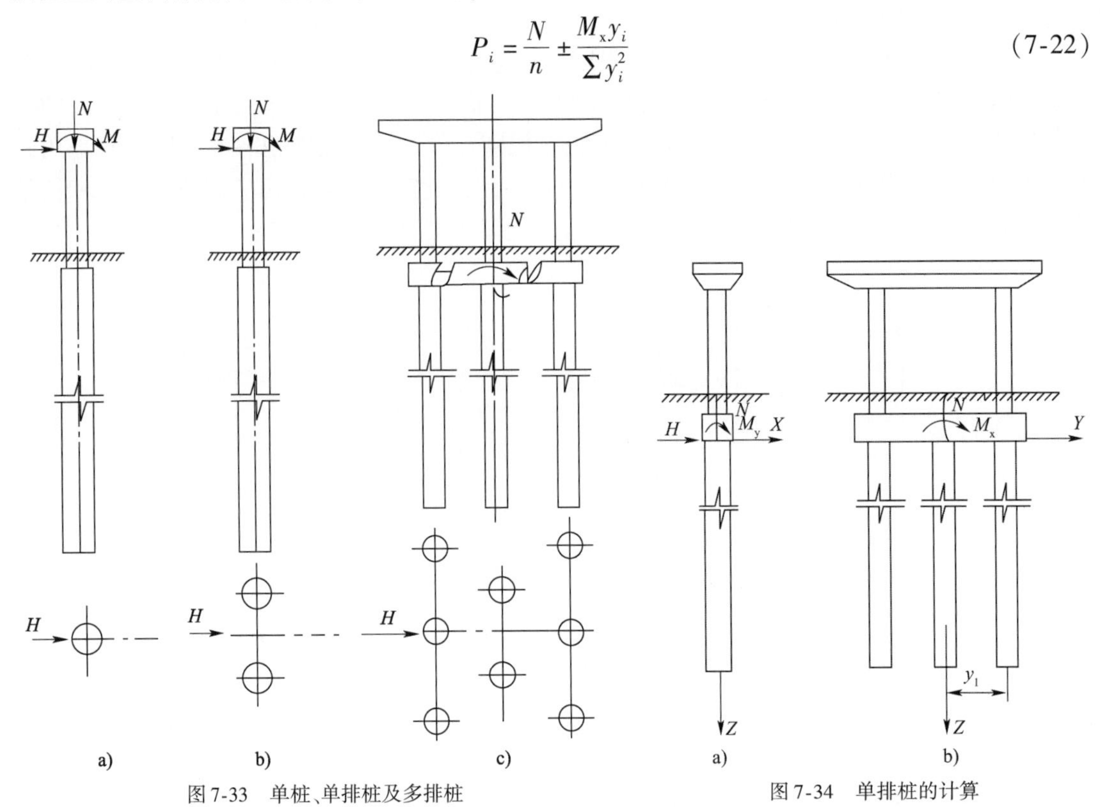

图 7-33　单桩、单排桩及多排桩

图 7-34　单排桩的计算

多排桩（图 7-33c）是指在水平外力作用平面内有一根以上桩的桩基础，不能直接应用上述公式计算各桩顶上的作用力，须考虑桩土共同工作，结合结构力学方法另行计算。

3. 桩的计算宽度

由试验研究分析得出，桩在横向荷载作用下，除了桩身范围内桩侧土受挤压外，在桩身宽度以外一定范围内的土体都受到一定程度的影响，且对不同截面形状的桩，土受到的影响范围大小也不同。为了将空间受力简化为平面受力，并综合考虑桩的截面形状及多排桩桩间的相互遮蔽作用。计算桩的内力与位移时不直接采用桩的设计宽度（直径），而是换算成实际工作条件下相当于矩形截面桩的计算宽度 b_1。

桩的计算宽度可按下式计算：

$$\left.\begin{aligned} &\text{当 } d \geqslant 1.0\text{m 时} \quad && b_1 = kk_f(d+1) \\ &\text{当 } d < 1.0\text{m 时} \quad && b_1 = kk_f(1.5d+0.5) \end{aligned}\right\} \tag{7-23}$$

对单排桩或 $L_1 \geqslant 0.6h_1$ 的多排桩：

$$k = 1.0$$

对 $L_1 < 0.6h_1$ 的多排桩：

$$k = b_2 + \frac{1-b_2}{0.6} \cdot \frac{L_1}{h_1}$$

式中：b_1——桩的计算宽度(m)，$b_1 \leqslant 2d$；

d——桩径或垂直于水平外力作用方向桩的宽度(m)；

K_f——桩形状换算系数，视水平力作用面(垂直于水平力作用方向)而定，圆形或圆端截面 $K_f = 0.9$；矩形截面 $K_f = 1.0$；对圆端形与矩形组合截面 $K_f = \left(1-0.1\dfrac{a}{d}\right)$(见图 7-35)；

k——平行于水平力作用方向的桩间相互影响系数；

L_1——平行于水平力作用方向的桩间净距(图 7-36)；梅花形布桩时，若相邻两排桩中心距 c 小于 $(d+1)$ m 时，可按水平力作用面各桩间的投影距离计算(见图 7-37)；

h_1——地面或局部冲刷线以下桩的计算埋入深度，可取 $h_1 = 3(d+1)$，但不得大于地面或局部冲刷线以下桩入土深度 h(图 7-36)；

b_2——平行于水平力作用方向的一排桩的桩数 n 有关系数，当 $n=1$ 时，$b_2 = 1.0$；$n=2$ 时，$b_2 = 0.6$；$n=3$ 时，$b_2 = 0.5$；$n \geqslant 4$ 时，$b_2 = 0.45$。

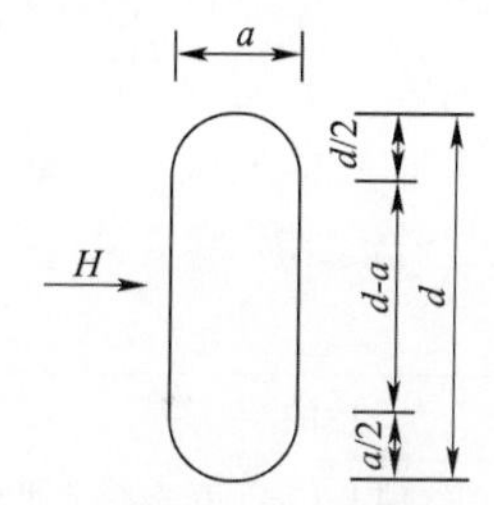

图 7-35　计算圆端形与矩形组合截面 K_f 值示意图

在桩平面布置中，若平行于水平力作用方向的各排桩数量不等，且相邻(任何方向)桩间中心距等于或大于$(d+1)$米，则所验算各桩可取同一个桩间影响系数 k，其值按桩数量最多的一排选取。此外，若垂直于水平力作用方向上有 n 根桩时，计算宽度取 nb_1，但须满足 $nb_1 \leqslant B+1$(B 为 n 根桩垂直于水平力作用方向的外边缘距离，以米计，见图 7-38)。

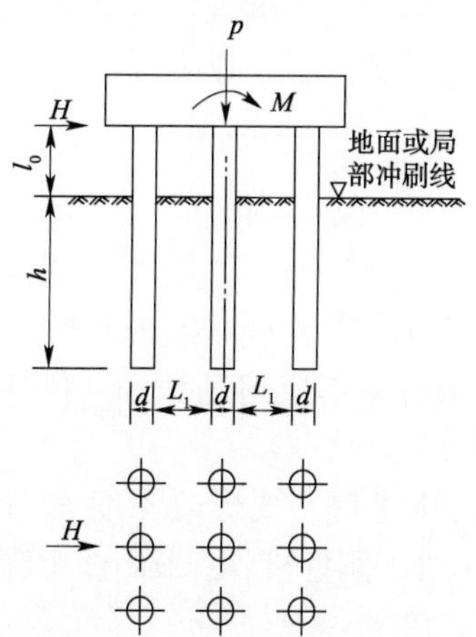

图 7-36　计算 k 值时桩基示意图

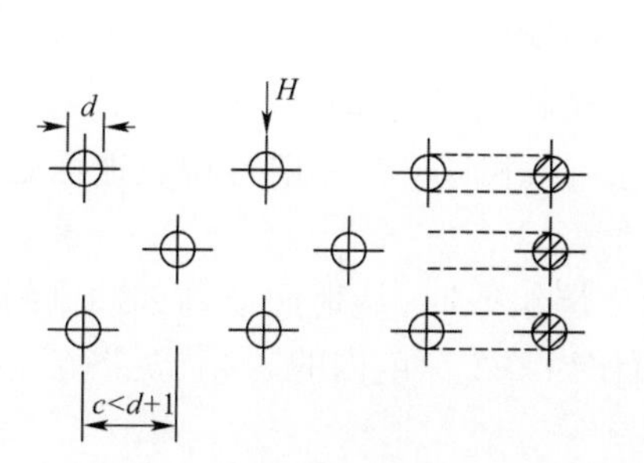

图 7-37　梅花形示意图

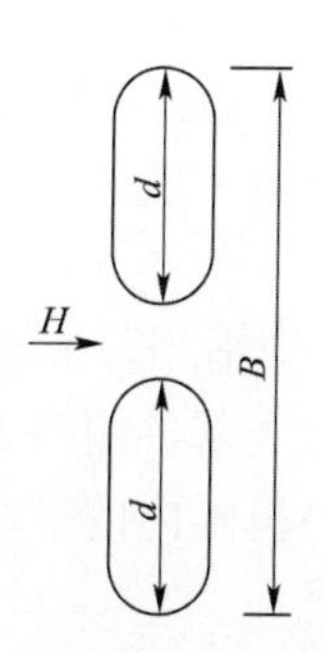

图 7-38　单桩宽度计算示意图

4. 刚性桩与弹性桩

为计算方便起见，按照桩与土的相对刚度，将桩分为刚性桩和弹性桩。当桩的入土深度 $h>\frac{2.5}{\alpha}$时，这时桩的相对刚度小，必须考虑桩的实际刚度，按弹性桩来计算。其中 α 称为桩的变形系数 $\alpha=\sqrt[5]{\frac{mb_1}{EI}}$。一般情况下，桥梁桩基础的桩多属于弹性桩。当桩的入土深度 $h\leqslant\frac{2.5}{a}$时，则桩的相对刚度较大，计算时认为属于刚性桩，

（二）"m"法计算桩的内力和位移

1. 计算参数

桩基中桩的变形系数可按下式计算：

$$\alpha=\sqrt[5]{\frac{mb_1}{EI}} \tag{7-24}$$

$$EI=0.8E_cI \tag{7-25}$$

式中：α——桩的变形系数；

EI——桩的抗弯刚度，对以受弯为主的钢筋混凝土桩，根据《公路钢筋混凝土及预应力混凝土桥涵设计规范》（JTG D62—2004）规定采用；

E_c——桩的混凝土抗压弹性模量；

I——桩的毛面积惯性矩；

b_1——桩的计算宽度；

m、m_0——非岩石地基抗力系数的比例系数。

地基土水平抗力系数的比例系数 m 应通过试验确定，缺乏试验资料时，可根据地基土分类、状态按表 7-29 查用。

非岩石类土的比例系数 m 值 表 7-29

土的名称	m 和 m_0（kN/m^4）	土的名称	m 和 m_0（kN/m^4）
流塑性黏土 $I_L>1.0$，软塑黏性土 $1.0\geqslant I_L>0.75$，淤泥	3000～5000	坚硬，半坚硬黏性土 $I_L\leqslant0$，粗砂，密实粉土	20000～30000
可塑黏性土 $0.75\geqslant I_L>0.25$，粉砂，稍密粉土	5000～10000	砾砂，角砾，圆砾，碎石，卵石	30000～80000
硬塑黏性土 $0.25\geqslant I_L\geqslant0$，细砂，中砂，中密粉土	10000～20000	密实卵石夹粗砂，密实漂、卵石	80000～120000

注：1. 本表用于基础在地面处位移最大值不应超过 6mm 的情况，当位移较大时，应适当降低；

2. 当基础侧面设有斜坡或台阶，且其坡度（横：竖）或台阶总宽与深度之比大于 1:20 时，表中 m 值应减小 50% 取用。

在应用上表时应注意以下事项：

（1）由于桩的水平荷载与位移关系是非线性的，即 m 值随荷载与位移增大而有所减小，因此，m 值的确定要与桩的实际荷载相适应。一般结构在地面处最大位移不应超过 6mm。位移较大时，应适当降低表列 m 值。

（2）当基桩侧面由几种土层组成时，从地面或局部冲刷线起，应求得主要影响深度 $h_m=2(d+1)$范围内的平均 m 值作为整个深度内的 m 值（见图 7-39）（对于刚性桩，h_m 采用整个深度 h）。

当 h_m 深度内存在两层不同土时：

$$m = \gamma m_1 + (1-\gamma) m_2 \tag{7-26}$$

$$\gamma = \begin{cases} 5\ (h_1/h_m)^2 & h_1/h_m \leqslant 0.2 \\ 1-1.25\ (1-h_1/h_m)^2 & h_1/h_m > 0.2 \end{cases}$$

(3)承台侧面地基土水平抗力系数 C_n：

$$C_n = mh_n \tag{7-27}$$

式中：m——承台埋深范围内地基土的水平抗力系数，MN/m^4；

h_n——承台埋深，m。

(4)地基土竖向抗力系数 C_0、C_b 和地基土竖向抗力系数的比例系数 m_0：

①桩底面地基土竖向抗力系数 C_0：

$$C_0 = m_0 h \tag{7-28}$$

式中：m_0——桩底面地基土竖向抗力系数的比例系数，MN/m^4，近似取 $m_0 = m$；

h——桩的入土深度(m)，当 h 小于 10m 时，按 10m 计算。

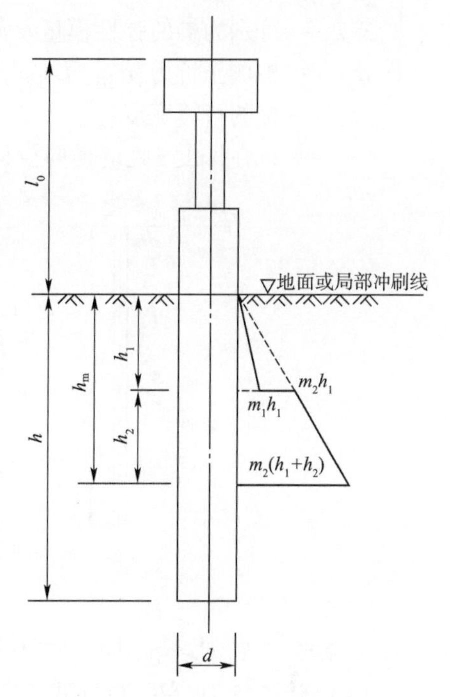

图 7-39　两层土 m 值换算计算示意图

②承台底地基土竖向抗力系数 C_b：

$$C_b = m_0 h_n \tag{7-29}$$

式中：h_n——承台埋深(m)，当 h_n 小于 1m 时，按 1m 计算。

岩石地基竖向抗力系数 C_0，不随岩层埋深而增长，其值按表 7-30 采用。

岩石地基竖向抗力系数 C_0　　表 7-30

单轴极限抗压强度标准值 R_C(MPa)	C_0(MN/m^3)
1	300
≥25	15000

注：f_{rk} 为岩石的单轴饱和抗压强度标准值，对于无法进行饱和的式样，可采用天然含水率单轴抗压强度标准值，当 $1000 < f_{rk} < 25000$ 时，可用直线内插法确定 C_0。

2. 符号规定

在计算中，取图 7-40 所示的坐标系统，对力和位移的符号作如下规定：横向位移顺 x 轴正方向为正值；转角逆时针方向为正值；弯矩当左侧纤维受拉时为正值；横向力顺 x 轴方向为正值。

3. 桩的挠曲微分方程的建立

桩顶若与地面平齐($Z=0$)，且已知桩顶作用水平荷载 Q_0 及弯矩 M_0，此时桩将发生弹性挠曲，桩侧土将产生横向抗力 σ_{zx}，如图 7-40 所示。

基桩的挠曲线方程为：

$$\frac{d^4 x_z}{dZ^4} + \frac{mb_1}{EI} Z x_z = 0 \tag{7-30}$$

或

$$\frac{d^4 x_z}{dZ^4} + \alpha^5 Z x_z = 0 \tag{7-31}$$

式中：α——桩的变形系数或称桩的特征值$(1/m)$，$\alpha = \sqrt[5]{\frac{mb_1}{EI}}$；

E、I——分别为桩的弹性模量及截面惯矩；

σ_{zx}——桩侧土抗力，$\sigma_{zx}=Cx_z=mZx_z$，C 为地基系数；

b_1——桩的计算宽度；

x_z——桩在深度 z 处的横向位移（即桩的挠度）。

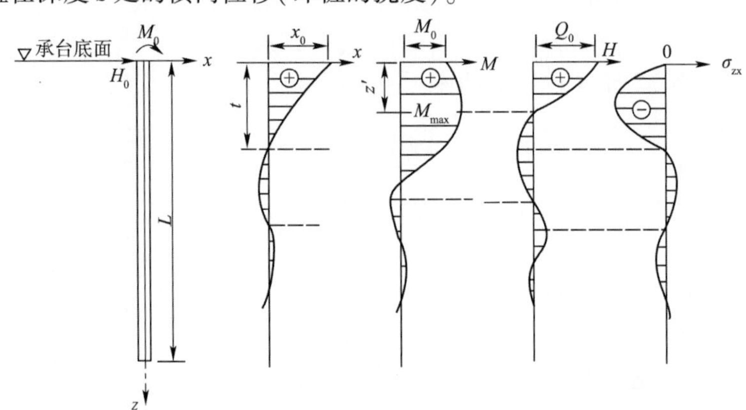

图 7-40　桩身受力图示

4. 无量纲法（桩身在地面以下任一深度处的内力和位移的简捷计算方法）

（1）$\alpha h>2.5$ 时，单排桩柱式桥墩承受桩柱顶荷载时的作用效应及位移。

①地面或局部冲刷线处桩的作用效应。

$$M_0=M+H(h_2+h_1) \tag{7-32}$$

$$H_0=H \tag{7-33}$$

地面或局部冲刷线处桩变位。

柱顶自由，桩底支承在非岩石类土或基岩面上的单排桩式桥墩（图 7-41）。

$$x_0=H_0\delta_{HH}^{(0)}+M_0\delta_{HM}^{(0)} \tag{7-34}$$

$$\phi_0=-(H_0\delta_{MH}^{(0)}+M_0\delta_{MM}^{(0)}) \tag{7-35}$$

$$\delta_{HH}^{(0)}=\frac{1}{\alpha^3EI}\times\frac{(B_3D_4-B_4D_3)+k_h(B_2D_4-B_4D_2)}{(A_3B_4-A_4B_3)+k_h(A_2B_4-A_4B_2)} \tag{7-36}$$

$$\delta_{MH}^{(0)}=\frac{1}{\alpha^2EI}\times\frac{(A_3D_4-A_4D_3)+k_h(A_2D_4-A_4D_2)}{(A_3B_4-A_4B_3)+k_h(A_2B_4-A_4B_2)} \tag{7-37}$$

$$\delta_{HM}^{(0)}=\delta_{MH}^{(0)}=\frac{1}{\alpha^2EI}\times\frac{(B_3C_4-B_4C_3)+k_h(B_2C_4-B_4C_2)}{(A_3B_4-A_4B_3)+k_h(A_2B_4-A_4B_2)} \tag{7-38}$$

$$\delta_{MM}^{(0)}=\frac{1}{\alpha EI}\times\frac{(A_3C_4-A_4C_3)+k_h(A_2C_4-A_4C_2)}{(A_3B_4-A_4B_3)+k_h(A_2B_4-A_4B_2)} \tag{7-39}$$

柱顶自由，桩底嵌固在基岩中的单排桩式桥墩（图 7-42）。

$$x_0=H_0\delta_{HH}^{(0)}+M_0\delta_{HM}^{(0)} \tag{7-40}$$

$$\phi_0=-(H_0\delta_{MH}^{(0)}+M_0\delta_{MM}^{(0)}) \tag{7-41}$$

$$\delta_{HH}^{(0)}=\frac{1}{\alpha^3EI}\times\frac{B_2D_1-B_1D_2}{A_2B_1-A_1B_2} \tag{7-42}$$

$$\delta_{MH}^{(0)}=\frac{1}{\alpha^2EI}\times\frac{A_2D_1-A_1D_2}{A_2B_1-A_1B_2} \tag{7-43}$$

$$\delta_{HM}^{(0)}=\delta_{MH}^{(0)}=\frac{1}{\alpha^2EI}\times\frac{B_2C_1-B_1C_2}{A_2B_1-A_1B_2} \tag{7-44}$$

$$\delta_{\mathrm{MM}}^{(0)}=\frac{1}{\alpha EI}\times\frac{A_2C_1-A_1C_2}{A_2B_1-A_1B_2}\tag{7-45}$$

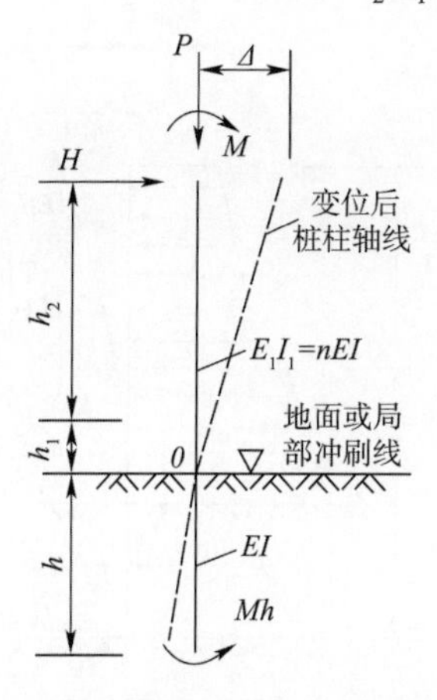

图7-41　柱顶自由，桩底支承在非岩石类土或基岩面上的单排桩式桥墩

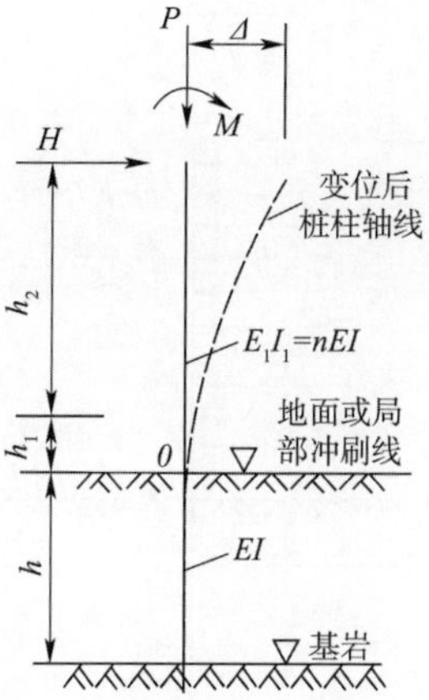

图7-42　柱顶自由，桩底嵌固在基岩中的单排桩式桥墩

②地面或局部冲刷线以下深度 z 处桩各截面内力。

$$M_{\mathrm{z}}=\alpha^2EI\left(x_0A_3+\frac{\varphi_0}{\alpha}B_3+\frac{M_0}{\alpha^2EI}C_3+\frac{H_0}{\alpha^3EI}D_3\right)\tag{7-46}$$

$$Q_{\mathrm{z}}=\alpha^3EI\left(x_0A_4+\frac{\varphi_0}{\alpha}B_4+\frac{M_0}{\alpha^2EI}C_4+\frac{H_0}{\alpha^3EI}D_4\right)\tag{7-47}$$

(2) $\alpha h>2.5$ 时，单排桩柱式桥台桩柱侧面受土压力作用时的作用效应及位移。

①地面或局部冲刷线处桩的作用效应。

$$M_0=M+H(h_2+h_1)+\frac{1}{6}h_2\left[(2q_1+q_2)h_2+3(q_1+q_2)h_1\right]+\frac{1}{6}(2q_3+q_4)h_1^2\tag{7-48}$$

$$H_0=H+\frac{1}{2}(q_1+q_2)h_2+\frac{1}{2}(q_3+q_4)h_1\tag{7-49}$$

q_1、q_2、q_3和 q_4：作用于桩上的土压力强度（kN/m），可根据《铁路桥涵地基和基础设计规范》（TB 10002.5—2005）规定确定土压力作用及其在桩上的计算宽度。若地面或局部冲刷线以上桩为等截面，h_2 取全高，$h_1=0$。

②地面或局部冲刷线处桩变位。

桩柱身受梯形荷载，桩柱顶为自由，桩底支承在非岩石类土或基岩面上的单排桩式桥台（图7-43）。

$$x_0=H_0\delta_{\mathrm{HH}}^{(0)}+M_0\delta_{\mathrm{HM}}^{(0)}\tag{7-50}$$

$$\varphi_0=-(H_0\delta_{\mathrm{MH}}^{(0)}+M_0\delta_{\mathrm{MM}}^{(0)})\tag{7-51}$$

$$\delta_{\mathrm{HH}}^{(0)}=\frac{1}{\alpha^3EI}\times\frac{(B_3D_4-B_4D_3)+k_{\mathrm{h}}(B_2D_4-B_4D_2)}{(A_3B_4-A_4B_3)+k_{\mathrm{h}}(A_2B_4-A_4B_2)}\tag{7-52}$$

$$\delta_{\mathrm{MH}}^{(0)}=\frac{1}{\alpha^2EI}\times\frac{(A_3D_4-A_4D_3)+k_{\mathrm{h}}(A_2D_4-A_4D_2)}{(A_3B_4-A_4B_3)+k_{\mathrm{h}}(A_2B_4-A_4B_2)}\tag{7-53}$$

$$\delta_{\mathrm{HM}}^{(0)}=\delta_{\mathrm{MH}}^{(0)}=\frac{1}{\alpha^2EI}\times\frac{(B_3C_4-B_4C_3)+k_{\mathrm{h}}(B_2C_4-B_4C_2)}{(A_3B_4-A_4B_3)+k_{\mathrm{h}}(A_2B_4-A_4B_2)}\tag{7-54}$$

$$\delta_{\mathrm{MM}}^{(0)}=\frac{1}{\alpha EI}\times\frac{(A_3C_4-A_4C_3)+k_{\mathrm{h}}(A_2C_4-A_4C_2)}{(A_3B_4-A_4B_3)+k_{\mathrm{h}}(A_2B_4-A_4B_2)}\tag{7-55}$$

桩柱身受梯形荷载，桩柱顶为自由，桩底嵌固在基岩中的单排桩式桥台（图7-44）。

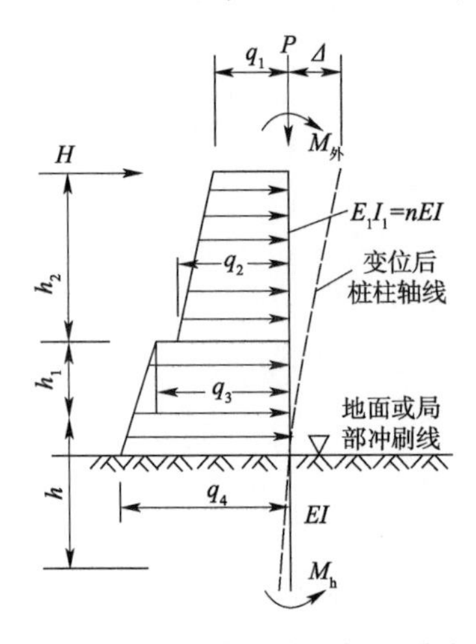

图7-43 桩柱顶为自由，桩底支承在非岩石类土或基岩面上的单排桩式桥台

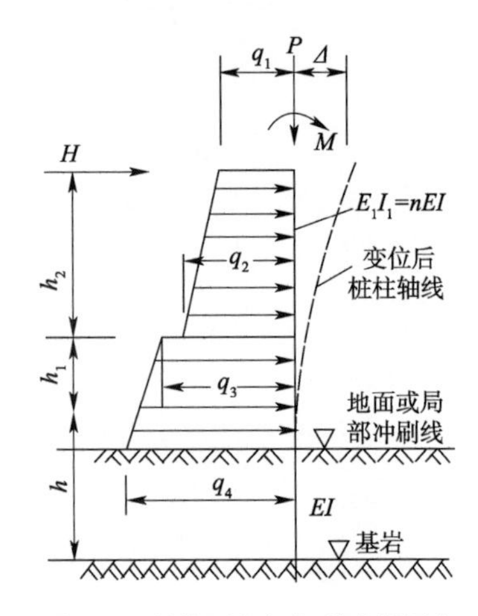

图7-44 桩柱顶为自由，桩底嵌固在基岩中的单排桩式桥台

$$x_0 = H_0\delta_{HH}^{(0)} + M_0\delta_{HM}^{(0)} \tag{7-56}$$

$$\varphi_0 = -(H_0\delta_{MH}^{(0)} + M_0\delta_{MM}^{(0)}) \tag{7-57}$$

$$\delta_{HH}^{(0)} = \frac{1}{\alpha^3 EI} \times \frac{B_2D_1 - B_1D_2}{A_2B_1 - A_1B_2} \tag{7-58}$$

$$\delta_{MH}^{(0)} = \frac{1}{\alpha^2 EI} \times \frac{A_2D_1 - A_1D_2}{A_2B_1 - A_1B_2} \tag{7-59}$$

$$\delta_{HM}^{(0)} = \delta_{MH}^{(0)} = \frac{1}{\alpha^2 EI} \times \frac{B_2C_1 - B_1C_2}{A_2B_1 - A_1B_2} \tag{7-60}$$

$$\delta_{MM}^{(0)} = \frac{1}{\alpha EI} \times \frac{A_2C_1 - A_1C_2}{A_2B_1 - A_1B_2} \tag{7-61}$$

③地面或局部冲刷线以下深度 z 处桩各截面内力。

$$M_z = \alpha^2 EI\left(x_0A_3 + \frac{\varphi_0}{\alpha}B_3 + \frac{M_0}{\alpha^2 EI}C_3 + \frac{H_0}{\alpha^3 EI}D_3\right) \tag{7-62}$$

$$Q_z = \alpha^3 EI\left(x_0A_4 + \frac{\varphi_0}{\alpha}B_4 + \frac{M_0}{\alpha^2 EI}C_4 + \frac{H_0}{\alpha^3 EI}D_4\right) \tag{7-63}$$

上式中：

$k_h = \frac{C_0}{aE} \times \frac{I_0}{I}$为因桩端转动，桩端底面土体产生的抗力对 $\delta_{HH}^{(0)}$、$\delta_{HM}^{(0)} = \delta_{HM}^{(0)}$ 和 $\delta_{MM}^{(0)}$ 的影响系数。当桩底置于非岩石类土且 $\alpha h \geqslant 2.5$ 时，或置于基岩上且 $\alpha h \geqslant 3.5$ 时，取 $K_h = 0$。式中 C_0按公式(7-28)确定。I、I_0分别为地面或局部冲刷线以下桩截面和桩端面积惯性矩。

式(7-38)～式(7-45)即为桩在地面下位移及内力的无量纲法计算公式 A_i、B_i、C_i、D_i（i = 1、2、3、4）值，在计算 $\delta_{HH}^{(0)}$、$\delta_{HM}^{(0)}$、$\delta_{HM}^{(0)}$ 和 $\delta_{MM}^{(0)}$ 时，根据 $\bar{h} = \alpha h$ 由表（表7-31）查用；在计算 M_z和 Q_z 时，根据 $\bar{h} = \alpha z$ 由（表7-31）查用；当 $\bar{h} > 4$ 时，按 $\bar{h} = 4$ 计算。

由以上各式可简捷地求得桩身各截面的水平位移、转角、弯矩以及剪力，由此便可验算桩身强度，决定配筋量，验算其墩台位移等。

计算桩身作用效应无量纲系数用表

表 7-31

$\bar{h}=\alpha z$	A_1	B_1	C_1	D_1	A_2	B_2	C_2	D_2	A_3	B_3	C_3	D_3	A_4	B_4	C_4	D_4
0	1.00000	0.00000	0.00000	0.00000	0.00000	1.00000	0.00000	0.00000	0.00000	0.00000	1.00000	0.00000	0.00000	0.00000	0.00000	1.00000
0.1	1.00000	0.10000	0.00500	0.00017	0.00000	1.00000	0.10000	0.00500	-0.00017	-0.00001	1.00000	0.10000	-0.00500	-0.00033	-0.00001	1.00000
0.2	1.00000	0.20000	0.02000	0.00133	-0.00007	1.00000	0.20000	0.02000	-0.00133	-0.00013	0.99999	0.20000	-0.02000	-0.00267	-0.00020	0.99999
0.3	0.99998	0.30000	0.04500	0.00450	-0.00034	0.99996	0.30000	0.04500	-0.00450	-0.00067	0.99994	0.30000	-0.04500	-0.00900	-0.00101	0.99992
0.4	0.99991	0.39999	0.08000	0.01067	-0.00107	0.99983	0.39998	0.08000	-0.01067	-0.00213	0.99974	0.39998	-0.08000	-0.02133	-0.00320	0.99966
0.5	0.99974	0.49996	0.12500	0.02083	-0.00260	0.99948	0.49994	0.12499	-0.02083	-0.00521	0.99922	0.49991	-0.12499	-0.04167	-0.00781	0.99896
0.6	0.99935	0.59987	0.17998	0.03600	-0.00540	0.99870	0.59981	0.17998	-0.03600	-0.01080	0.99806	0.59974	-0.17997	-0.07199	-0.01620	0.99741
0.7	0.99860	0.69967	0.24495	0.05716	-0.01000	0.99720	0.69951	0.24494	-0.05716	-0.02001	0.99580	0.69935	-0.24490	-0.11433	-0.03001	0.99440
0.8	0.99727	0.79927	0.31988	0.08532	-0.01707	0.99454	0.79891	0.31983	-0.08532	-0.03412	0.99181	0.79854	-0.31975	-0.17060	-0.05120	0.98908
0.9	0.99508	0.89852	0.40472	0.12146	-0.02733	0.99016	0.89779	0.40462	-0.12144	-0.05466	0.98524	0.89705	-0.40443	-0.24284	-0.08198	0.98032
1.0	0.99167	0.99722	049941	0.16657	-0.04167	0.98333	0.99583	0.49921	-0.16652	-0.08329	0.97501	0.99445	-0.49881	-0.33298	-0.12493	0.96667
1.1	0.98658	1.09508	0.60384	0.22163	-0.06096	0.97317	1.09262	0.60346	-0.22152	-0.12192	0.95975	1.09016	-0.60268	-0.44292	-0.18285	0.94634
1.2	0.97927	1.19171	0.71787	0.28758	-0.08632	0.95855	1.18756	0.71716	-0.28737	-0.17260	0.93783	1.18342	-0.71573	-0.57450	-0.25886	0.91712
1.3	0.96908	1.28660	0.84127	0.36536	-0.11883	0.93817	1.27990	0.84002	-0.36496	-0.23760	0.90727	1.27320	-0.83753	-0.72950	-0.35631	0.87638
1.4	0.95523	1.37910	0.97373	0.45588	-0.15973	0.91047	1.36865	0.97163	-0.45515	-0.31933	0.86573	1.35821	-0.96746	-0.90754	-0.47883	0.82102
1.5	0.93681	1.46839	1.11484	0.55997	-0.21030	0.87365	1.45259	1.11145	-0.55870	-0.42039	0.81054	1.43680	-1.10468	-1.11609	-0.63027	0.74745
1.6	0.91280	1.55346	1.26403	0.67842	-0.27194	0.82565	1.53020	1.25872	-0.67629	-0.54348	0.73859	1.50695	-1.24808	-1.35042	-0.81466	0.65156
1.7	0.88201	1.63307	1.42061	0.81193	-0.34604	0.76413	1.59963	1.41247	-0.80848	-0.69144	0.64637	1.56621	-1.39623	-1.61340	-1.03616	0.52871
1.8	0.84313	1.70575	1.58362	0.96109	-0.43412	0.68645	1.65867	1.57150	-0.95564	-0.86715	0.52997	1.61162	-1.54728	-1.90577	-1.29909	0.37368
1.9	0.79467	1.76972	1.75090	1.12637	-0.53768	0.58967	1.70468	1.73422	-1.11796	-1.07357	0.38503	1.63969	-1.69889	-2.22745	-1.60770	0.18071
2.0	0.73502	1.82294	1.92402	1.30801	-0.65822	0.47061	1.73457	1.89872	-1.29535	-1.31361	0.20676	1.64628	-1.84818	-2.57798	-1.96620	-0.05652
2.2	0.57491	1.88709	2.27217	1.72042	-0.95616	0.15127	1.73110	2.22299	-1.69334	-1.90567	-0.27087	1.57538	-2.12481	-3.35952	-2.84858	-0.69158
2.4	0.34691	1.87450	2.60882	2.19535	-1.33889	-0.30273	1.61286	2.51874	-2.14117	-2.66329	-0.94885	1.35201	-2.33901	-4.22811	-3.97323	-1.59151
2.6	0.033146	1.75473	2.90670	2.72365	-1.81479	-0.92602	1.33485	2.74972	-2.62126	-3.59987	-1.87734	0.91679	-2.43695	-5.14023	-5.35541	-2.82106
2.8	-0.38548	1.49037	3.12843	3.28769	-2.38756	-1.175483	0.84177	2.86653	-3.10341	-4.71748	-3.10791	0.19729	-2.34558	-6.02299	-6.99007	-4.44491
3.0	-0.92809	1.03679	3.22471	3.85838	-3.05319	-2.82410	0.06837	2.80406	-3.54058	-5.99979	-4.68788	-0.89126	-1.96928	-6.76460	-8.84029	-6.51972
3.5	-2.92799	-1.27172	2.46304	4.97982	-4.98062	-6.70806	-3.58647	1.27018	-3.91921	-9.54367	-10.34040	-5.85402	1.07408	-6.78895	-13.69240	-13.82610
4.0	-5.85333	-5.94097	-0.92677	4.54780	-6.53316	-12.15810	-10.60840	-3.76647	-1.61428	-11.73066	-17.91860	-15.07550	9.24368	-0.35762	-15.61050	-23.14040

5. 桩身最大弯矩位置 $Z_{M\max}$ 和最大弯矩 $M_{\max}$ 的确定

桩身各截面处弯矩 M_z 的计算，主要是检验桩的截面强度和配筋计算。为此，要找出弯矩最大的截面所在的位置 $Z_{M\max}$ 相应的最大弯矩值 $M_{\max}$，一般可将各深度 Z 处的 M_z 值求出后绘制 $Z-M_z$ 图，即可从图中求得。

6. 桩顶位移的计算

图 7-42 所示的为置于非岩石地基中的桩，已知桩露出地面长 $l_0=h_1+h_2$，若桩顶为自由端，其上作用有 H 及 M，顶端的位移可应用叠加原理计算。设桩顶的水平位移为 Δ，它是由下列各项组成：桩在地面处的水平位移 x_0、地面处转角 φ_0 所引起的桩顶的水平位移 $\varphi_0 l_0$、桩露出地面段作为悬臂梁桩顶在水平力 H 以及在 M 作用下产生的水平位移 Δ_0，即

$$\Delta = x_0 - \varphi_0(h_2+h_1) + \Delta_0 \tag{7-64}$$

式中：$\Delta_0=\dfrac{H}{E_1I_1}\left[\dfrac{1}{3}(nh_1^3+h_2^3)+nh_1h_2(h_1+h_2)\right]+\dfrac{M}{2E_1I_1}\left[h_2^2+nh_1(2h_2+h_1)\right]$（桥墩）

式中：$\Delta_0=\dfrac{M}{2E_1I_1}(nh_1^2+2nh_1h_2+h_2^2)+\dfrac{H}{3E_1I_1}(nh_1^3+3nh_1^2h_2+3nh_1h_2^2+h_2^3)+$

$\dfrac{1}{120E_1I_1}[(11h_2^4+40nh_2^3h_1+20nh_2h_1^3+50nh_2^2h_1^2)q_1+4(h_2^4+10nh_2^2h_1^2+$

$5nh_2^3h_1+5nh_2h_1^3)q_2+(11nh_1^4+15nh_2h_1^3)q_3+(4nh_1^4+5nh_2h_1^3)q_4]$（桥台）

n 为桩式桥墩上段抗弯刚度 E_1I_1 与下段抗弯刚度 EI 的比值，$EI=0.8E_cI$，$E_1I_1=0.8E_cI_1$，E_c 为桩身混凝土抗压弹性模量，I_1 为桩上段毛截面惯性矩。

四、群桩基础验算

在设计桩基时，不仅要确定单桩的承载力，而且还要检算整个桩基的承载力，因为后者不一定等于前者之和。桩基的承载力与桩基中各基桩的共同作用情况有关，而各基桩的共同作用称为群桩作用。

（一）群桩作用

柱桩群桩的作用与摩擦桩群桩的作用是不相同的。

1. 柱桩桩基

作用于每根柱桩桩顶上的荷载，主要通过桩尖传递到桩底坚硬土层上，由于桩尖下压力分布面积小，各桩底的压应力相互不重叠（图 7-45a），因而群桩中每根桩的工作情况和单柱时相同，群桩的容许承载力就等于各单桩容许承载力之和。

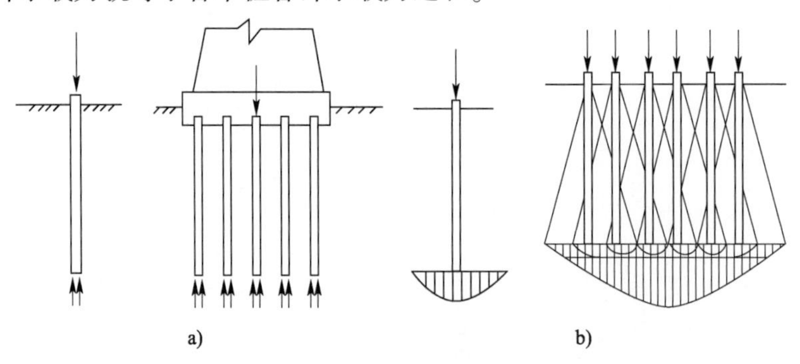

图 7-45　群桩作用

a）标桩桩尖平面的应力分布；b）摩擦桩桩尖平面的应力分布

2. 摩擦桩桩基

作用于每根摩擦桩桩顶上的荷载，主要通过桩侧摩擦力传至地基土中，故应力的分布范围随其深度增加而扩大，桩底的应力分布较柱桩有所扩散，且非均匀分布，成抛物线形状（图7-45b）显然，群桩中各桩的分布应力互相重叠，致使群桩桩尖处土层受的压力比单桩大，而且影响范围要比单桩深（图7-46）。

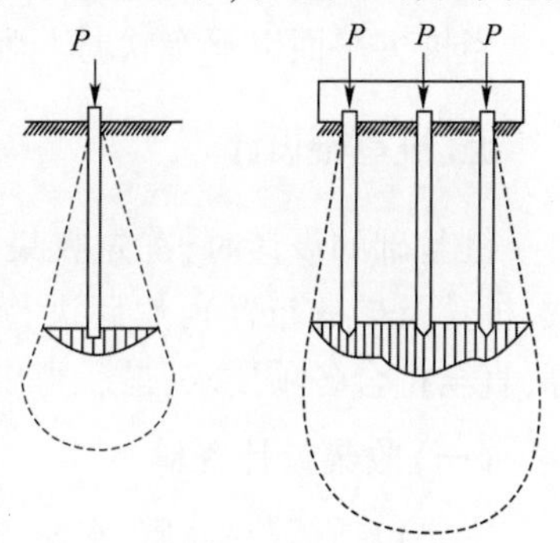

图7-46　群桩和单桩应力分布深度比较

摩擦桩的桩间距（即中心距）越大（大于6倍桩径），桩底的应力重叠越小，桩间距越小，（小于3倍桩径），应力重叠范围越大。在桥梁桩基设计中，不应使桩距过大，以免承台平面尺寸和厚度过大，圬工量增加，以致施工困难，所以，桥梁桩基的摩擦桩群桩，其桩底都有较大应力重叠。《桥规》规定，当摩擦桩桩尖平面处的桩中心距不大于6倍桩径时，应考虑桩基的群桩作用，即把桩基当作实体基础来考虑。

（二）桩基当作实体基础检算

1. 平均内摩擦角的确定

《铁路桥涵地基和基础设计规范》（TB 10002.5—2005）规定，桥涵桩基当作实体基础来检算时，将桩基视为图7-47中1、2、3、4范围内的实体基础，此实体基础底面尺寸可这样确定：假定荷载从最外边那一圈桩桩顶（或局部冲刷线处）外侧按 $\bar{\varphi}/4$ 的角度向下扩散（$\bar{\varphi}$ 为桩所穿越各土层的平均内摩擦角），故自桩顶高程处最外一圈桩的外缘作 $\bar{\varphi}/4$ 倾角的斜线与桩尖平面相交，就是假想实体基础底面尺寸，如图7-47a）所示。当桩基带有斜桩且斜桩之斜角 $\alpha>\bar{\varphi}/4$ 时，则应以 α 角来确定基础尺寸，如图7-47b）所示。故此假想实体基础底面的边长 b' 和 a' 可按下式计算：

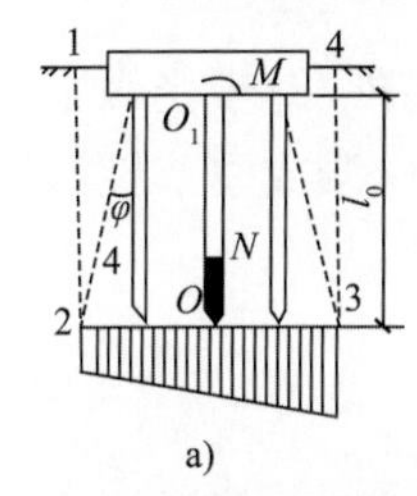

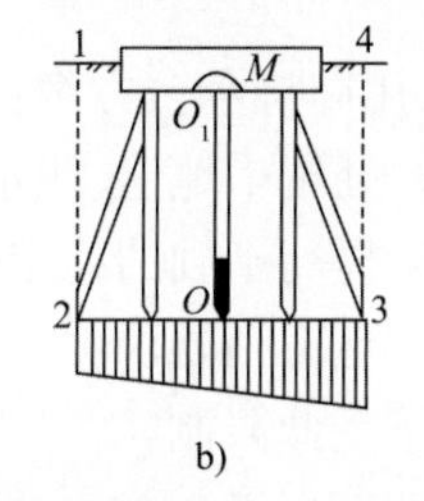

图7-47　群桩作用检算

当 $\alpha\leqslant\bar{\varphi}/4$ 时，$b'=b+2l\tan(\bar{\varphi}/4)$，$a'=a+2l\tan(\bar{\varphi}/4)$

当 $\alpha>\bar{\varphi}/4$ 时，$b'=b+2l\tan\alpha$，$a'=a+2l\tan\alpha$

式中：l——桩身穿越土层的长度，m；如为低桩承台，则为桩长；如为高桩承台，则为局部冲刷线至桩尖的长度；

$\bar{\varphi}$——桩基所穿过土层的加权平均摩擦角：

$$\bar{\varphi}=\frac{\varphi_1 l_1+\varphi_2 l_2+\cdots+\varphi_n l_n}{l} \tag{7-65}$$

式中：φ_n——所穿越 l_n 土层的摩擦角，°；

l_n——第 n 层土的厚度，m。

2. 地基承载力的检算：

基础尺寸确定以后，可按下式检算地基承载力：

$$\frac{N}{A}+\frac{M}{W}\leqslant[\sigma] \tag{7-66}$$

式中：$[\sigma]$——桩底处地基容许承载力，kPa；

N——作用于桩基底面的竖直力，kN；包括桩的恒载和假想实体基底以上土体重力；

M——外力对承台座板底面处桩群重心的力矩，kN·m；

A——假想实体基础的底面积，m^2；

W——假想实体基础底面的抵抗矩，m^3。

当桩尖平面以下有软弱下卧层时，还应检算软弱下卧层顶面的强度。

五、桩基础设计

桩基础的设计时，首先收集有关设计资料，拟定设计方案（包括选择桩基类型、桩径、桩数、桩长及桩的布置），然后进行检算，根据检算结果再作必要的修改，这样经过多次反复试算，直至符合各项要求，最后得出一个较佳的设计方案。现将桩基的设计步骤介绍如下。

（一）收集设计资料

主要包括荷载、地质、水文，材料来源及施工技术、设备等方面的资料。

（二）拟订设计方案

根据收集的设计资料，先考虑桩基为高承台还是低承台；然后依地质条件、施工技术及设备和材料供应等情况，考虑采用打入桩或就地灌注桩等；再根据地质条件确定设计为柱桩还是摩擦桩。

1. 选择桩基的类型

（1）高、低承台桩基的选择

当常年有水、冲刷较深，或水位较高、施工困难时，常采用高桩承台方案；另外，对于受水平力较小的小跨度桥梁，选用高桩承台也是较为理想的方案。处于旱地上、浅水岸滩或季节性河流的墩台，当冲刷不深，施工较容易时，选用低桩承台有利于提高基础的稳定性。

当高、低承台方案选定后，在确定承台底面高程时，应满足下列要求：

①低桩承台底面位于冻结线以下 0.25m（不冻胀土层不受此限制）；

②高桩承台座板底面在水中时，应在最低冰层底面以下不少于 0.25m；在通航或筏运河流中，座板底面应适当降低；

③如用木桩基础，桩顶应位于最低水位或最低地下水位以下 0.5m。

（2）预制沉桩与就地灌注桩的选择

根据地质条件和施工单位的机械设备条件选择。

（3）柱桩与摩擦桩的选择

非压缩性土层埋藏较浅时，选择柱桩基础，普通土层或软弱土层较厚时，选择摩擦桩基础。

2. 选定桩材及桩的断面尺寸

国内铁路桥梁桩基，一般采用钢筋混凝土桩。用打入法施工时，通常采用工厂预制钢筋混凝土空心管桩，其断面为圆形，外径有 40cm 和 55cm 两种。如为钻孔灌柱桩，则以钻头直径作为设计桩径，常用的钻头直径规格为 0.8、1.0、1.25 和 1.5m 等。如为挖孔桩，桩身直径或边长不小于 1.25m。

3. 估算桩长及桩数

桩材及桩的断面尺寸确定之后，便可根据承台上荷载的大小，地层情况来拟定桩长及桩数。对于桥梁墩台桩基，由于荷载的方向，大小和位置并非固定，其桩长及桩数只能靠试算法求之。

通常，在设计桩基时，如地质条件许可，总希望把桩端置于岩层或承载力较强的土层上（如砂夹卵石层，中密以上砂层等），以期取得较大的桩端阻力，这时桩长较易确定。桩端极限阻力的大小与桩端插入持力层的深度有关（例如在砂土中插入 $10d \sim 20d$ 时桩端极限阻力最大),因此必须将桩端插入持力层一定深度。但对于打入桩,要打入持力层中很深是难于做到的,进入持力层最好不应小于1m。这时桩长可以根据承台底面高程、持力层面高程和桩端进入持力层深度或新鲜岩石的高程来确定。对于摩擦桩由于桩数和桩长两者相互牵连,只能靠试算求得,故摩擦桩的计算比柱桩要烦琐一些。

计算程序是先选定桩材和桩径,然后按材料强度算出竖向承载力标准值。

所需桩数 n 可用下式估算:

$$n = \mu \frac{N}{R_k} \tag{7-67}$$

式中:N——作用在承台底面上的竖向荷载,kN;

μ——经验系数,约为1.3~1.8。

4. 桩的布置形式

桩数拟定下来后,便可在承台底面上进行布置。桩的排列形式,最好采用行列式,以利施工;有时为节省承台面积,也可采用梅花式。此外,还应注意柱间最小中心距及承台边缘至边桩外侧的最小距离是否满足有关规定。

桩的位置按上述要求布置好后,计算出桩顶最大轴向力 N_{max},N_{max} 加桩的自重后不应大于 R_k,然后再按土的阻力用公式试算桩长,如算得的桩长 l 太长或太短则必须重选桩径或加大承台面积,重新验算直至得到合理桩长然后重新布置各桩位置。

(三)桩基检算

通过桩基的内力、变位计算解得各桩桩顶所分配到的轴向力、弯矩、剪力和桩身上弯矩、剪力以及承台座板底面的竖向位移、水平位移、转角之后,便可进行下列桩基检算:

1. 桩的轴向承载力检算

$$N_{max} + G \leqslant R_k \tag{7-68}$$

式中:N_{max}——作用在桩顶上最大轴向力,kN。

G——基桩自重,kN,当桩是插在透水层时,应考虑浮力;

R_k——桩的竖向承载力标准值,kPa。

2. 检算桩身材料强度或配筋

对于预制的打入桩需根据设计算得的桩所承受的轴向力和最大弯矩来检算其材料强度。但其最不利的受力条件多是发生在吊运之时,故预制桩在配筋时已考虑了这种最不利的受力状态,可不进行此项检算,仅须按稳定条件检算其轴向承载力即可。

钻孔桩则需按设计算得的桩身最不利受力状态来配筋,其配筋量可根据桩身内力的分布情况分段计算,然后按整桩来检算其稳定条件。

3. 检算桩基承载力

将整个桩基视为实体基础,检算基底持力层及软弱下卧层的地基承载力。详见地基强度的检算。

4. 检算墩台顶水平位移

顺桥方向 $\Delta \leqslant 0.5\sqrt{L}$;横桥方向 $\Delta \leqslant 0.4\sqrt{L}$。其中,$\Delta$ 为墩台顶的水平位移(cm);L 为桥梁跨度(m)。当相邻桥跨为不等跨时,采用较小的跨度。Δ 可按下式求得:

$$\Delta = \alpha + \beta h' + \delta \tag{7-69}$$

式中:α、β——承台座板底面中点的水平位移和转角;

h'——承台座板底面至墩台顶的距离,m;

δ——墩台身在外力(水平力及弯矩)作用下弹性变形所引起的墩台顶水平位移,m。

5.承台座板在桩顶力作用下的强度检算

(1)考虑桩对承台的冲切作用,按下式检算桩顶以上 l_2 范围的剪应力,见图 7-48。

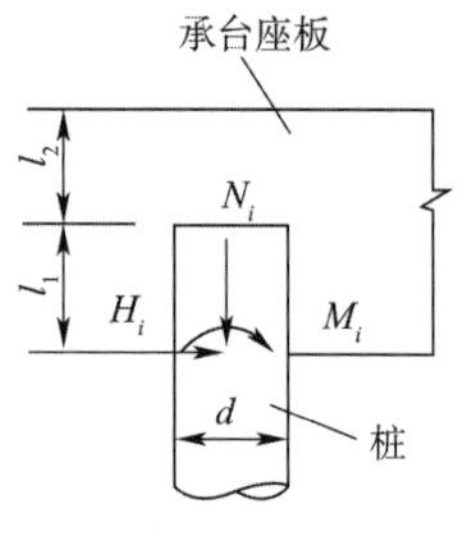

图 7-48 承台检算

$$\tau=\frac{N_{i\max}}{\pi d l_2}\leqslant[\tau_c] \tag{7-70}$$

式中:$[\tau_c]$——混凝土的容许纯剪应力,kPa。

(2)作用在桩顶处局部压应力。设作用在座板底面处的桩截面上的轴向力为 N_i,桩埋入座板内的长度为 l_1,见图 7-48。因此,作用在桩顶处的轴向力 $N'_i=N_i-\frac{\pi d^2}{4}l_1\gamma$ (γ 为桩身的重度),在 N'_i 作用下桩顶处的压应力为:

$$\sigma_V=\frac{N'_i}{\frac{\pi d^2}{4}}\leqslant[\sigma_{a2}] \tag{7-71}$$

式中:$[\sigma_{a2}]$——混凝土的容许局部压应力。

六、桩基础的施工

目前设计的桩基础形式中,打入桩和灌注桩应用最为广泛,现介绍这两种桩基础的施工方法。

(一)打入桩基础施工

将桩下沉到地基中去的方法,可以采用有桩架作导向的气锤或柴油锤将桩打入地基中(图 7-49),也可以采用振动打桩机振动沉桩的方法将桩沉入地基中。柴油打桩锤结构简单。

利用柴油爆发的能量升起击锤中的活塞,打击桩头,强迫桩身下沉,不再需其他动力设备,所以使用十分广泛。在深水中打桩时要配备大型的打桩船(图 7-50),它配备有很高的桩架用来导向和插桩。用气锤、柴油锤或振动的方法打桩速度较快,但噪声及振动很大,在城市中对环境有影响。为了避免对环境的干扰,又发明了一种利用压重作为支点,用千斤顶将桩压入地基中去的静力压桩机。

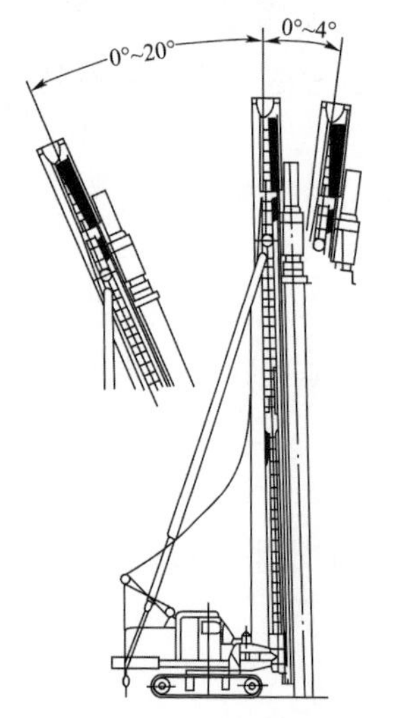

图 7-49 柴油打桩机的桩架及柴油打桩锤

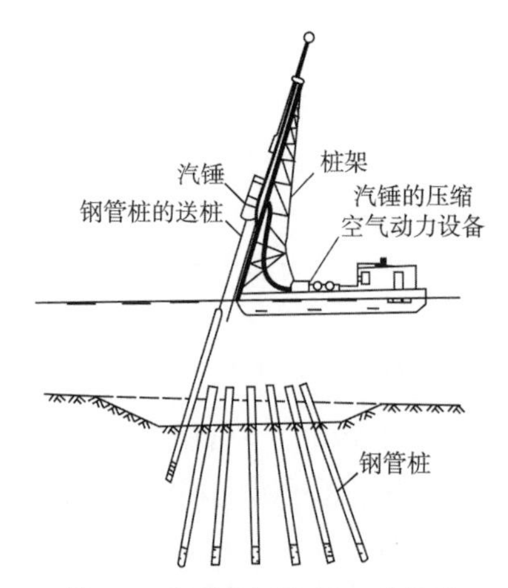

图 7-50 打桩船打桩时的工作情况

国内在水上插打直径 1.5m 的大型钢管桩修建桥墩基础已很普遍。美国在墨西哥湾的 Cognac 油田修建石油钻井平台时,曾在水面以下 309m 深处打入直径 2.13m 的钢桩,用以固定石油钻井平台。桩长达 190m,共 24 根,打入海底以下 140m 左右。全部工作由潜水员监视,并通过水下电视观察施工全过程。

1. 打入桩的种类和构造

打入桩按其材质可分为木桩、钢筋混凝土桩、预应力混凝土桩及钢桩。

钢筋混凝土桩或预应力混凝土桩多在桥梁厂或混凝土制品厂制造,形、三角形及多边形。有实心桩和空心桩之分。

(1)预应力混凝土空心管桩

预应力混凝土管桩全部由桥梁厂或混凝土制品厂以先张法并采用离心工艺制造。定型生产的有下列型号:ϕ400-80、ϕ400-90、ϕ550-80、ϕ550-110(前面的数字为外径,后面的数字为壁厚,单位 mm)。每种型号均有三种标准节长,即 5m、8m、10m。同时又分为上节、中节、下节三类。下节下端系桩尖,其上端为钢制法兰盘接头,桩尖采用钢板卷焊制成,中填混凝土,端部留有 470mm 的射水孔。中节两端均带有法兰盘。上节一端带法兰盘。接桩的接头螺栓用 ϕ19mm 精制螺栓,混凝土强度等级为 C40。

(2)预应力混凝土空心方桩

厂制预应力混凝土空心方桩,均在台座上采用先张法制造。空心方桩的外廓尺寸有 45cm×45cm、50cm×50cm、60cm×60cm,其长度自 10~38m 不等。

另外也可在施工现场按设计要求制造钢筋混凝土方桩。

2. 打桩设备

(1)打桩锤与打桩架

桩锤分为坠锤及机动锤两大类。打桩架的正面是导向杆,用于控制锤和桩身的方向,顶上装有滑轮,底盘上装有卷扬机,用于提升桩锤和桩。

(2)射水设备及其他设备

射水设备必须配合锤击沉桩或震动沉桩使用,配合方法应根据地质情况选择。以射水为主或射水和锤击(或震动)同时进行,或射水和锤击(或震动)交替使用。

①高压水泵与射水管。高压水泵与射水管是射水沉桩的主要设备。

②桩帽。桩帽承受锤击,保护桩顶,并在沉桩时保证锤击力作用于桩的中轴线而不偏心。要求构造坚固,垫木易于拆换或整修。桩帽的尺寸要求与锤底、桩顶及导向杆吻合,顶面与底面均应平整并与中轴线垂直。

③送桩。为了将桩送入土中达到要求的深度,或管桩采用内射水时为了安放射水管,都须用送桩。送桩有木制或钢制两种,送桩可套在或插在桩顶上,有时也作临时性连接。

安装送桩时必须与桩身吻合在同一中轴线上,打至预定高程再拆下。

3. 打入桩的施工步骤

(1)准备工作

在滩地上打桩,一般须先挖基坑(挖到承台底面高程),再在基坑内布置平台,如基坑无水,可以不搭平台,仅铺一层枕木和钢轨作为移动桩架的滑道;如基坑有水,则须搭脚手架,并应高出水面,基坑要有足够的尺寸,以便打靠角和靠边的桩。

在浅水中打桩时,可打入短桩组或脚手架。

打桩前必须合理安排桩的堆放地点,铺设打桩机的运行轨道,竖立打桩架,安装蒸汽锅炉

或压缩空气机等动力设备;

(2)打桩

打桩包括吊桩、插桩、稳桩、施打等工作。

(3)打桩时的注意事项

①打桩宜重锤轻击。

②使用振动打桩机时,需确定振动锤的额定振动力。

③打桩顺序。当桩越打越多,土层也越挤越密时,土的阻力会逐渐增大,甚至无法把桩打到设计高程,而且先打的桩也会被后打的桩推移,地面出现上升现象。为了避免这些现象的产生,打桩顺序应由中间向周围打桩。

如果基坑已预先打下了板桩,可采用分段打入的方法。先在分段的地方打下一排桩,然后按一定顺序打完所有的桩。

④打桩时遇到下列情况应暂停,采取措施后方可继续施打:沉入度发生急剧变化,桩身发生倾斜、移位或锤击时有严重叫弹,桩头破碎或桩身产生裂缝等情况。

⑤接桩方法。就地接桩应在下节桩顶露出地面至少 1m 时进行,要求两 7 桩的中轴线必须重合。凡用法兰盘连接桩时,应上足螺栓并拧紧,待锤击数次后,将螺栓再拧紧几遍,然后点焊或将丝扣凿毛阎定,最后涂刷沥青漆,并在法兰盈的间隙处全部填满沥青砂胶以防腐蚀,

用钢套筒接桩时,须将桩头清理干净,平整后再进行焊接。

⑥锤击法与射水沉桩的配合。如在砂土、圆砾和砂夹卵石等土层中打桩,用锤击法有困难时,可采用射水沉桩。在砂夹卵石层坚硬土层中应以射水为主、锤击为辅的方法施工,以免桩身被破坏。在砂黏土或黏土层中使用射水沉桩时,应以锤击为主,以免降低桩的承载能力。

⑦打入桩的允许偏差。随桩的倾斜度偏差不得大于 1%。斜桩的倾斜度偏差,不得大于倾斜角(桩纵轴线与垂直线的夹角)正切值的 15%。

⑧打桩过程中必须做好记录工作。一桩打入后属于隐蔽工程,必须做好记录工作,内容包括每一阶段桩的沉入度,尤其是最后阶段的沉入度更为重要。另外,还要记录桩的入土深度,及打桩过程中发生的一切现象和事故。

(二)钻孔浇筑桩基础施工

钻孔浇筑桩基础可用于各种地层条件。对一般地层,可用正、反循环旋转钻施工;对卵漂石层,可采用冲击锥工艺钻孔。遇到岩层时,可用牙轮钻头钻进,国内已研制成功的全液压恒扭矩转盘式旋转钻机,可在直径 4.0m 时全断面钻进极限强度为 80MPa 的岩石,更加扩大了钻孔桩基础的使用范围。

钻孔桩可用于无水基础,也可用于水中基础。在河水不深时,可采用筑岛施工。在深水江河中,可采用钢围堰内钻孔施工。目前,在长江上已有多座大桥成功地使用钻孔桩基础。

钻孔桩基础根据地基条件可深可浅。一般在 20 ~ 30m 左右。北镇黄河大桥采用了直径 1.5m,长 100m 的钻孔桩。

钻孔桩的直径可大可小。桥梁基础的钻孔桩直径,一般为 0.8 ~ 1.5m。近年来,随着钻孔桩基础在多座长江大桥上采用,桩的直径已从九江大桥的 2.5m,发展到黄石公路大桥的 3.0m。1995 年通车的主跨 432m 的铜陵公路斜拉桥,钻孔桩直径达到 4.0m。

总之,钻孔桩基础适应性强,设备简单,便于操作,施工安全。

1. 施工准备工作

施工准备工作包括:平整场地、测定桩位、埋设护筒、钻机就位、调制泥浆等。

(1)平整场地,测定桩位

在河滩上钻孔,施工场地应整平夯实,土质松软时,应予换填。在浅水中钻孔,可先筑岛,在岛上安装钻机,岛面应高出施工水位1m以上。在深水中钻孔,可用围堰筑岛或搭施工平台,也可在船上安装钻机。

平整场地后,应根据设计桩位,准确定出钻孔中心位置。

(2)埋设护筒

①护筒的构造。

护筒管内径通常比使用钻头直径大(较旋转钻头大20cm,较冲击钻头大40cm),高度随水位及地质情况而定,一般为1.5~3.0m。

常用的钢护筒用2~4mm厚的钢板焊成,两端用50mm×50mm×10mm角钢焊成法兰盘,以便加固与连接。侧面留有一个15cm×20cm的排浆孔,顶端对称焊有一对吊耳,用于装吊护筒及为防止下沉而支垫方木之用。钻孔完成,可将护筒拔出重复使用(如图7-51)。

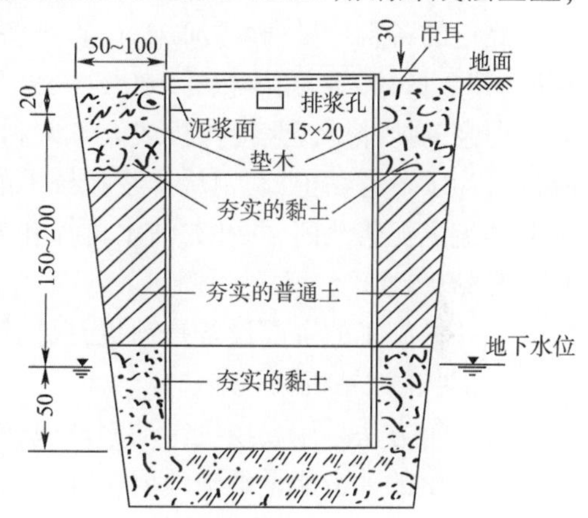

图7-51 埋设护筒示意图(尺寸单位:cm)

钢筋混凝土护筒主要用于水中,壁厚8~10cm,钻孔完成一般不取出,而与桩身混凝土浇筑在一起,桩身范围以上的护筒,可取出再用。

②护筒的作用。

固定桩位。护筒的圆心即为钻孔桩的中心。

钻头导向。开孔阶段,钻头全靠护筒导向,并限制其活动范围,以免开孔过大或万向不正。

保护孔口。施工中,由于钻机振动,孔口积水或钻头、抽渣筒起落时碰撞等影响,容易使孔口坍塌,护筒对保护孔口有明显的作用。

防止孔壁坍塌。埋设护筒可以提高钻孔内水位,增加孔内静水压力,有利于防止孔壁坍塌。

③埋设护筒的方法。

护筒埋设的高程应根据地质条件、水位高低来确定。护筒顶面应高出施工水位或地下水位1.5~2.0m,并高出施工地面0.3m。护筒埋置的深度如下:

在岸滩上,黏性土不小于1m,砂类土不小于2m,当表面土层松软时,尽可能将护筒埋置在较坚硬密实的土层中至少0.5m。

水中筑岛,护筒宜埋入河床面以下0.5m左右。在水中平台上设置护筒,可根据施工最高水位、流速、冲刷等因素确定。

在水中平台上下沉护筒,应有导向设备控制护筒的位置。

护筒顶面位置偏差不得大于5cm。护筒斜度不得大于1%。

(3)拌制泥浆

钻孔中加入泥浆是防止塌孔的主要措施之一,以往很多塌孔事故,分析其原因,多是由于泥浆使用不当造成的,故应给予重视。

①泥浆在钻孔中的作用。

固壁作用:泥浆在钻头冲击或挤压下,渗入孔壁四周形成一层泥浆保护层,隔断孔内外水流,防止孔壁受冲刷而坍塌。且泥浆比重大于水,孔内泥浆值又高于孔外水位,故在孔内有一向外的压力,也有利于防止孔壁坍塌。

浮渣作用:因泥浆密度大,与钻渣混合一起,可使钻渣悬浮起来,便于出渣。

冷却钻头:使钻头保持一定硬度,减少钻头磨损。

②泥浆比重。

对泥浆比重有一定的要求。泥浆太稀,排渣能力会受到影响,护壁效果也有所降低;泥浆太稠又会削弱钻头冲击功能,降低钻进速度。

灌入钻孔中的泥浆,其比重在一般地层以1.1~1.3为宜,在松散易坍的地层以1.4~1.6为宜。

③泥浆的制备。

泥浆由黏土与水拌和而成,一般选择塑性指数大于17的黏土。当缺少适宜的黏土时,可用较差的黏土,并掺入部分塑性指数大于25的黏土。若采用砂黏土时,其塑性指数不宜小于15,其中大于0.1mm的颗粒不宜超过6%。循环泥浆含砂率不得超过8%。

黏土的备料数量:砂质河床时,黏土备料数量约为钻孔体积的70%~80%,砂、卵石层河床时,其数量约为钻孔体积的100%~120%。

泥浆的搅拌用泥浆搅拌机或人工调和而成,调好的泥浆贮存在泥浆池内,用泥浆泵泵入钻孔内。为了节省黏土,利用从排浆孔排出的泥浆,经排泥沟排至沉淀池,将钻渣等杂质沉淀后,泥浆再流入泥浆池内,并补充清水再拌和泥浆。

2.钻机成孔

钻孔桩施工的主要设备是钻机,根据钻进方式不同,可分为冲击法、冲抓法和旋转法。

(1)冲击型钻机钻孔

其施工方法是用卷扬机带动钢丝绳,钢丝绳吊着重力式冲击钻头,往复吊起和落下,利用坠落所产生的冲击能量砸破地层,或将土石破碎挤入孔壁中。用冲击型钻机成孔的施工方法适用于多种地基,从大小不等的卵石层到坚硬的岩石,不过它的成孔速度较慢。

由于钻渣沉在孔底影响钻进效果,所以要用泥浆浮起钻渣,再用特制的出渣筒(图7-52)或用管形钻头将钻渣抽出孔外。

(2)旋转式钻机成孔

旋转式钻机成孔简称钻孔浇筑桩。所用钻机由钻机机身、钻杆及钻头组成。根据所在地层的不同,可以分别换用不同形式的钻头。例如用刮刀钻头来对付松软的地层;用牙轮钻头来对付坚硬的岩石。除卵石地层外,各种地质条件基本上都可以采用这种钻孔桩。它的钻孔速度比冲击型钻机要快得多。

使用旋转式钻机钻孔可有两种不同的排渣方法。

①正循环排渣法(图7-53)。钻孔时在地面上用泵将过滤干净的泥浆从空心钻杆内部泵入孔底,钻渣就随着泥浆在钻孔中上浮,不断地向上排人地面的泥浆池内。

②反循环排渣法。泥浆从钻孔口注入。此时要求将钻杆的内腔做得硝大一些。在钻杆的两侧还要加设送气钢管。施工时将压缩空气由地面通过送气钢管压送到钻头底部。此时压缩空气气泡和钻孔底部的泥浆混合钻渣后形成一种比重较轻的混合物(泥浆+钻渣+空气)。混合了钻渣的泥浆通过钻杆内腔上浮到钻机上端的连于钻杆钢管的排渣软管内,被排放到钻渣处理池中进行分离。分离后的泥浆可以循环使用。这种排渣方法的排渣能力很强。所以反循环法比正循法效率更高,钻进速度更快,是一种常用的施工方法。

(3)钻孔施工中的问题及处理措施

①塌孔。塌孔是最常见的钻孔事故,产生的原因是:

孔内静水压力小,水头不稳定,泥浆稠度小,起不到固壁作用;

护筒埋设不良，埋深不够，四周回填质量差；

操作不当，钻头、抽渣筒起落不稳，碰撞、冲击孔壁；

停钻时间过长，泥渣沉淀，泥浆稠度不够，再钻时未重新调配；

清孔、抽渣措施不当，吸泥时风压风量过大，延续时间太长，破坏了护壁的泥皮等。

预防和处理方法：如孔口坍塌，则回填黏土，重埋护筒，重新钻孔；如孔内坍塌，应查明坍孔原因、位置，然后进行处理。坍孔不严重时，可投入黏土加大泥浆的比重，提高孔内水位继续钻进；塌孔严重时，以黏土、石子、片石混合，回填到高出坍塌部位1～1.5m处，再施钻。

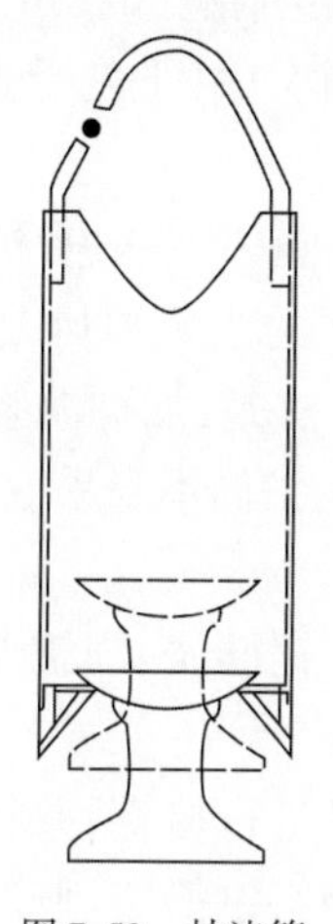

图7-52　抽渣筒

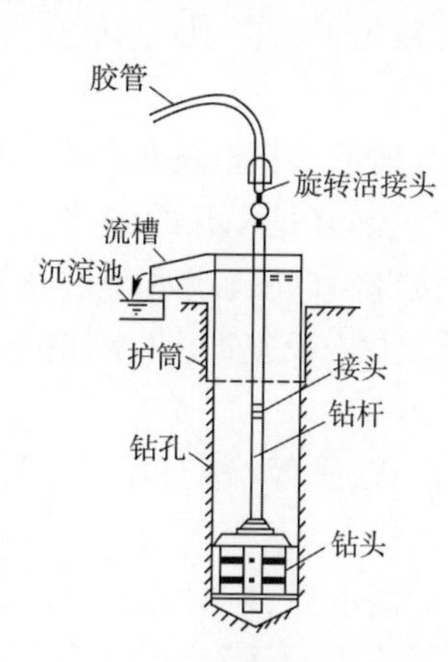

图7-53　正循环施工示意图

②卡钻。

在泥岩、粉砂岩层中钻孔时最易卡钻，有上卡和下卡两种情况。上卡时，钻头向上提木起来，向下还能活动；而下卡时，钻头向上向下均不能活动，一般以上卡为多。

卡钻的原因是：钻头磨损严重，更换新钻头时，直径比原钻头大，放绳又过猛；钻头不转动，孔底出现较深的十字槽；孔内有探头石或坍孔落石等。

预防及处理方法：更换钻头时，要注意直径的大小。焊补磨损钻头，不要超过原直径。发现孔形不规则要及早处理，将孔打圆，以免卡钻。

发生卡钻后，不要猛拉，以免钻头越卡越紧，要弄清情况，再妥善处理，上部卡钻时可松动钢丝绳，使钻头转动一下，再向上提。或用小冲程轻打，同时转动钢丝绳从下向上扫孔，及时上提钻头。钻头下卡的处理，可顺绳下钢丝绳套住钻头，用绞车提起。

③掉钻头。

掉钻头是钻孔中处理起来比较棘手的事故，有时搞不好还会引起塌孔，以致废弃钻孔，对施工影响很大，所以要尽力防止。

加强施工检查，对损伤严重的钢丝绳等起重工具、钻杆等应及时更换。

认真按规定操作，遇到障碍物不能硬钻，卡钻时不能用吊钻头的钢丝绳硬拔。

冲击钻机主绳与钻头连接处最易磨损折断，所以常加一根保险钢丝绳。

④孔形不规则。

在钻孔过程中，常发生孔形不规则现象，如梅花孔、弯孔等。

梅花孔。在冲击法钻孔中钻孔不圆，称为梅花孔，其发生的原因是冲击钻顶未设转向装置或转向装置失灵，以致冲击钻头不转动，老在一个地方上冲击；泥浆太稠，妨碍钻头转动；操作时钢丝绳太松,或冲程太低,钻头得不到充分的转向时间。

弯孔。在冲击钻孔时遇到较大孤石、探头石或倾斜岩层,地质软硬不均,钻架移位,旋转钻杆弯曲或钻杆接头不直,钻头摆动偏向一边等,均会产生弯孔现象。

如果发生了孔形不规则现象以后,不但会造成钻进、出渣、下钢筋笼的困难,甚至有卡钻、掉钻的可能,而且使孔径缩小或桩的偏心增大,降低桩的承载能力,所以,在钻孔中应根据上述发生钻孔事故的原因加以防止。出现上述事故时,处理方法如下:发生严重弯孔,应回填进行修孔,必要时应反复几次修孔。冲击法修孔,应回填硬质带角棱的石块,并应高出不规则孔形以上0.5~1.0m,再用小冲程冲击,以纠正孔形。用旋转式钻机钻孔时,可先用小钻头钻到底,再用大钻头钻孔,可避免斜(弯)孔,保证孔形顺直,但多一道工序,进度受到影响。

⑤钻孔漏浆。

在透水性强或有地下水流动的地层中,泥浆会向孔壁外漏失,一般有护筒底漏浆和护筒接缝漏浆两种情况,严重漏浆是塌孔的先兆,应及时处理,漏浆的主要原因是:护筒埋设太浅,回填土不密实或护筒接缝不严密,或水头过高等等。补救的方法是,加稠泥浆(倒入黏土)慢速转动,或回填土掺卵石或片石反复冲击,增加护壁的厚度和强度,护筒本身采取严密措施防止漏浆。

3.终孔检查和清孔

钻孔达到设计高程,须经检查和清除泥渣垫层后才能下钢筋笼、浇筑混凝土。

(1)终孔检查

钻孔达到要求的深度后,应对孔深、孔径、孔位和孔形等进行检查,并将检查结果填入检查证。为了防止孔内下不去钢筋笼,须先检查孔形。检查器是特钢筋弯制成圆柱形,高约2m,直径与桩径相同,检查时,用钢丝绳吊着放入孔内,看圆柱体是否能顺利到达孔底,如有障碍,应作处理,严重的要用钻机修孔。

(2)清除孔底泥渣垫层

钻孔停钻后,孔内泥渣逐渐下沉孔底,孔底积有一层泥渣垫层,降低了桩的承载力。浇筑混凝土前进行清孔的目的是使沉淀层尽可能减薄,以提高孔底承载力,同时也为了确保浇筑混凝土的质量。

清孔质量以测量沉淀厚度来掌握,一般对于摩擦桩,厚度不大于30cm,对于柱桩厚度不大于10cm。

清孔既要求清的干净,又不能塌孔,可采用下列方法:

①抽渣法。适用于冲击、冲抓成孔的摩擦桩或不稳定的土层。终孔后用抽渣筒清孔,抽出的泥浆无2~3mm大的颗粒,且其比重在规定指标之内时为止。

②吸泥法。适用于冲击钻造孔。吸泥清孔系将高压空气经风管射入孔底,使翻动的泥浆及沉淀物随着强大气流经吸泥管排出孔外的方法。它适用于岩层和密实不易坍塌的土壤。使用此方法时,钢筋笼可先放人孔内。

③换浆法。适用于旋转法造孔。

正循环旋转终孔后,停止进尺,将钻头提离孔底10~20cm空转,以保持泥浆正常循环,同时压入符合规定标准的泥浆,换出孔内比重大的泥浆,使含砂率逐步减少,直至稳定状态为止。换浆时间一般为4~6h。

反循环旋转钻机清孔。终孔后须将钻头稍稍提起,使其空转清孔,对于嵌岩桩,可向孔内注入清水,由反循环钻机将孔内泥浆抽尽。由于反循环使用的真空泵抽渣力较大,故适用于在较稳定的土层中钻孔时清孔。此法清孔10~15min即可完成。

(3)清孔注意事项

①清孔时,应及时向孔内注入清水或泥浆,保持孔内水头,避免坍孔。

②清孔时不得用加深孔深来代替清孔。

③在清孔作业达到标准后,填好工程检查证及清孔等施工记录。

4. 安放钢筋笼

为了使导管和吸泥机能在钢筋笼中顺利升降,钢筋笼主筋焊接时,内缘应光滑,钢筋接头不得侵入主筋内净空。钢筋笼可分节制造,分节长一般为4~6m,根据吊装设备的起吊高度确定。

吊钢筋笼可用吊车起吊入孔,竖直对准孔中心,平稳地放入孔内,焊完一节,再焊一节,上、下两节要焊直,否则下钢筋笼时易碰撞孔壁,引起塌孔。

钢筋笼入孔后,应牢固定位,以防止掉笼及保证高程不超过±5cm。为了使钢筋笼具有规定的保护层,常在钢筋外绑扎混凝土垫块或焊接钢筋耳环。

5. 浇筑水下混凝土

钢筋笼就位后,立即浇筑水下混凝土。水下混凝土浇筑应高出桩顶设计高程0.5~1.0m,以便清除浮浆和消除测量误差。浇筑过程中应注意:

(1)不断检查浇筑高度以防止拔导管时断桩。

(2)浇筑过程中需防止钢筋笼浮起。

思考题与习题

1. 何谓桩基础?桩基础如何进行分类?

2. 单桩容许承载力如何确定?

3. 桩基设计的主要内容包括哪些?

4. 简述正循环旋转钻机的工作原理。

5. 简述钻孔灌注桩施工中泥浆的作用。

6. 简述钻孔灌注桩清孔的方法。

7. 某一桥墩桩基础的钢筋混凝土打入桩,桩径$d=0.45$m,主筋为8ϕ16mm,混凝土标号为C25。桩的入土深度$h=16$m,上层为12m的中密细砂,下层为中密粗砂。试按土的阻力计算在主力和附加力同时作用时,单桩竖向承载力标准值。

8. 某一钻孔灌注桩,桩的设计桩径为1.35m,成孔桩径为1.4m,清底稍差,桩周及桩底为重度20kN/m^{3}的密实中砂。桩底在局部冲刷线以下20m,常水位在局部冲刷线以上6m,一般冲刷线在局部冲刷线以上2m,试按土的阻力计算在主力作用时单桩竖向承载力标准值。

第三节　沉井基础

学习重点

沉井的概念;沉井基础的分类、构造、作用;沉井的施工方法及施工中的常在问题;沉井的设计与计算。

学习难点

沉井的施工方法及施工中的常在问题;沉井的设计与计算。

一、概述

沉井基础是实深基础的一种,由于施工中不需要很复杂的机械设备,施工技术也较简单,所以目前在一定条件下,仍常选用这种基础。

沉井是一个无底无盖的井状结构物,常用水泥混凝土或钢筋混凝土先在建筑地点预制好,然后在井孔内不断挖土,井体即可借自重克服外壁与土的摩阻力而不断下沉,故称“沉井”。在下沉过程中,沉井作为坑壁围护结构,起挡土、挡水作用;当沉井沉至设计高度,并经过封底、填芯以后,又作为桥梁墩台的基础,如图 7-54 所示。所以沉井既是一种施工方法,又可以说是一种深基础形式。

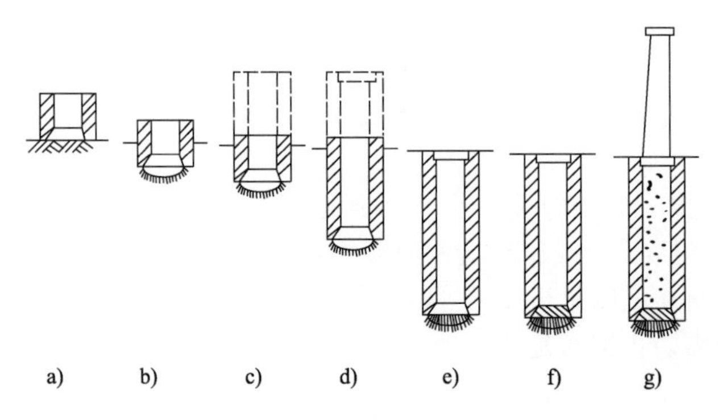

图 7-54 沉井施工

a)制作沉井;b)挖土下沉;c)接高沉井;d)继续挖土下沉和接高;e)清基;f)封底;g)填芯浇筑盖板

当墩台承受荷载较大,要求地基承载力较高,而地面下却被较厚的软土所覆盖时,或者河水很深,坚硬土层覆盖层很浅,虽也可用天然地基土的浅基础,但围堰、排水、基坑开挖等工程量很大,又不宜采用桩基础时,可考虑采用沉井。支承在坚硬土层上的沉井基础承载力大,整体性强,稳定性好,还能承受较大的水平推力,其缺点是施工工期往往要比桩基础长,且遇到下列情况之一时,沉井下沉将会出现很大困难,甚至有可能失败:

(1)土层中夹有大孤石、大树干、沉船或被埋没的旧建筑物等障碍物时,将使沉井下沉受阻而很难克服;

(2)沉井在饱和细砂、粉砂和粉质砂土层中采取排水挖土时,易发生严重的流沙现象,致使挖土下沉无法继续进行下去;

(3)基岩层面倾斜、起伏很大,致使沉井底部有一部分搁在岩层上,又有一部分支承在软土上,当基础受力后将发生倾斜。

所以如遇上述情况,一般不宜采取沉井。

二、沉井的类型与构造

(一)沉井的类型

1. 按使用材料分类

制作沉井的材料,可按下沉的深度、作用的大小,结合就地取材的原则选定。

基础较浅,承受荷载也不大时,可用石砌或混凝土浇筑,也可将底节沉井用钢筋混凝土浇筑,其余用石砌。

基础较深,荷载较大时,一般用钢筋混凝土沉井或钢沉井,后者在我国还用的不多。

2. 按平面形状分类

沉井的平面形状，应与桥墩、桥台底部的形状相适应。铁路桥梁中所采用的沉井平面形状，多为圆端形和矩形，也有用圆形的。根据平面尺寸的大小，沉井又分单孔、双孔和多孔，双孔和多孔沉井中间设隔墙，如图7-55所示。

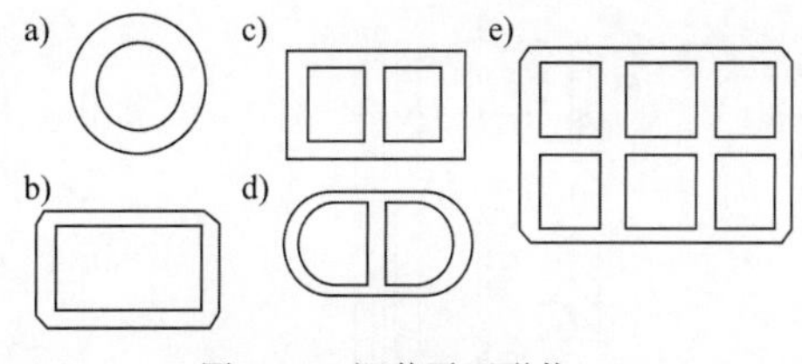

图7-55 沉井平面形状

1）圆形沉井

当墩身是圆形或河流流向不定，以及桥位与河流主流方向斜交角度比较大时，采用圆沉井，可减小阻水，冲刷现象。圆形沉井中挖土较容易，没有影响机械抓土的死角部分，易使沉井较均匀地下沉。此外，在侧压力作用下，井壁受力情况较好，主要是受压；在截面积和入土深度相同的条件下，与其他形状沉井比较，其周长最小，故下沉摩阻力较小。然而，由于墩台底面形状多为圆端形或矩形，故圆沉井的适应性较差。

2）矩形沉井

对墩台底面形状的适应性较好，模板制作、安装都较简单。但采用不排水下沉时，边角部位的土不易挖除，使沉井因挖土不均匀而造成下沉，易出现倾斜的现象。与圆沉井比较，井壁受力条件差，存在较大的剪力与弯矩，故井壁跨度受到限制。另外，矩形沉井有较大的阻水特性，故在使用过程中易使河床受到较大的局部冲刷。此外，其下沉中侧壁摩阻力也较大。

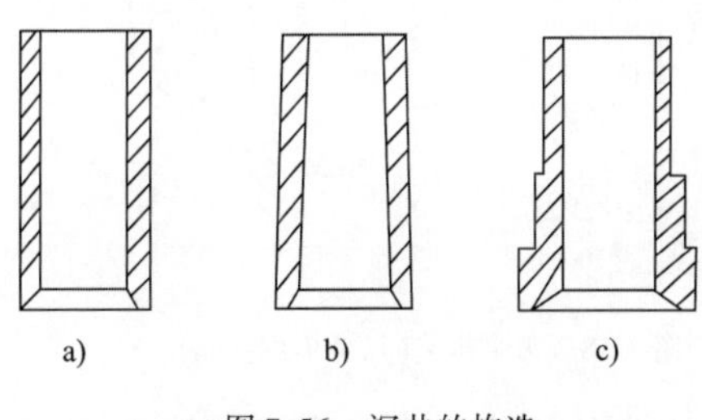

图7-56 沉井的构造

3）圆端形沉井

这种沉井能更好地与桥墩平面形状相适应，阻水流冲刷现象较轻，故用得较多。除模板制作较复杂一些外，其优缺点介于前两种沉井之间，较接近于矩形沉井。

3. 按立面形状分类

按立面形状分类，通常有直筒形（柱形）和阶梯两种，如图7-56所示。

1）直筒形

构造简单，模板可重复使用，当土质较松软、沉井埋置深度不大时，可采用这种形式。由于井壁外侧竖直，在下沉时井壁外侧土层紧贴沉井，故在下沉时不易产生倾斜。由于土体对井壁有较大的摩阻力，故可提高基础的承载能力。但当摩阻力过大时，会增加沉井下沉时的难度。

2）阶梯式

这种沉井除第一节沉井外，其他各节井壁与土体间多少有一定空隙，从而减小了摩阻力。所以当土质比较密实，沉井埋置较深，估计用直筒沉井下沉会遇到困难时，宜用阶梯式。但这种沉井，由于井外侧土的约束力减小，故下沉时容易产生较大的偏斜现象，台阶宽度越大，下沉摩阻力越小，也越易偏斜。根据施工经验，台阶宽度以10～20cm为宜，台阶高度可为沉井全高的1/4～1/3。当沉井较深摩阻力较大时，可用多阶梯形，台阶可设在每节的接头处。

（二）沉井的构造

沉井一般由井壁、刃脚、隔墙、封底、填芯和盖板等几部分组成。当沉井顶面低于施工水位时，还应加设临时的井顶围堰，如图7-57所示。

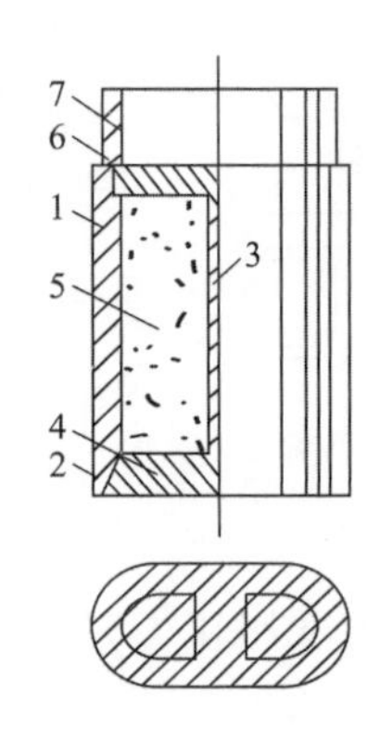

图 7-57　沉井的构造

1-井壁;2-刃脚;3-隔壁;4-封底;5-填芯;6-盖板;7-井顶围堰

沉井通常要分节制作,每节高度视沉井全高、地基土质和施工条件而定。应能保证制作时沉井本身的稳定性,并有足够重量使沉井顺利下沉。每节设计不宜小于 3m,也不宜高于 5m。

1. 井壁

井壁是沉井的主体部分,其作用是:

(1)作为施工时的围堰,用以挡土、隔水;

(2)提供足够的重量,使沉井能克服阻力顺利下沉;

(3)沉至设计高程并经填芯后,作为墩台基础。

因此,井壁必须有足够的结构强度,一般要根据施工时的受力条件,在井壁内配以竖向和水平向的受力钢筋;如受力不大,经计算也容许用部分竹筋代替钢筋,水平钢筋不宜在井壁转角处有接头。浇筑沉井的混凝土强度等级不应低于 C15。为了满足重量要求,井壁应有足够厚度,一般为 0.8~1.5m,厚的可达 2m,最薄不宜小于 0.4m,以便绑扎钢筋和浇筑混凝土。浮运薄壁钢筋混凝土沉井井壁混凝土强度等级不应低于 C25,厚度则由计算确定。

2. 刃脚

沉井井壁下端的楔形部分称为刃脚。主要作用在于沉井下沉时切土和克服障碍,同时也有支承沉井的作用,因此它是受力最集中的部分,必须有足够强度。刃脚构造如图 7-58 所示。

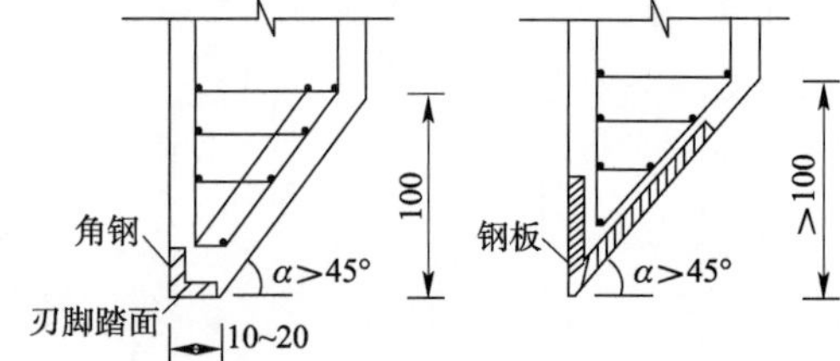

图 7-58　刃脚构造(尺寸单位:mm)

为有利于切土,刃脚斜面在保证刃脚受弯和受剪的强度要求下,应尽量陡些,一般斜面与水平面的交角应大于 45°。考虑到刃脚的支承作用,通常要求刃脚带踏面,其宽度为 10~20mm。踏面可使沉井在下沉初期不致下沉过快而造成较大倾斜。如果沉井要沉入坚硬土层和到达岩层,则宜采用有钢刃尖的刃脚。刃脚高度应当考虑便于抽垫木和人工挖掏刃脚下面的土,最好大于 1m。刃脚一般应用强度等级不低于 C25 的钢筋混凝土制作。对带有踏面的刃脚,如沉井要通过像夹卵石、漂石那类较硬的土层,则底面应用角钢和槽钢加强,以免刃脚受损。

3. 隔墙(内壁)

沉井尺寸较大时,内设隔墙可增大沉井整体的刚度,以减小井壁的跨度,从而减小井壁承受的弯矩和剪力。隔墙的设置,还使沉井内形成多个对称的井孔,有利于掌握挖土位置从而控制下沉和方向。隔墙间距一般不大于 5~6m,厚度一般小于井壁。隔墙受力较小,其底面距刃脚踏面高度,既要考虑支承刃脚悬臂,使刃脚作为悬臂和水平方向的框架共同起作用,而又不使隔墙底面下的土因卡住沉井而妨碍下沉。所以,一般要求其底面高出刃脚底而不小于 0.5m。当需要提高隔墙底面高度时,可在其底部与刃脚联结处设置梗肋,可将隔墙底面做成抛物线或梯形,使人可在井孔间通过,否则,隔墙下部还应设过人孔,孔口一般为 1.0m×1.2m。

沉井内的井孔,作为挖土施工的空间,尺寸要满足使用要求且还要满足挖土和有利于挖土机械上、下的要求。

4. 封底、填芯和盖板

沉井下沉到设计高程,持力层表面经过清理后,一般用强度等级不低于 C25 混凝土填封底层(如为岩石地基,可用C20混凝土)。封底多采用灌注水下混凝土的办法,待封底混凝土达到设计强度,如井孔内需填芯,可进行抽水。水抽干后,封底将承受土和水的反力作用,所以要有足够强度,其厚度按受力条件计算确定。厚度的经验值为不小于井孔最小边长的1.5倍,且封底的顶面应高出刃脚根部50cm以上。

井孔内填芯可用片石混凝土、贫混凝土;无冰冻地区也可用砂砾。当作用在墩台上的作用不大时,也不填芯。

填砂或空心沉井的顶面,需设置钢筋混凝土盖板,其混凝土强度等级不低于C15,厚度一般为1~2m,配筋可按计算或构造需要确定,要求有足够的强度,足以承受得住从墩台传给基础的作用。

三、沉井的施工

施工前应充分了解现场的地质和土层情况,以便拟订相应的施工措施。如沉井要在水中施工,则还应对河流汛期、河床的冲刷、航道等情况作好调查研究,工期尽量安排在枯水季节。对需在施工中度汛的沉井,应有可靠措施,以确保安全。

(一)旱地上沉井基础的施工

1. 定位放样、平整场地、浇筑底节沉井

(1)在定位放样以后,应将基础处的地面进行平整和夯实,防止在浇筑沉井时和养生期内出现不均匀沉降,在地上还应铺设厚0.3~0.5m的砂垫层。

(2)铺垫木、立底节沉井模板和绑扎钢筋。在砂垫层上先在刃脚处对称地铺设垫木,如图7-59所示。垫土一般为枕木或方木,其数量可按垫木底面压力不大于100kPa计算。

地面上铺砂垫层,主要是为了在沉井下沉前便于抽除垫木,所以垫木之间的间隙也要用砂填实,然后在上面放出刃脚踏面大样,铺上踏面底模,安放保护刃脚的型钢,立刃脚斜底模、隔墙底模和沉井内模,绑扎钢筋,最后立外模和模板拉杆。为减小下沉时的摩阻力,外模板接触混凝土的一面必须刨光。模板接缝外宜做成企口形,以免漏浆。模板应有足够的整体强度和刚度,避免浇混凝土时发生变形。井壁模板如图7-60所示。

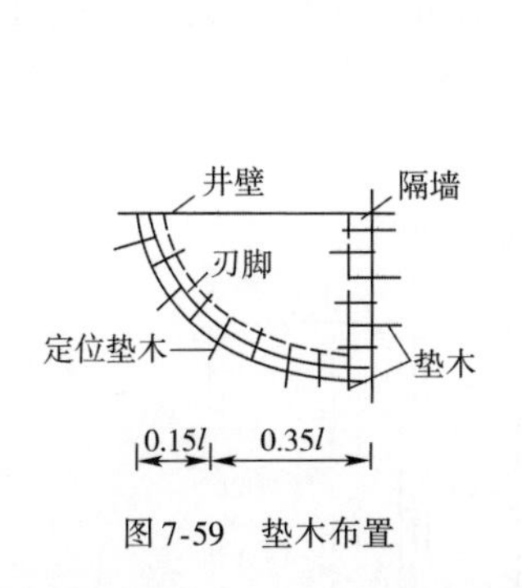

图7-59 垫木布置

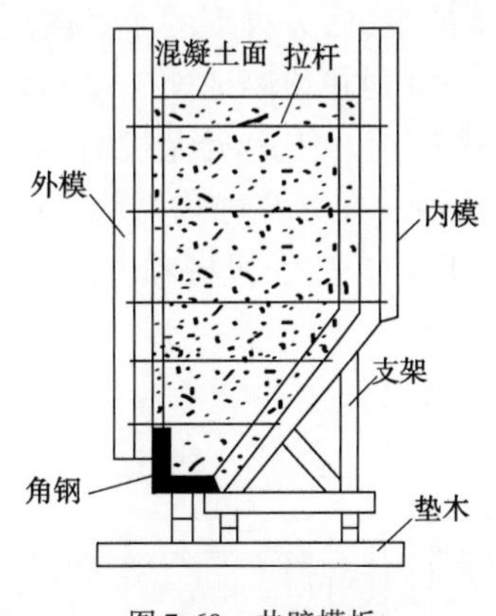

图7-60 井壁模板

当场地土质较好时,沉井下部也可用土模,但应事先做好防水、排水措施,如图7-61所示。同时还要注意混凝土养生浇水时,应细水匀浇,以免冲坏土模。拆土模时,黏附在刃脚斜面及隔墙底面的土模残留物,应清除干净,以免影响封底质量。

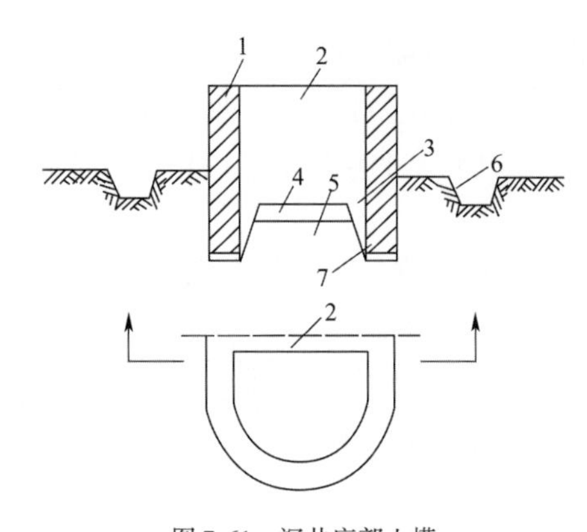

图 7-61　沉井底部土模

1-井壁；2-隔墙；3-隔墙梗肋；4-木板；5-黏土土模；6-排水沟；7-水泥浆层

底节沉井的高度，一般为 4 ~ 5m，如井下为松软土时，其高度不宜超过沉井宽度的0.8倍，以防开始下沉时产生过大倾斜。

(3)浇筑混凝土。在浇筑混凝土前，必须检查核对模板各部分尺寸和钢筋布置是否符合设计要求，支撑及各种坚固联系是否安全可靠。在充分湿润模板后，才开始浇筑混凝土，要保证它的密实和整体性，随时检查模板有无漏浆和支撑是否良好。故混凝土应对称均匀灌注，分层连续，均匀振捣，每层厚度均为 0.3 ~ 0.4m。混凝土浇好后，要注意养生，可先用草袋等遮盖混凝土表面。在气温高于 5℃时，可用自然养生，经常用水充分湿润模板及混凝土表面。夏秀防曝晒，冬季严防冻结。

2. 拆模和抽除垫木

混凝土达到设计强度的 25% 时，即可拆侧模，达到设计强度 75% 时，可拆除隔墙底模和刃脚斜面模板，完全达到强度时，即可拆除垫木。垫木中最后拆除的 4 根，称为定位垫木，常用红漆标明。这 4 根垫木的位置，应能使沉井受力最佳，并保持沉井的稳定。对矩形和圆端形沉井，定位垫木应布置在长边上，它们至对称轴的距离约为长边的 0.3 ~ 0.4 倍；如为圆沉井，则布置在相隔 90°的 4 个点上。

抽垫木顺序为：先内壁、后外壁，先短边、后长边。长边下的垫木是隔一根抽一根，以定位垫木为中心，由远而近对称地抽除，抽垫木前，可先撬松垫木下的砂，每抽去一根，在刃脚处即应用沙土回填捣实，定位垫木拆除后，沉井即全支承在砂垫层上。

3. 挖土下沉沉井

垫木抽完后，应检查沉井位置是否有移动或倾斜，位置正确，即可在井内挖土。一般宜采用不排水除土下沉，当限于设备条件，在稳定的土层中，也可采用排水除土下沉，但应有安全措施，防止发生人身安全事故。挖土要均匀，一般情况下高度不宜超过 50cm，通常是先挖井孔中心，再挖隔墙下的土，后刃脚下的土。按到一定程度，沉井即借自重切土下沉一定深度，这样不断挖土、下沉，当沉到井顶离地面 1 ~ 2m 时应暂停挖土。不排水除土可用抓泥斗或吸泥机，如图 7-62 和 7-63 所示。使用吸泥机时，要不断向井孔内补水，使井内水位高出井外水位 1 ~ 2m，以免发生流沙。在井孔内均需均匀除土，否则易使沉井产生较大的偏斜。不排水挖土可参考表 7-32 选用较合适的机械和方法。

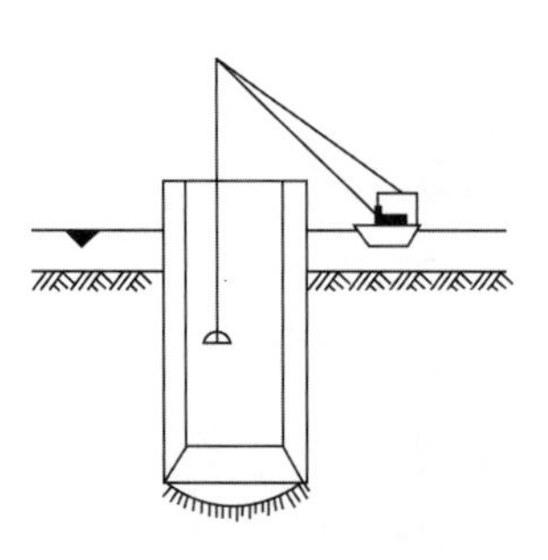

图 7-62　抓泥斗除土

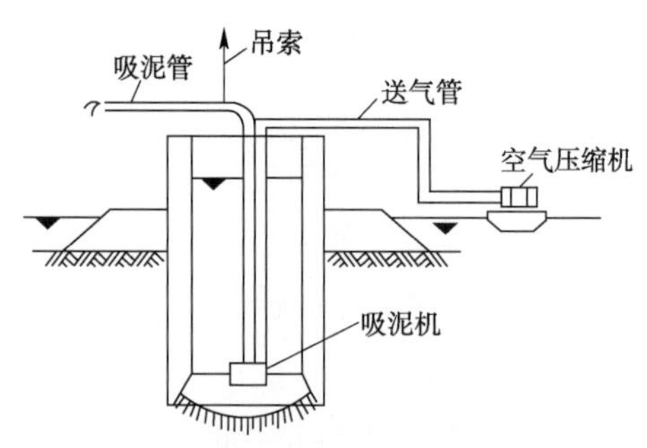

图 7-63　吸泥机除土

不排水时挖土方法的选用　　表 7-32

土质	除土方法	说　明
沙土	抓土、吸泥	抓土时宜用两瓣式抓斗
卵石	吸泥、抓土	以直径大于卵石粒径的吸泥机为宜;若抓土,宜用四瓣抓斗
黏性土	吸泥、抓土	一般辅以高压射水,冲散土层
风化岩	射水、冲击锥、放炮	冲击锥钻进,碎块用抓斗或吸泥机清除

从井孔排出的土应卸至远离沉井的地方,或卸至河床较深一侧,以防对沉井产生单向侧压力,导致沉井倾斜。

沉井在下沉过程中,要经常检查沉井的平面位置和垂直度。有偏斜就要及时纠正,否则下沉越深,纠偏越难。

4. 接高沉井

当沉井顶面离地 1 ~ 2m 时,如还要下沉,就应接筑沉井,每节沉井高度以 4 ~ 6m 为宜。接高的沉井中轴应与底节沉井中轴重合。

为防止沉井在接高时突然下沉或倾斜,必要时应回填刃脚下的土。接高时应尽量对称均匀加重。混凝土施工接缝应按设计要求布置接缝钢筋,清除浮浆并凿毛。

待接筑沉井达到设计强度,即可继续挖土下沉。如此逐节接高沉井并不断挖土下沉,直到井底达到设计高程。如最后一节沉井顶面在地面以下,应加筑井顶围堰,视其高度大小,分别用混凝土或石砌或砖砌。

5. 检验地基、封底、填芯和设置盖板

必须检验基底的地质情况是否与设计资料相符,能抽干水的可直接检验,否则要由潜水工下水检验,必要时用钻机取样鉴定。

如检验符合要求,即应清理和处理地基,且尽可能在排水的情况下进行,要求如下:

(1)基底面应尽量整平。

(2)应清除浮泥,使基底没有软弱夹层。

(3)基底为沙土或黏性土时,应铺以碎、砾石,至刃脚踏面以上 20cm,对抽水下沉的沉井,还须沿刃脚口四周边的下面用碎砾石填平夯实。

(4)基底为风化岩石时,沉井应尽可能嵌入风化岩层,以防排水清基引起流沙。

(5)基底为未风化岩时,岩面残留物(风化岩碎块、卵石、砂)应清除干净。有效面积(沉井底面积和除刃脚不能完全清除干净的面积)不得小于设计要求。

(6)不得已需在水下清基时,可用射水、吸泥和抓泥交替进行,也可由潜水工在水下操纵射水管清理。

基底处理完毕,即可封底,也宜尽可能在排水情况下进行;抽干水有困难才用水下灌混凝土方法。待封底混凝土达到设计强度方可将水抽干,然后填芯。当基础设计按全部断面承受作用考虑时,填芯混凝土强度应符合设计要求;如作用由沉井井壁承受,则填芯可用贫混凝土或片石混凝土,也可填砂或保持空孔。

对填砂或空孔的沉井,必须在井顶浇筑钢筋混凝土盖板。盖板达到设计强度后,即可砌筑墩台。

(二)水中下沉沉井的措施

当基础处于水中时,沉井施工可采取筑岛法或浮运法,一般需根据水深、水流速度、施工设备及施工技术等条件选用。

1. 筑岛法

在河流的浅滩或施工水位不深的情况下，可用筑岛法，即先修筑人工砂岛，再在岛上进行沉井的制作和挖土下沉。

砂岛分无围堰和有围堰两种。

无围堰砂岛应保证施工期水流受压缩后砂岛本身有足够的稳定性，一般用于水深不超过1～2m，水流速度不大于表7-33规定时，砂岛边坡坡度常为1:2，必要时可用草袋、卵石和竹笼柴排等护坡。砂岛面的宽度，要考虑在沉井周围留有不小于2m的护道，如图7-64a）所示。

无围堰砂岛允许流速 表7-33

筑岛材料	细砂	粗砂	中粒砾石	粗粒砾石
允许水流速度(m/s)	0.3	0.8	1.2	1.5

有围堰砂的护道宽度可按下式计算，但不应小于1.5m。

$$b \geqslant H\tan\left(45° - \frac{\varphi}{2}\right) \tag{7-72}$$

式中：H——砂岛高度，m；

φ——筑岛土在饱水时的内摩擦角，(°)。

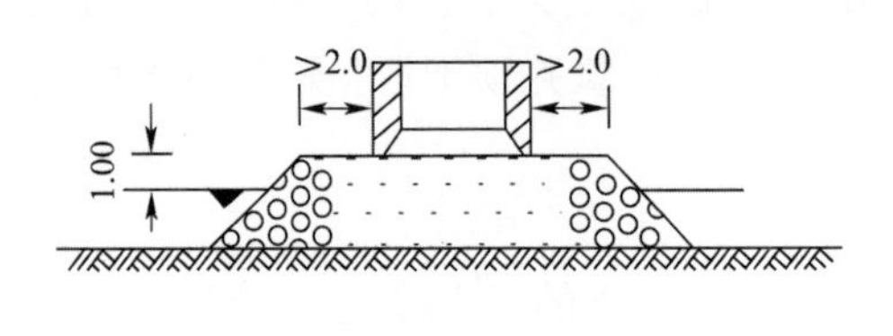

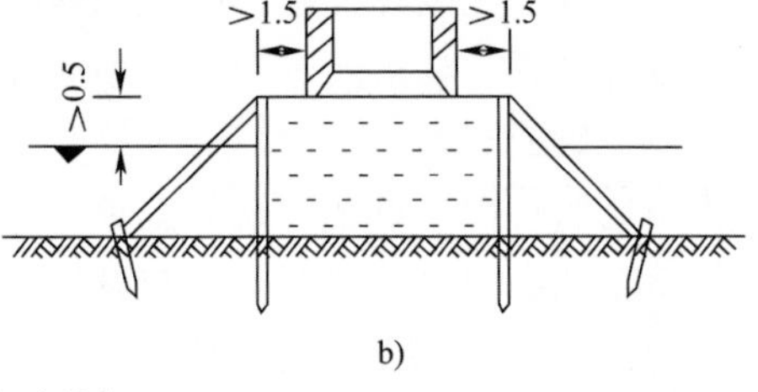

图7-64 筑岛法（尺寸单位：m）

a）草袋护坡砂岛；b）钢板桩围堰砂岛

在筑岛前，河床面上的淤泥等软土应予挖除。不论是否有围堰，筑岛材料应用透水性好且易于压实的砂类土、砾石和较小卵石填筑，要边填边夯实。不得用黏土、淤泥、黄土等填筑。

砂岛面当有围堰时，应高出施工期间高水位（包括浪高）至少0.5m；无围堰时高出0.75～1.0m。

2. 浮运法

在深水河道中，当用筑岛法有困难或不经济时，可采用浮运沉井的方法进行施工。

采用浮运法的沉井，一种是普通沉井在刃脚处安装上临时性不漏水的木底板，这样就能浮于水中，就位后在井内灌水下沉，沉到河底后再拆除底板，如图7-65a）所示。另一种是空腹薄壁沉井，如图7-65b）所示。井壁可用钢筋混凝土、水泥钢丝网或钢壶制成，钢筋混凝土壁厚约10cm，钢丝网水泥壁厚仅需3cm，空腹中设置撑架，这样沉井重量大大减小有利于浮运，向空腹中灌混凝土或水，即可下沉。

一般先在岸上预制沉井，再用滑道等方法将沉井放入水中，浮于水面上，最后拉运到墩位处。也可用船只浮运沉井，如图7-66所示。

沉井运到墩位附近后，其定位方法是：用小划艇将预先准备好的锚碇运至预定的锚位放入河中，在岸上用经纬仪根据小三角网法标定的墩位位置控制整个浮体（船及沉井）的移动，指挥船上的卷扬机，松紧锚绳，使沉井准确就位，如图7-67所示。锚碇的重量及锚绳的粗细和拖入长度，应按整个浮体所受到的水力、风力的计算确定。

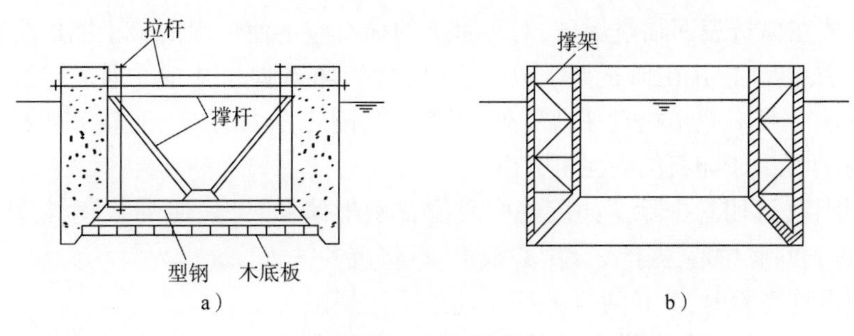

图 7-65　浮运沉井构造

a)安装临时木底板;b)空腹薄壁沉井

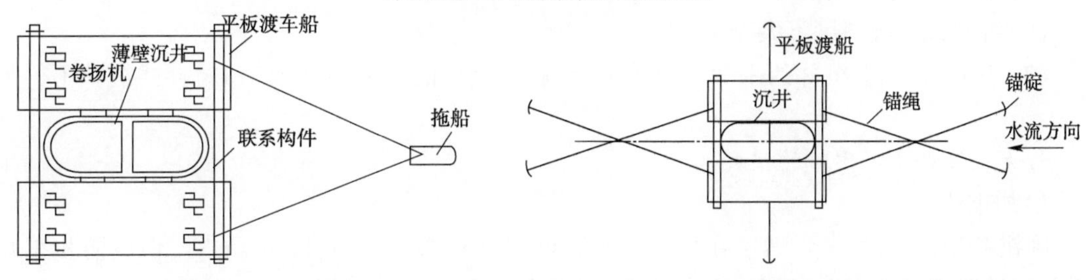

图 7-66　船只浮运沉井

图 7-67　沉井抛锚定位

沉井准确就位后,应尽快均匀地灌水入沉井壁的空腹内,使沉井沉到河床上,然后按预先编号的隔仓(图 7-68),均匀对称地向井壁空腹内浇筑水下混凝土,以增加沉井重量,最后挖土下沉入土中。在浮运、下沉沉井过程中,沉井顶到水面的高度均不得小于 1m。

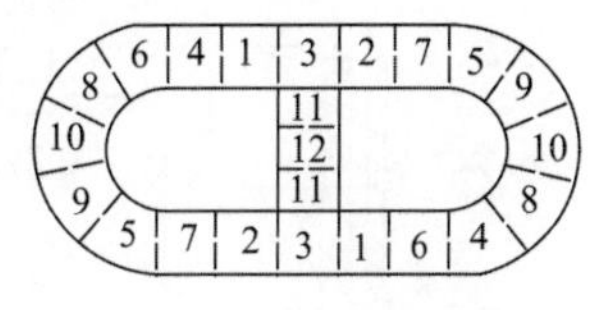

图 7-68　空腹沉井井壁隔仓

(三)沉井下沉中常遇到的问题及处理方法

沉井开始下沉阶段,井体入土不深,下沉阻力较小,且由于沉井大部分还在地面以上,侧向土体的约束作用很小,故最容易产生偏移和倾斜。这一阶段应严格控制土的程序和深度,注意要均匀挖土。实际上沉井不可能始终是理想地竖直均匀下沉的,每沉一次,难免有些倾斜,继续挖土时可在沉得少的一边多挖一些。所以在开始阶段,要经常检查沉井的平面位置,随时注意防止较大的倾斜。在中间阶段,可能会开始出现下沉困难的现象,但接高沉井后,下沉又会变得顺利,且仍易出现偏斜。当下沉到后阶段,主要问题将是下沉困难,偏斜可能性却很小。针对上述两个问题,可考虑采取下述措施。

1. 纠正偏斜的措施

引起沉井偏斜的原因,除挖土不均匀因素外,还与地层土质不均匀有关。纠正方法除沉得少的一边多挖土,沉得多一边少挖土或不挖土这一方法外,还可采取不对称压重、不对称射水和施加侧向力把沉井扶正(图 7-69)等措施。

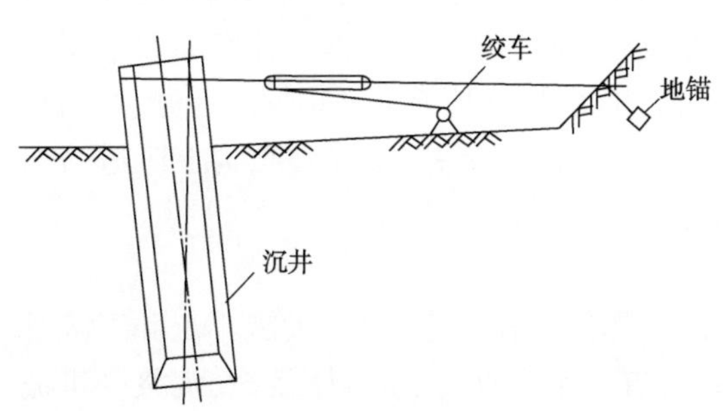

图 7-69　扶正沉井

有时也可能因沉井底部的一部分遇到障碍物,致使沉井倾斜,这时应立即停止挖土,查清情况,在不排水挖土的条件下,要由潜水员下去观察,然后根据具体情况,采取不同措施排除障碍。

(1)遇到较小孤石时,可将孤石四周土挖除将其取出;如为较大孤石或旧建筑物的残破圬工体,则可用小量爆破方法将其破碎后取出。

但不能把炸药放在孤石表面临空爆破，对刃脚下的孤石应不使炮眼的最小抵抗线朝向刃脚，将药量控制在0.2kg以内，并在孤石上压放土袋，以防炸坏刃脚和井壁。遇成层的大块卵石，可先清除覆盖的泥沙，然后找出松动或薄弱处，用挖、铲、撬的方法挖掉。对较大卵石，在不排水的情况下，也可用直径大于卵石的吸泥机吸出。

(2)遇到钢件，可切割排除。如沉井中心位置发生偏移，可先使沉井倾斜，均匀挖土让沉井斜着下沉，直到井底中心位于设计中心线上，再将沉井扶正。

沉井沉至设计高程时，其位置误差应不超过下述规定：

(1)底面和顶面中心在纵横向的偏差不大于沉井高度的1/50(包括因倾斜而产生的位移)，对浮式沉井，允许偏差值增加25cm。

(2)沉井最大倾斜度不大于1/50。

(3)矩形、圆端形沉井的平面扭转角偏差，就地制作的沉井不得大于1°，浮式沉井不得大于2°。

2. 克服沉井下沉困难的措施

1)加重法

在沉井顶面铺设平台，然后在平台上放置重物，如沙袋、干垒块(片)石等，但应防止重物倒坍，故叠置高度不宜太高。此法多在平面面积不大的沉井中使用。

2)抽水法

对不排水下沉的沉井，可从井孔中抽出一部分水，从而减小浮力，增加向下压力使沉井下沉。此法对渗水性大的砂、卵石层，效果不大，对易发生流沙现象的土，也不宜用此法。

3)射水法

在井壁腔内的不同高度处对称地预埋几组高压射水管道，在井壁外侧留有喇叭口朝上方的射水嘴，如图7-70所示，高压水把井壁附近的土冲松，水沿井壁上升，起润滑作用，从而减小井壁摩阻力，帮助沉井下沉。此法对砂性土较有效。

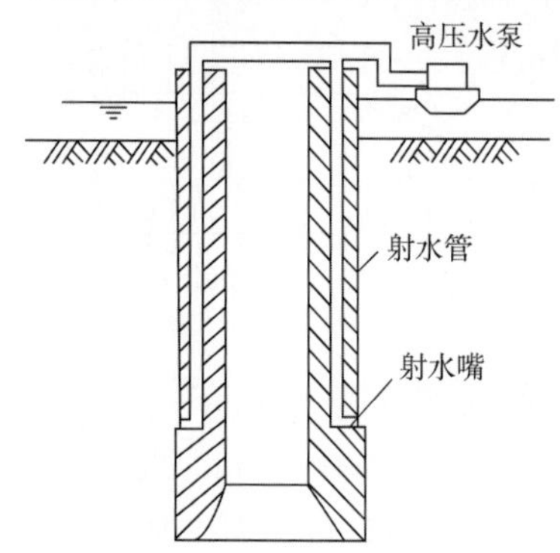

图7-70 井壁内设射水管道

采用射水法时，应加强下沉观测，掌握各孔的出水量，防止因射水不均匀而使沉井偏斜。

4)炮震法

沉井下沉至一定深度后，如下沉有困难，可用炮震法强迫沉井下沉。此法是在井孔的底部埋置适量的炸药，引爆后所产生的震动力，一方面减小了刃脚下土的反力和井壁上土的摩阻力，另一方面增加了沉井向下的冲击力，迫使沉井下沉。要注意炸药量过大，有可能炸坏沉井；药量太少，则震动效果不显著。一般每个爆炸点用药量以0.2kg左右为宜，大而深的沉井可用至0.3kg。不排水下沉时，炸药应放至水底，水较浅或无水时，应将炸药埋入井底下数十厘米处，这样既不易炸坏沉井，效果也较好。如沉井有几个井孔，应在所有井孔内同时起爆，否则有可能震裂隔墙，甚至会使沉井产生偏斜。有可能采用炮震法的沉井，事先在结构上应适当加强，以免受损。对下沉深度不大的沉井，最好不用此法。

5)采用泥浆润滑套

触变性较大的泥浆在沉井外侧形成一个具有润滑作用的泥浆套，可大大减小沉井下沉时的井壁摩阻力。这种泥浆在静止时处于凝胶状态，具有一定强度，当沉井下沉时，泥浆受机械扰动即变为流动的溶胶，从而大大减小了井壁摩阻力，使沉井能顺利下沉。这种泥浆的主要成分为黏土、水及适量的化学处理剂。一般的质量配合比为黏土35% ~45%,水55% ~ 65%,碳酸钠化学处理剂0.4% ~0.6%(按泥浆总重计)。黏土要选颗粒细、分散性较高,并具有一定触变性的微晶高岭土。

6)气幕法

在沉井井壁内预埋若干管道和横向环形管道,每层环形管上钻有很多小孔,压缩空气由管道通过小孔向外喷射,使沉井井壁周围的土液化,从而减小井壁与土之间的摩阻力。在水深流急处无法采用泥浆润滑套施工时,可用这种方法。

四、沉井的设计与计算简介

沉井是深基础的一种类型,在施工过程中,沉井是挡土、挡水的结构物,施工完毕后,是结构物的基础,因而应按基础的要求进行各项验算,还要对沉井本身进行结构设计和计算。即沉井的设计与计算包括沉井基础与沉井结构两方面的设计与计算。

(一)沉井主要尺寸的拟定

1.高度

沉井的高度需根据上部结构、水文地质条件及各土层的承载力确定,沉井顶面一般置于最低水位以下,如地面高于最低水位且不受冲刷时,低于地面至少0.2m,在通行河流上应考虑船只的航行安全。

2.平面尺寸

沉井的平面形状常决定于墩(台)底部的形状。对矩形或圆端形墩,可采用相应形状的沉井,采用矩形沉井时,为保证下沉的稳定性,沉井的长边与短边之比不宜大于3。当墩的长度比较接近时,可采用方形或圆形沉井。沉井�角处宜做成圆角或钝角,顶面襟边宽度应根据沉井施工容许偏差而定,不应小于沉井全高的1/50,且不应小于0.2m,浮式沉井另加0.2m。沉井顶部需设置围堰时,其襟边宽度应满足安装墩台身模板的需要。墩(台)身边缘应尽可能支撑于井壁上或盖板支撑面上,对井孔内不以混凝土填实的中心沉井不允许墩(台)身边缘全部置于井孔位置上。

(二)沉井作为整体深基础的设计与计算

沉井基础的计算,根据它的埋置深度可用两种不同的计算方法。当沉井埋置深度在最大冲刷线以下,仅数米时,可以不考虑基础侧面土的横向抗力影响,而按浅基础设计计算规定,分别验算沉井基础的稳定性和升降,使它符合容许值的要求。本章主要介绍沉井基础埋置深度较大时,由于埋置在土体内较深,不可忽略沉井周围土体对沉井的约束作用,因此在验算地基应力、变形及沉井的稳定性时,需要考虑基础侧面土体弹性抗力的影响。这种计算方法的基本假定条件是:

(1)地基土作为弹性变形介质,水平向地基系数随深度成正比例增加;

(2)不考虑基础与土之间的黏着力和摩阻力;

(3)沉井基础的刚度与土的刚度之比可认为是无限大。

由于这些假定条件,沉井基础在横向外力作用下只能发生转动而无挠曲变形。因此,可按刚性状=桩柱(刚性杆件)计算内力和土抗力,即相当于“m”法中$\alpha h<2.5$的情况。

1.非岩石地基上沉井基础的计算

沉井基础受到水平力H及偏心竖向力N作用时(图7-71),为了讨论方便,可以把这些外

力转变为中心荷载和水平力的共同作用,转变后的水平力 H 距离基底的作用高度

$$\lambda = \frac{Ne + Hl}{H} = \frac{\sum M}{H} \tag{7-73}$$

沉井由于水平力 H 的作用,将围堰位于地面下面深度 z_0 处的 A 点转动 ω 角(图 7-72),地面下深度 z 处沉井基础产生的水平位移 Δx 和土的横向水平应力 σ_{zx} 分别是

$$\Delta x = (z_0 - z)\tan\omega \tag{7-74}$$

$$\sigma_{zx} = \Delta x C_z = C_z(z_0 - z)\tan\omega \tag{7-75}$$

式中:z_0——转动中心 A 距离地面的距离;

C_z——深度 z 处的水平向的地基系数,$C_z = mz$,m 是地基比例系数。

由基础转动引起的基底边缘处的竖直移动

$$\delta_1 = \frac{d}{2}\tan\omega \tag{7-76}$$

$$\sigma_{\frac{d}{2}} = C_0\delta = C_0\frac{d}{2}\tan\omega \tag{7-77}$$

式中:C_0——不小于 $10m_0d$;

d——基底宽度或直径。

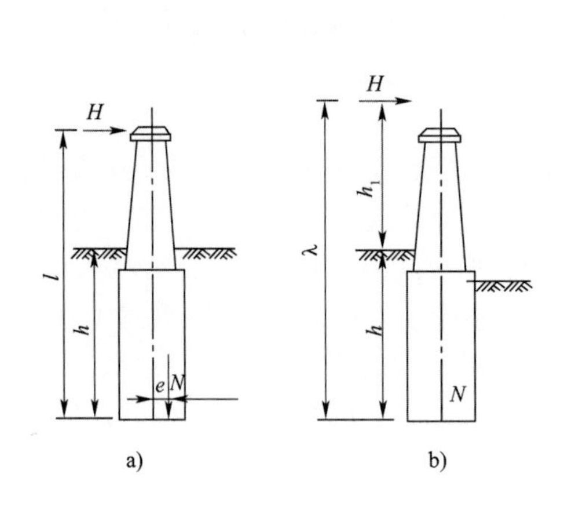

图 7-71　荷载作用情况

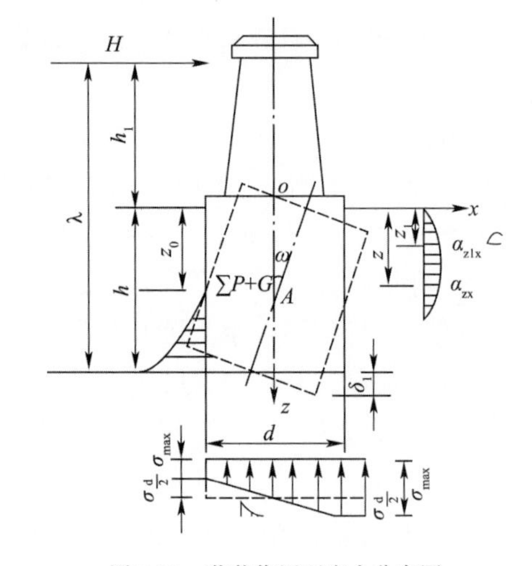

图 7-72　荷载作用下应力分布图

以上三个公式中,有两个未知数 z_0 和 ω,可以建立两个平衡方程式求解,即 $\sum x = 0$

$$H - \int_0^h \sigma_{zx} b_1 \mathrm{d}z = H - b_1 m\tan\omega \int_0^h z(z_0 - z)\mathrm{d}z = 0 \tag{7-78a}$$

$\sum M = 0$

$$Hh_1 - \int_0^h \sigma_{zx} b_1 z\mathrm{d}z - \sigma_{\frac{d}{2}} W = 0 \tag{7-78b}$$

式中:b_1——基础计算宽度,可按“m”法计算;

W——基础底面的截面模量。

以上两公式联立求解,得

$$z_0 = \frac{\beta b_1 h^2(4\lambda - h) + 6dW}{2\beta b_1 h(3\lambda - h)} \tag{7-79}$$

$$\tan\omega = \frac{12\beta H(2h + 3h_1)}{mh(\beta b_1 h^3 + 18Wd)} \tag{7-80}$$

$$\tan\omega = \frac{6H}{Amh}$$

式中：β——深度 h 处沉井侧面的水平向地基系数与沉井底面的竖向地基系数的比值，$\beta = \frac{C_h}{C_0} = \frac{mh}{C_0}$，$A = \frac{\beta b_1 h^3 + 18Wd}{2\beta(3\lambda - h)}$；

m 按第三章的有关规定采用。

将式(7-79)、式(7-80)代入式(7-75)及式(7-77)得

$$\sigma_{zx} = \frac{6H}{Ah} z(z_0 - z) \tag{7-81}$$

$$\sigma_{\frac{d}{2}} = \frac{3dH}{A\beta} \tag{7-82}$$

有竖向荷载 N 及水平力 H 同时作用，基底边缘处的压应力(图 7-64)为

$$\sigma_{\min}^{\max} = \frac{N}{A_0} \pm \frac{3Hd}{A\beta} \tag{7-83}$$

式中：A_0——基底面积。

离地面或最大冲刷线以下深度处基础截面上的弯矩为

$$M_z = H(\lambda - h + z) - \int_0^z \sigma_{zx} b_1 (z - z_1) \mathrm{d}z_1$$

$$= H(\lambda - h + z) - \frac{Hb_1 z^3}{2hA}(2z_0 - z) \tag{7-84}$$

2. 基底嵌入基岩内的计算方法

若基底嵌入基岩内，在水平力和竖向偏心荷载作用下，可以认为基底不产生水平位移，则基础的旋转中心相吻合，即 $z_0 = h$，为一已知值(图 7-72)。这样，在基底嵌入处便存在一水平阻力 P，由于 P 力对基底中心轴的力臂很小，一般可忽略 P 对 A 点的力矩。当基础有水平力 H 作用时，地面下 z 深度处产生的水平位移 Δx 和水平土压应力 σ_{zx} 分别是

$$\Delta x = (h - z)\tan\omega \tag{7-85}$$

$$\sigma_{zx} = \Delta x C_z = mz(h - z)\tan\omega \tag{7-86}$$

式中：h——转动中心 A 距地面的距离；

C_z——深度 z 处水平向的地基系数。

基底边缘处的竖向应力为

$$\sigma_{\frac{d}{2}} = C_0 \frac{d}{2}\tan\omega = \frac{mhd}{2\beta}\tan\omega \tag{7-87}$$

式中：C_0——基底岩石地基系数。

以上公式中只有一个未知数 ω，建立弯矩平衡方程求解

$$\sum M_A = 0$$

$$H(h + h_1) - \int_0^h \sigma_{zx} b_1 (h - z)\mathrm{d}z - \sigma_{\frac{d}{2}} W = 0 \tag{7-88}$$

解上式得

$$\tan\omega = \frac{H}{mhD} \tag{7-89}$$

式中：$D=\frac{b_1\beta h^3+6Wd}{12\lambda\beta}$。

将 $\tan\omega$ 代入式(7-86)与式(7-87)得

$$\sigma_{zx}=(h-z)z\frac{H}{Dh} \tag{7-90}$$

$$\sigma_{\frac{d}{2}}=\frac{Hd}{2\beta D} \tag{7-91}$$

基底边缘处应力为

$$\sigma_{\min}^{\max}=\frac{N}{A_0}\pm\frac{Hd}{2\beta D} \tag{7-92}$$

根据 $\sum x=0$，可以求出嵌入处未知的水平阻力 p

$$p=\int_0^h b_1\sigma_{zx}\mathrm{d}z-H=H\left(\frac{b_1h^2}{6D}-1\right) \tag{7-93}$$

地面以下 z 深度处基础截面上的弯矩为

$$M_z=(\lambda-h+z)H-\frac{b_1Hz^3}{12Dh}(2h-z) \tag{7-94}$$

3. 墩台顶面的水平位移

基础在水平力和力矩作用下，墩台顶面会产生水平位移 δ，它由地面处的水平位移 $z_0\tan\omega$、地面到墩台顶范围 h_1 内的水平位移 $h_1\tan\omega$ 在 h_1 范围内墩台身弹性挠曲变形引起的墩台顶水平位移 δ_0 三部分组成。

$$\delta=(z_0+h_1)\tan\omega+\delta_0 \tag{7-95}$$

考虑到转角一般均很小，令 $\tan\omega=\omega$ 不产生多大的误差。另一方面，由于基础的实际刚度并非无穷大，而刚度对墩台顶的水平位移是有影响的。故需考虑实际刚度对地面处水平位移的影响及对地面处转角的影响，用系数 k_1 及 k_2 表示。k_1 及 k_2 是 αh 与 $\frac{\lambda}{h}$ 的函数，取值见表 7-34。因此，式(7-95)可写成

系数 k_1 及 k_2 的值　　表 7-34

换算深度 $\bar{h}=\alpha h$	系数	$\frac{\lambda}{h}$				
		1	2	3	5	∞
1.6	k_1	1.0	1.0	1.0	1.0	1.0
	k_2	1.0	1.1	1.1	1.1	1.1
1.8	k_1	1.0	1.1	1.1	1.1	1.1
	k_2	1.1	1.2	1.2	1.2	1.3
2.0	k_1	1.1	1.1	1.1	1.1	1.2
	k_2	1.2	1.3	1.4	1.4	1.4
2.2	k_1	1.1	1.2	1.2	1.2	1.2
	k_2	1.2	1.5	1.6	1.6	1.7
2.4	k_1	1.1	1.2	1.3	1.3	1.3
	k_2	1.3	1.8	1.9	1.9	2.0
2.5	k_1	1.2	1.3	1.4	1.4	1.4
	k_2	1.4	1.9	2.1	2.2	2.3

注：1. $\alpha h<1.6$，$k_1=k_2=1.0$

2. 当仅有偏心竖向力作用时，$\lambda/h\to\infty$。

$$\sigma = (z_0 k_1 + k_2 h_1) W + \sigma_0 \tag{7-96}$$

或对支承在岩石地基上的墩台顶水平位移为

$$\sigma = (h k_1 + k_2 h_1) W + \sigma_0 \tag{7-97}$$

4.验算

1)基底应力验算

由式(7-83)及式(7-92)所计算出的最大压应力不应超过沉井底面处土的容许承载力$[\sigma]$,即

$$\sigma_{max} \leqslant k[\sigma] \tag{7-98}$$

2)横向抗力验算

由式(7-81)及式(7-90)计算出的σ_{zx}值应小于沉井周围土的极限抗力值,否则不能考虑基础侧向土的弹性抗力。

当基础在外力作用下产生位移时,在深度z处基础一侧产生的主动土压力p_a,而被挤压一侧土就受到被动土压力p_p,故其极限抗力用土压力表达为

$$\sigma_{zx} \leqslant p_p - p_a \tag{7-99}$$

由朗金土压力理论

$$p_p = \gamma z \tan^2\left(45° + \frac{\varphi}{2}\right) + 2\cot\left(45° + \frac{\varphi}{2}\right)$$

$$p_p = \gamma z \tan^2\left(45° - \frac{\varphi}{2}\right) - 2\cot\left(45° - \frac{\varphi}{2}\right) \tag{7-100}$$

代入式(7-99)整理后得

$$\sigma_{zx} \leqslant \frac{A}{\cos\varphi}(\gamma z \tan\varphi + c) \tag{7-101}$$

式中:γ——土的重度;

φ——土的内摩擦角;

c——土的黏聚力。

支撑在分散土地基上的深基础,最大横向抗力一般出现在$z = \frac{h}{3}$和$z = h$处,将其代入式(7-101)得

$$\sigma_{\frac{h}{3}x} \leqslant \eta_1 \eta_2 \frac{4}{\cos\varphi}\left(\frac{\gamma h}{3}\tan\varphi + c\right) \tag{7-102}$$

$$\sigma_{hx} \leqslant \eta_1 \eta_2 \frac{4}{\cos\varphi}(\gamma h \tan\varphi + c) \tag{7-103}$$

式中:$\sigma_{\frac{h}{3}x}$——$z = \frac{h}{3}$深度的土横向抗力;

σ_{hx}——$z = h$深度的土横向抗力;

h——基础的埋置深度;

η_1——取决于上部结构形式的系数,拱桥取0.7,一般结构取1.0;

η_2——考虑恒载对基础底面重心所产生的弯矩M_g在总弯矩M中所占的百分比系数,即$\eta_2 = 1 - 0.8\frac{M_g}{M}$。

3)墩台顶面水平位移验算

墩台顶面的水平位移 δ 应符合下列要求：

$$\delta \leqslant 0.5\sqrt{L} \quad (\text{cm})$$

式中：L——相邻跨中最小跨的跨度，m，当跨度 $L<25$m 时，按 25m 计算。

思考题与习题

1. 叙述沉井基础的使用范围及其特点。
2. 沉井有哪些类型？各有什么缺点？
3. 沉井在构造上由哪些部分组成？各有什么作用？
4. 在旱地上或筑岛进行沉井有哪些程序？下沉中易遇到哪些问题？如何处理？

第八章　地基处理

学习目标

1. 掌握地基处理的基本概念和基本原理，以及常见地基处理方法的加固机理、适用范围等；
2. 具备常见一般地基加固处理工程施工安全技术的基本知识，能在施工过程中进行安全监督指导；
3. 培养学生分析和解决地基加固处理工程问题的能力；
4. 掌握软土地基的特征及其工程处理措施；
5. 熟悉湿陷性黄土的地基的特征及其工程处理措施；
6. 了解冻土的工程特性；
7. 掌握地震区的地基基础问题。

第一节　一般地基处理

学习重点

地基处理基本原理；常见地基处理方法的加固机理、适用范围；一般地基加固处理工程施工安全技术。

学习难点

常见地基处理方法的加固机理；一般地基加固处理工程施工安全技术。

一、概述

随着社会经济的快速发展，近些年，在国家基础建设的大力推进下，工程项目规格日益扩大，难度也不断加大。土木工程功能化、城市交通高速化等已经成为现代土木工程的特征。而工程项目遇到的各类地基问题也愈趋复杂。能否对地基问题进行妥善处理，将直接关系到整个工程的质量、进度、投资等。

(一)主要的地基问题

根据现有项目建设中施工面临的地基问题，可简要概括为下述三个方面：

1. 地基承载力不足及稳定性问题

由于施工场地土的性质不能达到要求，在上覆静力荷载和动力荷载的作用下，地基承载力不足时，容易引发路基局部或者整体剪切破坏，甚至引起边坡失稳。

2. 沉降、水平位移及不均匀沉降问题

在上覆静力荷载和动力荷载的作用下,地基容易产生横向或者竖向甚至不均匀变形。当变形大并超过允许值时,会引起行车不适甚至影响交通的正常安全运营。特别是湿陷性黄土、膨胀土等,遇水发生显著变化,这类问题也是工程建设中常遇的困难之一。

3. 渗流问题

渗流是流体通过多孔介质的流动,工程施工中主要指地下水的渗流。由于施工操作,当地基渗流量或者水力比超过一定值时,会产生较大水量损失,甚至是管涌等。在国内地铁及铁路施工中,管涌现象发生也颇为频繁。

(二)地基处理的主要目的

工程建设中地基处理的主要目的为以下几个方面:

(1)提高地基土的抗剪强度,以满足设计对地基承载力和稳定性的要求;

(2)改善地基的变形性质,防止产生过大的沉降和不均匀沉降以及侧向变形等;

(3)改善地基的渗透性和渗透稳定,防止渗流过大和渗透破坏等;

(4)提高地基土的抗震性能,防止液化、隔振和减小振动波的振幅等;

(5)消除黄土的失陷性、膨胀土的胀缩性等。

(三)地基处理的意义

处理好地基,不仅可提高工程质量,使其安全可靠而且还能提高经济效益。具体体现在以下几个方面:

1. 提高工程质量

地基质量的好坏,是工程能否成功的关键。针对不同的工程实际情况,对建(构)筑物所处的地基地段进行适当的加固处理是提高工程质量的重要途径。

2. 降低工程造价、节省投资资金

地基处理涉及的技术面广、难度大、不确定因素多,不同的地基适用的处理方法各有不同并会产生不同的经济效益和处理效果。如果能够针对工程实际提出适当的处理办法可以大大节约工程投资。

3. 加快工程进度、缩短工程周期

这点对于铁路路堤填土施工而言尤为明显。不同的地基处理技术会导致不同的工程进度,先进的技术允许路堤土以较快的速度填筑,缩短沉降周期,在较短的时间内达到路基填筑的要求从而加快工程进度。

(四)地基处理方法

地基处理方法分为:按照时间可分为临时处理和永久处理;根据处理深度分为浅层处理和深层处理;根据被处理土特性可分为砂土处理、黏土处理、饱和土处理和不饱和土处理;根据地基处理方法的作用原理分类,常用的地基处理方法见表8-1。现阶段一般按地基处理方法的作用原理对地基处理方式进行分类。本章仅讨论一般性的地基处理方法,所处理的土类着重于饱和黏性土、粉质土及部分松砂等土类。

二、换土垫层法

换土垫层法是指当建(构)筑物基础下持力土层比较软弱,不能满足设计荷载或变形的要求时,将基础下不太深的一定范围内的软弱土层全部或部分挖除,然后分层回填砂、碎石、灰土、粉煤灰、高炉干渣和素土等强度较大、性能稳定和无侵蚀性材料，并夯实的地基处理方法。

常用地基处理方法 表 8-1

编号	分类	处理方法	原理及作用	适用范围
1	换土垫层法	砂石垫层、碎石垫层、灰土垫层、矿渣垫层	以砂石、运土、灰土和矿渣等强度较高的材料，置换地基表层软弱土，并分层碾压夯实，提高持力层的承载力，减少沉降量，改善软弱地基的不良特性	适用于处理地基表层软黏土、湿陷性黄土、杂填土和暗沟、暗塘等软弱土地基
2	挤密压实法	表层压实法、重锤夯实法、强夯、振冲挤压法、灰土挤密、碎石桩、砂桩、砂石桩、石灰桩等	采用一定的技术措施，通过振动或挤压，使土体的孔隙减少，强度提高；必要时在振动挤密的过程中，回填砂、砾石、灰土、素土等，与地基上组成复合地基，从而提高地基的承载力，减小沉降量	适用于处理松砂、粉土、杂填土及湿陷性黄土，非饱和黏性土等
3	排水固结法	天然地基预压、砂井及塑料排水带预压、真空预压、降水预压和强力固结等	在地基中增设竖向排水体，加速地基的固结和强度增长，提高地基的稳定性；加速沉降发展，使基础沉降提前完成	适用于处理饱和软弱黏土层和冲填土；对于渗透性极低的泥炭土，必须慎重对待
4	深层搅拌法	常用固化剂的分类有：水泥类、石灰类、沥青类、化学材料类（水玻璃、氯化钙等）	利用各类固化剂，通过深层搅拌机在地基深部就地将软土和固化剂（浆体或粉体）强制拌和，利用固化剂和软土发生一系列物理、化学反应，形成复合地基	适用于较深较厚的淤泥，淤泥质土、粉土和含水率较大且地基承载力不大于120kPa的黏性土地基，对超软土效果更为显著
5	其他	加筋、灌浆、冻结、烧结、托换技术等	通过将种技术措施处理软弱土地基	根据实际情况情况确定

换土垫层法处理软土地基，其作用为：通过换填后的垫层，有效提高基底持力层的抗剪强度，降低其压缩性，防止局部剪切破坏和挤出变形；通过垫层，扩散基底压力，降低下卧软土层的附加应力；垫层（砂、石）可作为基底下水平排水层，增设排水面，加速浅层地基的固结，提高下卧软土层的强度等。

总而言之，换土垫层可有效提高地基承载力，均化应力分布，调整不均匀沉降，减少部分沉降值。

换土垫层法的处理深度常控制在3～5m范围内。但是当换土垫层厚度较薄，其作用也不够明显，其最小处理深度也不应小于0.5m。当软弱土层厚度不大的情况下，换土垫层法是一种较为简单、经济的软弱地基浅层处理方法。但当换填深度较大时，开挖过程容易出现地下水位高而不得不采用降水措施，增加基坑支护费用，增加施工土方量及弃方等问题。

换土垫层法适用于处理地基表层淤泥、淤泥质土、湿陷性黄土、杂填土和暗沟、暗塘等软弱土地基。

换土垫层设计的基本原则为：既要满足建筑物对地基变形和承载力与稳定性的要求，又要符合技术经济的合理性。因此，设计的内容主要是确定垫层的合理厚度和宽度，并计算地基的承载力与稳定性和沉降，既要求垫层具有足够的宽度和厚度以置换可能被剪切破坏的部分软弱土层，并避免垫层两侧挤出，又要求设计荷载通过垫层扩散至下卧软土层的附加应力，满足软土层承载力与稳定性和沉降的要求。

换填垫层材料:砂、碎石或砂石料;灰土;粉煤灰或矿渣;土工合成材料加碎石垫层等。

垫层种类可分为种类:砂垫层、砂石垫层、碎石垫层、素土垫层、灰土垫层、二灰垫层、矿渣垫层和粉煤灰垫层、土工合成材料加碎石垫层等。

下面以砂垫层为例阐述设计的方法和步骤。

(一)砂垫层厚度的确定

如图 8-1 所示:设所置换厚度内垫层的砂石料具有足够的抗剪强度,能承受设计荷载不产生剪切破坏。

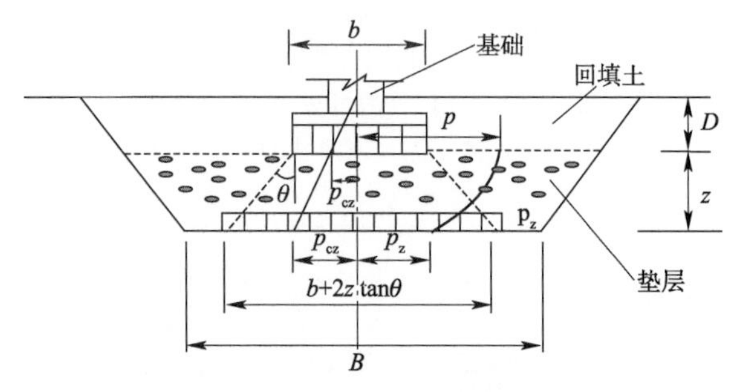

图 8-1 砂垫层设计示意图

所以在设计时,着重计算荷载通过一定厚度的垫层后,应力扩散至软土层表面的附加应力与垫层自重之和是否满足下卧土层地基承载力的要求,即

$$p_z + p_{cz} \leqslant f_{az} \tag{8-1}$$

式中:f_{az}——垫层底面处软土层经深度修正后的地基承载力特征值,kPa,宜通过试验确定;

P_z——垫层底面处的附加压力,kPa;

P_{cz}——垫层底面处的自重压力,kPa。

对于条形基础:

$$p_z = \frac{b(p_k - p_c)}{b + 2z \cdot \tan\theta} \tag{8-2a}$$

对于矩形基础:

$$p_z = \frac{bl(p_k - p_c)}{(b + 2z \cdot \tan\theta)(l + 2z \cdot \tan\theta)} \tag{8-2b}$$

式中:b——矩形基础或条形基础底面的宽度,m;

l——矩形基础底面的长度,m;

z——砂垫层的厚度,m;

p——基础底面接触压力,kPa;

p_c——基础底面自重应力,kPa;

θ——垫层材料的压力扩散角,在缺少资料时,可按表 8-2 选用。

垫层材料的压力扩散角 表 8-2

z/b	换 填 材 料		
	中粗砂、砾、碎石、石屑	粉质黏土、粉煤灰	灰土
0.25	20°	6°	28°
≥0.50	30°	23°	

注:当 $z/b \leqslant 0.25$ 时,除灰土仍取 $\theta = 28°$ 外,其余材料均取 $\theta = 0$;

当 $0.25 < z/b < 0.5$ 时,θ 值可由插值求得。

计算时,先假设一个垫层的厚度,然后用式(8-1)验算。如不符合要求,大或减小厚度,应重新验算,直至满足为止。一般砂垫层的厚度约为1~2m,过薄的垫层($<0.5m$),其作用不显著;垫层太厚($>3m$),施工较困难,经济上不合理。

(二)砂垫层宽度的确定

宽度一方面要满足应力扩散的要求;另一方面要防止垫层向两侧挤出,常用经验的扩散角法来确定。关于宽度计算,目前还缺乏可靠的方法。一般可按下式计算或根据当地经验确定:

$$B \geqslant b + 2z \cdot \tan\theta \tag{8-3}$$

式中:B——垫层底面宽度,m;

θ——垫层的压力扩散角,(°)。

垫层顶面(基础底面)每边宜超出基础边缘不少于30cm或从垫层底面两侧向上,按当地基础开挖经验放坡。

砂垫层剖面确定后,对于比较重要的建(构)筑物还要求计算基础的沉降,要求最终沉降量小于设计建(构)筑物的允许沉降值。计算时不考虑垫层的压缩变形,仅按常规的沉降公式计算下卧软土层引起的基础沉降。

应该指出:应用此法确定的垫层厚度,往往比之实际需要的偏厚,较保守。不难看出:由式(8-1)确定的垫层厚度,仅考虑应力扩散的作用,忽略了垫层的约束作用和排水固结对地基承载力提高的影响,所以实际的承载力要比考虑深度修正后的天然地基承载力大。因此对于重要工程,建议通过现场试验来确定。

换土垫层法的施工要点:

(1)施工前应验槽,先将浮土清除。基槽(坑)的边坡必须稳定,以防止塌土。槽底和两侧如有孔洞、沟、井和墓穴等,应在施工前加以处理。

(2)垫层材料必须具有良好的压实性,再进行分层铺填,并分层密实。分层厚度20~30cm。分段施工时,接头处应做成斜坡,每层错开0.5~1.0m,并应充分捣实。

(3)换土垫层必须注意施工质量,应按换填材料的特点,采用相应碾压夯实机械,按施工质量标准碾压夯实。砂石垫层宜采用振动碾碾压;粉煤灰垫层宜采用平碾、振动碾、平板振动器、蛙式夯等碾压方法密实;灰土垫层宜采用平碾、振动碾等方法密实。

(4)砂垫层和砂石垫层的底面宜铺设在同一高程上,如深度不同时,施工应按先深后浅的程序进行。土面应挖成台阶或斜坡搭接,搭接处应注意捣实。

(5)采用碎石换填时,为防止基坑底面的表层软土发生局部破坏,应在基坑底部及四侧先铺一层砂,然后再铺设碎石垫层。

(6)开挖基坑铺设砂垫层时,必须避免扰动软土层表面和破坏坑底结构。因此,基坑开挖后应立即回填,不应暴露过久及浸水,更不得践踏坑底。

(7)冬季施工时,不得采用夹有冰块的砂石做垫层,并应采用措施防止砂石内水分冻结。

三、挤密压实法

挤密压实法的原理是采用一定的技术措施,通过振动或挤压,使土体的孔隙减少,强度提高;必要时在振动挤密的过程中,回填砂、砾石、灰土、素土等,与地基上组成复合地基,从而提高地基的承载力,减少沉降量。

根据采用的手段可分为以下几种方法:

(一)表层压实法

表层压实法是指采用人工夯、低能夯实机械、碾压或振动碾压机械对比较疏松的表层土进行压实,也可对分层填筑土进行压实。当表层土含水率较高时或填筑土层含水率较高时可分层铺垫石灰、水泥进行压实,使土体得到加固。

表层压实法适用于浅层疏松的黏性土、松散砂性土、湿陷性黄土及杂填土等。这种处理方法对分层填筑土较为有效,要求土的含水率接近最优含水率;对表层疏松的黏性土地基也要求其接近最优含水率,但低能夯实或碾压时地基的有效加固深度很难超过1m。因此,若希望获得较大的有效加固深度则需较大功能的夯实。

(二)重锤夯实法

重锤夯实就是利用重锤自由下落所产生的较大夯击能来夯实浅层地基,使其表面形成一层较为均匀的硬壳层,获得一定厚度的持力层。

重锤夯实法适用于无黏性土、杂填土、不高于最优含水率的非饱和黏性土以及湿陷性黄土等。重锤夯实相对于表层压实有较高的夯击能,因而能提高有效加固深度,但当锤很重且下落高度较大时就演化为强夯了。

锤重一般为20~40kN,落距3~5m。锤重与锤底面积的关系应符合锤底面上的静压力为15~20kPa的要求,适用于夯实厚度小于3m、地下水位以上0.8m左右的稍湿杂填土、黏性土、砂性土、湿陷性黄土地基。由于锤体较轻、锤底直径和落距较小,产生的冲击能也较小,故有效夯实深度不大,一般为锤底直径的一倍左右。

(三)强夯法

强夯是指将很重的锤从高处自由下落,对地基施加很高冲击能,反复多次夯击地面,地基土中的颗粒结构发生调整,土体变密实,从而能较大限度提高地基强度和降低压缩性。

一般认为,强夯法适用于无黏性土、松散砂土、杂填土、非饱和黏性土及湿陷性黄土等。

当锤重为80~300kN,落距为6~25m,单次夯击能量大于800kN·m,用于处理杂填土、碎石土、砂性土和稍湿的黏性土时称为“强力夯实法”,简称“强夯法”;用于处理饱和黏性土时称为“动力固结法”。强力夯实法可大幅度提高地基强度,降低地基可压缩性,改善地基抵抗振动液化的能力和消除湿陷性地基的湿陷现象。由于锤重和落距较大,产生的冲击能也较大,故有效夯实深度亦大,最大已达10余米,对周围建筑物的扰动影响也较大。

(四)振冲挤压法

振冲挤压法通常用于加固砂层,其原理是:一方面依靠振冲器的强力振动使饱和砂层发生液化,颗粒重新排列,孔隙比减少;另一方面依靠振冲器的水平振动力,形成垂直孔洞,在其中加入回填料,使砂层挤压密实,适用于砂性土,小于0.005mm黏粒含量小于10%的黏性土,若黏粒含量大于30%效果明显降低。

(五)碎石桩和砂桩

碎石(砂)桩挤密法是指用振动、冲击或水冲等方式在软弱地基中成孔后,再将碎石或砂挤压入土孔中,形成大直径的碎石或砂所构成的密实桩体。

按其制桩工艺可分为振冲(湿法)碎石桩和干法碎石桩两大类。采用振动加水冲的制桩工艺制成的碎石桩称为振冲碎石桩或湿法碎石桩;采用各种无水冲工艺(如干振、振挤、锤击等)制成的碎石桩统称为干法碎石桩。当以砾砂、粗砂、中砂、圆砾、角砾、卵石、碎石等为填充料制成的桩称为砂石桩。

砂桩适用于软土、人工填土和松散砂土的挤密加固地基；碎石桩适用于砂性土、粉土、黏性土和湿陷性黄土等地基的加固。

(六)土桩和灰土桩

土桩是由桩间挤密土和填夯的桩体组成的人工地基；灰土桩是由桩内生石灰吸水消解经化学反应后膨胀，桩间土脱水，桩周围的土被挤压后土壤密实度逐渐增强，使地基强度提高，从而达到满足工程要求的地基承载力(成桩挤密、吸水挤密、膨胀挤密)。

灰土、素土等挤密桩法适用于处理地下水位以上的湿陷性黄土、素填土和杂填土等地基，可处理地基的深度为5~20m。当以消除地基土的湿陷性为主要目的时，宜选用素土挤密桩法。当以提高地基土的承载力或增强其水稳性为主要目的时，宜选用灰土挤密桩法。当地基土的含水率大于24%、饱和度大于65%时，不宜选用灰土挤密桩法或素土挤密桩法。

下面仅以灰土桩为例阐述施工流程和注意事项。

灰土桩是用石灰和土按一定体积比例(2:8或3:7)拌和，并在桩孔内夯实加密后形成的桩，这种材料在化学性能上具有气硬性和水硬性，由于石灰内带正电荷钙离子与带负电荷黏土颗粒相互吸附，形成胶体凝聚，并随灰土龄期增长，土体固化作用提高，使土体逐渐增加强度。在力学性能上，它可达到挤密地基效果，提高地基承载力，消除湿陷性，沉降均匀和沉降量减小。

1. 桩体作用及布置

在灰土桩挤密地基中，由于灰土桩的变形模量远大于桩间土的变形模量(灰土的变形模量为29~36MPa，相当于夯实素土的2~10倍)，荷载向桩上产生应力集中，从而降低了基础底面以下一定深度内土中的应力，消除了持力层内产生大量压缩变形和湿陷变形的不利因素。此外，由于灰土桩对桩间土能起侧向约束作用，限制土的侧向移动，桩间土只产生竖向压密，使压力与沉降始终呈线性关系。

灰土挤密桩处理地基的面积，应大于基础或建(构)筑物底层平面的面积，并应符合下列规定：

(1)采用局部处理超出基础底面的宽度时，对非自重湿陷性黄土、素填土和杂填土等地基，每边不应小于基底宽度的0.25倍，并不应小于0.50m；对自重湿陷性黄土地基，每边不应小于基底宽度的0.75倍，并不应小于1.00m。

(2)当采用整片处理时，超出建筑物外墙基础底面外缘的宽度，每边不宜小于处理土层厚度的1/2，并不应小于2m。

2. 桩体处理深度

灰土挤密桩处理地基的深度，应根施工场地的土质情况、工程要求和成孔及夯实设备等综合因素确定。对湿陷性黄土地基，应符合现行的国家标准《湿陷性黄土地区建筑规范》(GB 50025—2004)的有关规定。

3. 桩径

桩孔直径宜为300~500mm，并可根据所选用的成孔设备或成孔方法确定。为使桩间土均匀挤密，桩孔宜按等边三角形布置，桩孔之间的中心距离s，可为桩孔直径的2.0~2.5倍。

4. 施工工艺

桩施工一般采取先将基坑挖好，预留0.5~0.7mm土层，冲击成孔，宜为1.20~1.50m，然后在坑内施工桩体。桩的成孔方法可根据现场机具条件选用沉管(振动、锤击)法、爆扩法、冲击法等。沉管法是用振动或锤击沉桩机将与桩孔同直径钢管打入土中拔管成孔。桩管顶设桩帽,下端做成锥形约成60°,桩尖可上下活动。该法简单易行,孔壁光滑平整,挤密效果良好,但处理深度受桩架限制,一般不超过8m。爆扩法是用钢钎打入土中形成25～40mm孔或洛阳铲打成60～80mm孔,然后在孔中装入条形炸药卷和2～3个雷管,爆扩成15～18d的孔(d为桩孔或药卷直径)。该法成孔简单,但孔径不易控制。冲击法是使用简易冲击孔机将0.6～3.2t重锥形锤头,提升0.5～20m后,落下反复冲击成孔,直径可达50～60cm,深度可达15m以上,适于处理湿陷性较大深度的土层。

桩施工顺序应先外排后里排,同排内应间隔1～2孔进行;对大型工程可采取分段施工,以免因振动挤压造成相邻孔缩孔成坍孔。成孔后应夯实孔底,夯实次数不少于8击,并立即夯填灰土。

桩孔应分层回填夯实,每次回填厚度为250～400mm。或采用电动卷扬机提升式夯实机,夯实时一般落锤高度不小于2m,每层夯实不少于10锤。施打时,逐层以量斗向孔内下料,逐层夯实,当采用偏心轮夹杆式连续夯实机,则将灰土用铁锹随夯击不断下料,每下二锹夯二击,均匀地向桩孔下料、夯实。桩顶应高出设计高程不小于0.5cm,挖土时将高出部分铲除。

若孔底出现饱和软弱土层时,可采取加大成孔间距,以防由于振动而造成已打好的桩孔内挤塞;当孔底有地下水流入,可采用井点降水后再回填填料或向桩孔内填入一定数量的干砖渣和石灰,经夯实后再分层填入填料。

5. 灰土桩承载力

灰土挤密桩或素土挤密桩复合地基的承载力特征值,应通过现场单桩或多桩复合地基载荷试验确定。初步设计当无试验资料时,也可按当地经验确定,但对素土挤密桩复合地基的承载力特征值,不宜大于处理前的1.4倍,并不宜大于180 kPa;对灰土挤密桩复合地基的承载力特征值,不宜大于处理前的2.0倍,并不宜大于250kPa。

6. 地基变形

灰土挤密桩复合地基的变形计算,应符合现行国家标准《建筑地基基础设计规范》(GB 50007—2011)有关规定,其中复合土层的压缩模量,可采用载荷试验的变形模量代替。灰土挤密桩复合地基的变形包括桩和桩间土及其下卧未处理土层的变形。前者通过挤密后,桩间土的物理力学性质明显改善,即土的干密度增大、压缩性降低、承载力提高、湿陷性消除,故桩和桩间土(复合土层)的变形可不计算,但应计算下卧未处理土层的变形,若下卧未处理土层为中、低压缩性非湿陷性土层,其压缩变形、湿陷变形也可不计算。

7. 施工中可能出现的问题和处理方法

(1)夯打时桩孔内有渗水、涌水、积水现象可将孔内水排出地表,或将水下部分改为混凝土桩或碎石桩,水上部分仍为土(或灰土)桩。

(2)沉管成孔过程中遇障碍物时可采取以下措施处理:

①用洛阳铲探查并挖除障碍物,也可在其上面或四周适当增加桩数,以弥补局部处理深度的不足,或从结构上采取适当措施进行弥补。

②对未填实的墓穴、坑洞、地道等面积不大,挖除不便时,可将桩打穿通过,并在此范围内增加桩数,或从结构上采取适当措施进行弥补。

(3)夯打时造成缩径、堵塞、挤密成孔困难、孔壁坍塌等情况,可采取以下措施处理:

①当含水率过大缩径比较严重时,可向孔内填干砂、生石灰块、碎砖渣、干水泥、粉煤灰;如含水率过小,可预先浸水,使之达到或接近最优含水率。

②按照成孔顺序，由外向里间隔进行（硬土由里向外）。

③施工中宜打一孔，填一孔，或隔几个桩位跳打夯实。

④合理控制桩的有效挤密范围。

8. 质量检验

成桩后，应及时抽样检验灰土挤密桩或素土挤密桩处理地基的质量。对于一般工程，主要应检查施工记录、检测全部处理深度内桩体和桩间土的干密度，并将其分别换算为平均压实系数和平均挤密系数。对于重要工程，除检测上述内容外，还应测定全部处理深度内桩间土的压缩性和湿陷性。

四、排水固结法

排水固结法是软土地基工程实践中，应用排水固结原理发展起来的一种地基处理方法。

人们早已熟知：在软土地基上建筑堤坝，如果采用快速加载填筑，填筑不高，地基就会出现剪切破坏而滑动；如果在同等的条件下，采用缓慢逐渐加载填筑，填筑至上述同等堤高时，却未出现地基破坏的现象，而且还可继续筑高，直至填筑到预期高度。这是因为慢速加载筑堤，地基土有充裕的时间排水固结，土层的强度逐渐增长，如果加荷速率控制得当，始终保持地基强度的增长大于荷载增大的要求，地基就不会出现剪切破坏。这是我国沿海地区劳动人民运用排水固结原理筑堤的一项成功经验。随着近代工程应用的发展，逐步发展了一系列的排水固结处理软土地基的技术与方法，广泛应用于水利、交通及建筑工程。

排水固结法加固地基的原理是地基在荷载作用下，通过布置竖向排水井（砂井或塑料排水袋等），使土中的孔隙水被慢慢排出，孔隙比减小，地基发生固结变形，地基土的强度逐渐增长。

排水固结法主要用于解决地基的沉降和稳定问题。为了加速固结，最有效的办法就是在天然土层中增加排水途径，缩短排水距离，设置竖向排水井（砂井或塑料排水袋），以加速地基的固结，缩短预压工程的预压期，使其在短时期内达到较好的固结效果，使沉降提前完成；并加速地基土抗剪强度的增长，使地基承载力提高的速率始终大于施工荷载增长的速率，以保证地基的稳定性。

排水固结法适用于处理饱和软弱黏土层和冲填土；对于渗透性极低的泥炭土，必须慎重对待。

（一）排水固结法分类

按照采用的各种排水技术措施的不同，排水固结法可分为以下几种方法：

1. 堆载预压法

在施工场地临时堆填土石等，对地基进行加载预压，使地基沉降能够提前完成，并通过地基土固结提高地基承载力，然后卸去预压荷载建造建筑物，以消除建（构）筑物基础的部分均匀沉降，这种方法就成为堆载预压法（图8-2）。

一般情况是预压荷载与建（构）筑物荷载相等，但有时为了减少再次固结产生的障碍，预压荷载也可大于建（构）筑物荷载，一般预压荷载的大小约为建（构）筑物荷载的1.3倍，特殊情况则可根据工程具体要求来确定。

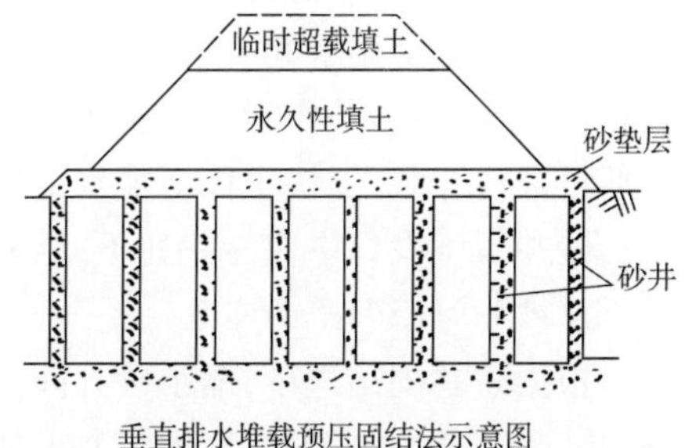

图8-2　垂直排水堆载预压固结方法示意图

为了加速堆载预压地基固结速度，常与砂井法同时使用，称为砂井堆载预压法。

砂井法适用于渗透性较差的软弱黏性土，对于渗透性良好的砂土和粉土，无需用砂井排水固结处理地基；含水平夹砂或粉砂层的饱和软土，水平向透水性良好，不用砂井处理地基也可获得良好的固结效果。

2. 真空预压法

真空预压指的是砂井真空预压。即在黏土层上铺设砂垫层，然后用薄膜密封砂垫层，用真空泵对砂垫及砂井进行抽气，使地下水位降低，同时在地下水位作用下加速地基固结。亦即真空预压是在总压力不变的条件下，使孔隙水压力减小、有效应力增加而使土体压缩和强度增长(图 8-3)。

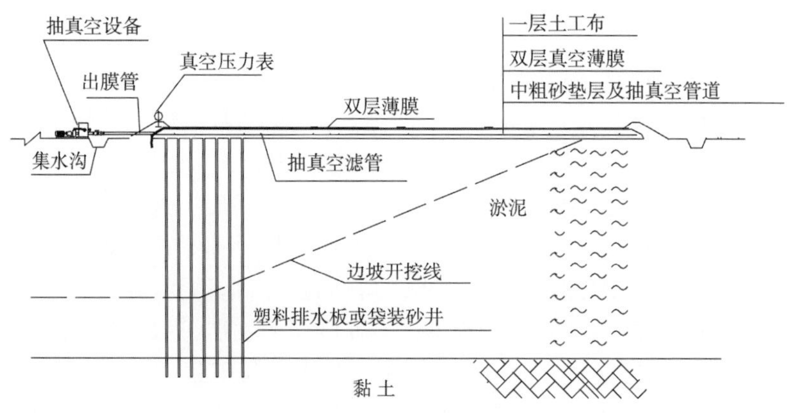

图 8-3　真空预压法

3. 降水预压法

即用水泵抽出地基地下水来降低地下水位，减少孔隙水压力，使有效应力增大，促进地基加固。

降水预压法特别适用于饱和粉土及饱和细砂地基。

4. 电渗排水法

即通过电渗作用可逐渐排出土中水。在土中插入金属电极并通以直流电，由于直流电场作用，土中的水从阳极流向阴极，然后将水从阴极排除，而不让水在阳极附近补充，借助电渗作用可逐渐排除土中水。在工程上常利用它降低黏性土中的含水率或降低地下水位来提高地基承载力或边坡的稳定性。

降水预压法和电渗排水法目前应用还比较少。

(二)砂井预压

下面以砂井预压为例阐述设计、施工中的注意事项。

砂井预压是排水固结法中一种常用的地基加固方法。砂井预压系指在软弱地基中用钢管打孔，灌砂设置砂井作为竖向排水通道，并在砂井顶部设置砂垫层作为横向排水通道，砂垫层顶部再进行堆载，加快土体空隙水的排出，加速土体固结，提高地基强度。

砂井预压设计中应注意如下问题：

1. 砂井间距和平面布置

根据砂井固结理论，缩小砂井间距比增大砂井直径具有更好的排水效果。因此，为加快软基固结速度，减少地基排水固结时间，宜采用“细而密”的原则选择砂井间距和直径。但砂井太细太密，不易施工，且对周围土体扰动大，影响了加固效果。工程上，砂井的间距一般不小于 1.5m。

砂井的平面布置有梅花形（或正三角形）和正方形两种，如上图所示。在大面积荷载作用下，假设每根砂井（直径为 d_w）为一独立排水体系统（见图8-4b），正方形布置时，每根砂井的影响范围为一正方形；而梅花形布置时，则为一正六边形（见图8-4c）。为简化起见，每根砂井的影响范围以等面积圆代替，其等效影响直径为 d_e。

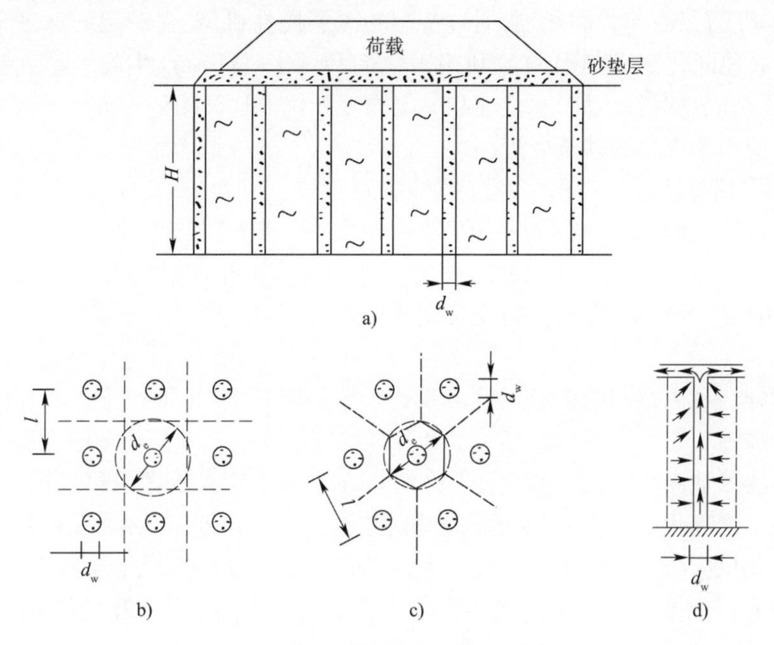

图8-4　砂井布置示意图

a）砂井布置立面图；b）正方形布置；c）梅花形布置；d）砂井排水路径

梅花形布置：

$$d_e = \sqrt{\frac{2\sqrt{3}}{\pi}}l = 1.05l \tag{8-4a}$$

正方形布置：

$$d_e = \sqrt{\frac{4}{\pi}}l = 1.128l \tag{8-4b}$$

式中 d_e、l——砂井的等效影响直径和布置间距。

砂井的平面布设范围应大于基础范围，通常由基础的轮廓线外扩2～4m，为使沿砂井排至地面的睡能迅速排至施工场地外，在砂井顶部应设置排水垫层或纵横连通砂井的排水砂沟，砂垫层及砂沟厚度一般为0.5～1.0m，砂沟的宽度可取砂井直径的2倍。

2.砂井的直径和长度

目前工程中常用的砂井直径为30～40cm，通常砂井的间距可按照井径比 $n = s/d_e$ 确定。普通砂井井径比 n 的取值一般在6～8之间；袋装砂井或塑料排水带的井径比可按15～20选用。

砂井的长度与土层分布情况、地基中附加压力的大小、压缩层厚度等因素有关。若软土厚度不大，则砂井宜穿过软弱土层；反之，则根据建筑物对地基的稳定性及沉降量要求计算砂井长度。砂井长度应考虑穿越地基的可能滑动面和压缩层。

3.分级加荷大小及每级加荷持续时间

砂井预压过程中荷载一般是分级施加的。因此需要有计划地进行加载并规定好堆载的时间,即制定加荷计划。该计划的制定依据应参照地基土的排水固结程度和地基抗剪强度增长情况。

五、深层搅拌法

利用水泥（或石灰)作为固化剂,通过特制的深层搅拌机械,在一定的深度范围内把地基土和水泥（或其他固化剂)强行搅拌,利用固化剂和软土之间所产生的一系列物理—化学反应,使软土硬化结成具有整体性、水稳性和一定强度的优质地基的处理方法,称为深层搅拌法。此法现已广泛应用于工程的软基处理。

所谓“深层”搅拌法是相对于“浅层”搅拌法而言的。20 世纪 20 年代,美国及西欧国家在软土地区修筑公路及堤坝时,经常用一种“水泥土(或石灰土)”作为路基和堤基。这种“水泥土”按照软土地基加固的方法,从地表挖取 0.6 ~ 1.0m 厚软土,在附近用机械或人工拌入水泥或石灰,然后填回原处压实,即软土的浅层搅拌加固法。用这种方法加固的深度大多小于 1m,一般不超过 3m。

而深层搅拌法利用特制的机械在地基深处就地加固软土,无须挖出。其加固深度一般大于 5m,根据目前施工实绩来看,海上最大加固深度达到 60m,陆上最大加固深度也达到 30m。

深层搅拌法的加固机理(以“水泥土”为例):在土体中喷入水泥浆再经搅拌拌和后,水泥和土会发生以下物理化学反应:水泥的水解和水化反应;离子交换与团粒化反应;硬凝反应;碳酸化反应。水化反应减少了软土中的含水率,增加颗粒之间的黏结力;离子交换与团粒化作用可以形成坚固的联合体;硬凝反应又能增加水泥土的强度和足够的水稳定性;碳酸化反应还能进一步提高水泥土的强度。

在水泥土浆被搅拌达到流态的情况下,若保持孔口微微翻浆,则可形成密实的水泥土桩,而且水泥土浆在自重作用下可渗透填充被加固土体周围一定距离土层中的裂隙,会在土层中形成大于搅拌桩径的影响区。

加固后的水泥土的密度与天然土的密度相近,但水泥土的相对密度比天然土的相对密度稍大。水泥土的无侧限抗压强度一般为 300 ~ 400kPa,比天然软土大几十倍至百倍,但影响水泥土无侧限抗压强度的因素很多,如水泥掺入量、龄期、水泥强度、土样含水率和有机质含量以及外掺剂等。

为了降低工程造价,可以采用掺加粉煤灰的措施。掺加粉煤灰的水泥土,其强度一般比不掺粉煤灰的高。不同水泥掺入比的水泥土,当掺入与水泥等量的粉煤灰后,强度均比不掺粉煤灰的提高 10% ,因此采用深层搅拌法加固软土时掺入粉煤灰,不仅可消耗工业废料,还可提高水泥土的强度。

深层搅拌法适合于加固淤泥、淤泥质土和含水率较高而地基承载力小于 140kPa 的黏性土、粉质黏土、粉土、砂土等软土地基。当土中含高岭石、多水高岭石、蒙脱石等矿物时,可取得最佳加固效果;土中含伊里石、氯化物和水铝英石等矿物时,或土的原始抗剪强度小于 20 ~ 30kPa 时,加固效果较差。当用于泥炭土或土中有机质含量较高,酸碱度较低(pH 值 <7)及地下水有侵蚀性时,宜通过试验确定其适用性。当地表杂填土厚度大且含直径大于 100mm 的石块或其他障碍物时,应将其清除后,再进行深层搅拌。

深层搅拌法由于对地基具有加固、支承、支挡、止水等多种功能,用途十分广泛,例如:加固软土地基,以形成复合地基而支承水工建筑物、结构物基础;作为泵站、水闸等的深基坑和地下管道沟槽开挖的围护结构,同时还可作为止水帷幕;当在搅拌桩中插入型钢作为围护结构时,开挖深度可加大;稳定边坡、河岸、桥台或高填方路堤,作为堤坝防渗墙等。

此外,由于搅拌桩施工时无振动、无噪声、无污染、一般不引起土体隆起或侧面挤出,故对环境的适应性强。

(一)深层搅拌的分类

(1)按使用水泥的不同物理状态,分为浆体和粉体深层搅拌桩两类。我国以水泥浆体深层搅拌桩应用较广,粉体深层搅拌桩宜用于含水率大于30%的土体。

(2)按深层搅拌机械具有的搅拌头数,分为单头、双头和多头深层搅拌桩。目前国内一机最多有6头,国外已有一机8头。

(3)根据桩体内是否有加筋材料,分为加筋和非加筋桩。加筋材料一般采用毛竹、钢筋或轻型角钢等,以增强其劲性。日本的SMW工法在深层搅拌桩中插入H型钢。

深层搅拌桩主要用于建筑物的地基加固,在水工建筑物中,如泵站、水闸、坝基等。一般来说,桩径为500~800mm,加固深度为5~18m,复合地基承载力可提高1~2倍。可根据需要把桩排成梅花形、正方形、条形、箱形等多种形式,可不受置换率的限制。

(二)工艺流程

工艺流程:搅拌桩机就位→钻进喷浆到孔底→提升喷浆搅拌→重复钻进搅拌→重复提升复搅→成桩完毕,如图8-5所示。工艺流程说明如下:

(1)设备安装就位。

(2)搅拌桩机纵向移动,调平主机,钻头对准孔位。

(3)启动搅拌桩机,钻头正向旋转,实施钻进作业;为了防止堵塞钻头上的喷射口,钻进过程中适当喷浆,同时可减小负载扭矩,确保顺利钻进。

(4)喷浆搅拌。在启动搅拌桩机向下旋转钻进的同时,开动灰浆泵,连续喷入水泥浆液。钻进速度、旋转速度、喷浆压力、喷浆量应根据工艺试验时确定的参数操作。钻进喷浆成桩到设计桩长或层位后,原地喷浆半分钟,再反转匀速提升。

(5)提升喷浆搅拌。搅拌头自桩底反转匀速搅拌提升直到地面,并喷浆。

(6)重复钻进搅拌。若设计要求复搅,则按上述(4)操作要求进行。

(7)重复搅拌提升。若设计要求复搅,按上述(5)操作步骤进行。

(8)当钻头提升至高出设计桩顶30cm时,停止喷浆,形成水泥土桩柱,将钻头提出地面。

(9)成桩完成。开动浆泵,清洗管路中残存的水泥浆,移机至另一桩施工。

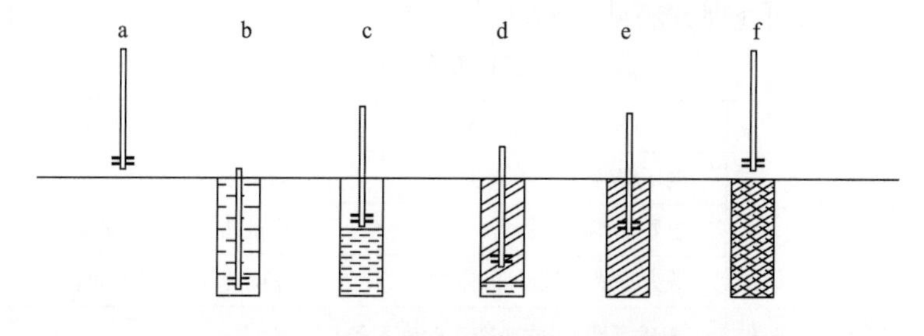

图8-5　用动力头式深层搅拌桩机施工搅拌桩流程图

a-桩机就位;b-喷浆钻进搅拌;c-喷浆提升搅拌;d-重复喷浆钻进搅拌;e-重复喷浆提升搅拌;f-成桩完毕

(三)施工参数

施工参数可参见表8-3。

水泥搅拌桩施工参数参考表　　表 8-3

项　目	参　数	备　注
水灰比	0.5~1.2	土层天然含水率多取小值,否则取大值
供浆压力(MPa)	0.3~1.0	根据供浆量及施工深度确定
供浆量(L/min)	20~50	与提升搅拌速度协调
钻进速度(m/min)	0.3~0.8	根据地层情况确定
提升速度(m/min)	0.6~1.0	与搅拌速度及供浆量协调
搅拌轴转速(r/min)	30~60	与提升速度协调
垂直度偏差(%)	<1.0	指施工时机架垂直度偏差
桩位对中偏差(m)	<0.01	指施工时桩机对中的偏差

(四)在复合地基深层搅拌施工中应注意以下事项

(1)拌制好的水泥浆液不得发生离析,存放时间不应过长。当气温在10℃以下时,不宜超过5h;当气温在10℃以上时,不宜超过3h;浆液存放时间超过有效时间时,应按废浆处理;存放时应控制浆体温度在5~40℃范围内。

(2)搅拌中遇有硬土层,搅拌钻进困难时,应启动加压装置加压,或边输入浆液边搅拌钻进成桩,也可采用冲水下沉搅拌。采用后者钻进时,喷浆前应将输浆管内的水排尽。

(3)搅拌桩机喷浆时应连续供浆,因故停浆时,须立即通知操作者。为防止断桩,应将搅拌桩机下沉至停浆位置以下0.5m(如采用下沉搅拌送浆工艺时则应提升0.5m),待恢复供浆时再喷浆施工。因故停机超过3h,应拆卸输浆管,彻底清洗管路。

(4)当喷浆口被提升到桩顶设计高程时,停止提升,搅拌数秒,以保证桩头均匀密实。

(5)施工时,停浆面应高出桩顶设计高程0.3m,开挖时再将超出桩顶高程部分凿除。

(6)桩与桩搭接的间隔时间不应大于24h。间隔时间太长,搭接质量无保证时,应采取局部补桩或注浆措施。

(7)技术要求。单桩喷浆量少于设计用量的重量不大于8%,导向架与地面垂直度偏离不应超过0.5%,桩位偏差不得大于10cm。

(8)应做好每一根桩的施工记录。深度记录误差应不大于5cm,时间记录误差不大于5s。

(五)施工中常见的问题和处理方法

施工中常见的问题和处理方法见表8-4。

施工中常见问题和处理方法　　表 8-4

常见问题	发生原因	处理方法
预搅下沉困难,电流值大,开关跳闸	电压偏低	调高电压
	土质硬,阻力太大	适量冲水或加稀浆下沉
	遇大石块、树根等障碍物	挖除障碍物,或移桩位
搅拌桩机下不到预定深度,但电流不大	土质黏性大,或遇密实砂砾石等地层,搅拌机自重不够	增加搅拌机自重或开动加压装置
喷浆未到设计桩顶面(或底部桩端)高程,储浆罐浆液已排空	投料不准确	新标定输浆量
	灰浆泵磨损漏浆	检修灰浆泵使其不漏浆
	灰浆泵输浆量偏大	调整灰浆泵输浆量

续上表

常见问题	发生原因	处理方法
喷浆到设计位置储浆罐剩浆液过多	拌浆加水过量	调整拌浆用水量
	输浆管路部分阻塞	清洗输浆管路
输浆管堵塞爆裂	输浆管内有水泥结块	拆洗输浆管
	喷浆口球阀间隙太小	调整喷浆口球阀间隙
搅拌钻头和混合土同步旋转	灰浆浓度过大	调整浆液水灰比
	搅拌叶片角度不适宜	调整叶片角度或更换钻头

六、其他地基加固法简介

软土地基其他处理办法还有:加筋、灌浆、冻结、托换技术、烧结技术等。下面对上述处理方法进行简单介绍。

(一)加筋法

加筋法原理,就是通过在土层中埋设强度较大的土工聚合物、拉筋、受力杆件等提高地基承载力、减小沉降或维持建筑物稳定。

常见的种类有三种:土工合成材料、土钉墙技术和加筋土。

(1)土工合成材料。利用土工合成材料的高强度、韧性等力学性能,扩散土中应力,增大土体的抗拉强度,改善土体或构成加筋土以及各种复合土工结构;适用于砂土、黏性土和软土,或用作反滤、排水和隔离材料。

(2)土钉墙技术一般是通过钻孔、插筋、注浆来设置,但也有通过直接打入较粗的钢筋和型钢、钢管形成土钉。土钉沿通长与周围土体接触,依靠接触界面上的黏结摩阻力,与其周围土体形成复合土体,土钉在土体发生变形的条件下被动受力。并主要通过其受剪工作对土体进行加固,土钉一般与平面形成一定的角度,故称为斜向加固体。土钉适用于地下水位以上或经降水后的人工填土、黏性土、弱胶结砂土的基坑支护和边坡加固;适用于开挖支护和天然边坡的加固。

(3)加筋土是将抗拉能力很强的拉筋埋置于土层中,利用土颗粒位移与拉筋产生的摩擦力使土与加筋材料形成整体,以减少整体变形和增强整体稳定。拉筋是一种水平向增强体,一般使用抗拉能力强、摩擦系数大而耐腐蚀的条带状、网状、丝状材料,例如,镀锌钢片、铝合金、合成材料等;适用于人工填土的路堤和挡墙结构。

(二)灌浆法

灌浆法是利用气压、液压或电化学原理将能够固化的某些浆液注入地基介质中或建筑物与地基的缝隙部位。

灌浆的浆液可以是水泥浆、水泥砂浆、黏土水泥浆、黏土浆、石灰浆及各种化学浆材如聚氨酯类、木质素类、硅酸盐类等。

根据灌浆的目的可分为防渗灌浆、堵漏灌浆、加固灌浆和结构纠倾灌浆等。

按灌浆方法可分为压密灌浆、渗入灌浆、劈裂灌浆和电化学灌浆。灌浆法在铁路、水利、交通、建筑建筑、道桥及各种工程领域有着广泛的应用。

(三)冰冻法

冰冻法地基加固是通过临时改变土层特性使其变成具有一定强度与隔水作用的冻土,在冻土帷幕的保护下进行盾构进出洞施工的工艺。使用的设备主要由冷却水循环系统(设备降温)和盐水循环系统(交换地热)组成。其冰冻的基本原理是:在地面上打设一定数目的冻结孔并下放冻结管,利用冷冻机组将一定配比的盐水溶液降温,然后通过盐水泵将低温盐水送入冻结管内,流动的低温盐水将地热带出地面,再经过冷冻机组进入冻结管内,如此不断循环进行热交换便会形成以冻结管为中心的冻土圆柱,冻土圆柱不断扩展直至与相邻冻结圆柱搭接,最终受冻土体就成为具有一定强度和厚度的冻土墙或冻土帷幕,达到土体加固的目的。

(四)托换技术

托换技术也称地下托换,狭义上讲是为了增加现有建筑基础的支持承载能力,在现有基础的下部增加新的永久性支撑物或基础;广义上讲是当紧挨着或者是在现有基础建筑物的正下方开挖土方时,为了消除对现有基础建筑物功能与结构等可能带来的影响,对现有基础建筑物进行加固补强、对建筑物的持力层地基进行改良、新基础设置及新旧基础替换等工程。常用的托换法有:

(1)桩式托换法:坑式静压桩托换、锚杆静压桩托换、灌注桩托换、树根桩托换等。

(2)灌浆托换法:水泥灌浆法、硅化法、碱液法等。

(3)基础加固法:灌浆法、用素混凝土套或钢筋混凝土套加大基础、坑式托换加固法等。

(五)烧结法

通过渗入压缩的热空气和燃烧物,并依靠热传导,而将细颗粒土加热到100℃以上,从而增加土的强度,减小变形。烧洁法适用于非饱和黏性土、粉土和湿陷性黄土。

思考题与习题

1. 什么是换土垫层法、排水固结法、压实挤密法、深层搅拌法、加筋法?

2. 地基处理的目的和意义是什么?

3. 换土垫层法、排水固结法、压实挤密法、深层搅拌法适用的范围是什么?施工中有哪些注意事项?除此之外,其他地基处理方法包括哪些?

第二节　特殊地基的处理

学习重点

软土地基的特征及其工程处理措施;湿陷性黄土的地基的特征及其工程处理措施;冻土的工程特性;地震区的地基基础问题。

学习难点

软土地基的工程处理措施;黄土的地基湿陷性判断方法;冻土的工程特性;地震区的地基基础问题。

一、软土地基

软土泛指淤泥及淤泥质土,是地质年代中第四纪后期形成的滨海相、泻湖相、三角洲、溺谷相和湖沼相等黏性土沉积物。这种土是在静水或缓慢流水环境中沉积,并经生物化学作用形成的饱和软黏性土。

软土的特征是富含有机质,天然含水率高于液限,孔隙比大于或等于 1。其中 $e>1.5$ 时,称淤泥;当 $1.0<e<1.5$ 时,称淤泥质土,是淤泥与一般黏性土的过渡类型。淤泥和淤泥质土在工程上统称为软土。

(一)软土的物理力学性质

1. 高含水率和高孔隙比

软土的天然含水率总是大于液限。软土的天然含水率一般都大于 30%,有的达 70%,甚至有的高达 200%,多呈软塑或流动状态。天然孔隙比在 1~2 之间,最大达 3~4。软土如此高的含水率和高孔隙比,使软土一经扰动,其结构很容易破坏而导致软土流动。

2. 渗透性弱

由于大部分软土底层中夹有数量不等的薄层或极薄层粉、细砂、粉土等,所以在水平方向的渗透性较垂直方向要大得多。一般垂直方向的渗透系数 K 值约在 $10^{-6} \sim 10^{-8}$ cm/s,几乎是不透水的。由于该类土渗透系数小,含水率大且呈饱和状态,这不但延缓其土体的固结过程,而且在加荷初期,地基中常出现较高的孔隙水压力,影响地基土的强度。

3. 压缩性高

软土的压缩系数 a_{1-2} 一般都在 0.5MPa^{-1} 以上,最大可达 3MPa^{-1} 以上。软土均属高压缩性土,而且压缩性随天然含水率及液限的增加而增高。

软土在荷载作用下的变形具有如下特征:

(1)变形大而不均匀。实践表明,在相同条件下,软土地基的变形量比一般黏性土地基要大几倍至十几倍,而且上部荷载的差异和复杂的体形都会引起严重的差异沉降和倾斜。

(2)变形稳定历时长。由于软土的渗透性很弱,孔隙中的水不易排出,故使地基沉降稳定所需时间较长。例如,我国东南沿海地区,这种软黏土地基在加荷 5 年后,往往仍保持着每年 1cm 左右的沉降速率。其中有些建筑物则每年下沉 3~4cm。

(3)抗剪强度低。软土的抗剪强度低且与加荷速率及排水固结条件密切相关。软土剪切试验表明,其内摩擦角 φ 小于或等于$10°$,最大也不超过$20°$,有的甚至接近于 $0°$。黏聚力 c 值一般在 5~15kPa,很少超过 20kPa,有的趋近于 0,故其抗剪强度很低。经排水固结后,软土的抗剪强度虽有所提高,但由于软土孔隙水排出很慢,其强度增长也很缓慢。因此,要提高软土地基的强度,必须控制施工和使用时的加荷速率,特别是在开始阶段加荷不能过大,以便每增加一级荷重与土体在新的受荷条件下强度的提高相适应。否则土中水分将来不及排出,土体强度不但来不及得到提高,反而会由于土中孔隙水压力的急剧增大,有效应力降低,而产生土体的挤出破坏。

(4)较显著的触变性和蠕变性。软土是“海绵状”结构性沉积物,当原状土的结构未受到破坏时,常具有一定的结构强度,可一经扰动,结构强度便被破坏。在含水率不变的条件下,静置不动又可恢复原来的强度,软土的这种特性,称为软土的触变性。

我国东南沿海地区的三角洲相及滨海—泻湖相软土的灵敏度一般在 4~10 之间,个别达到 13~15,属中高灵敏性土。灵敏度高的土,其触变性也大,所以,软土地基受动荷载后,易产生侧向滑动、沉降或基底面向两侧挤出等现象。

蠕变性是指在一定荷载的持续作用下,土的变形随时间而增长的特性,软土是一种具有典型蠕变性的土,在长期恒定应力作用下,软土将产生缓慢的剪切变形,并导致抗剪强度的衰减。在固结沉降完成之后,软土还可能继续产生可观的次固结沉降。上海等地许多工程的现场实测结果表明:当土中孔隙水压力完全消失后,地基还继续沉降。这对建筑物、边坡和堤岸等的稳定性极为不利。因此,用一般剪切试验求得的抗剪强度值,应加上适当的安全系数。

综上所述,软土具有强度低、压缩性高、渗透性低,且具有高灵敏度和蠕变性等特点。软土地基上的建筑物、构筑物等沉降量大,沉降稳定时间长。因此,在软土地基上建造建筑物、构筑物,往往要对地基进行加固处理。

(二)软土地基的工程处理措施

软土地基的主要问题就是变形问题。由于软土具有高压缩性、低强度、低渗透性等特性,其地基上的建筑物和构筑物就表现为沉降量大而不均匀、沉降速率大以及沉降稳定历时较长等特点。

在软弱地基或软土上修建建筑物和构筑物时,应对建筑体型、荷载的大小与分布、结构类型和地质条件等进行综合分析,以确定应采取的建筑措施、结构措施和地基处理方法,这样就可以减少软土地基上建筑物和构筑物的沉降或不均匀沉降。

软土地基设计经常有以下措施:

(1)利用表土层。软土较厚的地区,由于表层经受长期气候的影响,含水率减少,土体固结收缩,表面形成较硬的壳。这一处于地下水以上的非饱和的壳,承载力较下层软土高,压缩性也较小,常可用来作为浅基础的持力层。

(2)减小基底的压力。减小建筑物或构筑物作用于地基的附加压力,可减少地基的沉降量或减缓不均匀沉降,如采用轻型结构。

(3)采用刚度大的上部结构和基础。

(4)施工控制。当软土地基加载过大、过快时,容易发生地基土塑流挤出的现象。常用的施工措施如下:

①控制施工速度,不使加载速率太快。可在施工现场进行加载试验,通过沉降情况的观察来控制加载速率,掌握加载的间隔时间,使地基土逐渐固结,强度逐渐增加,不使地基土发生塑流挤出。

②在建筑物或构筑物的四周打板桩围墙,可防止地基软土的塑流挤出。但此法用料较多,成本高,因而应用不广。

③用反压法防止地基土塑流挤出。软土是否会发生塑流挤出,主要取决于作用在基底平面处土体上的压力差,压差小,发生塑流挤出的可能性也就减小。如在基础两侧堆土反压,就可减小压差,增加地基的稳定性。这种方法不需要特殊的施工机具,也不需控制填土速率,施工简易。但土方量、占地面积、后期沉降均较大,因此,只适用于非耕作区和取土不困难的地区。

二、黄土地基

黄土是第四纪干旱和半干旱气候条件下,形成的一种呈褐黄色或灰黄色、具有针状孔隙及垂直节理的特殊土。

在我国,黄土分布的面积约有64万平方千米,其中具有湿陷性的约27万平方千米。主要分布在秦岭以北的黄河中游地区,如甘、陕的大部分和晋南、豫西等地,在我国大的地貌分区图上,称为黄土高原。河北、山东、内蒙古和东北南部以及青海、新疆等地也有所分布。黄土地区沟壑纵横、常发育成为许多独特的地貌形状,常见的有:黄土塬、黄土梁、黄土峁、黄土陷穴等地貌。

天然含水率的黄土,若未受水浸湿,呈坚硬或硬塑状态,具有较高的强度和较小的压缩性。但有的黄土遇水浸湿后,土的结构迅速破坏,强度也随之迅速降低,称为湿陷性黄土。然而有些地区的黄土却并不发生湿陷。可见,同样是黄土,遇水浸湿后的反应却有很大的差别。具有湿陷性的黄土称为湿陷性黄土。湿陷性黄土可分为自重湿陷性黄土和非自重湿陷性黄土两种。在上覆土自重压力下受水浸湿发生湿陷的湿陷性黄土称为自重湿陷性黄土;在上覆土自重压力下受水浸湿不发生湿陷,需要在自重应力和外荷载引起的附加应力共同作用下,受水浸湿后才会发生湿陷黄土称为非自重湿陷性黄土。

黄土是第四纪的产物,从早更新世(Q_1)开始堆积,经历了整个第四纪,直至目前还没有结束,黄土地层的划分见表8-5。

黄土地层的划分 表8-5

时代		地层的划分	说明
全新世(Q_4)黄土	新黄土	黄土状土	一般都具有湿陷性
晚更新世(Q_3)黄土		马兰黄土	
中更新世(Q_2)黄土	老黄土	离石黄土	上部部分土层具有湿陷性
早更新世(Q_1)黄土		午城黄土	不具有湿陷性

(一)湿陷性黄土的物理性质

(1)颗粒组成以粉粒为主。约占60%~70%,粒度大小均匀,黏粒含量较小,一般仅占有10%~20%。黄土的湿陷性与黏粒含量的多少有一定关系。

(2)孔隙比e。湿陷性黄土的孔隙比较大,一般在0.8~1.2之间,大多数在0.9~1.1之间。在其他条件相同的情况下,孔隙比越大,湿陷性越强。

(3)天然含水率w。湿陷性黄土的含水率较小,一般在8%~20%之间。含水率低时,湿陷性强烈,但土的强度较高,随着含水率增大,湿陷性逐渐变弱。一般来说,当含水率在23%以上时,湿陷性已基本消失。

(4)饱和度S_r。湿陷性黄土饱和度在17%~77%之间,随着饱和度增大,黄土的湿陷性减弱。

(5)可塑性。湿陷性黄土的塑性较弱,塑限一般在16%~20%之间。液限一般在26%~32%之间,塑性指数为7~13,属粉土和粉质黏土。

(6)透水性。由于大孔隙和垂直节理发育,故湿陷性黄土透水性比粒度成分相类似的一般黏性土要强得多,常为中等透水性。

(二)湿陷性黄土的力学性质

(1)压缩性。我国湿陷性黄土的压缩系数α_{1-2}一般在0.1~1.0MPa^{-1}之间。在晚更新世(Q_3)早期形成的湿陷性黄土,多属于低压缩性或中等偏低压缩性,而Q_3期晚期和Q_4期形成的多是中等偏高,甚至为高压缩性。

(2)抗剪强度。尽管孔隙率较高,但仍具有中等抗压缩能力,抗剪强度较高。但最新堆积黄土(Q_4)土质松软、强度低、压缩性高。

(3)黄土湿陷性评价分析。判别黄土是否属于湿陷性的,其湿陷性强弱程度、地基湿陷类型和湿陷等级,是黄土地区勘察与评价的核心问题。

按照《湿陷性黄土地区建筑规范》(GB 50025—2004)判别黄土是否具有湿陷性,可根据室内浸水(饱和)压缩试验,在一定压力下测定的湿陷系数δ_s来判定。

湿陷系数是指天然土样单位厚度的湿陷量,计算公式如下:

$$\delta_s = \frac{h_p - h_p'}{h_0} \tag{8-5}$$

式中：h_p——保持天然湿度和结构的土样，加压至一定压力时，下沉稳定后的高度，mm；

h_p'——上述加压稳定后的土样，在浸水（饱和）作用下，附加下沉稳定后的高度，mm；

h_0——土样的原始高度，mm。

按式（8-5）计算的湿陷系数 δ_s 对黄土湿陷性判定如下：

当 $\delta_s < 0.015$ 时，为非湿陷性黄土；

当 $\delta_s \geqslant 0.015$ 时，为湿陷性黄土。

根据湿陷系数大小，可以判断湿陷性黄土湿陷性的强度，一般认为：

$0.015 \leqslant \delta_s \leqslant 0.03$ 时，湿陷性轻微；

$0.03 < \delta_s \leqslant 0.07$ 时，湿陷性中等；

$\delta_s > 0.07$ 时，湿陷性强烈。

黄土的湿陷类型可按室内压缩试验，在土的饱和（$S_r > 0.85$）自重压力下测定的自重湿陷系数来判定。自重湿陷系数按下式计算：

$$\delta_{zs} = \frac{h_z - h_z'}{h_0} \tag{8-6}$$

式中：h_z——保持天然湿度和结构的土样，加压至土的饱和自重压力时，下沉稳定后的高度，mm；

h'_z——上述加压稳定后的土样，在浸水作用下，下沉稳定后的高度，mm；

h_0——土样的原始高度，mm。

黄土的湿陷类型可按式（8-6）计算的自重湿陷系数来判定：

$\delta_{zs} < 0.015$ 时，定义为非自重湿陷性黄土；

$\delta_{zs} \geqslant 0.015$ 时，定义为自重湿陷性黄土。

建筑场地或地基的湿陷类型，应按现场试坑浸水试验实测自重湿陷量 Δ'_{zs} 或按室内试验累计的计算自重湿陷量 Δ_{zs} 判定。

实测自重湿陷量 Δ'_{zs}，应根据现场试坑浸水试验确定。

计算自重湿陷量应根据不同深度土样的自重湿陷系数，按下式计算：

$$\Delta_{zs} = \beta_0 \sum_{i=1}^{n} \delta_{zsi} h_i \tag{8-7}$$

式中：δ_{zsi}——第 i 层土在上覆土的饱和（$S_r > 0.85$）自重压力下的自重湿陷系数；

h_i——第 i 层土的高度，mm；

β_0——因地区土质而异的修正系数。陇西地区可取 1.5；陇东—陕北—晋西地区可取 1.2；关中地区可取 0.9；其他地区取 0.5。

当实测或计算自重湿陷量小于或等于 7cm 时，定为非自重湿陷性黄土场地。

当实测或计算自重湿陷量大于 7cm 时，定为自重湿陷性黄土场地。

当实测和计算自重湿陷量出现矛盾时，应按自重湿陷量的实测值判定。

湿陷性黄土地基受水浸润饱和时，总湿陷量 Δ_s 可按式（8-8）计算：

$$\Delta_s = \sum_{i=1}^{n} \beta \delta_{si} h_i \tag{8-8}$$

式中：δ_{si}——第 i 层土的湿陷系数；

h_i——第 i 层土的高度，mm；

β——考虑基底下地基土的侧向挤出和浸水几率等因素的修正系数。基底下5m(或压缩层)深度内取1.5;基底下5~10m(或压缩层)深度内取1.0;基底下10m以下至非自重湿陷性黄土层顶面,在自重湿陷性黄土场地,可取工程所在地区的β_0值。

湿陷性黄土的湿陷等级可以根据基底下各土层累计的总湿陷量和计算自重湿陷量的大小等因素按表8-6进行判定。

湿陷性黄土地基的湿陷等级 表8-6

湿陷类型 / 自重湿陷量(cm) / 总湿陷量(cm)	非自重湿陷性黄土场地	自重湿陷性黄土场地	
	$\Delta_{zs}\leqslant 7$	$7<\Delta_{zs}\leqslant 35$	$\Delta_{zs}>35$
$\Delta_s\leqslant 30$	Ⅰ(轻微)	Ⅱ(中等)	—
$30<\Delta_s\leqslant 70$	Ⅱ(中等)	Ⅱ(中等)或Ⅲ(严重)	Ⅲ(严重)
$\Delta_s>70$	Ⅱ(中等)	Ⅲ(严重)	Ⅳ(很严重)

(三)湿陷性黄土地基的工程处理措施

对湿陷性黄土地基进行处理的目的,主要是改善土的性质和结构,减少地基因浸水而引起的湿陷性变形。同时,湿陷性黄土地基经过处理后,承载力也有提高。

处理湿陷性黄土地基的措施,包括下列几项:

1.防水措施

湿陷性黄土地基如果确保地基不受水浸湿,一般强度高、压缩性小,地基即使不处理,湿陷也无从发生。因此,在进行工程设计时,采取一定的防水措施是十分必要的。

(1)整平地面,保持排水畅通;

(2)在建筑物周围修筑散水坡;

(3)将地基表层黄土扒松后在夯实,以增加防渗性能。

在湿陷性黄土场地,既要放眼于整个建筑物场地的排水、防水措施,又要考虑到单体建筑的防水措施;不但要保证在建筑物长期使用过程中地基不被浸湿,也要做好施工阶段临时性排水、防水工作。

2.加固地基

1)灰土或素土换填法

挖出基础底下一定厚度的湿陷土层,然后用体积比为3:7的石灰与土(黏土)回填,分层夯实。这种方法施工简易,效果显著。但施工时要求保证施工质量,对回填的灰土或素土,应通过室内击实试验,控制最优含水率和最大干重度,否则达不到预期效果。

2)重锤夯实及强夯法

重锤夯实法能消除浅层的湿陷性,如用1.5~4t的重锤,落高2.5~4.5m,在最优含水率情况,可消除1.0~1.6m深度内土层的湿陷性。强夯法根据国内使用记录,在锤重10~20t,自由下落高度10~20m锤击两遍,可消除4~6m范围内土层的湿陷性。

两种方法均应事先在现场进行夯击试验,确定达到预期处理效果所必需的夯点、锤击数、夯沉量等,以指导施工,确保质量。

3)石灰土或二灰(石灰与粉煤灰)挤密桩

用打入桩、冲钻或爆扩等方法在土中成孔,然后用石灰土将石灰与粉煤灰混合分层夯填桩孔而成(少数也有用素土),用挤密的方法破坏黄土地基的松散、大孔结构,达到消除或减轻地基的湿陷性。此方法适用于消除 5～10m 深度内地基土的湿陷性。

4)预浸水处理法

利用自重湿陷性黄土地基的自重湿陷性,在结构物修筑之前,将地基充分浸水,使其在自重作用下发生湿陷,然后在修筑建筑物。这样可以消除地表以下数米黄土的自重湿陷性,更深的土层需另外处理。但这种方法需水量大,可能使附近地表开裂、下沉。

3. 结构措施

结构物的结构形式尽量采用简支梁等对不均匀沉降不敏感的结构;加大基础刚度,使受力均匀。对于长度较大,形体复杂的结构物可采用沉降缝等将其分为若干独立单元等。

三、冻土地区基础工程

凡是温度为0℃或负温,含有冰且与土颗粒呈胶结状态的土称为冻土。根据冻结延续时间可以分为多年冻土和季节性冻土两大类。冻结状态保持 3 年或 3 年以上的称为多年冻土,多年冻土常存在地面下一定深度。土层冬季冻结,夏季全部融化,冻结延续时间一般不超过一个季节的是季节性冻土。季节性冻土的下边界线,称为冻深线或冻结线。

季节性冻土在我国分布很广,东北、华北、西北是季节性冻土分布的主要地区。多年冻土分布在严寒地区,这些地区冰冻期长达 7 个月,基本上集中在两大区域:纬度较大的内蒙古和黑龙江大、小兴安岭一带;海拔较高的青藏高原部分地区和甘肃、新疆的高山区。

冻土是由土的颗粒、水、冰、气体等组成的多相成分的复杂体系。冻土与未冻土的物理力学性质有着共同性,但因冻结时水相变化及其对结构和物理力学性质的影响,使冻土含有若干不同于未冻土的特点,如冻结过程水的迁移;冰的析出、冻胀和融沉等。这些特点会使多年冻土和季节性冻土对结构物带来不同的危害,因而对冻土区基础工程除按一般地区的要求进行设计和施工外,还要考虑季节性冻土或多年冻土的特殊要求。

(一)季节性冻土基础工程

1. 季节性冻土按冻胀分类

季节性冻土地区结构物破坏很多是由地基土冻胀造成的。由于水冻结成冰后,体积约增大 9%,加上水分的转移,使冻土的膨胀量更大。由于冻土的侧面和底面都有约束,所以多表现为向上的隆胀。

季节性冻土按冻胀性分为:不冻胀、弱冻胀、冻胀、强冻胀、特强冻胀和极强冻胀。

2. 墩、台和基础(含条形基础)抗冻拔稳定性验算

确定基础埋置深度后,基底法向冻胀力基本消失。季节性冻土地基墩台基础抗冻拔稳定性按下式计算:

$$F_k + G_k + Q_{sk} \geqslant kT_k \tag{8-9}$$

$$T_k = z_d \tau_{sk} u \tag{8-10}$$

$$z_d = z_0 \psi_{zs} \psi_{zw} \psi_{ze} \psi_{zg} \psi_{zf} \tag{8-11}$$

式中:F_k——作用在基础上的结构自重力,kN;

G_k——基础自重力及襟边上的土重力,kN;

Q_{sk}——基础周边融化层的摩阻力标准值,kN,按公式 $Q_{sk} = q_{sk}A_s$ 计算,其中 A_s 为融化层基础的侧面面积,m^2,q_{sk} 为基础侧面与融化层的摩阻力标准值,kPa;无实测资料时,黏性土可采用 20～30kPa;砂土及碎石土可采用 30～40kPa;

k——冻胀力修正系数,砌筑或架设上部结构之前,k 取 1.1;砌筑或架设上部结构之后,静定结构 k 值取 1.2;超静定结构 k 值取 13;

T_k——基础的切向冻胀力标准值,kN;

z_d——设计冻深,m,当基础埋置深度 h 小于 z_d 时,z_d 采用 h;

z_0——标准冻深,m;

τ_{sk}——季节性冻土切向冻胀力标准值,kPa,按表 8-7 选用;

u——在季节性冻土层中基础和墩身的平均周长,m;

ψ_{zs}——土的类别对冻深的影响系数,取值见表 8-8;

ψ_{zw}——土的冻胀性对冻深的影响系数,取值见表 8-9;

ψ_{ze}——环境对冻深的影响系数,取值见表 8-10;

ψ_{zg}——地形坡向对冻深的影响系数,取值见表 8-11;

ψ_{zf}——基础对冻深的影响系数,取 $\psi_{zf}=1.1$。

季节性冻土切向冻胀力标准值 τ_{sk}(单位:kPa)　　表 8-7

冻胀类别 / 基础形式	不冻胀	弱冻胀	冻胀	强冻胀	特强冻胀	极强冻胀
墩、台、柱、桩基础	0 ~ 15	15 ~ 80	80 ~ 120	120 ~ 160	160 ~ 180	180 ~ 200
条形基础	0 ~ 10	10 ~ 40	40 ~ 60	60 ~ 80	80 ~ 90	90 ~ 100

注:1. 条形基础系指基础长宽比等于或大于 10 的基础。
2. 对表面光滑的预制桩,τ_{sk} 乘以 0.8。

土的类别对冻深的影响系数 ψ_{zs}　　表 8-8

土的类别	ψ_{zs}	土的类别	ψ_{zs}
黏性土	1.00	中砂、粗砂、砾砂	1.30
细砂、粉砂、粉土	1.20	碎石土	1.40

土的冻胀性对冻深的影响系数 ψ_{zw}　　表 8-9

冻胀性	ψ_{zw}	冻胀性	ψ_{zw}
不冻胀	1.00	强冻胀	0.85
弱冻胀	0.95	特强冻胀	0.80
冻胀	0.90	极强冻胀	0.75

环境对冻深的影响系数 ψ_{ze}　　表 8-10

周围环境	ψ_{ze}	土的类别	ψ_{ze}
村、镇、旷野	1.00	城市市区	0.90
城市近郊	0.95	—	—

地形坡向对冻深的影响系数 ψ_{zg}　　表 8-11

地形坡向	平坦	阳坡	阴坡
ψ_{zg}	1.00	0.9	1.1

(二)多年冻土地区基础工程

1. 多年冻土按融沉性的等级划分

多年冻土的融沉性是评价其工程性质的重要指标,按含水率和平均融沉系数分为不融沉、弱融沉、融沉、强融沉和融陷5类。

平均融沉系数按下列公式计算：

$$\delta_0 = \frac{h_1 - h_2}{h_1} = \frac{e_1 - e_2}{1 + e_1} \times 100\%$$

式中：h、e——冻土试样融化后的厚度和空隙比。

2. 多年冻土地基设计原则

1）保持冻结原则

保持基础底部多年冻土在施工和营运过程中处于冻结状态，适用于多年冻土较厚、地温较低和冻土比较稳定的地基或地基土为融沉、强融沉的。采用本设计原则应考虑技术的可行性和经济的合理性。

2）容许融化原则

容许基底下的多年冻土在施工和使用过程中融化。

（1）自然融化。宜用于冻土厚度不大、地温较高的不稳定状态冻土及地基土为不融沉或弱融沉冻土。

（2）人工融化。砌筑基础前采用人工融化冻土或挖出换填，宜用于较薄弱的、不稳定状态的融沉和强融沉冻土地基。

基础类型的选择应与冻土地基设计原则协调。如采用保持冻结原则时，应首先考虑桩基，因桩基施工对冻结土暴露面小，有利于保持冻结。施工方法宜以钻孔灌注桩、挖孔灌注桩等为主，小桥涵基础埋置深度不大时可用扩大基础。采用容许融化原则时，地基土要取用融化土的物理力学指标进行强度和沉降计算，上部结构形式以静定结构为宜，小桥涵可采用整体性较好的基础形式或采用箱形涵等。

根据我国多年冻土的特点，凡常年流水的较大河流沿岸，由于洪水的渗透和冲刷，多年冻土多退化呈不稳定状态，在这些地带，地基基础设计一般不宜采用保持冻结原则。

3. 多年冻土地区基础抗拔计算

如图8-6所示，多年冻土地基墩、台和基础（含条形基础）抗冻拔稳定性按下列公式计算

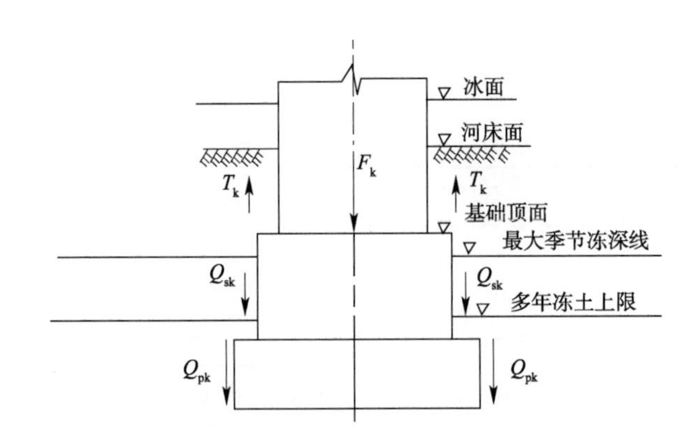

图8-6　多年冻土地基冻胀图

$$F_k + G_k + Q_{sk} + Q_{pk} \geqslant kT_k \tag{8-12}$$

$$Q_{sk} = q_{sk}A_s \tag{8-13}$$

$$Q_{pk} = q_{pk}A_p \tag{8-14}$$

式中：Q_{sk}——基础周边融化层的摩阻力标准值，kN、当季节冻土层与多年冻土层衔接时，$Q_{sk}=0$；当季节冻土层与多年冻土层不衔接时，按公式（8-14）计算；

A_s——融化层中基础的侧面面积，m^2；

q_{sk}——基础侧面与融化层的摩阻力标准值，kPa，无实测资料时，对黏性土可采用20～30kPa，对砂土及碎石土可采用30～40kPa；

Q_{pk}——基础周边与多年冻土的冻结力标准值，kN，按公式（8-14）计算；

A_p——在多年冻土内的基础侧面面积，m^2；

q_{pk}——多年冻土与基础侧面的冻结力标准值，kPa，可按表8-12选用。

多年冻土与基础侧面的冻结力标准值 q_{pk}（单位：kPa）　　表8-12

土类及融沉等级 \ 温度（℃）		-0.2	-0.5	-1.0	-1.5	-2.0	-2.5	-3.0
粉土、黏性土	Ⅲ	35	50	85	115	145	170	200
	Ⅱ	30	40	60	80	100	120	140
	Ⅰ、Ⅳ	20	30	40	60	70	85	100
	Ⅴ	15	20	30	40	50	55	65
砂土	Ⅲ	40	60	100	130	165	200	230
	Ⅱ	30	50	80	100	130	155	180
	Ⅰ、Ⅳ	25	35	50	70	85	100	115
	Ⅴ	10	20	30	35	40	50	60
砾石土（粒径小于0.075mm的颗粒含量小于或等于10%）	Ⅲ	40	55	80	100	130	155	180
	Ⅱ	30	40	60	80	100	120	135
	Ⅰ、Ⅳ	25	35	50	60	70	85	95
	Ⅴ	15	20	30	40	45	55	65
砾石土（粒径小于0.075mm的颗粒含量大于10%）	Ⅲ	35	55	85	115	150	170	200
	Ⅱ	30	40	70	90	115	140	160
	Ⅰ、Ⅳ	25	35	50	70	85	95	115
	Ⅴ	15	20	30	35	45	55	60

注：1.对于预制混凝土、木质、金属的冻结力标准值，表列数值分别乘以1.0、0.9、0.66的系数。
2.多年冻土与沉桩的冻结力标准值按融沉等级Ⅳ类取值。

（三）冻胀、融沉防止措施

1.冻胀防止措施

（1）改善基础侧表面平滑度，基础必须浇筑密实，具有平滑表面。基础侧面在冻土范围内还可用工业凡士林、渣油等涂刷以减少切向冻胀力。对桩基础也可用混凝土套管来减除切向冻胀力。

（2）选用抗冻胀性基础改变基础断面形状，利用冻胀反力的自锚作用增加基础抗冻拔的能力。

2.防止融沉措施

（1）换填基底土。对采用融化原则的基底土可换填碎、卵、砾石或粗砂等，换填深度可到季节融化深度或到受压层深度。

(2)选择好施工季节。采用冻结原则施工的基础宜在冬季施工,采用融化原则的基础,宜在夏季施工。

(3)选择好基础形式。对融沉、强融沉土基宜用轻型墩台,适当增大基底面积,减少压应力,或结合具体情况,加深基础埋置深度。

(4)注意隔热措施。采取冻结原则施工中注意保护地表上覆盖植被,或以保温性能较好的材料铺盖地麦,减少热渗入量。施工和养护中,保证建筑物周围排水通畅,防止地表水灌入基坑内。

如抗冻胀稳定性不够,可在季节融化层范围内,按前面介绍的第(1)、(2)条防冻胀措施处理。

四、地震液化与基础抗震设计

我国地处环太平洋地震带和地中海南亚地震带之间,是个地震频发的国家。建筑结构物遭到地震破坏的相当多,其中有很多是由于地基和基础遭到震坏而使整个建筑物严重损坏的。因此要重视对地基与基础震害的研究,采取有效的措施减轻或避免地震的损害。

(一)地基与基础的震害与防震措施

地震与基础的震害主要有地基土震动液化、地裂、震陷和边坡坍塌,因此而导致基础沉陷、位移、倾斜开裂等。

1. 地基土的液化

地震时地基土的液化是指地面以下,一定深度内(一般指 20m)的饱和粉质细砂土、粉质砂土层,在地震过程中出现软化、稀释、失去承载能力而形成类似液体性状的现象。砂土液化是造成震害的重要原因之一。

饱和砂土地基在地震作用下,结构破坏,颗粒发生相对位移,有增密的趋势。而细砂、粉砂的透水性较小,导致孔隙水压力暂时显著增大,当孔隙水压力上升到等于土的竖向总应力时,有效应力下降为零,抗剪强度完全丧失,处于没有抵抗外力荷载能力的悬浮状态,发生砂土的液化。砂土在地震作用下是否发生液化,主要与土的性质、地震前土的应力状态、震动的特性有关。

1)土的性质

地震时砂土的液化主要发生在松散的粉、细砂和粉质砂土之中。均匀的砂土比级配良好的砂土易发生液化。另外,相对密度也是影响液化的主要因素。相对密度小于 0.65 的松散砂土,Ⅶ度烈度的地震即液化;相对密度大于 0.75 的砂土,即使Ⅷ烈度的地震也不液化。实验研究表明砂土颗粒的排列、土粒间的胶结物等也有影响。

2)土的初始应力状态

实验表明,对于相同条件的土样,发生液化所需要的动应力也将随着固结应力的增加而增大。地震时砂土的埋藏深度,就成了影响液化的因素。中国科学院工程力学研究所在《海城地震砂土液化考察报告》中指出:有效覆盖压力小于 0.5MPa 的地区砂土的液化严重;有效应力介于 0.5 ~ 1.0kPa 的地区,液化较轻;有效应力大于 1.0kPa 的地区,没有液化。调查资料还表明埋藏深度大于 20m 的地区,松砂发生液化的也很少。

3)震动的特性

各种条件相同的砂土,地震时是否发生液化还决定于地震的强度和地震持续的时间。在松软地基、可液化土地基及严重不均匀的地基土上,不宜修筑大跨径的超静定结构物。建造其他类型的结构物也应根据具体情况采取下列措施:

(1)改善土的物理力学性质,提高地基抗震性能。对松软可液化土层位较浅、厚度不大的可采用挖除换土,用砂垫层等浅层处理,此法较适用于小型建筑物;否则应考虑采用砂桩、碎石桩、振冲碎石桩、深层搅拌桩等将地基加固,地基加固范围应适当扩大到基础之外。

(2)采用桩基础、沉井基础等各种形式的深基础,穿越松软或可液化土层,基础伸入稳定土层足够深度。

(3)减轻荷载、加大基础底面积。减轻结构物重力,加大基础底面积以减少地基压力,对松软地基抗震是有利的。增加基础及上部结构刚度也是防震的有效措施。

2. 地基与基础的震沉、边坡的滑塌以及地裂

软弱黏土地基与松散砂土地基在地震作用下,因结构物被扰动,强度降低,并产生附加震沉,且往往是不均匀的沉陷,会使结构物遭到破坏。我国沿海地区及较大河流下游的软土地区,震沉往往也是主要的地基震害。地基土级配情况差、含水率高、孔隙比大,震沉也大;在一般情况下,震沉随基础埋置深度加大而减少,地震烈度越高,震沉也越大;荷载越大,震沉也越大。

陡峻山区土坡,层理倾斜或有软弱夹层等不稳定边坡、岸坡等,在地震时由于水平附加应力的作用或土层强度的降低而发生滑动,会导致其上或临近的基础、结构物遭到破坏。

构造地震发生时,地面常出现与地下裂带走向一致的呈带状的地裂带。地裂带一般在土质松软的地区、河道、河堤岸边、陡坡、半填半挖处较易出现,大小不一,有时长达几十千米,对工程建筑常造成破坏和损害。

在此类地段修筑大、中桥墩台时应适当增加桥长,注意桥跨布置等,将基础置于稳定土层上并避开河岸的滑动影响。小桥在墩台基础间设置支撑梁或用片、块石满床铺砌,以提高基础抗位移能力。挡墙也应将基础置于稳定基础上,并在计算中考虑失稳土体的侧压力。

(二)基础工程抗震设计

1. 建筑物场地的选择

宜选择对建筑抗震有利的地段,如开阔平坦的坚硬场地土等地段,宜避开对建筑物不利的地段,如:软弱场地土、易液化土等,如无法避开时,应采取相应的抗震措施。

2. 地基和基础抗震措施

对于建筑物地基的主要受力层范围存在承载力特征值f_a分别小于80kPa(7度)和100kPa(8度)以及120kPa(9度)的软黏性土、可液化层、不均匀地基时,应结合具体情况,采取适当的抗震措施。

3. 天然地基抗震计算

考虑地震荷载属于特殊荷载,作用时间短,天然地基的抗震承载力应符合下列各式:

$$p \leqslant f_{aE} \tag{8-15}$$

$$p_{max} \leqslant 1.2 f_{aE} \tag{8-16}$$

$$f_{aE} = \zeta_a f_a \tag{8-17}$$

式中:p——地震作用效应标准组合的基础底面平均压力,kPa;

p_{max}——地震作用效应标准组合的基础底面边缘最大压力,kPa;

f_{aE}——调整后的地基抗震承载力,kPa;

ζ_a——地基土抗震承载力调整系数,按表8-13采用;

f_a——经过深度修正后的地基承载力特征值,kPa。

土抗震承载力调整系数 表 8-13

岩土名称和性状	ζ_a
岩石，密实的碎石土，密实的砾、粗、中砂，$f_{ak} \geq 300\text{kPa}$ 的黏性土和粉土	1.5
中密、稍密的碎石土，中密和稍密的砾、粗、中砂，密实和中密的细、粉砂，$150\text{kPa} \leq f_{ak} < 300\text{kPa}$ 的黏性土和粉土，坚硬黄土	1.3
稍密的细、粉砂，$100\text{kPa} \leq f_{ak} < 150\text{kPa}$ 的黏性土和粉土，可塑黄土	1.1
淤泥、淤泥质土、松散的砂、杂填土、新近堆积黄土及流塑黄土	1.0

高宽比大于 4 的高层建筑，在地震作用下基础底面不宜出现拉应力；其他建筑，基础底面与地基土之间零应力区面积不应超过基础底面面积的 15%。

4. 液化土地基液化判别

1）液化判别

在《建筑抗震设计规范》（GB 50011—2010）中提出了基于现场标准贯入试验结果的经验判别公式。

在地面下 15m 的深度范围内，液化判别标准贯入锤击数临界值可按下式计算：

$$N_{cr} = N_0[0.9 + 0.1(d_s - d_w)]\sqrt{\frac{3}{\rho_c}}$$

在地面下 15～20m 的深度范围内，液化判别标准贯入锤击数临界值可按下式计算：

$$N_{cr} = N_0(2.4 - 0.1d_s)\sqrt{\frac{3}{\rho_c}}$$

式中：N_0——液化判别标准贯入锤击数基准值，见表 8-14；

d_s——饱和土标准贯入点深度，m；

d_w——场地地下水位，m；

ρ_c——土中黏粒含量百分率，当小于 3 或为砂石时采用 3。

标准贯入锤击数基准数 表 8-14

设计地震分组	7 度	8 度	9 度
第一组	6(8)	10(13)	16
第二、三组	8(10)	12(15)	18

注：括号内的数值用于设计基本地震加速度为 0.15g（7 度）和 0.30g（8 度）的地区。当实测标准贯入锤击数 $N < N_{CR}$ 时，相应的土层即应判为可能液化。

2）液化等级评定

在一个土层柱状内可能存在多个点，如何确定一个土层柱状内（对应于地面上的一个点）总的液化水平是评价场地液化危害程度的关键，对此，《建筑抗震设计规范》（GB 50011—2010）提供了一个简化的方法。

对存在液化土层的地基，应探明各液化土层的深度和厚度，按下式计算每个钻孔的液化指数，并按表 8-15 综合划分地基的液化等级。

液 化 等 级 表 8-15

液化等级	轻微	中等	严重
判别深度为 15m 时的液化指数	$0 < I_{IE} \leq 5$	$5 < I_{IE} \leq 15$	$I_{IE} > 15$
判别深度为 20m 时的液化指数	$0 < I_{IE} \leq 6$	$0 < I_{IE} \leq 18$	$I_{IE} > 18$

$$I_{IE}=\sum_{i=1}^{n}\left(1-\frac{N_i}{N_{cri}}\right)d_iw_i \tag{8-18}$$

式中:I_{IE}——液化指数;

N——在判别深度范围内每一个钻孔标准贯入试验点的总数;

N_i、N_{cri}——分别为 i 点标准贯入锤击数的实测值和临界值,当实测值大于临界值时应取临界值的数值;

d_i——i 点代表的土层厚度,m;

w_i——i 土层单位厚度的层位影响权函数值,m^{-1}。

液化是地震中造成地基失效的主要原因,要减轻这种危害,应根据地基液化等级和结构特点选择相应措施。目前常用的抗液化措施是在总结大量震害经验的基础上提出的,即综合考虑建筑物的重要性和地基液化等级,再根据具体情况确定。《建筑抗震设计规范》(GB 50011—2010)对于地基的抗液化措施及其选择有具体的规定。

5. 桩基础抗震计算

对于承受竖向荷载为主的低承台桩基,当地面下无液化土层,且桩承台周围无淤泥、淤泥质土和地基承载力特征值不大于 100kPa 的填土时,下列建筑可不进行桩基的抗震承载力计算:

(1)砌体房屋。

(2)可不进行上部结构抗震验算的建筑。

(3)抗震设防烈度为 7 度和 8 度时,一般的单层厂房和单层空旷房屋,不超过 8 层且高度在 25m 以下的一般民用框架房屋及基础荷载与其相当的多层框架厂房。

1)非液化土中低承台桩基抗震计算的主要规定

(1)单桩竖向和水平承载力特征值,可比非抗震设计时提高 25%。

(2)当承台周围的回填土的压实系数 $\lambda_c \geqslant 0.94$ 时,可由承台侧面的填土与桩共同承担水平地震作用,但不应计入承台底面与地基土之间的摩擦力。

2)存在液化土层的低承台桩基抗震计算的主要规定

(1)当桩承台底面上、下分别有厚度不小于 1.5m、1.0m 的非液化土层或非软弱土层时,可按下列两种情况中的不利情况进行桩的抗震计算。

①桩承受全部地震作用,桩的承载力按上述非液化土中低承台桩基抗震验算情况取用,但液化土的桩周摩阻力及桩水平抗力均应乘以表 8-16 的折减系数;

土层液化影响折减系数 表 8-16

实际标贯锤击数/临界标贯锤击数	深度 d_s(m)	折减系数
≤0.6	$d_s \leqslant 10$	0
	$10 < d_s \leqslant 20$	1/3
>0.6~0.8	$d_s \leqslant 10$	0
	$10 < d_s \leqslant 20$	2/3
>0.8~1.0	$d_s \leqslant 10$	2/3
	$10 < d_s \leqslant 20$	1

②地震作用按水平地震影响系数最大值的 10% 采用,桩承载力仍按上述非液化土中低承台桩基抗震计算的规定(1)采用,但应扣除液化土层的全部摩擦阻力及桩承台下 2m 深度范围内并非液化土的桩周摩阻力。

(2)一般不宜计入承台周围土的抗力或刚性地坪对水平地震力的分担作用。

(3)液化土中桩的纵筋,应自桩顶至液化深度以下,达到符合全部消除液化沉陷要求的深度全长设置,箍筋应加密。

思考题与习题

1. 什么是湿陷性黄土?试述湿陷性黄土的工程特征。
2. 如何根据湿陷性系数判定黄土的湿陷性?
3. 如何划分湿陷性黄土地基的等级?
4. 怎样防止湿陷性黄土地基产生湿陷?有哪些地基处理方法?
5. 什么是多年冻土、季节性冻土地基?
6. 工程上如何处理多年冻土地基和季节性冻土地基?
7. 在多年冻土地区,如何防止融沉和冻胀?
8. 地基和基础的震害有哪些?一般有哪些防震措施?

第九章　土力学技能训练

土工试验是学习土力学基本理论的一个重要教学环节。它不仅具有巩固课堂知识,增强对土的物理、力学性质理解的作用,而且也是学习科学试验方法和培养实践技能的重要途径。根据高职城市轨道交通工程技术专业人才培养方案及课程标准的要求,试验安排了土的基本物理性质指标测定、液塑限联合测定、土的压缩及直接剪切等试验。各项试验应按照《铁路土工试验规程》(TB 10102—2010)(J 1135—2010)规定的土工试验方法进行。

工作任务:使用相关的试验仪器,通过学生小组的分工协作,按试验步骤进行操作试验,完成土的密度、含水率和比重的测定任务,并写出相应的试验报告。

实训方式:教师先示范,学生以小组为单位,认真听取教师讲解试验目的、方法、步骤,然后作为试验员进行试验。

实训目的:土的基本物理性质指标测定、液塑限联合测定、土的压缩及直接剪切等试验是不可缺少的教学环节,也是地基基础施工现场的一项重要工作。通过试验,可以加深对基本理论的理解,同时也是学习试验方法、试验技能和培养试验结果分析能力的重要途径。

实训内容和要求:进行土的基本物理性质指标测定、液塑限联合测定、土的压缩及直接剪切等试验,掌握试验目的、仪器设备、操作步骤、成果整理等环节。土工试验方法遵循《铁路工程土工试验规程》(TB 10102—2010)。

实训成果:试验完成后,将试验数据填入试验记录表,并写出试验过程。各小组间交流成果,进行分析讨论,由指导教师讲评,以提高学生的实际动手能力。

实训一　含水率试验

一、概述

土的含水率是指土在温度105～110℃下烘到恒重时所失去水的质量与达到恒重后干土质量的比值,以百分数表示。

含水率是土的基本物理性质指标之一,它反映了土的干、湿状态。含水率的变化将使土物理力学性质发生一系列的变化,它可使土变成半固态、可塑状态或流动状态,可使土变成潮湿状态、过湿状态或饱和状态,也可造成土在压缩性和稳定性上的差异。含水率还是计算土的干密度、孔隙比、饱和度、液性指数等不可缺少的依据,也是建筑物地基、路堤、土坝等施工质量控制的重要指标。

二、试验方法及原理

含水率试验方法有烘干法、酒精燃烧法、碳化钙减量法、核子射线法等,其中烘干法是测定含水率的标准方法。

烘干法是将试样放在温度能保持 105～110℃ 的烘箱中烘至恒重的方法，是室内测定含水率的标准方法。

1. 仪器设备

(1) 保持温度为 105～110℃ 的自动控制电热恒温烘箱或沸水烘箱、红外烘箱、微波炉等其他能源烘箱；

(2) 称量小于 200g、分度值 0.01g 的天平；称量大于 200g，分度值 0.2g 的天平。

(3) 装有干燥剂的玻璃干燥器；

(4) 称量盒（定期调整为恒质量）。

2. 操作步骤

(5) 根据不同的土类按表 9-1 确定称取代表性试样质量，放入称量盒内，立即盖上盒盖，称盒加湿土质量。

(6) 打开盒盖，将试样和盒一起放入烘箱内，在温度 105～110℃ 下烘至恒量。试样烘至恒量的时间，对于黏土和粉土不少于 8h，对于砂类土不少于 6h。对于碎石类土不少于 4h。

(7) 将烘干后的试样和盒从烘箱中取出，盖上盒盖，放入干燥器内冷却至室温。

(8) 将试样和盒从干燥器内取出，称盒加干土质量。

(9) 本试验称量小于 200g，准确至 0.01g；称量大于 200g，准确至 0.2g。

(10) 含有机质大于 5% 的土，烘干温度应控制在 65～70℃，在真空干燥箱中烘 7h 或在电热干燥箱中烘 18h。

烘干法测定含水率所需试样质量 表 9-1

填料分类	按铁路工程岩石分类标准分类	取试样质量(g)
细粒土	粉土、黏性土	15～30
	有机土	30～50
粗粒土	砂类土	30～50
	砾石类	500～1000
巨粒土	碎石类	1500～3000

注：填料分类按《铁路路基设计规范》(TB 10001—2005) 分类。

3. 成果整理

按式(9-1)计算含水率：

$$w = \frac{m_1 - m_2}{m_2 - m_0} \times 100\% \tag{9-1}$$

式中：w ——含水率，%，精确至 0.1%；

m_1——称量盒加湿土质量，g；

m_2——称量盒加干土质量，g；

m_0——称量盒质量，g。

本试验应进行平行测定，平行测定的差值应符合表 9-2 的规定，取其算术平均值。当平行测定的差值大于允许差值时，应重新进行试验。

含水率平行测定允许差值 表 9-2

土的类别	含水率平行差值(%)		
	$w \leqslant 10$	$10 < w \leqslant 40$	$w > 40$
砂类土、有机土、粉土、黏性土	0.5	1.0	2.0
砾石类、碎石类	1.0	2.0	—

4. 试验记录

烘干法测含水率的试验记录见表9-3。

含水率试验记录表　　　　表9-3

工程编号:__________　　　　试验者:__________

土样说明:__________　　　　计算者:__________

试验日期:__________　　　　校核者:__________

试样编号	盒号	盒加湿土质量	盒加干土质量	盒质量	水质量	干土质量	含水率	平均含水率
		(g)	(g)	(g)	(g)	(g)	(g)	(%)
		(1)	(2)	(3)	(4)	(5)	(6)	(7)
					(1)-(2)	(2)-(3)	$\frac{(4)}{(5)}\times100$	
1								
2								
3								
4								

实训二　密度试验

一、概述

土的密度是指土的单位体积质量,是土的基本物理性质指标之一,其单位为g/cm^3。土的密度反映了土体结构的松紧程度,是计算土的自重应力、干密度、孔隙比、饱和度、压缩系数等指标的重要依据,也是挡土墙压力计算、土坡稳定性验算、地基承载力和沉降量估算以及路基和路面施工填料压实度控制的重要指标之一。

当用国际单位制计算土的重力时,由土的质量产生的单位体积的重力称为重力密度,简称重度,其单位是kN/m^3。重度由密度乘以重力加速度求得,即$\gamma=\rho g$。

土的密度一般是指土的湿密度ρ,相应的重度称为湿重度γ,除此以外还有土的干密度ρ_d、饱和密度ρ_{sat}和有效密度ρ',相应的有干重度γ_d、饱和重度γ_{sat}和有效重度γ'。

二、试验方法及原理

密度试验方法有环刀法、蜡封法、灌水法和灌砂法等。对于粉土和黏性土,宜采用环刀法;对于难以切削并易碎裂的土,可用蜡封法;对于现场粗粒土,可用灌水法或灌砂法。

环刀法就是采用一定体积环刀法切取土样并称土质量的方法,环刀内土的质量与环刀体积之比为土的密度。

环刀法操作简便且准确,在室内和野外均普遍采用,但环刀法只适用于测定不含砾石颗粒的细粒土的密度。

1. 仪器设备

(1)环刀:内径6.18或79.8cm,高20mm;

(2)天平:称量500g、感量0.1g;

(3)其他:切土刀、钢丝锯、凡士林、游标卡尺、直尺和圆玻璃片等。

2. 试验步骤

(1)用游标卡尺测量环刀的内径和高度,反复测量三次取其平均值,计算出环刀的容积(cm^3)。

(2)用天平称环刀质量,得 m_1 精确至0.1g。

(3)按工程需要取原状或人工制备所需状态的扰动土样,用修土刀或钢丝锯将土样削成略大于环刀直径及高度的土柱,整平两端放在玻璃板上。

(4)在环刀内壁涂一薄层凡士林,将环刀的刀刃向下放在土样上面,然后用手将环刀垂直下压,边压边削,至土样伸出环刀上部为止,根据试样的软硬程度,采用钢丝锯或修土刀将两端余土削去修平(应从中间向两边削,以免土样脱出环刀),并及时在两端盖上圆玻璃片,以免水分蒸发,并用削去的多余土样测定含水率。

(5)擦净环刀外壁,拿去圆玻璃片,然后称取环刀加土质量,准确至0.1g。

3. 结果整理

按式(9-1)和式(9-2)分别计算湿密度和干密度:

$$\rho = \frac{m_0}{V} = \frac{m_2 - m_1}{V} \tag{9-2}$$

$$\rho_d = \frac{\rho}{1 + 0.01w} \tag{9-3}$$

式中:ρ——湿密度,g/cm^3,精确至$0.01g/cm^3$;

ρ_d——干密度,g/cm^3,精确至$0.01g/cm^3$;

m_0——湿土质量,g;

V——环刀容积,cm^3;

m_2——环刀加湿土质量,g;

m_1——环刀质量,g;

w——含水率,%。

本试验应进行平行测定,平行测定的差值不得大于$0.03g/cm^3$,取算术平均值;平行测定的差值大于$0.03g/cm^3$,应重新进行试验。

4. 试验记录

环刀法测密度的试验记录见表9-4。

密度试验记录表(环刀法) 表9-4

工程编号:__________ 试验者:__________

工程编号:__________ 计算者:__________

试验日期:__________ 校核者:__________

试样编号	环刀号	环刀加湿土质量(g)	环刀质量(g)	湿土质量(g)	环刀容积(g)	湿密度(g/cm^3)	含水率(%)	干密度(g/cm^3)	平均干密度(g/cm^3)
		(1)	(2)	(3)	(4)	(5)	(7)	(8)	(9)
				(1)-(2)		$\frac{(3)}{(4)}$		$\frac{(6)}{1+0.01\times(7)}$	
1	1								
	2								
2	3								
	4								

实训三　颗粒密度试验

一、概述

土的比重是指土粒在温度105～110℃下烘至恒重时的质量与土粒同体积4℃时纯水质量的比值。在数值上，土的比重与土粒密度相同，但前者是没有单位的。

土的颗粒密度是土的基本物理性质之一，是计算孔隙比、孔隙率、饱和度等的重要依据，也是评价土类的主要指标。

二、试验方法及原理

根据土粒粒径的不同，颗粒密度试验可分别采用量瓶法（比重瓶法）、浮称法或虹吸筒法。对于粒径小于5mm的土，采用量瓶法进行，排气方法也可根据介质的不同分别采用煮沸法和真空抽气法。对于粒径大于或等于5mm的土，且其中粒径大于20mm颗粒小于10%时，采用浮称法进行；对于粒径大于或等于5mm的土，但其中粒径大于20mm颗粒大于10%时，采用虹吸筒法进行；当土中同时含有粒径小于5mm和粒径大于或等于5mm的土粒时，粒径小于5mm的部分用量瓶法测定，粒径大于或等于5mm的部分则用浮称法或虹吸筒法测定，并取其加权平均值作为土的颗粒密度。

三、量瓶法

其基本原理就是由称好质量的干土放入盛满水的量瓶的前后质量差异，来计算出土粒的体积，从而进一步计算出颗粒密度。

1. 仪器设备

(1)量瓶：容积100(或50)mL；

(2)天平：称量200g、分度值0.001g；

(3)恒温水槽，准确度±1℃；

(4)砂浴：能调节温度；

(5)真空抽气设备，包括真空泵、抽气缸、真空压力表等；

(6)温度计：刻度0～50℃、分度值0.5℃；

(7)其他：电热干燥箱、纯水、中性液体(如煤油)、孔径20mm及5mm的筛、漏斗、滴管等；

2. 操作步骤

1)量瓶校准

(1)将量瓶洗净、烘干，称量两次，准确至0.001g。两次的差值不得大于0.002g，取其算术平均值。

(2)将事先煮沸并冷却或真空抽气的纯水注入量瓶内。当用长颈量瓶时，应将纯水注到刻度处为止；当用短颈量瓶时，则应将纯水注满，塞紧瓶塞，多余的水从瓶塞毛细管中溢出使瓶内无气泡。

(3)调节恒温水槽温度至5℃或10℃，然后将量瓶放入恒温水槽内，待瓶内水温稳定后，将量瓶取出，擦干瓶外壁，称瓶、水总质量，准确至0.001g。

(4)以5℃温度的级差,调节恒温水槽的水温,然后逐级测定不同温度下的比重瓶、水总质量,直至达到本地区最高自然气温为止。每个温度均应进行两次平行测定,两次测定的差值不得大于0.002g,并取其算术平均值。

(5)记录不同温度下的量瓶、水总质量,见表9-5,并以瓶、水总质量为横坐标,温度为纵坐标,绘制瓶、水总质量与温度的关系曲线,见图9-1。

量瓶(比重瓶)校准记录表 表9-5

瓶　　号:__________ 试验者:__________

瓶　　重:__________

校准日期:__________ 校准者:__________

温度(℃)	量瓶与水(或煤油)总质量(g)		平均质量(g)

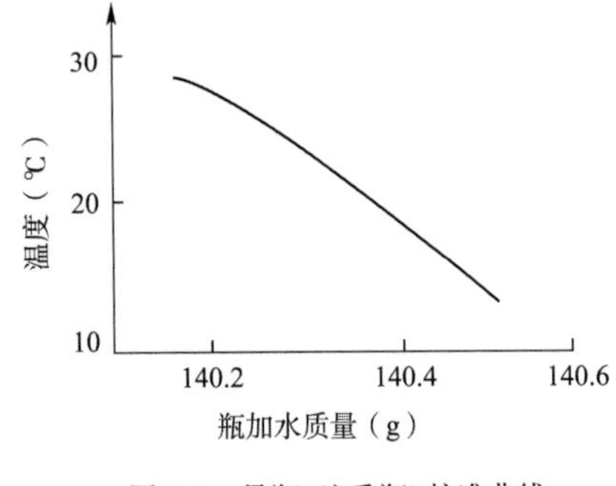

图9-1　量瓶(比重瓶)校准曲线

2)颗粒密度测定

(1)将烘干土过5mm筛,然后15g,用玻璃漏斗装入预先洗净和烘干的100mL量瓶内(若用50mL的量瓶则取试样10g),称量瓶和土的总质量,准确至0.001g。

(2)向已装有干土的量瓶内注入纯水至量瓶一半处,摇动量瓶,然后将量瓶放在砂浴上煮沸。煮沸时间自悬液沸腾时算起,砂土及粉土不应少于30min,黏土及粉质黏土不应少于1h,以使土粒分散。悬液沸腾后应调节砂浴温度,以避免瓶中悬液溢出瓶外。

(3)煮沸完毕取下量瓶,冷却至接近室温,将事先煮沸并冷却的纯水注入量瓶至近满(有恒温水槽时,可将量瓶放在恒温水槽内)待瓶内悬液温度稳定及悬液上部澄清时,塞好瓶塞,使多余的水分自瓶塞毛细管中溢出,将瓶外壁上的水分擦干后,称量瓶、水和土的总质量,准确至0.001g,测定量瓶内水的温度,准确至0.5℃。

(4)根据测得的温度,从已绘制的温度与瓶、水总质量的关系曲线中查得瓶、水总质量。

(5)对于含有可溶盐、有机质和亲水胶体的土必须用中性液体(如煤油)代替纯水,并采用真空抽气法代替煮沸法排除土的空气,对砂土为了防止煮沸时颗粒跳出,也可采用真空抽气法。抽气时真空压力表读数应达到约一个大气负压力值,抽气时间1~2h,直至悬液内无气泡逸出时为止,其余步骤与本试验第(1)~(3)相同,根据测得的温度,从已绘制的温度与瓶、中性液的总质量的关系曲线中查得量瓶和中性液体的总质量。

3. 成果整理

(1)用纯水测定量,按式(9-4)计算颗粒密度(比重):

$$\rho_s = \frac{m_d}{m_{pw} + m_d - m_{\rho ws}} \times \rho_{wt} \tag{9-4}$$

式中:ρ_s——颗粒密度,g/cm^3,计算至0.01(g/cm^3);

m_d——干土试样质量,g;

m_{pw}——量瓶和水总质量,g;

m_{pws}——量瓶、水和土总质量,g;

ρ_{wt}——T℃时纯水的密度(可查物理手册),准确至0.001。

(2)用中性液体测定时,按式(9-5)计算颗粒密度(比重):

$$\rho_s = \frac{m_d}{m_{pu} + m_d - m_{\rho us}} \times \rho_{ut} \tag{9-5}$$

式中:m_{pu}——量瓶和中性液体总质量,g;

m_{pus}——量瓶、中性液体和土的总质量,g;

ρ_{uT}——T℃时中性液体的密度(应实测),准确至0.001。

本试验应进行平行测定,平行测定的差值不得大于$0.02g/cm^3$,取其两次测值的算术平均值。平行测定的差值大于允许差值时,应重新进行试验。

4. 试验记录

量瓶法测颗粒密度的试验记录见表9-6。

量瓶法(比重瓶法)颗粒密度记录表 表9-6

工程名称:________ 试验者:________

工程编号:________ 计算者:________

试验日期:________ 校核者:________

试样编号	瓶号	量瓶质量(g)	干试样质量(g)	量瓶+液体+干试样质量(g)	温度T(℃)	T(℃)时量瓶+液体质量(g)	与干试样同体积的液体质量(g)	T(℃)时液体密度(g/cm^3)	颗粒密度(g/cm^3)	平均值(g/cm^3)
(1)	(2)	(3)	(4)	(5)	(6)	(7)	(8)=(4)+(7)-(5)	(9)	(10)=[(4)/(8)]×(9)	

实训四 界限含水率试验

一、概述

黏性土的状态随着含水率的变化而变化,当含水率不同时,黏性土可分别处于固态、半固态、可塑状态及流动状态,黏性土从一种状态转到另一种状态的分界含水率称为界限含水率。土从流动状态转到可塑状态的界限含水率称为液限w_L;土从可塑状态转到半固体状态的界限

含水率称为塑限 w_P；土由半固体状态过渡到固体状态时且体积不再收缩时的界限含水率称为缩限 w_S。

土的塑性指数 I_P是指液限与塑限的差值，由于塑性指数在一定程度上综合反映了影响黏性土特征的各种重要因素，因此黏性土常按塑性指数进行分类。土的液性指数 I_L 是指黏性土的天然含水率和塑限的差值与塑性指数之比，液性指数可被用来表示黏性土所处的软硬状态，所以土的界限含水率是计算土的塑性指数和液性指数不可缺少的指标，土的界限含水率还是估算地基土承载力待的一个重要依据。

界限含水率试验要求土的颗粒粒径小于 0.5mm，且有机质量不超过 5%，且宜采用天然含水率的试样，但也可采用风干试样，当试样中含有粒径大于 0.5mm 的土粒或杂质时，应过 0.5mm的筛。

二、液、塑限联合测定法

液、塑限联合测定法是根据圆锥仪的圆锥入土深度与其相应的含水率在双对数坐标上具有线性关系的特性来进行的。利用圆锥质量为 76g，锥角为 30°的液塑限联合测定仪测得土在不同含水率时的圆锥入土深度，并绘制其关系直线图（h-w 图），则在 h-w 图上查得圆锥下沉深度为 17mm 所对应的含水率 w 即为液限；查得圆锥下沉深度 2mm 所对应的含水率 w 为塑限 w_P。取值以百分数表示，准确至 0.1%。

1. 仪器设备

（1）液塑限联合测定仪如图 9-2 所示，圆锥仪：圆锥质量为 76g，锥角为 30°。

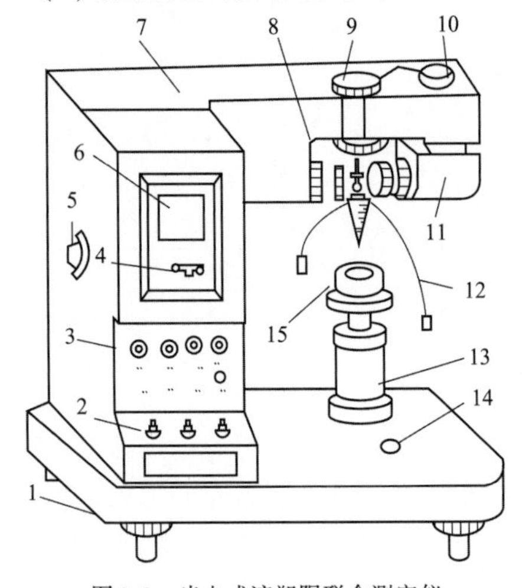

图 9-2　光电式液塑限联合测定仪

1-水平调节螺钉；2-控制开关；3-指示灯；4-零线调节螺钉；5-反光镜调节螺钉；6-屏幕；7-机壳；8-物镜调节螺钉；9-电磁装置；10-光源调节螺钉；11-光源；12-圆锥仪；13-升降台；14-水准气泡；15-试样杯

（2）读数显示：宜采用光电式、数码式、游标式、百分表式。

（3）试样杯：直径 40 ~ 50mm。深度 30 ~ 40mm。

（4）天平：称量 200g，分度值 0.01g。

（5）其他：称量盒、调土刀、调土皿、筛（孔径为 0.5mm）、凡士林、烘箱、干燥器、吸管。

2. 操作步骤

（1）取有保持天然含水率的土样制备试样。在无法保持土的天然含水率的情况下也可用风干土制备试样。

（2）当采用天然含水率土样时，应剔除粒径大于 0.5mm 的土粒或杂物，然后分别按下沉深度为 3 ~ 5mm、9 ~ 11mm 及 16 ~ 18mm（或分别按接近液限、塑限和二者的中间状态）制备不同稠度的土膏，静置湿润，静置时间可根据含水率的大小而定。

（3）当采用风干土样时，取过 0.5mm 筛的代表性试样约 200g，分成三份，分别放入三个调土皿中，加不同数量的纯水，使其达到第（2）条中所述的三种稠度状态，调成土膏，然后用玻璃和湿毛巾盖住或放在密封的保湿容器中，静置 24h。

（4）将制备好的土膏用调土刀充分调拌均匀后，分层装入试样杯，用力压密，使空气逸出（防止土中留有空隙），装满试样杯后刮去高出土使土样与杯口齐平（在刮去余土时不得来回刮土,避免土的孔隙被堵塞或析水)。

(5)将盛土杯放在联合测定仪的升降座上,然后将圆锥仪擦拭干净,并在锥体上抹一薄层凡士林,然后接通电源,使电磁铁吸住圆锥仪。(对于游标式或百分表式,提起锥杆,用旋钮固定)。

(6)调节零点,使屏幕上的标尺调在零位(游标式或百分表式读数调零),然后转动升降旋钮,试样杯徐徐上升,当锥尖刚好试样表面时,指示灯亮,立即停止转动旋钮。

(7)按动下降控制开关,圆锥则在自重下沉入试样(游标式或百分表式用手扭动旋钮,放开锥杆)约经5s后,立即测读显示在屏幕上的圆锥下沉深度。

(8)挖去锥尖入土处的凡士林,取10g以上的土样两个,分别装入称量盒内,称质量(准确至0.01g),测定其含水率 w_1、w_2(计算至0.1%)。计算含水率平均值 w。

(9)重复本试验(4)、(5)、(6)、(7)和(8)步骤,测试其余两个试样的圆锥下沉深度和含水率。

3. 成果整理

(1)含水率计算

$$w = \frac{m_2 - m_1}{m_1 - m_0} \times 100\% \tag{9-6}$$

式中:w——含水率,%,精确至0.1%;

m_1——干土、称量盒质量,g;

m_2——湿土、称量盒质量,g;

m_0——称量盒质量,g。

(2)液限和塑限的结果整理

在双对数坐标上,(可以利用Excel图表导向制作)以含水率 w 为横坐标,锥入土深度 h 为纵坐标,在双对数坐标纸上绘制含水率 w 与锥入土深度 h 关系曲线(h—w),如图9-3所示。点绘 a、b、c 三点,连接此三点,应呈一直线上,如图中 A 线。如三点不在同一直线上,要通过高含水率 a 点与 b、c 两点连成两条直线,然后以圆锥下沉深度2mm处在 h—w 图上查得相应的两个含水率,当所查得的两个含水率差值小于2%时,以该两个含水率平均值的点与高含水率 a 点连一直线,如图中 B 线。当两个含水率的差值不小于2%时,应重做试验。

(3)对于76g做液限试验液限和塑限的确定方法

采用76g锥做液限试验,在含水率与锥下沉深度的 h—w 图(图9-3)上,查得纵坐标入土深度为 $h = 17\text{mm}$ 所对应的横坐标的含水率 w,即为该土样的液限 w_L;查得锥入深度为2mm所对应的含水率 w 为该土样的塑限 w_P,取值以百分数表示,准确至0.1%。

(4)塑性指数计算

$$I_P = w_L - w_P \tag{9-7}$$

式中:I_P——塑性指数,精确至0.1;

w_L——液限,%;

w_P——塑限,%。

(5)液性指数计算

$$I_L = (w - w_P) / I_P \tag{9-8}$$

式中:I_L——液性指数,精确至0.01;

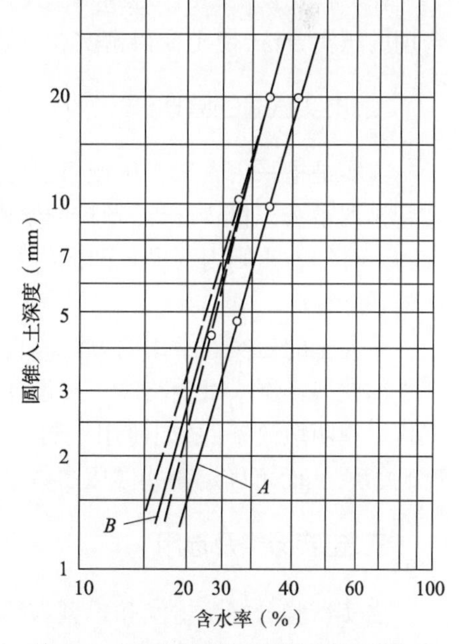

图9-3 含水率与圆锥下沉深度的关系图

w——天然含水率,%;

其余符号意义同式(9-8)。

(6)含水比计算

$$\alpha_w = w/w_L \tag{9-9}$$

式中:α_w——含水比。

4. 试验记录

液塑限联合测定试验记录见表9-7。

液塑限联合测定试验记录表 表9-7

工程名称:__________ 试验者:__________

工程编号:__________ 计算者:__________

试验日期:__________ 校核者:__________

试样编号	圆锥下沉深度(mm)	称量盒号	盒加湿土质量(g)	盒加干土质量(g)	盒质量(g)	水质量(g)	干土质量(g)	含水率(%)	液限(%)	塑限(%)	塑性指数	液性指数	土样分类
			(1)	(2)	(3)	(4)	(5)	(6)	(7)	(8)	(9)	(10)	
						(1)-(2)	(2)-(3)	$\frac{(4)}{(5)}\times100$			(7)-(8)		

实训五 击实试验

一、土的击实性在工程中的意义

在工程建设中,经常遇到填土压实、软弱地基的强夯和换土碾压等问题,常采用既经济又合理的压实方法,使土变得密实,在短期内提高土的强度已达到改善土的工程性质的目的。

二、击实试验的原理

击实是指采用人工或机械对土施加夯压能量(如打夯、碾压、振动碾压等方法),使土颗粒重新排列紧密,对粗粒土因颗粒的紧密排列,增强了颗粒表面摩擦力和颗粒之间嵌挤形成的咬合力。对细粒土则因为颗粒间的靠紧而增强粒间的分子引力,从而使土在短时间内得到新的结构强度。

研究土的压实性常用的方法有现场填筑试验和室内击实试验两种。前者是在某一工序动工之前在现场选一试验路段。按设计要求和拟定的施工方法进行填筑,并同时进行有关测试工作以查明填筑条件(如使用土料或其他集合料,堆填方法、碾压方法等)与填筑效果(压实度)关系,从而可确定一些碾压参数。后者室内击实试验是通过击实仪进行。

三、击实分类及选用

击实试验分轻型击实和重型击实。轻型击实试验单位体积击实功宜为600kJ/m^3;重型击实试验单位体积击实功宜为2700kJ/m^3,本试验类型和方法及相应设备的主要参数列于表9-8

中,应根据工程要求和试样最大粒径选用。

击实试验标准技术参数　　表 9-8

试验类型	试验方法										
	编号	击实仪规格							试验条件		
		击锤			击实筒			护筒	层数	每层击数	最大粒径
		质量	锤底直径	落距	内径	筒高	容积	高度			
		(kg)	(mm)	(mm)	(mm)	(mm)	(cm^2)	(mm)			(mm)
轻型	Q1	2.5	51	305	102	116	947.4	50	3	25	5
	Q2	2.5	51	305	152	116	2103.9	50	3	56	20
重型	Z1	4.5	51	457	102	116	947.4	50	5	25	5
	Z2	4.5	51	457	152	116	2103.9	50	5	56	20
	Z3	4.5	51	457	152	116	2103.9	50	3	94	40

注:1. Q1、Q2、Z1、Z3 圈分别称轻 1、轻 2、重 1、重 2、重 3;

2. Q2、Z2、Z3 筒高为筒内净高。

当试样中粒径大于各方法相应最大粒径 5mm、20mm 或 40mm 的颗粒质量占总质量的 5% ~30% 时其最大干密度和最优含水率应进行校正。

四、击实试验的仪器设备

(1)标准击实仪(图 9-4 和图 9-5)。

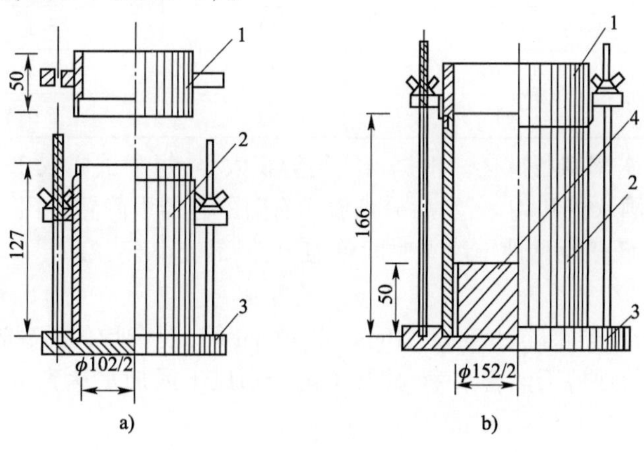

图 9-4　击实筒(尺寸单位:mm)

1-护筒;2-击实筒;3-底板;4-垫板

(2)天平:称量 200g,分度值 0.01g;

(3)台秤:称量 15kg,分度值 5g;

(4)圆孔筛:孔径 40mm、20mm 和 5mm 各 1 个;

(5)烘箱及干燥器;

(6)其他:喷水设备、碾土设备、盛土盘、推土器、称量盒、切土刀、平直尺等。

五、试样准备

本试验可分别采用不同的方法准备试样。各方法可按表 9-9 准备试样。

试样制备:一般分为干土法制备和湿土法制备。

1. 干土法(试样不重复使用)制备

(1)将代表性土样风干或在低于50℃温度下进行烘干,烘干后以不破坏试样的基本颗粒为准,放在橡皮板上用木碾碾散,过相应的筛后拌匀备用。试样数量,小直径击实筒最少20kg,大直径击实筒最少50kg。

(2)测定风干土样的含水率,按土的塑限估计最优(佳)含水率,按四分法至少准备不少于5个试样,在最优含水率附近分别加入不同水分(按2%的含水率增减)拌和均匀后闷料一夜备用,其中有两个大于和两个小于最优含水率,所需加水量按式(9-11)计算:

$$m_w' = \frac{m_0}{1+\omega_0}(w' - w_0) \tag{9-10}$$

式中:m_w'——所需加水量,g;

m_0——风干试样质量,g;

w_0——风干试样含水率,%;

w'——要求达到的含水率,%。

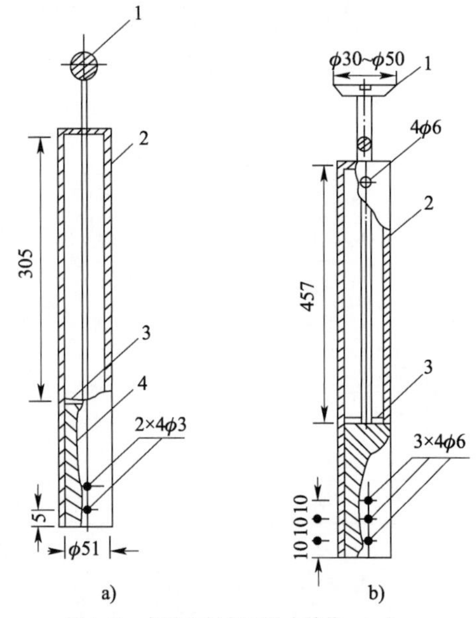

图9-5 击锤和导杆(尺寸单位:mm)

1-提手;2-导筒;3-硬橡胶皮胶垫;4-击锤

试样用量 表9-9

使用方法	类别	试筒内径(cm)	最大粒径(mm)	试样用量(kg)
干土法,试样不重复使用	b	10.2	20	至少5个试样,每个3
		15.2	40	至少5个试样,每个6
湿土法,试样不重复使用	c	10.2	20	至少5个试样,每个3
		15.2	40	至少5个试样,每个6

(3)按预定的含水率制备试样。根据击实筒容积大小,每个试样取2.5kg或6.5kg。平铺于不吸水的平板上,洒水拌和均匀,然后分别放入有盖的容器里静置备用。高塑性黏性土静置时间不得小于24h。低塑性黏性土静置时间可缩短,但不应小于12h。

2. 湿法制备

将天然含水率的试样碾碎过5mm、20mm或40mm筛,混合均匀后,按选定的击实筒容积取5份试样,其中一份保持天然含水率,其余4份分别风干或加水达到所要求的不同含水率。制备好的试样要完全拌匀,保持水分均匀分布。

六、试验步骤

(1)根据工程要求的规定选择轻型或重型试验方法。根据土的性质(含易击碎风化石数量多少、含水率高低),按规定选用干土法(土不重复使用)或湿土法。

(2)称取击实筒的质量m_1,准确至1g。

(3)将击实筒放在坚实的地面上,安装好击实筒及护筒(大直径击实筒内还要放入垫块),内壁上涂抹一薄层凡士林,并在筒底(小试筒)或垫块(大试筒)上放置蜡纸或塑料薄膜。取制备好的土样分3~5次倒入击实筒内。小试筒按三层法时,每次约800~900g(其量应使击实后试样等于或略高于筒的1/3)倒入筒内;按五层法时,每次约400~500g(其量应使击实后试样等于或略高于筒的1/5)倒入筒内。对于大试筒,先将垫块放入筒内底板上,按三层法,每层需试样1700g左右。整平其表面,并稍加压紧,然后按规定的击数进行第一层土的击实,击实时击锤应自由垂直落下，锤迹必须均匀分布于土样面，第一层土的击实后，将试样层面“拉毛”（目的是使上、下层紧密结合）然后装下一层土，如此重复上述过程进行其余各层土的击实工作。小试筒击实后，试样不应高于筒顶面5mm；大试筒击实后，试样不应高于筒顶面6mm。

（4）击实完毕后用切土刀沿套筒内壁削，使试样与套筒脱离后，扭动并取下套筒，齐筒顶细心削平试样，拆除底板，擦净筒外壁，称取筒和试样的总质量 m_2，准确至5g。

（5）用推土器将试样从筒内推出，从试样中心处（不宜取筒四周处）取代表性试样2个测其含水率，计算至0.1%。测定含水率用试样的数量按表9-10规定取样（取出有代表性的土样）。两个含水率的精度应符合表9-8的规定要求。

测定含水率用试样的数量 表9-10

最大粒径（mm）	试样质量（g）	试样个数
<5	15～20	2
约5	约50	1
约20	约250	1
约40	约500	1

（6）试样不宜重复使用，对易被击碎的脆性颗粒及高塑性黏土的试样不得重复使用。

（7）按以上步骤进行不同含水率试样的击实。

七、试验结果整理

（1）按下式计算击实后各点的湿密度：

$$\rho = \frac{m_2 - m_1}{V} \tag{9-11}$$

式中：ρ——击实后试样的湿密度，g/cm^3，计算至 $0.01g/cm^3$；

m_2——击实后筒和湿试样的质量，g；

m_1——击实筒质量，g；

V——击实筒容积，cm^3。

（2）按下式计算击实后各点的干密度：

$$\rho_d = \frac{\rho}{1 + 0.01w} \tag{9-12}$$

式中：ρ_d——干密度，g/cm^3；

ρ——湿密度，g/cm^3；

w——含水率，%。

（3）以干密度为纵坐标，含水率为横坐标，绘制干密度与含水率的关系曲线（图9-6），曲线上峰值点的纵、横坐标分别为最大干密度和最优含水率。如曲线不能绘出明显的峰值点，应进行补点或重做试验。

（4）按下式计算饱和曲线的饱和含水率 w_{sat}，并绘制饱和含水率与干密度的关系曲线图。

$$w_{sat} = \left(\frac{\rho_w}{\rho_d} - \frac{\rho_w}{\rho_s}\right) \times 100 \tag{9-13}$$

式中：w_{sat}——饱和含水率，%，计算至0.01；

ρ_s——试样颗粒密度，对于粗粒土，则为试样中粗细颗粒的混合密度；

ρ_d——土的干密度，g/cm^3；

ρ_w——4℃时水的密度，g/cm^3。

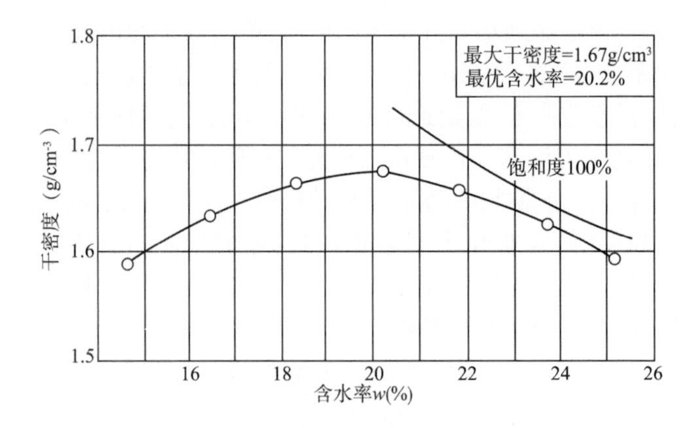

图 9-6　干密度与含水率的关系曲线

(5)当试样中大于40mm的颗粒时,应先取出大于40mm的颗粒,并求得其百分率P,把小于40mm部分做击实试验,按下面公式分别对试验所得的最大干密度和最优含水率进行校正(适用于大于40mm颗粒的含量小于总土质量的30%时)。

①校正后试样的最大干密度:

$$\rho'_{\mathrm{dmax}}=\frac{1}{\frac{1-P_{\mathrm{s}}}{\rho_{\mathrm{dmax}}}+\frac{P_{\mathrm{s}}}{\rho_{\mathrm{a}}}} \tag{9-14}$$

式中:ρ'_{dmax}——校正后试样的最大干密度,g/cm³,计算至0.01g/cm³;

ρ_{dmax}——粒径小于5mm、20mm或40mm的试样试验所得的最大干密度,g/cm³;

P_{s}——试样中粒径大于5mm、20mm或40mm的颗粒含量的质量分数;

ρ_{a}——粒径大于5mm、20mm或40mm的颗粒毛体积密度,g/cm³。

②校正后试样的最优含水率:

$$w'_{\mathrm{opt}}=w_{\mathrm{opt}}(1-P_{\mathrm{s}})+P_{\mathrm{s}}w_{\mathrm{x}} \tag{9-15}$$

式中:w'_{opt}——校正后试样的最优含水率,%,计算至0.01%;

w_{opt}——粒径小于5mm、20mm或40mm的试样试验所得的最优含水率,%;

w_{x}——粒径大于5mm、20mm或40mm颗粒吸着含水率,%。

八、试验记录表格(见表9-11)

标准击实试验记录表　　表9-11

试验方法: 土的分类: 土的密度:	风干试样含水率: 估计量优含水率: 干法、湿法制备:	层数: 每层击数:						
试验点号				1	2	3	4	5
干密度	筒和试样总质量(g)	(1)						
	筒质量(g)	(2)						
	湿试样质量(g)	(3)	(1)-(2)					
	湿密度(g/cm³)	(4)						
	干密度(g/cm³)	(5)	$\frac{(4)}{1+w}$					

续上表

试验点号				1	2	3	4	5
含水率	盒号	—						
	盒和湿试样总质量(g)	(1)						
	盒和干试样总质量(g)	(2)						
	盒质量(g)	(3)						
	水质量(g)	(4)	(1) - (2)					
	干试样质量(g)	(5)	(2) - (3)					
	含水率(%)	(6)	[(4) ÷ (5)] × 100					
	平均含水率(%)							
最大干密度____ g/cm³		最优含水率____%		饱和度____%				
大于 5mm、20mm 或 40mm 颗粒含量____%		校正后最大干密度____ g/cm³		校正后最优含水率____%				

实训六　固结试验

一、概述

土在外荷载作用下,其孔隙间的水和空气逐渐被挤出,土的骨架颗粒之间相互挤紧,封闭气泡的体积也将缩小,从而引起土层的压缩变形,土在外力作用下体积缩小的这种特性称为土的压缩性。

根据工程需要,固结试验可以进行如下方法的试验:标准固结试验;快速固结试验;应变控制连续加荷固结试验。

通过固结试验,可以测定试样在侧限与轴向排水条件下的变形与压力的关系或孔隙比与压力的关系、变形与时间的关系,以便计算确定土的压缩系数 α_V、压缩模量 E_s、体积压缩系数 m_V、压缩指数 C_c、回弹指数 C_s、竖向固结系数 C_v 以及先期固结压力 p_c。

二、试验方法

本节只介绍快速固结试验方法,其余方法可参见《铁路工程土工试验规程》(TB 10102—2010)相关章节的具体规定。

对于计算精度要求不高,而渗透性又较大的土用不需要固结系数时,可采用快速固结试验方法。快速固结试验法规定在各级压力下的固结时间为 1h,仅在最后一级压力下,除测记 1h 变形量外,还需测读达到稳定标准(24h)时的变形量,在整理资料时,根据最后一级变形量,按等比例综合固结度进行修正前几级压力下的变形量。

1. 仪器设备

(1)固结容器。由环刀、护环、透水板、加压上盖等组成,土样面积 30cm² 或 50cm²,高度 2cm,如图 9-7 所示。

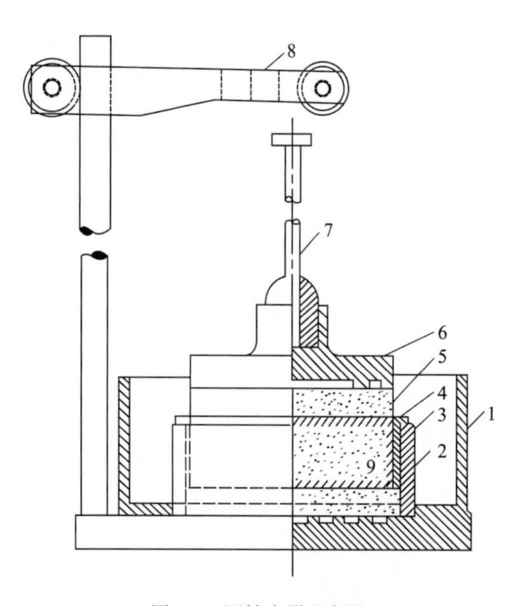

图9-7 固结容器示意图

1-水槽;2-护环;3-环刀;4-导环;5-透水板;6-加压上盖;7-位移计导杆;8-位移计架;9-试样

(2)加荷设备。可采用杠杆式、磅秤式或气压式等加荷设备。

(3)变形量测设备。可采用最大量程10mm、分度值0.01mm的百分表或零级位移传感器。

(4)其他:天平、滤纸、刮土刀、钢丝锯、铝盒、凡士林等。

2. 试验步骤

(1)按工程需要选择面积为30cm^{2}或50cm^{2}的切土环刀,环刀内侧涂上一层薄薄的凡士林,刀口应向下放在原状或人工制备的扰动土上,切取原状土样时应按天然状态时垂直方向一致。

(2)小心地边压边削,注意避免环刀偏心入土,应使土样伸出环刀上部为止,然后用钢丝锯(软土)或用修土刀(较硬的土或硬土)将环刀两侧余土修平,擦净环刀外壁。

(3)测定土样密度,并在余土中取代表性土样测定其含水率,然后用圆玻璃片将环刀两端盖上,防止水分蒸发。

(4)在切好土样的环刀外壁涂一薄层凡士林。

(5)首先检查压缩容器及设备是否齐全,然后在固结容器内放置大护环,大透水石和湿润的滤纸放上,然后将带有环刀的试样,小心地装入护环内(环刀刃口向下),在试样上放湿润的滤纸、透水石和加压盖板及定向钢球,置于加压框架下,对准加压框架正中,安装百分表。

(6)杠杆式固结仪,应调整杠杆平衡,为使试样与容器上下各部件之间接触良好,应施加1kPa预压荷载。

(7)调整百分表,使指针具有初始读数(一般为5mm左右),

(8)去掉预压荷载后,立即按工程需要确定加压等级要求加第一级荷载(一般为50kPa)。加砝码时应避免冲击和摇晃,在加砝码的同时,立即开动秒表。加压到规定时间后读取读数S_1。

备注:如系饱和试样,则在施加第一级荷载后,立即向容器的水槽中注水至浸没试样,如系非饱和土样,须用湿棉纱围住上下透水面的四周,避免水分蒸发。

(9)立即施加下一级压力,逐级加压至所需要的压力。(分别为100kPa,200kPa,300kPa和400kPa),同时分别记录加压至规定的时间后每级压力下的百分表的读数S_2、S_3、S_4。

(10)但加压到最后一级压力时除测记1h时的试样变形外,还需测记试样达到压缩稳定时的量表读数S_5。稳定标准为每小时试样变形不超过0.005mm。

(11)当试验结束时,应先排除固结容器内水分,然后拆除容器内各部件,取出带环刀的土样,必要时,揩干试样两端和环刀外壁上的水分,测定试验后的密度和含水率。

3. 成果整理

(1)计算试验前后土样含水率。

(2)计算试验前后土样密度。

(3)计算试样初始孔隙比 e_0。

(4)计算试样的颗粒(骨架)净高 h。

(5)按式(9-16)计算各级压力下试样校正后的总变形量:

$$\sum \Delta h_i = (h_i)t \frac{(h_n)T}{(h_n)t} = K(h_i)t \tag{9-16}$$

式中:$\sum \Delta h_i$——某一压力下校正后的试样总变形量,mm,计算至0.01mm;

$(h_i)t$——某一压力下固结1h的变形量减去该压力下的仪器变形,mm;

$(h_n)t$——最后一级压力下固结1h的变形量减去该压力下的仪器变形,mm;

$(h_n)T$——最后一级压力下固结稳定后的总变形量减去该压力下的仪器变形,mm;

k——校正系数(计算公式同下)。

(6)按下式计算某级压力下固结稳定后土的孔隙比 e_i:

$$e_i = e_0 - \frac{1 + e_0}{h_0} \sum \Delta h_i \tag{9-17}$$

式中:e_i——某一压力下固结1h试样校正后的孔隙比,计算至0.01;

e_0——初始孔隙比,计算至0.01,$e_0 = \frac{\rho_s(1 + 0.01w_0)}{\rho_0} - 1$;

ρ_s——颗粒密度,g/cm^3;

ρ_0——试样初始密度;

w_0——试样初始含水率;

k——校正系数,$k = \frac{(h_n)T}{(h_n)t}$;

$\sum \Delta h_i$——某一压力下校正后的试样总变形量,mm,计算至0.01mm。

(7)绘制 e—p 曲线或 e—lg$p$ 曲线。以孔隙比 e 为纵坐标,压力 p 为横坐标,绘制 e—p 曲线。

(8)计算某一压力范围内压缩系数 α_V 和压缩模量 E_s。

①某一压力范围内的压缩系数 α_V:

$$\alpha_V = \frac{e_i - e_{i+1}}{p_{i+1} - p_i} \tag{9-18}$$

式中:α_V——某一压力范围内的压缩系数,MPa^{-1};

e_{i+1}——第 $i+1$ 级压力下固结稳定后的孔隙比;

p_i——第 i 级压力(kPa);

p_{i+1}——第 $i+1$ 级压力(kPa)。

②某一压力范围内的压缩模量 E_s:

$$E_s = \frac{1 + e_i}{a_v} \tag{9-19}$$

式中:E_s——压缩模量(MPa),计算至0.1MPa。

4. 试验记录

1小时快速压缩试验记录表见表9-12。

1 小时快速压缩试验记录表 表 9-12

工程名称:__________ 试验者:__________

工程编号:__________ 计算者:__________

试验日期:__________ 校核者:__________

式样初始高度______mm 试样初始密度______ g/cm^3 初样初始含水率______% 颗粒密度__________ g/cm^3 $K=\frac{(h_n)T}{(h_n)t}$							
加压历时(h)	压力(kPa)	校正前试样总变形量(mm)	校正后试样总变形量(mm)	压缩后试样高度(mm)	校正后孔隙比	压缩系数(MPa^{-1})	压缩模量(MPa)
1							
1							
1							
1							
1							
1							
稳定							

实训七 直接剪切试验

一、概述

直接剪切试验就是直接对试样进行剪切的试验,是测定抗剪强度的一种常用方法,通常采用 4 个试样,在直剪仪中分别施加不同的竖向(垂直)压力,再分别对它们施加水平剪切力进行剪切,求得破坏时的剪应力 τ,然后根据库仑定律确定土的抗剪强度参数:内摩擦角 φ 和黏聚力 c。

直接剪切试验一般可分为慢剪、固结快剪和快剪三种试验方法。

本试验适合用于测定黏性土和粉土的抗剪强度参数 c 和 φ 及土颗粒粒径小于 2mm 砂类土的抗剪强度参数 φ。渗透系数大于 10^{-6}cm/s 的土不宜做快剪试验。对于渗透系数大于 10^{-6}cm/s 的土类,应在三轴仪中进行。

二、试验方法

本节只介绍直接剪切试验方法中快剪试验,其余方法可参见《铁路工程土工试验规程》(TB 10102—2010)相关章节的具体规定。

采用原状土样尽量接近现场情况,以 0.8 ~ 1.2mm/min 的剪切速率对试样进行剪切,一般控制在 3 ~ 5min 内完成剪切破坏,适用于渗透系数小于 10^{-6}cm/s 的细粒土。该方法将使土颗粒间有效应力维持原状,不受试验外力的影响,但由于这土颗粒间有效应力的数值无法求得,所以试验结果只能求得($\sigma\tan\varphi_q + C_q$)的混合值。快速法适用于测定黏性土天然强度,但 φ_q 角将会偏大。

三、仪器设备

(1)直剪仪。采用应变控制式直接剪切仪,如图9-8所示,由剪切盒、垂直加压设备、剪切传动装置、测力计以及位移量测系统等组成。加压设备可采用杠杆传动,也可采用气压施加。

(2)测力计。采用应变环,量表为百分表或位移传感器。

(3)环刀。内径6.18cm,高2.0cm。

(4)其他。修土刀、钢丝锯、滤纸、毛玻璃板、圆玻璃片以及润滑油等。

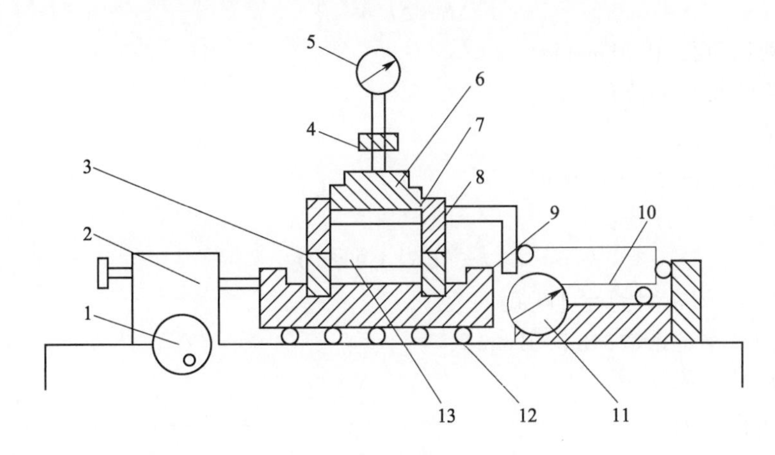

图9-8　应变控制式直接剪切仪

1-剪切传动装置;2-推动器;3-下盒;4-垂直加压框架;5-垂直位移计;6-传压板;7-透水板;8-上盒;9-储水盒;10-测力计;11-水平位移计;12-滚珠;13-试样

四、操作步骤

(1)对准剪切容器的上下盒,插入固定销,在下盒内放入不透水板(或透水石加薄膜塑料)。

(2)将带有试样的环刀刃口向上,对准剪切盒的盒口,在试样上面放不透水板,然后将试样缓缓推入剪切盒内,再移去环刀。

(3)转动手轮(剪力传动装置),使上盒前端钢珠刚好与测力计接触(此时测力计百分表读数微动),调整测力计读数为零。顺次加上传压板、钢珠、加压框架。如需观测垂直变形,可安装垂直位移计,并记录初始读数。

(4)取4个试样,并分别施加不同的垂直压力(注:砝码应逐级累加),其压力大小根据工程实际和土的软硬程度而定,一般可按25kPa、50kPa、100kPa、200kPa,或100kPa、200kPa、300kPa、400kPa施加压力,加荷时应轻轻加上不得冲击,但必须注意,如土质松软,为防止试样被挤出,应分级施加。

(5)立即拔去上下盒连接的固定销钉,此时测力计百分表读数为零,开动秒表,转动手轮(剪力传动装置)以0.8~1.2mm/min的剪切速度对试样进行剪切,在剪力盒向前移动的同时注意观察测力计的读数,它将随剪力盒位移的增大而增大,当测力计读数不变或开始倒退时,即出现峰值,认为试样已破坏,记下破坏值,一般应剪切至剪切变形(位移)达到4mm为止;如测力计的读数随着剪切变形继续增大(及测力计读数无峰值时),则应剪切至剪切位移为6mm时停止。试样每产生0.2~0.4mm位移时,应测记测力计和位移读数一次,直到剪损为止,记下破坏值。

(6)剪切结束后,立即吸去剪切盒内积水,反转手轮退掉剪切力;卸除砝码解除垂直压力,移动压力框架,取出试样,测定试样剪切面上的含水率。

(7)重复上述步骤完成在不同垂直压力下的其余三个试样的剪切试验。

五、试验成果整理

1. 计算

(1)剪切位移按下式计算:

$$\Delta L = \Delta L' n - R \tag{9-20}$$

式中:ΔL——剪切位移(0.01mm);

$\Delta L'$——手轮每转的位移,mm;

n——手轮转数;

R——测力计读数(0.01mm)。

(2)剪应力按下式计算:

$$\tau = (CR/A_0) \times 10 \tag{9-21}$$

式中:τ——剪应力,kPa,计算至1kPa;

C——测力计率定系数(N/0.01mm);

A_0——试样的面积,cm^2;

10——单位换算因数。

2. 制图

(1)以剪应力τ为纵坐标,剪切位移ΔL为横坐标,绘制每个试样在其竖向压力下的剪应力与剪切位移关系曲线$\tau - \Delta l$(图9-9),选取$\tau - \Delta l$关系曲线上剪应力的峰值或稳定值作为抗剪强度s,见图中曲线上的箭头所示。如无明显峰值时,取剪切位移4mm所对应的剪应力为抗剪强度s。

(2)以抗剪强度s为纵坐标,垂直压力p为横坐标,绘制抗剪强度与垂直压力(即$s-p$)关系曲线(图9-10),根据图上各实测点绘制一条视测直线,各实测点与直线上对应点的抗剪强度之差,不得超过直线上对应点抗剪强度的±5%。直线的倾角为土的内摩擦角φ,直线在纵坐标上的截距为土的黏聚力c。

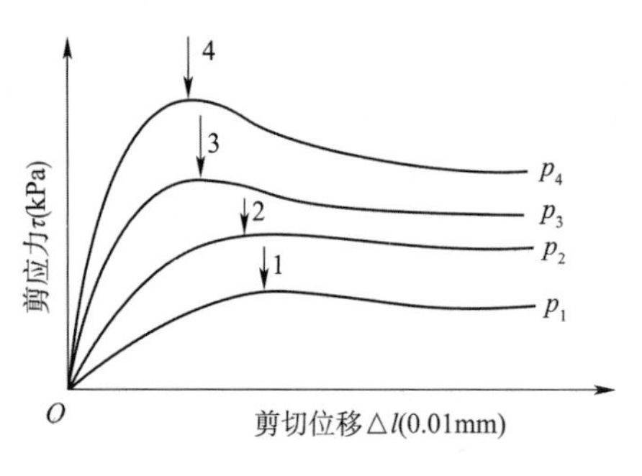

图9-9　剪应力与剪切位移关系曲线

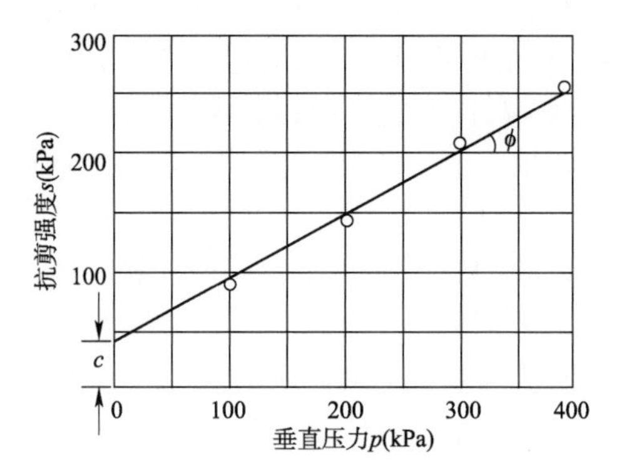

图9-10　抗剪强度与垂直压力关系

六、试验记录

直接试验记录见表9-13。

直接剪切试验记录 表 9-13

工程名称:__________ 试验者:__________

土样编号:__________ 校核者:__________

试验方法:__________ 试验日期:__________

试样编号		土颗粒密度 ρ_s =		试验方法		
环刀号	试样状态	含水率 w(%)	湿密度 ρ(g/cm³)	干密度 ρ(g/cm³)	孔隙比 e	饱和度 S_r
	初始					
	饱和					
	剪后					

仪器编号______ 垂直压力______ kPa 率定系数 C = N/0.011mm

剪切速率______ mm/min 剪切历时______ min 试样面积 A_0 = cm²

剪切前固结时间______ min 剪切前压缩量______ mm 抗剪强度______ kPa

时间	垂直量表读数 (0.01mm)	手轮转数 n	测力计读数 (0.01mm)	剪切位移 (0.01mm)	剪应力 (kPa)
(1)	(2)	(3)	(4)	(5) = $\Delta L' \times$(3) − (4)	(6) = $\frac{(4)\times C}{A_0}\times 10$

参考文献

[1] 邵光辉,吴能森.土力学与地基基础[M].北京:人民交通出版社,2007.
[2] 王杰,土力学与基础工程[M].北京:中国建筑工业出版社,2003.
[3] 张求书.土质学与土力学[M].北京:人民交通出版社,2008.
[4] 周东九.土力学与地基基础[M].北京:人民交通出版社,2009.
[5] 丰培洁.土力学与地基基础[M].北京:人民交通出版社,2008.
[6] 刘成宇.土力学[M].北京:中国铁道出版社,2000.
[7] 高大钊,袁聚云.土质学与土力学[M].3版.北京:人民交通出版社,2002.
[8] 李波.土力学与地基[M].北京:人民交通出版社,2011.
[9] 胡雪梅,吕玉梅.土力学地基与基础[M].北京:中国电力出版社,2009.
[10] 务新超,魏明.土力学与基础工程[M].北京:机械工业出版社,2008.
[11] 中华人民共和国行业标准.TB 10012—2007 铁路工程地质勘察规范[S].北京:中国铁道出版社,2007.
[12] 中华人民共和国行业标准.TB 10002.5—2005 铁路桥涵地基和基础设计规范[S].北京:中国铁道出版社,2005.
[13] 中华人民共和国行业标准.TB 10203—2002 铁路桥涵施工规范[S].北京:中国铁道出版社,1996.
[14] 中华人民共和国行业标准.TB 10001—2005 铁路路基设计规范[S].北京:中国铁道出版社,2005.
[15] 中华人民共和国行业标准.TB 10077—2001 铁路工程岩土分类标准[S].北京:中国铁道出版社,2001.
[16] 中华人民共和国国家标准.GB 50025—2004 湿陷性黄土地区建筑规范[S].北京:中国建筑工业出版社,2004.
[17] 中华人民共和国行业标准.GB 50007—2011 建筑地基基础设计规范[S].北京:中国建筑工业出版社,2012.
[18] 中华人民共和国行业标准.TB 10102—2004 铁路工程土工试验规程[S].北京:中国铁道出版社,2010.
[19] 中华人民共和国国家标准.GB 50021—2001 岩工工程勘察规范[S].北京:中国建筑工业出版社,2001.